电子工程师成长之路

电容应用分析精粹

从充放电到高速 PCB 设计

龙　虎　著

電子工業出版社
Publishing House of Electronics Industry
北京·BEIJING

内容简介

本书系统地介绍了电容器的基础知识及其在各种实际应用电路中的工作原理，包括 RC 积分、RC 微分、滤波电容、旁路电容、去耦电容、耦合电容、谐振电容、自举电容、PN 结电容、加速电容、密勒电容和安规电容等。

本书强调工程应用，包含大量实际工作中的应用电路案例讲解，涉及高速 PCB、高频电路、运算放大器、功率放大、开关电源等多个领域，内容丰富实用，叙述条理清晰，对工程师系统掌握电容器的实际应用有很大的帮助，可作为初学者的辅助学习教材，也可作为工程师进行电路设计、制作与调试的参考书。

图书在版编目（CIP）数据

电容应用分析精粹：从充放电到高速 PCB 设计/龙虎著．—北京：电子工业出版社，2019．3
（电子工程师成长之路）
ISBN 978-7-121-34936-2

Ⅰ．①电…　Ⅱ．①龙…　Ⅲ．①电容器-电路设计-计算机辅助设计　Ⅳ．①TM530．2

中国版本图书馆 CIP 数据核字（2018）第 196843 号

策划编辑：张　迪（zhangdi@phei．com．cn）
责任编辑：张　迪
印　　刷：北京捷迅佳彩印刷有限公司
装　　订：北京捷迅佳彩印刷有限公司
出版发行：电子工业出版社
　　　　　北京市海淀区万寿路 173 信箱　邮编 100036
开　　本：787×1 092　1/16　印张：17．25　字数：441 千字
版　　次：2019 年 3 月第 1 版
印　　次：2025 年 4 月第 16 次印刷
定　　价：69．00 元

凡所购买电子工业出版社图书有缺损问题，请向购买书店调换。若书店售缺，请与本社发行部联系，联系及邮购电话：（010）88254888，88258888。

质量投诉请发邮件至 zlts@ phei．com．cn，盗版侵权举报请发邮件至 dbqq@ phei．com．cn。

本书咨询联系方式：（010）88254469；zhangdi@phei．com．cn。

作者序

本书有少部分章节内容最初发布于个人微信公众号“电子制作站”（dzzzzcn），并得到广大电子技术爱好者及行业工程师的一致好评，甚至在网络上被大量转载。考虑读者对电容器应用知识的强烈诉求，决定将电容器相关的文章整合成图书出版，书中每章几乎都有一个鲜明的主题，且与实际工作息息相关。本书将已发布章节收录的同时，也进行了细节更正及内容扩充，当然，更多的章节是最新撰写的，它们对读者系统且深刻地理解电容器应用具有非常实用的价值。

从写作的角度来看，越是简单的知识越不容易写得出彩，很多看似很简单的内容要以图文方式形象阐述，并能将自己的理解百分百地轻松传递给读者真心不是一件容易的事。换言之，读者阅读越轻松、越觉得精彩、越想看后续章节，作者需要花费的心思就越多。这并非从网络上直接复制那么简单。无论是在素材、作图和技术功底还是在行文思路、语言组织和逻辑能力上，都是极大的挑战。因此，按照什么样的思路来整合图书一直很伤脑筋，而我又从来不愿意机械式地堆砌电路图，这对购买本书的读者也是极为不尊重的。

本书首先用几章内容介绍电容器的基础知识，这也是全书最为重要的部分，因为我在写作时始终会强调基础的重要性，很多知识点在同类图书中未曾涉及，或一笔带过语焉不详，但对于深刻理解电容器原理及其应用却有着非凡的意义。之后对电容器的充放电特性进行详细介绍，同时讲解一些相关的经典应用电路，其分析过程甚至达到啰唆的程度。然而，你绝对不会认为这是在浪费时间。最后花费大量章节对电容器的各种实际应用进行重点阐述，如滤波电容、旁路电容、去耦电容、耦合电容、谐振电容、PN 结电容、密勒电容、加速电容、自举电容等，所有这些内容你都有可能会在实际工作中遇到（或已经遇到过），届时可以翻翻这本书，相信会有意想不到的惊喜。

对于高速 PCB、高频电路、功率放大、运算放大、开关电源等很多领域乍看起来很深奥的技术问题，本书都试图从电容器最基本的特性进行原理性讲解，让读者从技术源头理解“为什么”，让深奥的问题变得通俗易懂，然则并不浅显。在进行文字组织时，尽量使用诙谐幽默的行文方式，并配合丰富图文与 Multisim 仿真讲解相关主题，使读者能够在轻松的气氛下学习技术知识，目的只有一个：让原来不太懂的轻松读懂，已懂的更形象地读懂，让读者有“原来技术也可以这样学”的感觉，让读者感到技术学习不是枯燥无味的，而可以是一个非常有趣的过程。

由于作者水平有限，错漏之处在所难免，恳请读者批评与指正。

作者序

本书有少部分章节内容最初发布于个人微信公众号"电子制作站"（dzzzzcn），并得到广大电子技术爱好者及行业工程师的一致好评，甚至在网络上被大量转载，考虑到读者对电容器应用知识的强烈诉求，决定将电容器相关的文章整合成图书出版。书中每章几乎都有一个鲜明的主题，且与实际工作息息相关。本书将已发布章节收录的同时，也进行了细节更正及内容扩充，当然，更多的章节是最新撰写的，它们对读者系统且深刻地理解电容器应用具有非常实用的价值。

从写作的角度来看，越是简单的知识越不容易写得出彩，很多看似简单的内容要以图文方式形象阐述，并能将自己的理解百分百地轻松传递给读者真心不是一件容易的事。换言之，读者阅读越轻松，越觉得简单，越说明写作者花费的心思就越多，这并非从网络上直接复制那么简单，无论是在素材、作图和技术功底还是在行文思路、语言组织和逻辑能力上，都是极大的挑战。因此，按照什么样的思路来整合图书一直很伤脑筋的，而我又从来不愿意机械式地堆砌电路图，这对购买本书的读者也是极为不尊重的。

本书首先用几章内容介绍电容器的基础知识，这也是全书最为重要的部分，因为很多在写作时都会忽略基础的重要性，很多知识点在同类图书中未曾涉及，或一笔带过语焉不详，但对于深刻理解电容器原理及其应用却有着非凡的意义。之后对电容器的充放电特性进行详细分析，同时讲解一些相关的经典应用电路，其分析过程甚至达到吹毛求疵的程度，然而，你绝对不会认为这是在浪费时间。最后花费大量篇幅对电容器的各种实际应用进行重点阐述，如滤波电容、旁路电容、去耦电容、耦合电容、谐振电容、PN结电容、密勒电容、加速电容、自举电容等，所有这些内容你都有可能会在实际工作中遇到（或已经遇到过），随时可以翻阅本书，相信会有意想不到的收获。

对于高速PCB、高频电路、功率放大、运算放大、开关电源等很多领域，看起来很深奥的技术问题，本书都试图从电容器最基本的特性进行原理性讲解，让读者从技术源头理解"为什么"，让深奥的问题变得通俗易懂，决不故弄玄虚。在进行文字组织时，尽量使用诙谐幽默的行文方式，并配合丰富图文与Multisim仿真讲解相关主题，使读者能够在轻松的气氛下学习技术知识，目的只有一个：让原本不入门的轻松懂得，已懂的更深入理解，让读者有"原来技术也可以这样学"的感觉，让读者感到技术学习不是枯燥无味的，而可以是一个非常有趣的过程。

由于作者水平有限，错漏之处在所难免，恳请读者批评与指正。

目　录

第1章　电容器基础知识

电容器（Capacitor）是一种可以储存一定电荷量的元器件，在实际工作中也经常使用“电容”作为简称。当电荷在电场中受力迁移时，如果两个导体之间有电介质材料阻碍电荷移动，就会使得电荷累积储存在导体上，我们把这两个导体能够储存的电荷量称为电容量（Capacitance）。

（也有将电容量简称为“电容”的说法，但本书的行文习惯约定：“电容”即代表“电容器”，“容量”即代表“电容量”。例如，在实际工作中，我们很少会这样说：“这个电容器的电容（量）是10μF”，反而以这种形式居多：“这个电容的容量是10μF”。）

电容器是电子产品中应用最为广泛的基础元器件之一，通常在原理图设计中使用字母“C”作为位号标记，其对应的原理图符号有很多，常用符号如图1.1所示。

其中，C_1表示固定无极性电容器；C_2表示固定有极性电容器；C_3表示无极性微调电容器；C_4表示无极性可调电容器。

任意两个导体都可以构成一个电容器，两块相互绝缘的平行金属板就构成了一个最简单的、经典的平行板电容器，如图1.2所示。

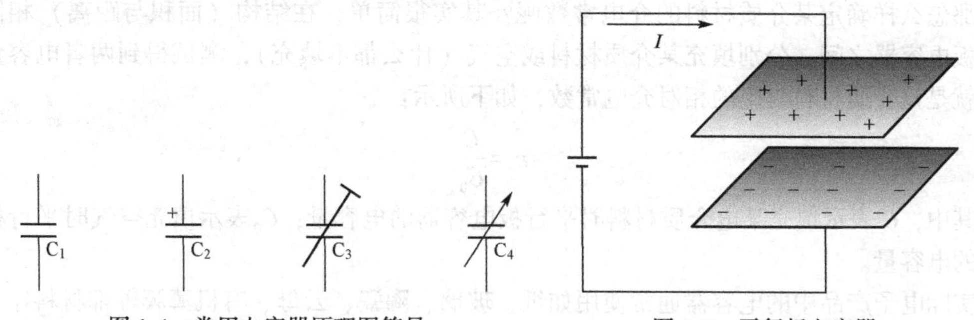

图1.1　常用电容器原理图符号

图1.2　平行板电容器

当直流电压施加在两块平行板上时，正电荷与负电荷将分别聚集在平行板的两个极板上，这就是电容器储存电荷最基本的原理，而这个平行板储存电荷的能力大小就是我们一开始提到的（电）容量，它可由下式计算获得：

$$C=\varepsilon\times\frac{S}{D}$$

其中，S表示两块平行板的相对面积；D表示两块平行板之间的垂直距离；ε表示平行板之间填充物质（电介质，Dielectric）的介电常数（Permittivity），如图1.3所示。

需要注意的是：公式里的S指的是相对面积，如图1.4所示。

尽管S_2比S_1大很多，但是相对面积却只有S_1。因此，该平行板电容器的有效面积将由S_1来决定。

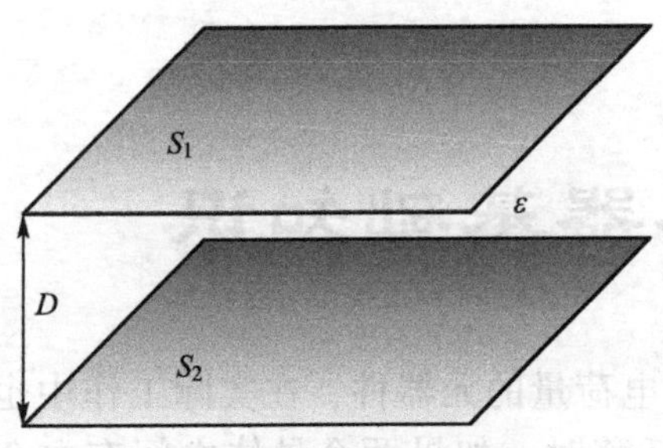

图 1.3　平行板电容器的参数

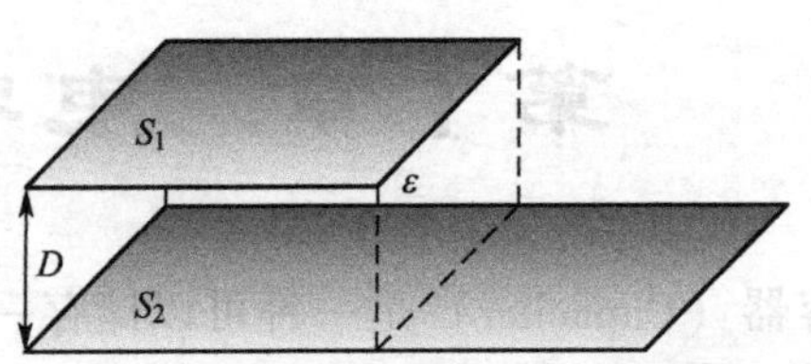

图 1.4　平行板电容器的相对面积

对于平行板电容器而言，填充在两块平行板之间的物质就是空气（暂时把它称为真空吧），我们把真空的**介电常数**标记为符号 ε_0，其值约为 $8.854187817\times10^{-12}$F/m。

一般情况下，我们不会直接使用介电常数这个值，而是使用另一个参数：**相对介电常数** $\boldsymbol{\varepsilon_r}$(Relative Permittivity)，也就是某一种电介质材料的介电常数 ε 与真空的介电常数 ε_0 的比值。换言之，如果以真空的介电常数 ε_0 作为一个参考量，那么电介质材料的介电常数可表达为下式：

$$\varepsilon=\varepsilon_r\times\varepsilon_0$$

因此，平行板电容器的电容量计算公式可表达为下式：

$$C=\varepsilon_r\times\varepsilon_0\times\frac{S}{D}$$

那怎么样确定某介质材料的介电常数呢？其实很简单，在结构（面积与距离）相同的平行板电容器之间，分别填充某介质材料或空气（什么都不填充），测试得到两者电容量的比值就是该介质材料对应的相对介电常数，如下所示：

$$\varepsilon_r=\frac{C}{C_0}$$

其中，C 表示填充某电介质材料时平行板电容器的电容量；C_0 表示填充空气时平行板电容器的电容量。

实际电子产品中的电容器通常使用如纸、玻璃、陶瓷、云母、有机薄膜等都材料作为电介质（很少使用空气），它们的介电常数比空气都要高，在相同的面积与距离条件下可以制造出电容量更高的电容器，这将非常有利于缩小电容器的结构尺寸，继而达到产品设计小型化的目标。

电容值是厂家在制造电容器时的**标称额定容值（Rated Capacitance）**，也有些书上称为“静电容量”，其单位有法拉（Farad，F）、毫法（mF）、微法（μF）、纳法（nF）、皮法（pF），它们之间的换算关系如下所示：

$$1\text{法拉(F)}=10^3\text{毫法(mF)}=10^6\text{微法(μF)}=10^9\text{纳法(nF)}=10^{12}\text{皮法(pF)}$$

可以看到，它们之间都是 1000 倍数（10^3）关系，这与长度单位千米（km）、米（m）、毫米（mm）是相似的。法拉这个单位比较大，就像我们小老百姓很少论“吨”去买菜一样，所以常用的单位是微法（μF）、纳法（nF）和皮法（pF）。

厂家在制作电容器规格书时，通常把相同制造工艺类型的电容器汇总为单一规格书，然后以**额定容值范围 $\boldsymbol{C_R}$（Rated Capacitance Range）**来标记，如表 1.1 所示。

表 1.1　电容器参数（部分）

参　数	数　值
额定容量范围	1～10000μF
额定电压范围	6.3～100V
允许偏差	±20%

电容器在厂家批量生产制造的时候，不可能所有电容量都是精确相等的，而是有一个容量偏差范围，我们称其为**容值偏差（Capacitance Tolerance）**，通常用百分比来表示，也可以用相应的字母代码来表示，如表 1.2 所示。

表 1.2　允许偏差字母代码

偏　差	字母代码	偏　差	字母代码
±0.1%	B	±5%	J
±0.25%	C	±10%	K
±0.5%	D	±20%	M
±1%	F	±30%	N

例如，容量偏差为 10%的 100μF 电容器，则实际容量在 90～110μF 范围内都是符合标准的。

电容器都有**额定工作电压 U_R（Rated Voltage）**，它是电容器在电路中能够长期可靠地工作而不被击穿所能承受的最大电压，我们通常将其简称为“耐压”，其大小与电容器的结构、电介质材料的种类与厚度等因素有关。

根据平行板电容器的电容量计算公式，为了在更小的体积内实现更大的电容量，电介质材料的厚度应该是非常薄的（平行板之间的距离非常小）。如果对电容器施加一定的电压，电介质材料将承受较大的电场强度，一旦施加的电压超过额定值，就很有可能破坏电介质材料，轻则导致电容击穿而失效，重则产生明火或发生爆炸现象，继而导致连带事故。因此，在实际电路设计中选择电容器的耐压值时，一定要注意设计裕量。

电容器的额定电压有直流（Direct Current，DC）与交流（Alternating Current，AC）两种。对于有极性电容器（如电解电容、钽电容），通常在实际应用中不允许施加反向电压，厂家的数据手册会给出直流额定耐压值（U_{DC}）。当然，也同时会给出反向耐压值 U_{rev}（Reverse Voltage），但这个值往往远比直流额定耐压要小得多，如表 1.3 所示。

表 1.3　反向耐压值

参　数	数　值
反向耐压	$U_{rev} \leqslant 1V$

对于很多可以作为交流高压应用的无极性电容器（如薄膜电容），数据手册通常还会给出额定交流耐压值，如表 1.4 所示。

表 1.4　额定耐压参数

额定直流耐压值	160	250	400	630	850	1000	1250	1600	2000	2500
额定交流耐压值	110	160	200	220	300	350	450	550	700	900

如果将额定交流耐压值换算为额定直流耐压值来表示，就相当于交流耐压有效值的 1.14 倍以上，这就是为什么数据手册中直流额定耐压标称值总是比交流额定耐压标称值大。

还有一点需要注意的是：有些电容器的电容量会随着两端的电压波动而变化，这主要源自于介质材料的极化饱和。如果在滤波器或时间常数电路中使用容量变动大的电容器，就很有可能产生错误或漂移。在耦合电路中应用也将存在使信号失真的可能，后续章节将详细阐述。

电容器也有**额定工作温度（Temperature）**，它通常是一个区间范围，超过额定工作温度会影响电容器的容值与寿命。例如，铝电解电容内部存在能够提升电容量的电解液，长时间工作在超过额定温度的环境下会加速电解液的挥发，继而引起电容器的提前失效。

数据手册中一般使用容量温度系数（Temperature Coefficient of Capacitance，TCC）来表示，此参数主要与电介质材料的类型有关，如表 1.5 所示为某陶瓷电容的 TCC 值。

表 1.5　某陶瓷电容的 TCC 值

参　　数	条　　件	数　　值
容量温度系数	电介质 BP，温度范围为−55～125℃，0V 直流偏置	0±30ppm/℃
	电介质 BX，温度范围为−55～125℃，0V 直流偏置	±15%
	电介质 BX，温度范围为−55～125℃，额定直流偏置	+15%，−25%

实际的电容器并不是完全理想的，换言之，除了电容特性外，还会有一定的引线寄生电阻与电感，它的等效电路如图 1.5 所示。

除此之外，电容器本体还包含一定的漏电阻与介质损耗，我们通常使用如图 1.6 所示的简化等效电路来模拟一个真实的电容器：

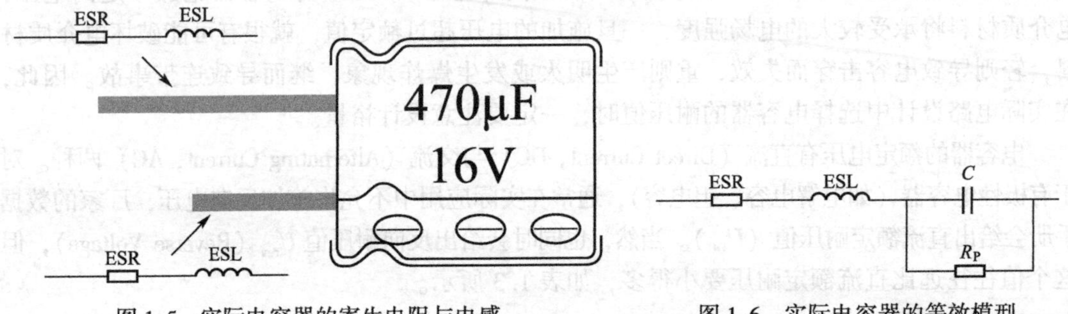

图 1.5　实际电容器的寄生电阻与电感　　图 1.6　实际电容器的等效模型

其中，ESL（Equivalent Series Inductance）表示电容器引线与结构的等效串联电感；ESR（Equivalent Series Resistance）表示电容器引线与结构的等效串联电阻；电阻 R_P 表示电容器两个平板之间的绝缘电阻（空气也可以用这个电阻等效），这个值通常比较大，一般至少在兆欧姆级以上。

先来看看绝缘电阻 R_P 对电容器的影响。当我们在电容器两端施加直流电压对其进行充电时，电容器的两个极板开始聚集正负电荷，理想电容器的两个平板之间的绝缘电阻应该是无穷大的（完全绝缘不导电，绝缘电阻无穷大），内部不会有电荷通过，但实际电容器的绝缘电阻总是有限的，或多或少会有一定的电荷经过电阻 R_P，这些电荷形成的电流称为**泄漏**

电流 I_L（Ieakage Current），简称为“漏电流”，如图 1.7 所示。

外加直流电压对电容器充电，原来的意思是把好处全部留给电容器 C，但是由于绝缘电阻 R_P 的存在形成了一定的漏电流，这个漏电流会影响电容器的滤波效果，也是导致电容器发热损坏的根源之一，后续我们也将进一步详细讨论。

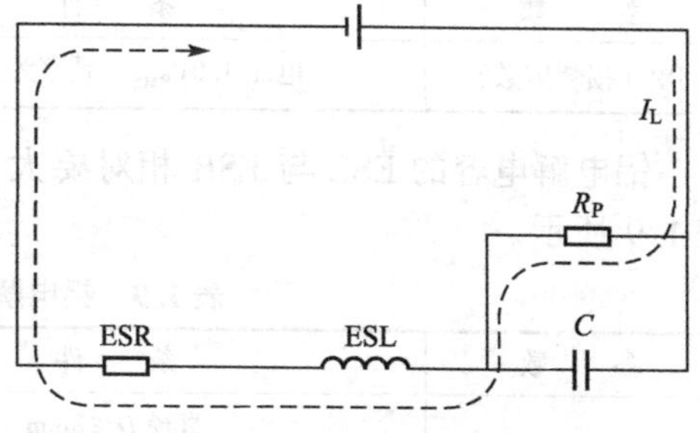

图 1.7　电容器的漏电流

对于铝电解电容之类的电容器，其漏电流相对会比较大。因此，厂家会在相应的数据手册中标记出该参数，如表 1.6 所示。

表 1.6　泄漏电流参数

参　　数	条　　件	数　　值
泄漏电流	额定电压 2 分钟后	$I_L \leqslant 0.01C_R \times U_R$ 或 3μA
	额定电压 5 分钟后	$I_L \leqslant 0.002C_R \times U_R$ 或 3μA

有些类型的电容器（如陶瓷电容）的漏电流非常小，就直接用**绝缘电阻（Insulating Resistance）**来代替泄漏电流这个参数，其实两者的意义是完全一样的，这个绝缘电阻达到 10000MΩ以上那都是小意思，如表 1.7 所示。

表 1.7　绝缘电阻

参　　数	条　　件	数　　值
绝缘电阻	测试温度为+25℃，额定电压偏置	大于或等于 100000MΩ
	测试温度为+125℃，额定电压偏置	大于或等于 100000MΩ

理想的电容器是单纯的储能元器件，是不会有任何能量损耗的。但是，从实际电容器的等效电路中可以看到，有消耗功率的电阻 ESR 与 R_P，如图 1.8 所示。

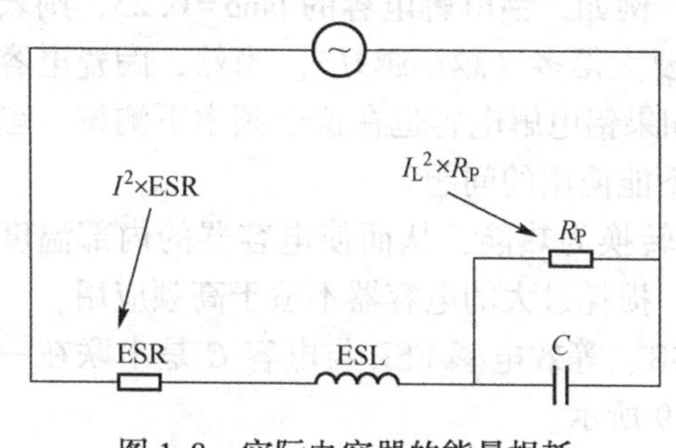

图 1.8　实际电容器的能量损耗

当我们在电容器两端施加交流电源电压时，电容器不断地反复充放电形成回路电流 I 的同时，也会有一定的漏电流 I_L，由于 ESR 与 R_P 的存在，总是会消耗一定的有功功率，它们的总值为

$$I^2 \times \mathrm{ESR} + I_L^2 \times R_P$$

电容器还有另一部分损耗来自电介质材料的分子周期性极化带来的介质损耗，我们一般不会直接测量电容器的介质损耗是多少，而是以介质损耗角正切（$\tan\delta$）来表示。它是电容器损耗的有功功率与电容器的无功功率的比值，是衡量电容器工作效率的一个参数，这个参数可能很少有人注意，其损耗原理我们将在后续内容中详细介绍。

陶瓷电容之类电容器的 ESL 与 ESR 比较小，因此数据手册中不一定有这个值，似乎没有办法给出相应的损耗参数。然而，只要你使用的是一个电容器，数据手册中都会有损耗因数（Dissipation Factor，BP），如表 1.8 所示。

表 1.8　损耗因素

参　数	条　件	数　值
BP（损耗因数）	电压 1.0V_{RMS}，频率为 1MHz	0.05%

铝电解电容的 ESL 与 ESR 相对要大很多，因此数据手册中通常会直接给出参数，如表 1.9 所示。

表 1.9　铝电解电容的 ESL 与 ESR 参数

参　数	条　件	数　值
等效串联电感（ESL）	直径 $D\leqslant 8$mm	典型值为 13nH
	直径 $D=10$mm	典型值为 16nH
	直径 $D\geqslant 10$mm	典型值为 18nH
等效串联电阻（ESR）	从参数 $\tan\delta$ 与 C_R 计算	$\tan\delta/2\pi fC_R$

表 1.9 中的 ESR 参数值中有一项 $\tan\delta$，其实它与损耗因数的含义是完全一样的，如表 1.10 所示。

表 1.10　铝电解电容参数（部分）

额定电压/V	额定容值/μF	标称尺寸 $D\times L$	纹波电流/mA	介质损耗角正切 $\tan\delta$（100Hz 时）
6.3	220	5(mm)×11(mm)	200	0.23
	2200	10(mm)×16(mm)	785	0.25
	6800	13(mm)×25(mm)	1880	0.33
	22000	18(mm)×40(mm)	3320	0.65

损耗因数就是介质损耗角正切的百分表达方式。例如，铝电解电容的 $\tan\delta=0.23$，则表示损耗因数为 23%，比陶瓷电容的损耗因数 0.05%要大得多（越小越好）。当然，陶瓷电容的损耗因数是在频率为 1MHz 条件下测量得到的，如果铝电解电容也在这个频率下测试，恐怕就不只是损耗因数大到哪个程度的问题，而是能不能使用的问题。

这些损耗的总功率（损耗的有功功率）将电能转换为热能，从而使电容器的内部温度升高，继而影响电容器的工作稳定性与寿命。因此，损耗过大的电容器不适于高频应用。

从电容器的等效电路中可以看到，等效电阻 ESR、等效电感 ESL 与电容 C 是串联在一起的，这是一个典型的 RLC 串联谐振电路，如图 1.9 所示。

它的频响曲线如图 1.10 所示。

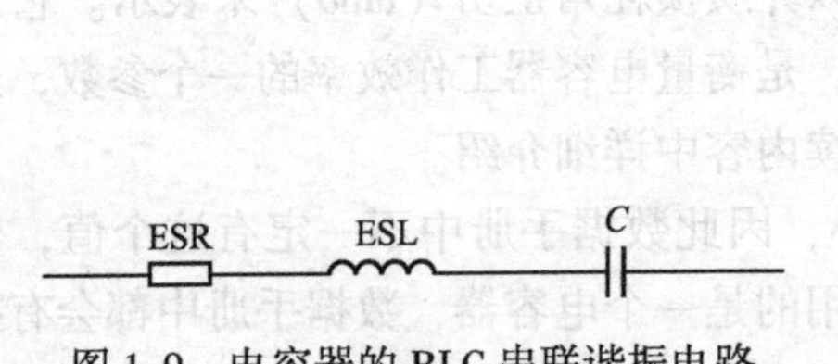

图 1.9　电容器的 RLC 串联谐振电路

容性
(感性)
f_s
f
O

图 1.10　实际电容器的频响曲线

其中，f_s就是实际电容器的自谐振频率（Self-Resonance Frequency，SRF），它可由下式计算获取：

$$f_s=\frac{1}{2\pi\sqrt{ESL\times C}}$$

在直流或低频应用的时候，可以看到电容器的自谐振频率的影响还不是那么明显。然而，当工作频率越接近f_s，容抗会越来越小（也就是电容的特性越来越少）。例如，一个电容器的电容值是 100μF，当它的工作频率越接近本身的自谐振频率时，这个有效的电容值就越来越低了。

当工作频率为f_s时，这个电容器已经不再有电容的特性，而是一个单纯的电阻，如果在这个频率点让电容器实现充放电的功能，那很显然是白忙活了。

当工作频率超过f_s时，这个电容器就相当于一个电感了，没有任何电容的特性了，也就相当于它做不了电容器本可以做到的任何事情，这个特性是不是如晴天霹雳一样？

在相同制造工艺类型的前提下，插件电容器比贴片电容器的 ESL 要大，因为前者的引脚分布电感要大一些。那某个具体电容器的自谐振频率究竟有多大呢？我们以 ESL = 13nH（表 1.9 有此参数）为例计算一下电容值为 10μF 的铝电解电容的自谐振频率，如下所示：

$$f_s=\frac{1}{2\pi\sqrt{13\times10^{-9}\times10\times10^{-6}}}\text{Hz}\approx441416\text{Hz}\approx441\text{kHz}$$

只有区区的 441kHz，而且这个自谐振频率会随着容值的增加而减小。例如，常用于电源滤波的铝电解电容至少都在 1000μF 以上，按同样的计算原理得到的自谐振频率会在 44kHz 以下。

如果电路设计中一定需要 10μF 的铝电解电容进行调试，但是工作频率是 1MHz 该怎么办？你可以把多个容量更小的电容器（如 1μF）并联起来，这样并联后的总 ESL 就会减小，从而提升了自谐振频率，扩宽了应用频率范围。

多个电容并联后的频响曲线如图 1.11 所示。

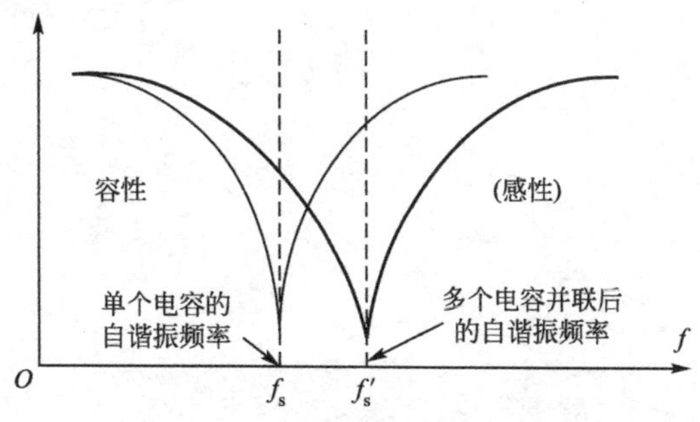

图 1.11　多个电容并联后的频响曲线

条条大路通罗马，我们也并非只有并联电容器这个办法，铝电解电容因本身的结构导致 ESL 比较大，但还有很多其他类型电容器的 ESL 要小得多，例如，贴片陶瓷电容。一般贴片陶瓷电容对应的数据手册不会标注这个数据，因为这个数值实在是太小了。

下面我们以 1nH 为例计算一下 10μF 贴片陶瓷电容的自谐振频率，如下所示：

$$f_s=\frac{1}{2\pi\sqrt{1\times10^{-9}\times10\times10^{-6}}}\text{Hz}\approx1591596\text{Hz}\approx1.6\text{MHz}$$

也就是说，同样工作在 1MHz 的频率，如果选择贴片陶瓷电容，不需要使用容量更小的电容器并联方式也可以达到我们的要求，而且容量越小则相应的自谐振频率越高。

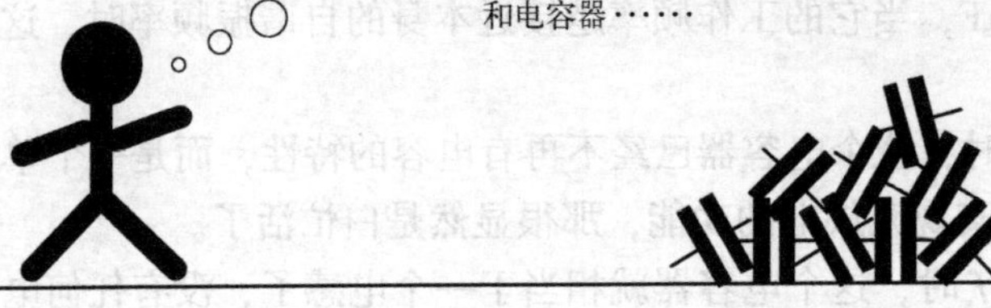

第 2 章 电容器标称容值为什么这么怪

无论是电子工程技术的初学者，还是有着多年工作经验的资深工程师，都不可避免地会发现这样一个现象：电容器上标注的电容值都是如 22pF、33μF、47μF、68μF、220μF、330μF、470μF、680μF 等“奇怪”的标称数值（见图 2.1），但是却很少看到如 400μF、600μF、800μF 等这样“齐整”的电容值，难道做个标称容值“齐整”的电容器就这么困难吗？这种现象在如电阻器的阻值与电感器的感值中也同样存在，为什么会这样呢？

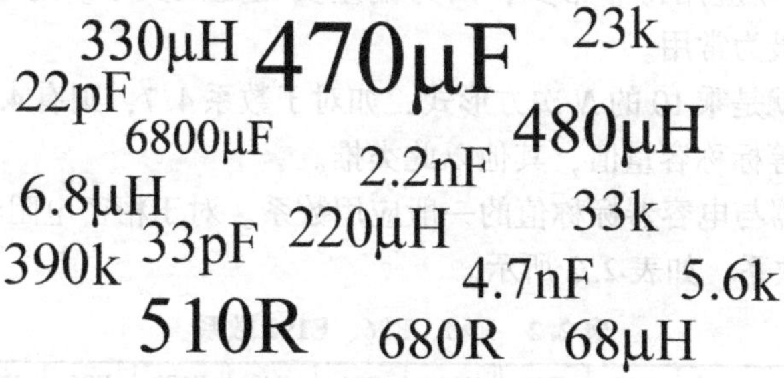

330μH 470μF 23k
22pF
6800μF 480μH
2.2nF
6.8μH 33k
33pF 220μH
390k
4.7nF 5.6k
510R 680R 68μH

图 2.1 “奇怪”的标称数值

原因其实很简单：这个标称值的设置是有国家标准的，这跟人民币只有 1、2、5 有限的规格是同样的道理。

对于电容器的标称容量值，我们采用国家标准（简称“国标”）GB/T 2471《电阻器和电容器优先数系》，英文名为“Preferred Number Select for Resistors and Capacitors”。其中，“GB”表示国际，“/T”表示推荐标准（没有“/T”，表示国家强制标准，企业进行相关经营活动时必须执行），2471 为标准号。

很多电子工程师对国家标准之类的知识都知之甚少，这很大程度上与其所在的行业是有关系的，如果你工作于一些消费类电子行业，可能十几年甚至几十年都未必真正接触到国家标准，因为实在是用不上呀。但是，类似医疗器械这样的行业，无论你是做调研、软件、硬件、测试、转换、归档等任意一个职业分工，随时都需要参考国家标准来做！

国家推荐标准 GB/T 2471 对应于国际标准 IEC 63（International Electro technical Commission，IEC，国际电工委员会），它给出了 4 种不同的数系表，分别为 E3、E6、E12、E24，这几种系列之间的区别就是允许偏差的不同，如表 2.1 所示。

表 2.1 E3、E6、E12、E24 数系

系列	E24	E12	E6	E3	E24	E12	E6	E3
偏差	±5%	±10%	±20%	>±20%	±5%	±10%	±20%	>±20%
数系	1.0	1.0	1.0	1.0	3.3	3.3	3.3	
	1.1				3.6			

续表

系　列	E24	E12	E6	E3	E24	E12	E6	E3
偏　差	±5%	±10%	±20%	>±20%	±5%	±10%	±20%	>±20%
数系	1.2	1.2			3.9	3.9		
	1.3				4.3			
	1.5	1.5	1.5		4.7	4.7	4.7	4.7
	1.6				5.1			
	1.8	1.8			5.6	5.6		
	2.0				6.2			
	2.2	2.2	2.2	2.2	6.8	6.8	6.8	
	2.4				7.5			
	2.7	2.7			8.2	8.2		
	3.0				9.1			

其中，E3 系列如今应用得非常少，因为偏差实在是太大了。对于电容器而言，E24、E12、E6 这 3 个系列最为常用。

数系的实际用法就是乘 10 的 N 次方形式，如对于数系 4.7，则有 4.7pF、47pF、470pF、4.7nF、47nF、47μF 等标称容量值，其他以此类推。

表 2.1 只是电阻器与电容器标称值的一般应用数系。对于精密电阻器与精密电容器，还有 E48、E96、E192 数系，如表 2.2 所示。

表 2.2　E48、E96、E192 数系

系列	E192	E96	E48	E192	E96	E48	E192	E96	E48	E192	E96	E48	E192	E96	E48
偏差	±5%	±10%	±20%	±5%	±10%	±20%	±5%	±10%	±20%	±5%	±10%	±20%	±5%	±10%	±20%
数系	100	100	100	133	133	133	178	178	178	237	237	237	316	316	316
	101			135			180			240			320		
	102	102		137	137		182	182		243	243		324	324	
	104			138			184			246			328		
	105	105	105	140	140	140	187	187	187	249	249	249	332	332	332
	106			142			189			252			336		
	107	107		143	143		191	191		255	255		340	340	
	109			145			193			258			344		
	110	110	110	147	147	147	196	196	196	261	261	261	348	348	348
	111			149			198			264			352		
	113	113		150	150		200	200		267	267		357	357	
	114			152			203			271			361		
	115	115	115	154	154	154	205	205	205	274	274	274	365	365	365
	117			156			208			277			370		
	118	118		158	158		210	210		280	280		374	374	
	120			160			213			284			379		
	121	121	121	162	162	162	215	215	215	287	287	287	383	383	383
	123			164			218			291			388		
	124	124		165	165		221	221		294	294		392	392	
	126			167			223			298			397		
	127	127	127	169	169	169	226	226	226	301	301	301	402	402	402
	129			172			229			305			407		
	130	130		174	174		232	232		309	309		412	412	
	132			176			234			312			417		

续表

系列	E192	E96	E48	E192	E96	E48	E192	E96	E48	E192	E96	E48	E192	E96	E48
偏差	±5%	±10%	±20%	±5%	±10%	±20%	±5%	±10%	±20%	±5%	±10%	±20%	±5%	±10%	±20%
	422	422	422	505			604	604		723			866	866	866
	427			511	511	511	612			732	732		876		
	432	432		517			619	619	619	741			887	887	
	437			523	523		626			750	750	750	898		
	442	442	442	530			634	634		759			909	909	909
	448			536	536	536	642			768	768		920		
	453	453		543			649	649	649	777			931	931	
数系	459			549	549		657			787	787	787	942		
	464	464	464	556			665	665		796			953	953	953
	470			562	562	562	673			806	806		965		
	475	475		569			681	681	681	816			976	976	
	481			576	576		690			825	825	825	988		
	487	487	487	583			698	698		835					
	493			590	590	590	706			845	845				
	499	499		597			715	715	715	856					

将这些“奇怪”的标称值的来源归结于国家标准似乎是个比较理想的答案，但势必要打破砂锅问到底的我仍然不禁要问一问：为什么国家标准会选择这些数系呢？

这个问题问得好，问到点子上了。

这里可以回答你的是：有规律，当然有规律！

美国电子工业协会（Electronic Industries Association，EIA）是在 20 世纪定义的标准电阻值系统，当时的电阻都还是碳膜工艺的，精度非常低。国际电工委员会曾希望改用 R 系列制度，但因为 E 系列已经在一些国家采用，改变起来困难较大，所以至今在电子元件行业（主要是电阻、电容和电感）仍然以 E 系列为主。

E 系列是一种由几何级数构成的数列，源自 Electricity 的首字母，它是以 $\sqrt[6]{10}=1.5$、$\sqrt[12]{10}=1.21$、$\sqrt[24]{10}=1.1$ 为公比的几何级数数列，分别称为 E6 系列、E12 系列、E24 系列。

所谓的“公比”，就是等比数列中后一项与前一项的商，那何谓“几何级数”？这里我们先给大家讲个“棋盘上的粮食”的故事：

古时候某个王国里，一位聪明的大臣发明了国际象棋献给了国王，国王从此迷上了下棋。为了对聪明的大臣表示感谢，国王答应满足这个大臣的一个要求。大臣说：“就在这个棋盘上放一些米粒吧。第 1 格放 1 粒米，第 2 格放 2 粒米，第 3 格放 4 粒米，然后是 8 粒、16 粒、32 粒……一直到第 64 格”。

这些米粒全部加起来后等于：$2^0+2^1+2^2+2^3+\cdots+2^{63}=2^{64}-1=18446744073709551615$ 粒，大约 2200 亿吨，相当于全世界几百年整个的产量，如图 2.2 所示。

棋盘格子里的米粒数就是几何级数的数列，这个数列的公比就是 2，是一个数学上的概念，可以表示成 x^y，即 x 的 y 次方的形式增长。通常情况下，$x=2$，也就是常说的翻几（y 值）番。

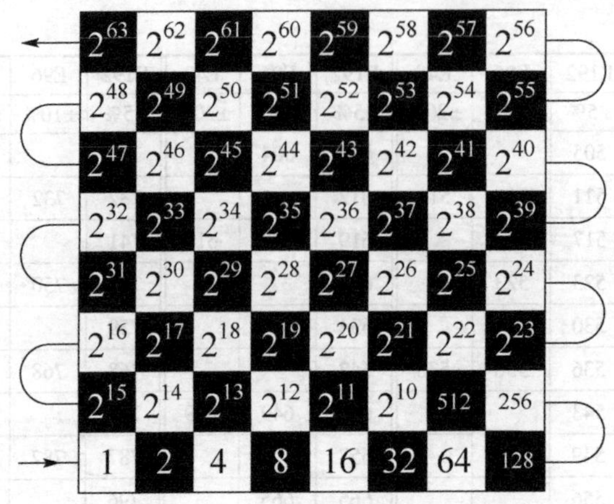

图 2.2　棋盘上的米粒

我们先来看看 E6 系列是如何选出来的！10 开六次方的值约为 1.5，如下所示：

$$\sqrt[6]{10} \approx 1.467799 \approx 1.5$$

在这个数的基础上取几何级数（也就是平方了），只不过这里的底数不是上面的 2 颗粮食，而是 1.5 颗粮食（以 1.5 为基数），则有：

$$\sqrt[6]{10}^2 \approx 2.154437 \approx 2.2$$

$$\sqrt[6]{10}^3 \approx 3.162278 \approx 3.2$$

$$\sqrt[6]{10}^4 \approx 4.641589 \approx 4.6$$

$$\sqrt[6]{10}^5 \approx 6.812921 \approx 6.8$$

实际 E6 系列的 6 个系数为 1、1.5、2.2、3.3（理论为 3.2）、4.7（理论 4.6）和 6.8，这个标称数系的选择过程如图 2.3 所示。

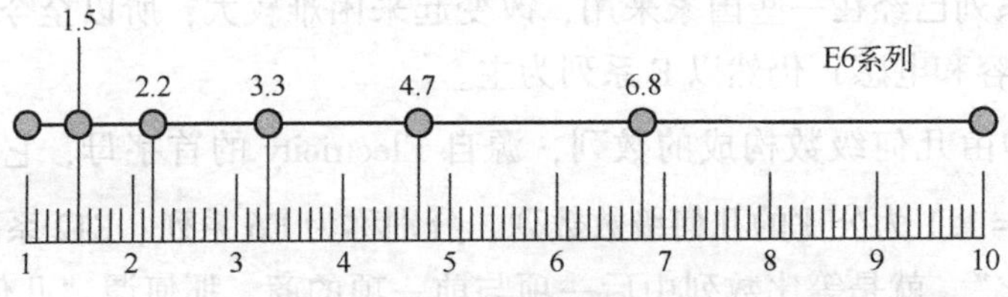

图 2.3　E6 系数选取示意

相应地，E12 系列是在 1~10 范围内，按照几何级数确定 12 个值，只不过基数是 $\sqrt[12]{10} = 1.21$。而 E24 系列则是在同样的范围内，按照几何级数确定 24 个值，其基数是 $\sqrt[24]{10} = 1.1$，相应的选取示意如图 2.4 所示。

这种选取方法可以保证厂家在生产时，仅需要提供有限的种类，同时也能满足绝大多数用户的需求。

例如，在 E6 系列中，电容值可以为 1.5、2.2、3.3、4.7、6.8，但是由于电容值允差为 20%，因此实际的容值范围为 1.2~1.8、1.76~2.64、2.64~3.96、3.76~5.64、5.44~

8. 16，如图 2. 5 所示。

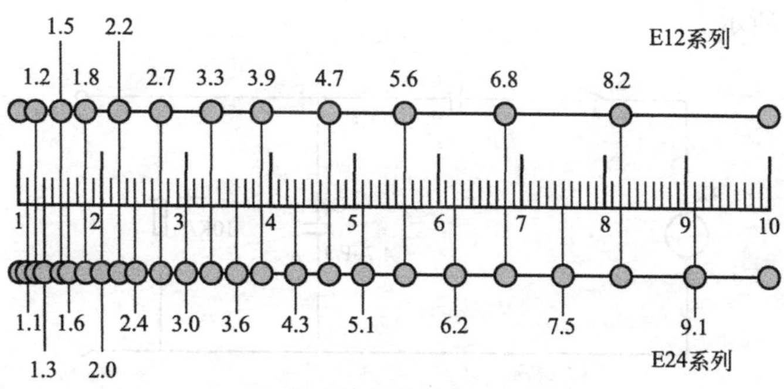

图 2. 4　E12 与 E24 系数选取示意

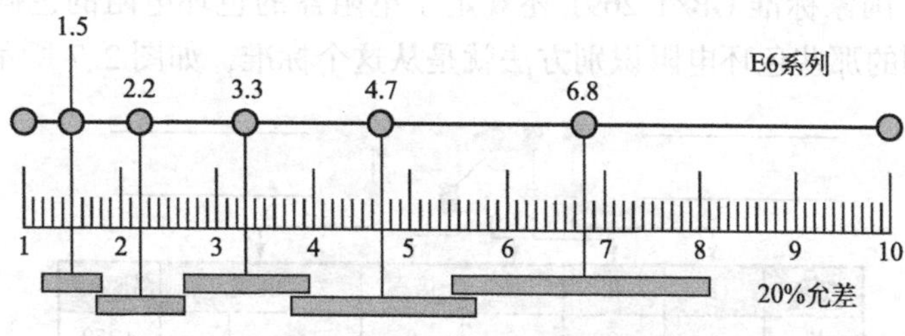

图 2. 5　E6 系列允许偏差示意

换言之，E6 系列在容值允许偏差为 20%的条件下，覆盖了所有的容值范围（不存在空白的区间），也就是说，没有表达不了的容值。因此，我们仍然可以通过筛选获取所需要的容值，这一点对电阻值与电感值也是成立的。

在实际工作当中，无论是阻值、容值、感值的偏差，都很少会用哪个 E 系列来称呼。例如，我们很少会说：这个设计里面应该使用 EXX 系列的电阻，而会说：应该使用百分之几的阻值，相应的百分数偏差也可以使用字母代码来表示，这个字母的对照表在国家标准 GB/T 2691《电阻器和电容器的标志代码》（英文名 "Marking Codes for Resistors and Capacitors"）中规定，如表 2. 3 所示。

表 2. 3　电阻器与电容器允许偏差字母代码

允许偏差/%	字母代码	允许偏差/%	字母代码
±0. 005	E	±1	F
±0. 01	L	±2	G
±0. 02	P	±5	J
±0. 05	W	±10	K
±0. 1	B	±20	M
±0. 25	C	±30	N
±0. 5	D		

例如，某电路方案需要使用精度为 5%的 4.7μF 电容，我们会以 4.7μF/5%或 4.7μF/J 来标记，如图 2.6 所示。

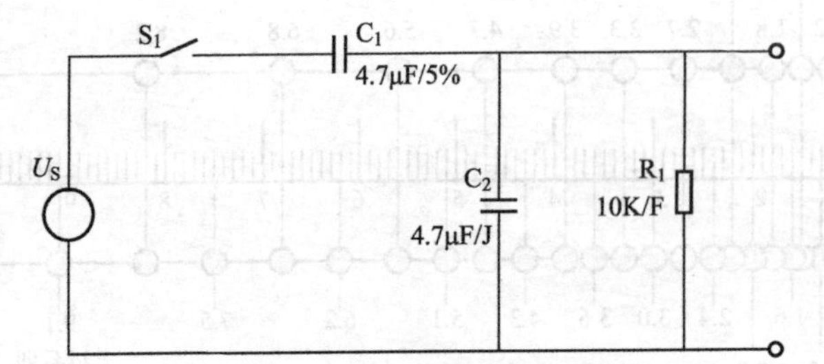

图 2.6　允许偏差的示意方法

顺便说一句，国家标准 GB/T 2691 还规定了电阻器的色环电阻的色码代表值，我们在书本或网络上看到的那些色环电阻识别方法就是从这个标准，如图 2.7 所示。

颜色	Ⅰ	Ⅱ	Ⅲ	倍率	误差		温度系数
黑	0	0	0	0			±250
棕	1	1	1	1	±1%	F	±100
红	2	2	2	2	±2%	G	±50
橙	3	3	3	3			±15
黄	4	4	4	4			±25
绿	5	5	5	5	±0.5%	D	±20
蓝	6	6	6	6	±0.25%	C	±10
紫	7	7	7	7	±0.10%	B	±5
灰	8	8	8				±1
白	9	9	9				
金				−1	±5%	J	
银				−2	±10%	K	
无					±20%	M	
颜色	Ⅰ	Ⅱ	Ⅲ	倍率	误差		温度系数

图 2.7　色环电阻的色码值表

这里也谈谈电容器标称容值的标记方法，主要有 3 种方式（还有一种类似色环电阻之类的彩色代码标记方式，如今在电容器中已经很少见，这里不再赘述）：

（1）直接表示法。通常在体积较大的电容器表面较为常见，如安规电容和铝电解电容，如图 2.8 所示。

（2）数字代码表示法。与电阻器一样，使用“有效数字+乘数数字”3 位代码“XXY”，

这种表示方法在如薄膜电容和陶瓷电容中应用较多（跟体积没有多大的关系，就算体积很大也会用数字代码来表示），它以 1pF 作为基数，如“331”为 $33\times10^1=330$pF，“104”为 $10\times10^4=100000$pF$=100$nF，如图 2.9 所示。

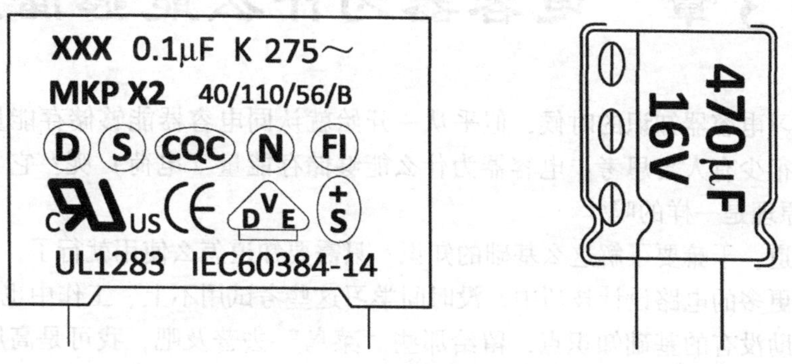

图 2.8　直接表示法

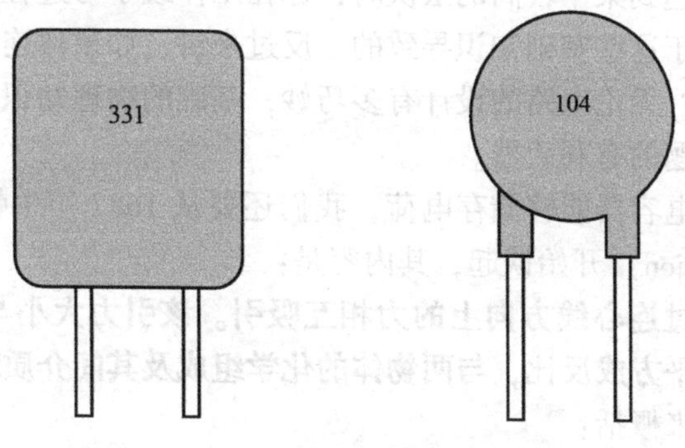

图 2.9　数字代码表示法

（3）文字符号表示法。将电容器的标称值和允差用数字和文字符号按一定规律组合标志在电容本体上。例如，2n2J 表示该电容器的标称容值为 2.2nF=2200pF，允许偏差为 5%，p33 表示该电容器的标称容量为 0.33pF，如图 2.10 所示。

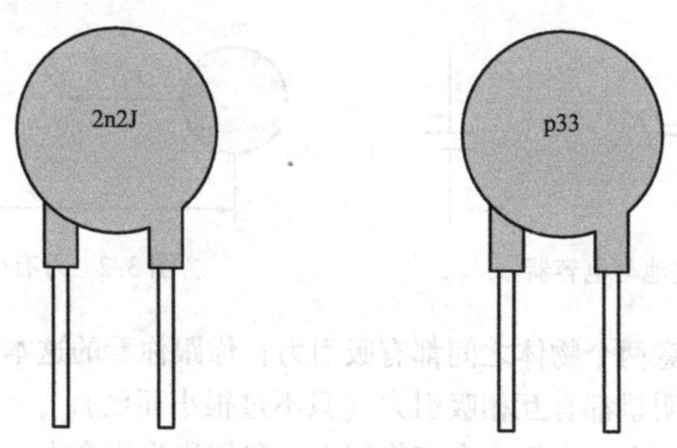

图 2.10　文字符号表示法

第3章 电容器为什么能够储能

我们在学习电容器知识的时候，似乎从一开始就认同电容器能够储存能量（电荷）的事实，但可能很少有人会思考：电容器为什么能够储存能量（电荷）呢？它与电池（见图3.1）的储能原理是一样的吗？

有人反问道：干嘛要了解这么基础的知识？只需要知道怎么使用就行了，我要把更多的精力用在学习更多的电路设计技巧中，没时间学习这些考试用不上、工作中也涉及不到、对涨工资一点帮助没有的基础知识点，留给那些“菜鸟”去普及吧，我可是高层次的“工程师”！

然而，当你的水平达到某个较高的层次时，你在工作或学习过程中遇到的关于电容器应用的怪问题可能就是由于这些基础知识导致的。反过来讲，如果你连这些基础知识都没有深入理解，何谈设计层次？无论电路的设计有多巧妙，基础的物理知识总是不会过时的，而且通常都是理解或解决问题的有利武器。

要清楚阐述为什么电容器能够储存电荷，我们还要从1687年牛顿提出的万有引力定律（Law of universal gravitation）开始谈起，其内容是：

任意两个质点有通过连心线方向上的力相互吸引。该引力大小与它们质量的乘积成正比，与它们之间距离的平方成反比，与两物体的化学组成及其间介质种类无关。

它可以用以下公式来概括：

$$F_1 = F_2 = G\frac{m_1 m_2}{r^2}$$

其中，F_1、F_2为两个质点（后面称其为物体）之间的相互作用力；G为万有引力常数；m_1与m_2为两个物体的质量；r为两个物体之间的距离。此公式可用图3.2来表示。

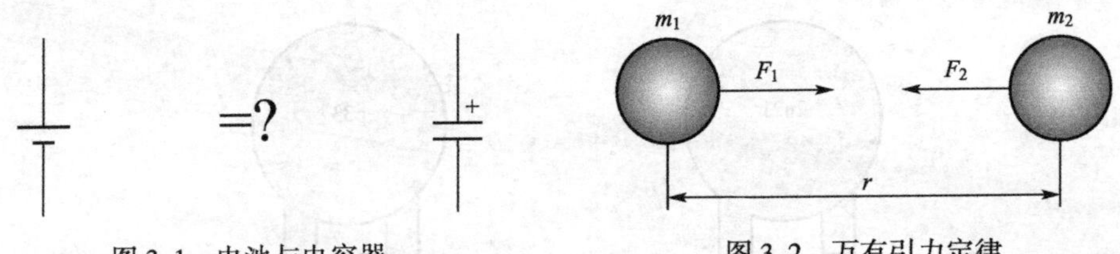

图3.1 电池与电容器

图3.2 万有引力定律

通俗点讲就是：任意两个物体之间都有吸引力！你跟你看的这本书、这本书的作者、美国总统、豪车豪宅、女明星都有互相吸引力（只不过很小而已）。

很自然，在静止的点电荷之间也会有作用力，我们称为库仑力。相应的，法国科学家库仑在1785年由实验得出了库仑定律（Coulomb's law），比万有引力定律晚了将近一百年。库仑定律的内容是：

真空中两个静止的点电荷之间的相互作用力同它们的电荷量的乘积成正比，与它们的距

离的二次方成反比，作用力的方向在它们的连线上，同名电荷相斥，异名电荷相吸。

它的数学表达式如下：

$$F_1 = F_2 = k\frac{Q_1 Q_2}{d^2} = \frac{Q_1 Q_2}{4\pi\varepsilon_0 d^2}$$

其中，F_1、F_2为两个点电荷之间的相互作用力（同名相斥，异名相吸）；Q_1与Q_2为两个点电荷的电荷量；d为点电荷之间的距离；k为库仑系数，其值约为 $9.0\times10^9\,\mathrm{N\cdot m^2/C^2}$，它可以表达为 $k=1/4\pi\varepsilon_0$（对于真空而言），这个 ε_0 我们在第 1 章就接触过了，也就是真空的介电常数。

我们知道，自然界存在两种电荷，一种是正电荷，另一种是负电荷，电子带负电，而质子带正电，同名电荷之间有相互排斥力，异名电荷之间有吸引力，其相互之间的作用力如图 3.3 所示。

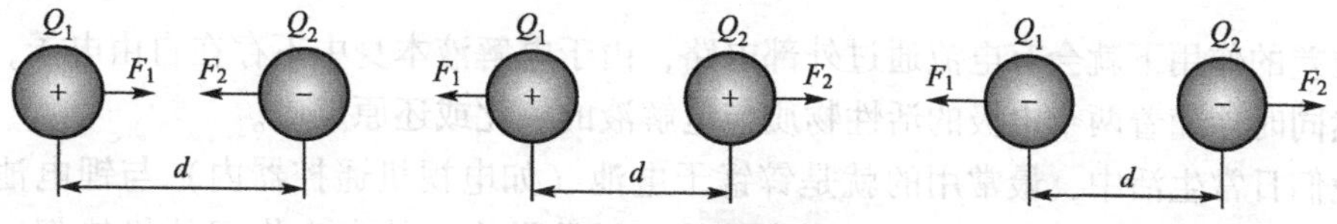

图 3.3　电荷之间的作用力

当我们在电容器两端施加直流电压时，正电荷聚集在 A 极板上，而负电荷聚集在 B 极板上，如图 3.4 所示。

当我们把外界施加的直流电压撤掉后，两个极板上的正负电荷将产生相互吸引的库仑力而停留在两个极板上，如图 3.5 所示。

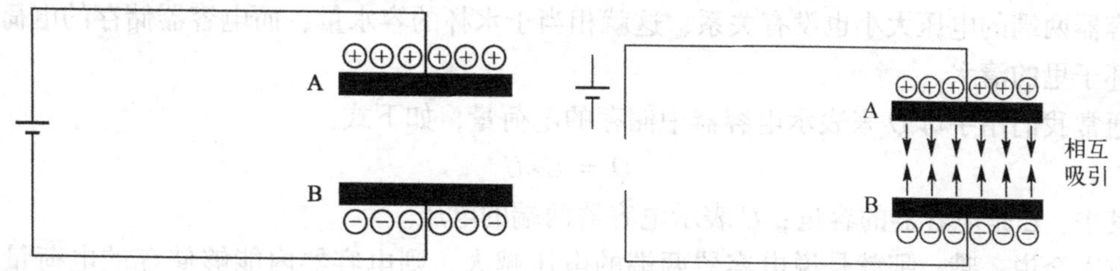

图 3.4　正负电荷聚集在极板上　　图 3.5　正负电荷的相互吸引

可以这么说，电容器的容量实际上就是对 A、B 两个平行板上的正负电荷之间吸引力大小的衡量。换言之，正负电荷之间的吸引力越大，则能够吸附的电荷量就越多，电容器的容量也就越大。由于库仑力是相互作用力，因此电容器的两个极板上的正负电荷必然总是相等的。

而电池（包括干电池、蓄电池、锂电池等）的储能原理是把化学能转化为电能，其基本原理如图 3.6 所示。

其中，负活性物质由电位较负并在电解质中稳定的还原剂组成，正活性物质由电位较正并在电解质中稳定的氧化剂组成，而电解液则是具有良好离子导电性的材料。

当外部电路没有形成闭合回路时，虽然正负极之间有电位差（开路电压），但由于没有形成回路电流，储存在电池中的化学能无法转换为电能。而当外部电路闭合时，在正负电极

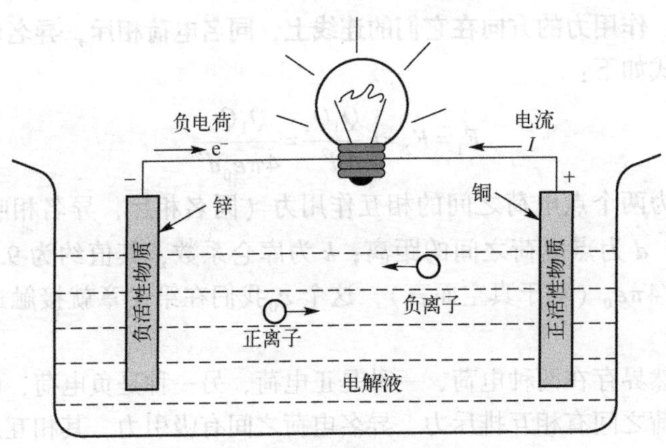

图 3.6　电池工作原理

之间电位差的作用下就会有电流通过外部电路，由于电解液本身中不存在自由电子，电荷的移动必然同时伴随着两个电极的活性物质与电解液的氧化或还原反应。

在我们日常生活中，最常用的就是锌锰干电池（如电视机遥控器内）与锂电池（如智能手机内），它们虽然不是直接存储电荷量的，但是最终对外产生作用的仍然都还是正负电荷。

我们说电容器是用来储存电荷的，那么如何来衡量这个电荷量呢？这与水杯存储清水的道理是一样的！一个具体水杯的容水量肯定是固定的，可能杯子里一点水都没有，也可能只有一半，也可能杯子已经装满水，如何去衡量储存的清水有多少呢？

电容量是电容器本身的属性，只和本身的结构有关，与电容器是否带电荷并没有关系，与电容器两端的电压大小也没有关系，这就相当于水杯的容水量，而电容器储存的电荷就相当于杯子里的清水。

通常我们用字母 Q 来表示电容器中储存的电荷量，如下式：

$$Q = C \times U$$

其中，C 是电容器的容量；U 表示电容器两端的电压。

有人会说：哦，那就是说电容器两端的电压越大，则电容器内能够储存的电荷量就越多，电容器的容量也就越大，如图 3.7 所示。

但是当你将外部施加的电压撤掉以后，超过电容器容量的电荷量仍然是无法储存的，如图 3.8 所示。

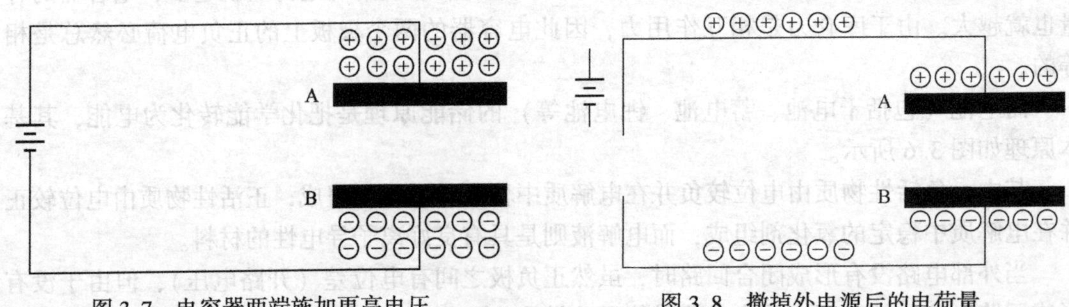

图 3.7　电容器两端施加更高电压　　图 3.8　撤掉外电源后的电荷量

这与我们学过的欧姆定律是相似的。该定律是由德国物理学家乔治 · 西蒙 · 欧姆 1826 年 4 月发表的“金属导电定律的测定”论文提出的，其内容如下所示：

在同一电路中，通过某段导体的电流跟这段导体两端的电压成正比，跟这段导体的电阻成反比。

它可以用下式来定义：

$$I=\frac{U}{R}$$

也可以将上式变换如下式：

$$R=\frac{U}{I}$$

但你不能这样理解欧姆定律：导体的电阻与两端的电压成正比，与流过的电流成反比。因为电阻的阻值是客观存在的，电阻本身是不会随电压或电流变化的（注意因果关系），这与电容器的容量不随两端电压变化的道理是一样的。

注意：实际电容器的容量与其两端的电压是有一定关系的，但并不能因此而错误理解电容器的储能特性，我们将在后续章节详加阐述。

我们也可以从电流 I 的角度来衡量电荷量大小，它的定义是单位时间 t 内通过导体横截面的电荷量 Q，通过的电荷量 Q 越多，相应的电流就越大，反之则越小，如图 3.9 所示。

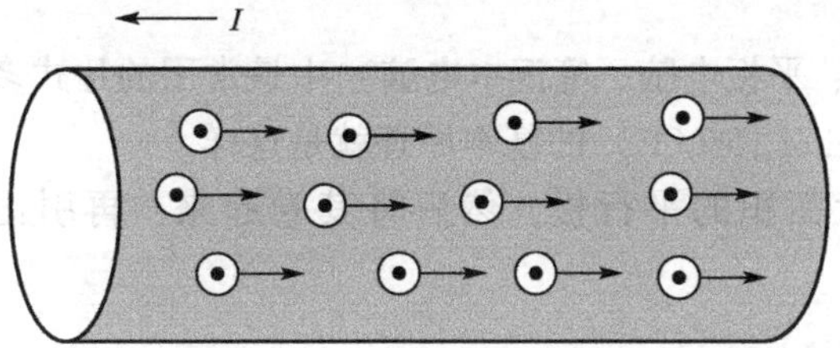

图 3.9　电流与电荷量的关系

我们可以用下式来表达：

$$I=\frac{Q}{t}$$

其中，电荷量的单位是库仑，简称库，用 C 表示；时间的单位是秒，用 s 表示；电流的单位是安培，简称安，用 A 表示。

电流数值的大小就等于在 1 秒内通过导体横截面的电荷量，如在 10s 内通过导体横截面的电荷量为 10C，则根据公式可计算得出：$I=Q/t=10\text{C}/10\text{s}=1\text{A}$。

这个公式也要记住哦，后面会用得到的。

我们根据库仑定律的公式可以看出，库仑力的大小与电荷量、库仑系数 k（也就是电介质的介电常数）成正比，而与平行板之间的距离成反比。因此，只要我们增加平行板的面积（加大可以储存电荷的面积）或缩小两者之间的距离（减小电荷之间的距离 d），就可以吸附更多的电荷，继而达到提升电容器容量的目的，这与我们在第 1 章讲解的平行板电容量计算公式也是非常类似的（不一致就真的有问题了）。

无论电容器厂家在做哪方面努力，如果想在更小的空间内实现更大的容量，就必须得在结构或电介质材料方面下功夫，这里我们简单谈谈如何把面积做大的两种常用的方法。

导演，不用说了，我明白了，只要把平行板的相对面积增大，电容量不就提上去了吗？我太有才了！是的，你可以用两块钢板夹一块落地窗玻璃做成一个电容，但那个电容量实在是太小了，并没有什么实际的用途，况且实际电子产品中的空间总是有限的，你可以用两块平行板的方法做成符合要求的大电容，但你总不能把房间那么大的电容器塞进小小的电子产品中吧！

正所谓：兵来将挡，水来土掩！这个世界的问题总会有解决的办法，我们可以使用多个相互层叠的平行板，这样有效的相对面积 S 就会增大，即体积换面积的方法，如图 3.10 所示。

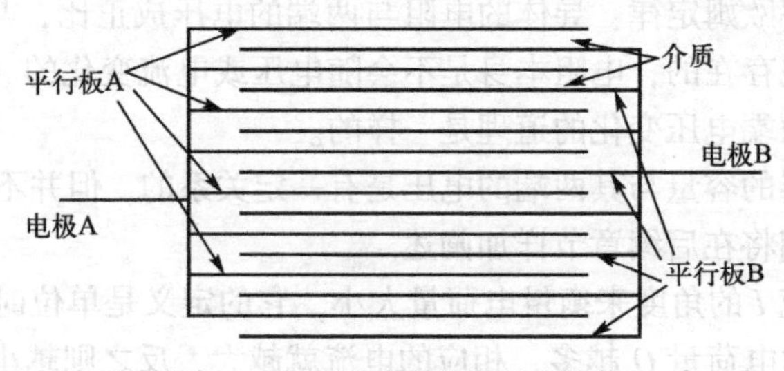

图 3.10　叠层型电容器基本结构

电子产品（如手机、平板电脑、笔记本电脑）中最常用的片式多层陶瓷电容器（Multi-layer Ceramic Chip Capacitor，MLCC）的基本原理就是这样。

也可以用一整块大面积的平行板，然后将其卷起来，再引出两个电极的方法，如图 3.11 所示。

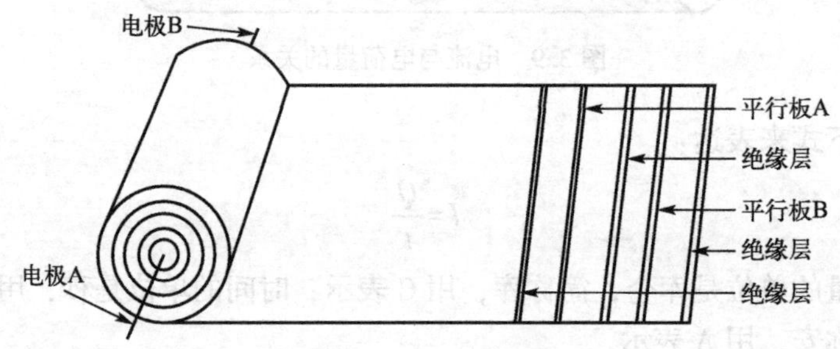

图 3.11　铝电解电容器基本结构

常见的铝电解电容就是采用这种方法，这样可方便做成更大容量的电容器，如 4700μF。当然，容量更大，体积就会更大。

那么库仑系数 k 在电容器的电容量提升中又扮演一个什么样的角色呢？其实，它对应的就是平行板电容量计算公式中电介质的介电常数 ε_0（对于其他电介质材料就是 $\varepsilon_r \times \varepsilon_0$），它也是一种能够提升电容器容量的有利武器，我们下一章来谈谈电介质与介电常数吧。

第4章　介电常数是如何提升电容量的

对于电容器而言，电介质就是填充在两个平行板之间的绝缘物质，这个概念应该比较好理解，如图4.1所示。

电介质的种类有很多，包括气态（空气也算）、液态和固态（如云母、玻璃、陶瓷）等范围广泛的物质。固态电介质包括晶态电介质和非晶态电介质（如玻璃、树脂和高分子聚合物）两大类。

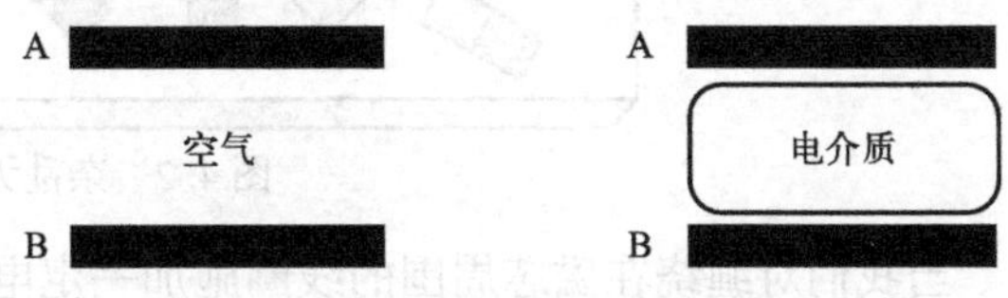

图4.1　电容器的电介质

那介电常数又是个什么东西？我们从平行板电容器的电容量计算公式可以知道，电介质的介电常数越大，则相应的电容量越大。那你有没有真正思考过：介电常数在电容器的制造过程中扮演着一个什么样的角色呢？有人甚至这样回复过：这种问题还需要回答吗？

需要！必须的！我们早就提到过：很多看似简单的问题其实并不简单，它牵涉到实际工作中的很多问题，而很多工程师从来没有（也不屑于）去思考这些基础问题。

我们来看看网络上对介电常数的“主流”解释：

电介质材料放置在外加电场中时会产生感应电荷而削弱外电场，我们把介质中的电场与原外加电场（真空中）的比值称为相对介电常数（Relative Permittivity 或 Dielectric Constant），也称诱电率，与频率相关。介电常数是相对介电常数与真空中绝对介电常数的乘积。如果将高介电常数的材料放在电场中，电场的强度会在电介质内有一定的下降，而理想导体的相对介电常数为无穷大。

这都是些什么东西，看不懂！

说实话，要真正从电容器的电介质本身物理特性去讲解介电常数，还真不容易形象地讲清楚，毕竟我不是搞物理学研究的，就算真的懂了，一大堆公式方程摆在你面前也未必看得懂。但是，让你理解介电常数在电容量提升的过程中扮演着一个什么样的角色却并非难事，用类比的方法来给大家讲解难题是我的拿手好戏，咱们先来看看电感器吧！

我们都知道，电感器的电感量 L 的公式如下所示：

$$L=\mu\frac{A_e\times N^2}{l}$$

我们不用理会其他参数，只需要注意磁芯的磁导率 μ 即可。很明显，磁芯的磁导率 μ 越大，则电感器的电感量会越大，这与电介质的介电常数在电容器的电容量中充当的角色是一样的。

那么磁导率又是如何影响电感量的呢？

初中物理学告诉我们（也有分子电流的说法，本文不再赘述），磁芯内部在微观上包含很多的**磁畴（Magnetic Domain）**，它可以理解为非常小的磁铁，每一个小小的磁畴都会产生一定的磁场。在磁芯未曾被外磁场磁化前，由于内部磁畴的排列方向杂乱无章，磁畴产生的磁场相互抵消，因此整个磁芯对外不显磁性（无磁感应强度），如图 4.2 所示。

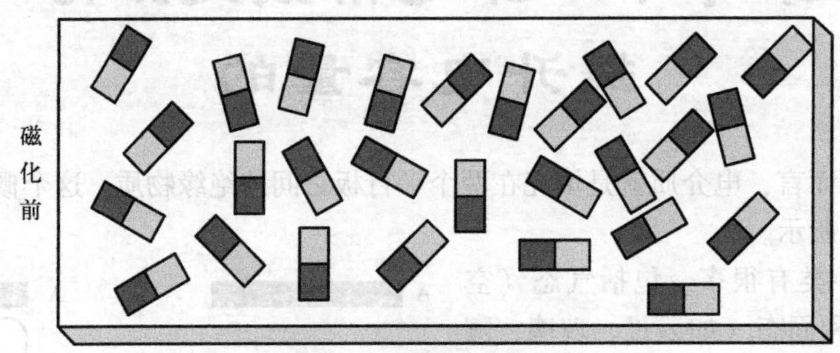

图 4.2　杂乱无章的磁畴

当我们对缠绕在磁芯周围的线圈施加一定电流时，线圈将会产生一定的磁场强度 H（也称为磁化场），磁场强度 H 与电流 I 的大小成正比关系，如图 4.3 所示。

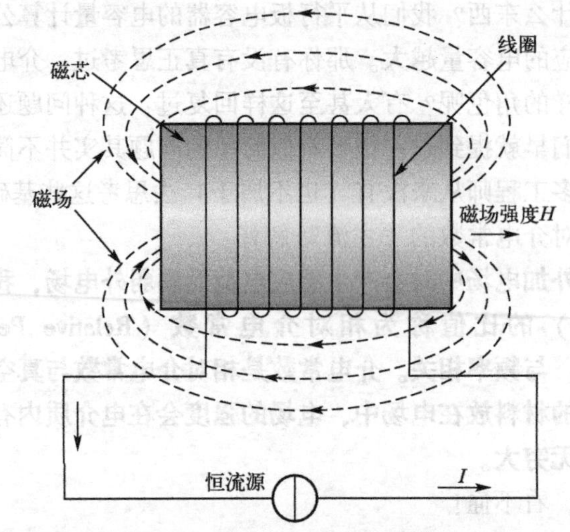

图 4.3　磁化场对磁芯产生作用

这个磁化场 H 将对磁芯中的每一个磁畴施加一个磁力矩，使这些磁畴在宏观上沿磁场方向排列起来，这样磁芯整体就会对外显磁性，如图 4.4 所示。

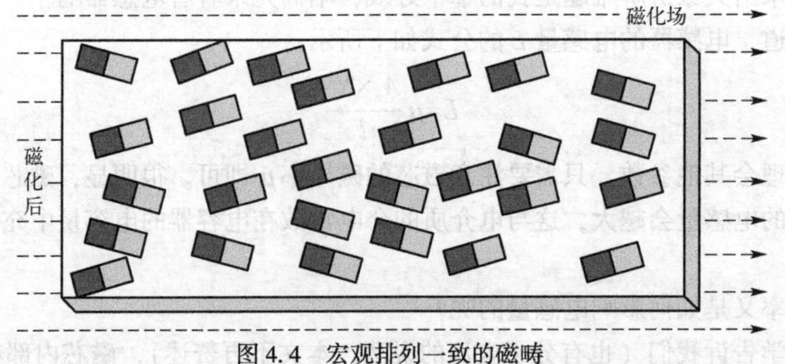

图 4.4　宏观排列一致的磁畴

电感器使用磁导率μ越高的磁芯，在相同的磁化场条件下，能够使磁芯对外产生越大的磁场。从电感器的角度来看，就是电感量增加了。在这个过程中，磁畴的磁化起到了关键作用，而磁导率是衡量在外磁化场作用下磁芯能够被磁化的容易程度。

填充在电容器中电介质材料的介电常数与磁芯的磁导率也是同样的道理，只不过介电常数是衡量电介质材料在外电场作用下的极化程度，一个是电学，一个是磁学，是相互对应的，如图 4.5 所示。

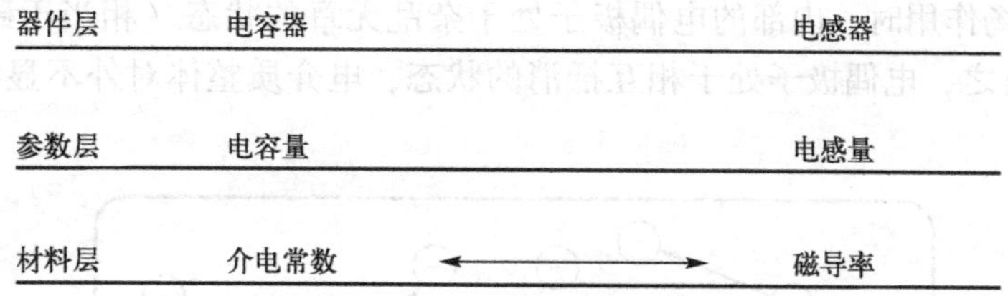

图 4.5　介电常数与磁导率

“虾米”？你说我在“扯淡”，好吧！我会说服你的，走着瞧！

我们首先了解一下什么是极化。如果我们把一个导体插入到储存有一定电荷量的平行板之间，则导体中的自由电荷由于受外电场的作用移动而重新排列，如图 4.6 所示。

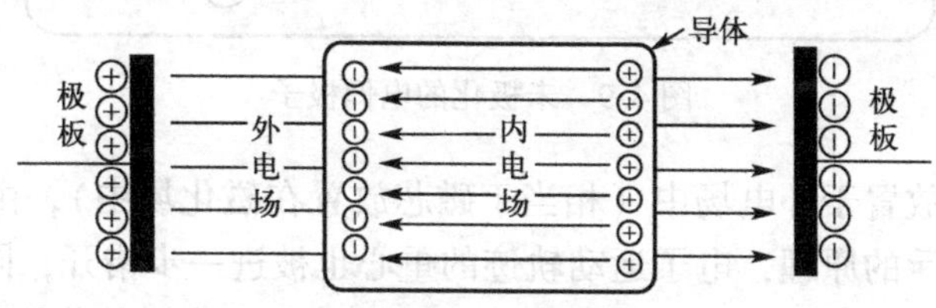

图 4.6　导体插入到平行板之间

导体在外电场的作用下产生了感应电荷，而正负感应电荷产生的内电场方向与外电场方向是相反的，它在一定程度上抵消外电场的强度，对外的表现就是：电容器的容量增加了(这与我们在线圈中插入铁棒而产生更大电感量是相似的)。

将电介质材料插入平行板之后也会产生类似的现象，只不过电介质是绝缘不导电的，因为自由电荷比较少。那它又是如何产生感应电荷的呢？我们知道，组成物质的分子或原子由原子核与核外电子组成，原子核带正电，电子带负电。在正常情况下，原子核与电子的带电数是一样的，由于正负抵消，整个原子呈现电中性，即对外不显电性，如图 4.7所示。

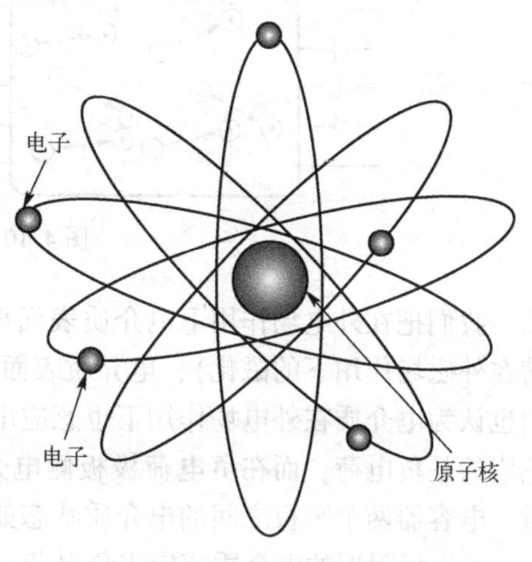

图 4.7　原子核与核外电子

然而，从宏观的角度来看，电子在绕着原子核运动时的轨迹重心与原子核未必是重合的（就算是重合的，在外电场作用力下也会有一定的偏离），也就是说，原子核与核外电子之间可以等效

为一个带正电与带负电的电偶极子，如图 4.8 所示。

图 4.8　电偶极子的状态

在没有外电场作用时，内部的电偶极子处于杂乱无章的状态（相当于磁畴处于杂乱无章的状态）。换言之，电偶极子处于相互抵消的状态，电介质整体对外不显极性，如图 4.9 所示。

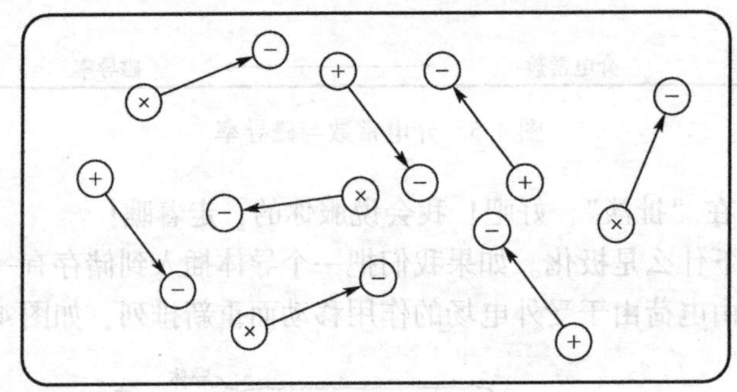

图 4.9　未极化的电偶极子

当我们将电介质放置于外电场中（相当于磁芯放置在磁化场中），由于异名电荷相互吸引、同名电荷相互排斥的原理，电子运动轨迹的重心也被进一步错开，同时电偶极子在外电场作用下进行宏观上沿电场方向排列（相当于磁芯磁畴在磁化场的作用下重新排列），这样电介质对外就呈现正负电荷（相当于磁芯对外呈现磁性）。但很明显，这种电荷与导体的自由电荷是不一样的，它不能离开电介质移动到其他带电体，也不能在电介质内部自由移动，我们称为束缚电荷，如图 4.10 所示。

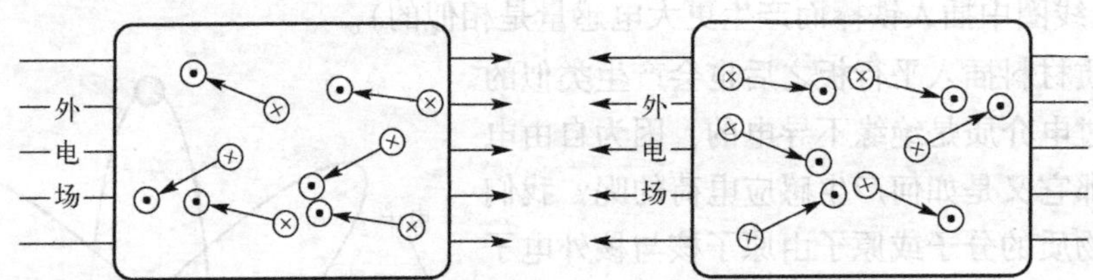

图 4.10　极化前的电偶极子

我们把在外电场作用下电介质表面出现束缚电荷的现象称为电介质的极化（相当于磁畴在外磁场作用下的磁化），电介质表面出现的束缚电荷称为极化电荷。为了叙述方便，我们也认为电介质在外电场作用下也感应出了正负电荷。换言之，在正电荷极板侧电介质表面感应的是负电荷，而在负电荷极板侧电介质表面感应的是正电荷。当电容器两端施加电压时，电容器两个平板之间的电介质状态如图 4.11 所示。

A 极板附近的电介质感应出负电荷，而 B 极板附近的电介质感应出了正电荷，这对电容

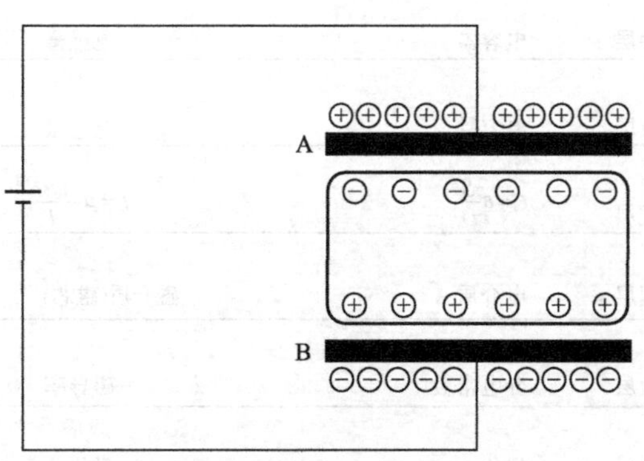

图 4.11　电容器两端施加电压后的状态

器的容量有什么影响呢？

我们前面已经讲过，两个平行板之间的库仑力（吸引作用力）越大，则能够束缚的正负电荷就越多，即电容器的容量就越大。当 A、B 极板上储存有一定电荷量后，即便撤掉外加电压，也会在 A、B 两个极板上产生静电场，而电介质的特点就是在外加电场中会产生感应电荷（而削弱电场），如图 4.12 所示。

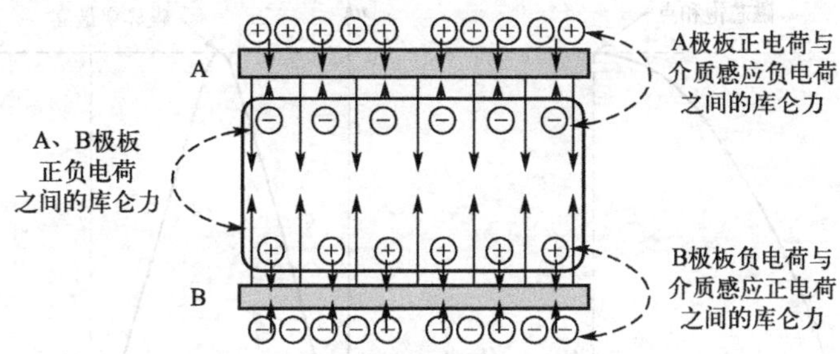

图 4.12　介质感应的电荷产生库仑力

电介质感应出来的正负电荷对相邻极板的异名电荷具有相互吸引力。换言之，在电介质没有极化前，电容器能够吸附电荷的库仑力主要来源于 A、B 极板的电荷之间。当电介质被极化后，库仑力的来源增加，也就是电介质的感应电荷与相邻极板电荷之间的吸引力。

我们可以将前述内容概括为图 4.13 所示。

这种概念划分层的方式，最早是我们在讲解“电感器储存的能量是什么”时使用过，它的最基本的思路就是：用易于理解的对象，抽出相同层次的概念以帮助我们理解平常难于理解的概念，后面的章节中也会多次使用这种方式来帮助读者理解知识难点。

当然，你也可以这样理解：电介质材料上感应的正负电荷与外电场方向是相反的，也就是削弱了外电场，为了维持原来的外电场强度不变，我们必须在同等条件下给两个极板提供更多的电荷量，这样平行板电容能够储存的电荷量就更多了。

我们在第 1 章中曾经介绍过“电容器的容量随其两端的电压变化而变化”的说法吗？这种现象通常出现在使用高介电常数系列电介质的电容器（低介电常数材料中几乎不会出现这种情况），如使用 X5R、Y5V 之类电介质的叠层型陶瓷电容器，如果此类电容器两端的电压越大，则静电容量会越小，原因就在于电介质的极化饱和！这一点我们可以与磁芯的磁

器件层	电容器	电感器
参数层	电容量	电感量
公式层	$C=\varepsilon\frac{S}{D}$	$L=\mu\frac{A_e\times N^2}{l}$
物理层	电介质	磁介质(磁芯)
参数层	介电常数	磁导率
行为层	极化	磁化
场层	电场	磁场
作用力层	库仑力	磁力

图 4.13　电容器与电感器概念分层

饱和现象进行类比，如图 4.14 所示。

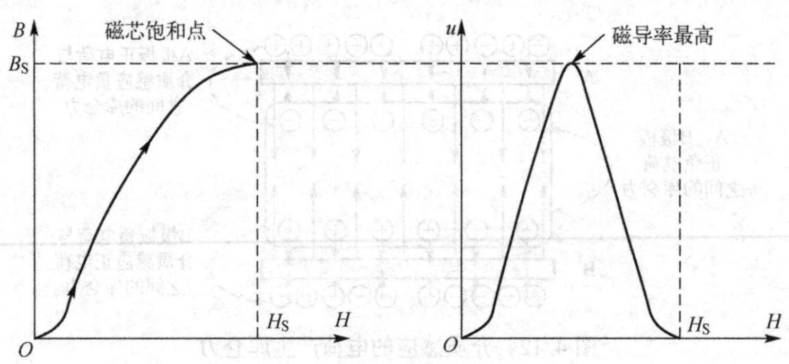

图 4.14　磁芯的磁导率变化规律

当磁芯的外加磁化场强度从 0 开始增强时，磁感应强度 B 也在不断增强，但磁导率并不一直是恒定的，它的定义是磁感应强度 B 与磁场强度 H 的比值，即 $u=B/H$。也就是说，磁化曲线越陡（曲线的斜率越大），则磁导率 u 越高。

当外磁化场强度 H 增大到一定程度时，磁感应强度 B 进一步增强的速度将变慢，当外磁化强度 H 达到 H_S 时，无论如何再加大外磁化强度，磁感应强度 B 也不会再上升了。因为磁芯内部的磁畴基本全部与磁化场保持一致，这就是磁芯的磁饱和现象，此时磁芯的相对磁导率为 1，也就是真空的磁导率。在这个过程中，磁导率 u 是下降的，因此电感量 L 也会下降。

电介质也是相同的道理，高介电常数的电介质随着外电场强度的增强，电偶极子也会逐渐与外电场方向一致，刚开始电介质的介电常数非常大，因此电容器的电容量也比较大，随着电场强度的进一步增强，电偶极子几乎全部与外电场方向一致，电介质出现极化饱和现象，此时介电常数相对较小，电容器的电容量也会变小，如图 4.15 所示。

因此，当外加电压变化时，电介质的极化程度也会变化，电介质表面感应出来的电荷量

材料层	电介质	磁芯
场强层	外电场	外磁场
介质层	极化饱和	磁饱和
变化层	介电常数变小	磁导率变小
结果层	容量变小	感量变小

图 4.15　电介质的极化与磁芯的磁化

也不一样，正负电荷之间的库仑力也会变化，电容器的容量也就随之变化。如果在实际电路中使用这种对电压较为敏感的电容器，则电容值在信号变化过程中也是一直变化的，对于电容器的电容值要求严格的使用场合中使用要加以注意，如长时间定时器和信号耦合，如图 4.16 所示。

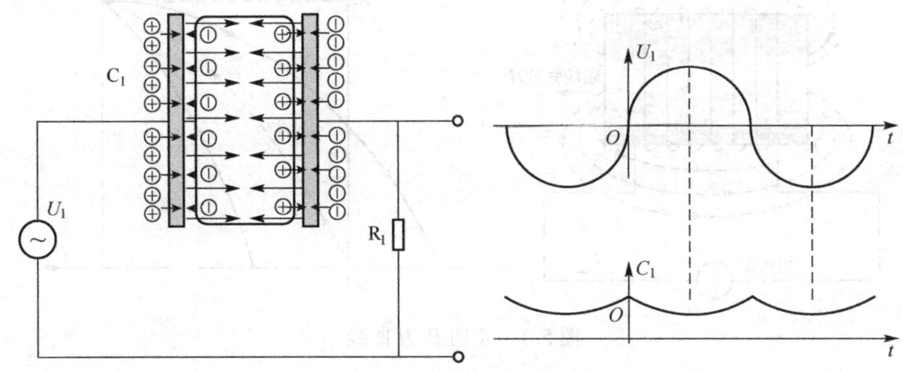

图 4.16　电容量与电压的关系

有人说：“哎哟，我的‘哥’，这好像不对呀！电偶极子全部宏观沿电场方向排列，应该两个极板之间的库仑力最大才是呀。因此，电容器两端的电压越大，则容量也应该越大。”事实上，虽然我们以库仑力的方式描述电容器存储电荷的原理，但电容器实质上存储的是电势能，这与电感存储的磁势是相对应的（参考章节“电感器存储的能量是什么”），就如同磁芯饱和后磁感应强度 B 虽然是最大的，但电感量却是最小的。

从前述电介质的极化原理也可以理解电容器的击穿现象（这里讲的是电击穿，还有一种热击穿）。任何电介质能够承受的电场强度都是有一定限度的，当电介质材料中感应出的束缚电荷脱离原子或分子的束缚而参与导电时，电介质就被击穿了，如图 4.17 所示。

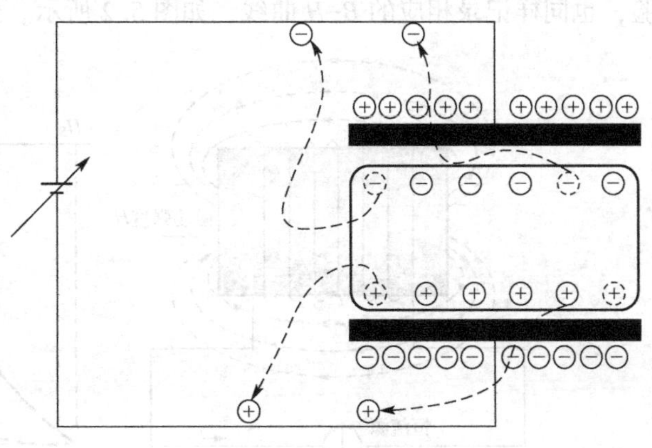

图 4.17　电击穿原理

第5章 介质材料是如何损耗能量的

你可能会问：既然电介质的介电常数可以与磁芯的磁导率相互对比理解，那我可不可以用磁芯的损耗对比第1章中提到过的介质损耗呢？当然没有问题（你的想法跟我写书的想法太相似了，幸亏我先出的书，真是“亚力山大”呀），我们先来看看磁芯的损耗。

当我们对磁芯电感施加逐渐上升的电流时（频率较低），就相应会对磁芯产生逐渐增大的场强强度 H，如图5.1所示。

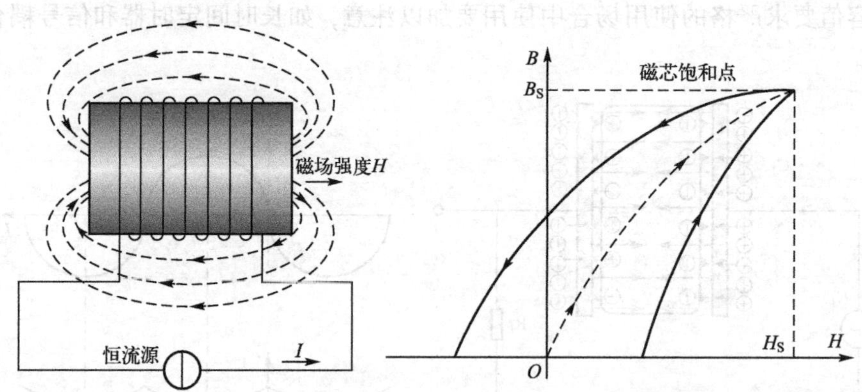

图5.1 正向 B–H 曲线

线圈电流从0开始增加时，外磁化场 H 逐渐增强，磁芯内部的磁畴也开始顺着磁化场的方向而旋转，继而对外呈现的磁感应强度 B 也会逐渐上升；当电流达到某个值后，即使电流再增大，磁感应强度 B 因达到最高值 B_S 也不会再上升了，我们称为磁芯饱和点，此时我们再将电流逐渐减小至0，在整个磁芯磁化的过程中可记录得到相应的 B–H 曲线。

然后，我们对线圈施加反向电流，这样外磁化场的极性也会反过来，重复做上述的试验，也同样记录相应的 B–H 曲线，如图5.2所示。

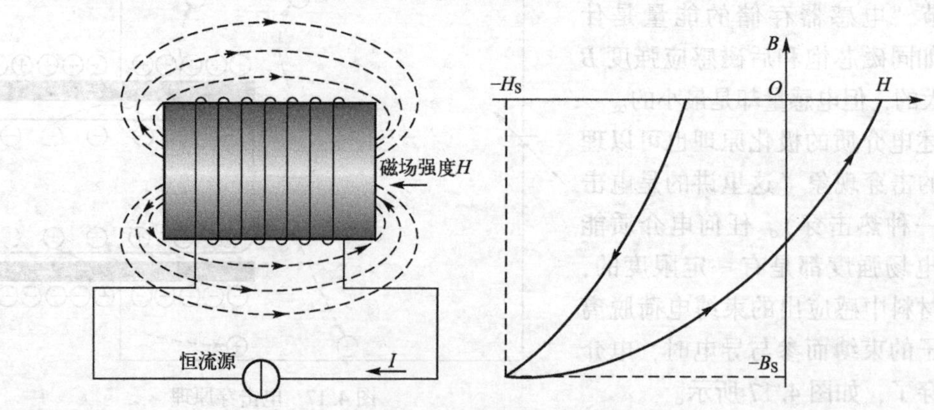

图5.2 反向 B–H 曲线

两部分 B–H 曲线合起来就是磁芯的磁滞曲线，它代表磁芯因外部周期性磁化而产生的磁滞损耗。也就是说，B–H 曲线包含的面积越大，则磁滞损耗也越大，如图 5.3 所示。

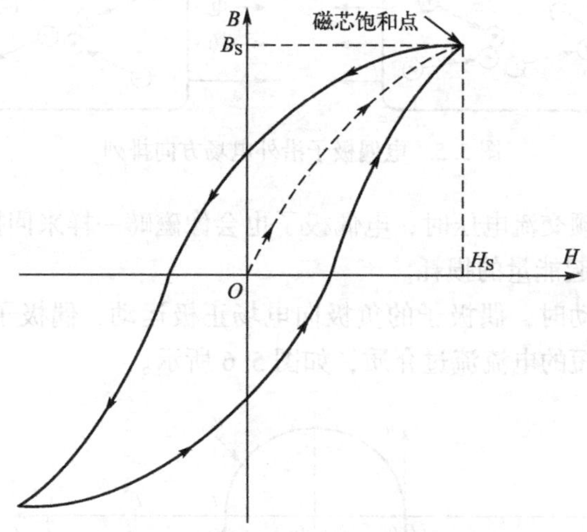

图 5.3　磁芯的 B–H 磁滞曲线

如果对线圈持续施加低频交变电流，则电流方向每变化一个周期，磁芯也会相应被磁化一次。换言之，内部的磁畴会不断地进行正向或反向排列对齐，相当于磁化场对磁畴做功，也就是电能转换为磁能，在转换过程中产生的损耗会以热量的形式体现，我们将这部分损耗称为磁滞损耗。

而当我们对线圈施加高频交变电流时，产生的交变磁场将在磁芯中感应出涡流，磁芯的电阻率越小，则涡流损耗越大，这部分损耗也将以热量的形式体现。涡流产生的热效应在很多场合都是有害的，但利用涡流热效应制作的高频感应电炉可以用来冶炼金属，高频交流源在线圈内产生很强的高频交变磁场，放在电炉内被冶炼的金属因此而产生较强的涡流，继而释放出大量的热能使自身熔化，我们家里用来炒菜的电磁炉也是基于同样的原理，如图 5.4 所示。

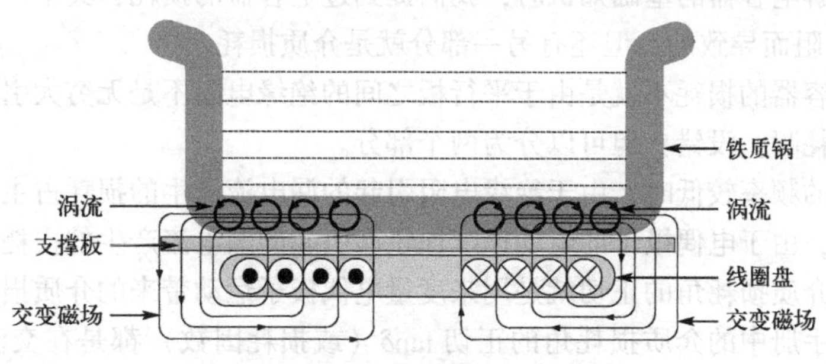

图 5.4　涡流热效应

换言之，**电能通过交变磁场转换为热能消耗掉了**。

也就是说，磁芯的损耗包含两个部分：磁滞损耗与涡流损耗。低频时以磁滞损耗为主，高频时以涡流损耗为主。

磁芯的磁滞损耗就相当于电介质的极化损耗，当电介质处在交变电场中时，电偶极子也会随外电场方向的变化而重新排列，如图 5.5 所示。

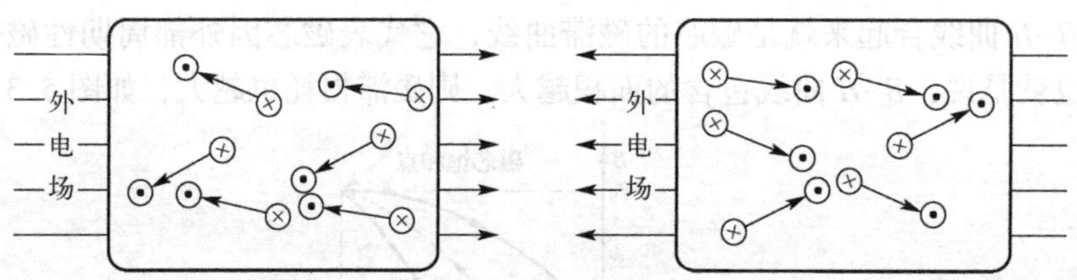

图 5.5　电偶极子沿外电场方向排列

当对电介质施加低频交流电压时，电偶极子也会像磁畴一样来回摆动，这种电偶极子的转向（摩擦）极化会引起能量的损耗。

当电偶极子来回摆动时，偶极子的负极向电场正极运动，偶极子的正极向电场负极运动，就如同持续时间很短的电流流过介质，如图 5.6 所示。

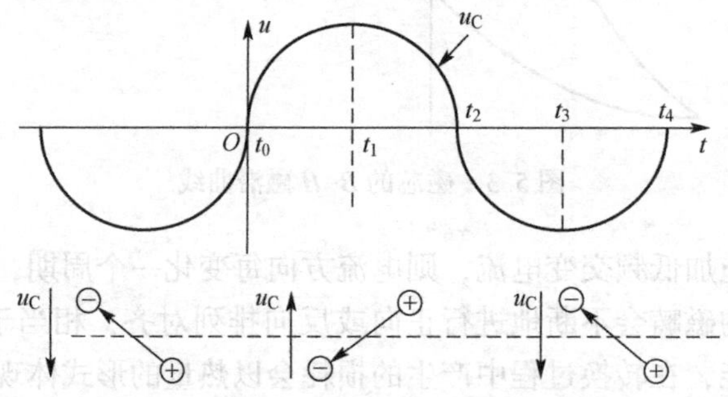

图 5.6　电偶极子随交流电压来回摆动

电介质两端施加的交流电压频率越高，电偶极子来回摆动的速度越快，这将产生交流电流，相当于电容器两个极板之间的绝缘电阻变小（漏电流变大）。频率越高，则产生的交流电流越大（相当于磁芯的涡流损耗）。这个交流电流与电介质两端的电压是同相的，因此会在电介质上消耗一定的有功功耗，并以热能的形式体现。

在第 1 章讲解电容器的基础知识时，我们提到过电容器的损耗，其中一部分就是由电容器的 ESR 与漏电阻而导致的，但还有另一部分就是介质损耗。

有人说：电容器的损耗不就是由于平行板之间的绝缘电阻不是无穷大引起的漏电流而产生的有功功率损耗吗？没错！但可以分为两个部分。

当交流电压的频率较低时，由于绝缘电阻引起的漏电流产生的损耗占主导；而当交流电压的频率较高时，由于电偶极子的运动速度加快而引起的漏电流产生的损耗占主导位置。而我们之前介绍过介质损耗角的正切就是用来度量电偶极子运动带来的介质损耗的，也正因为如此，厂家数据手册中的介质损耗角的正切 $\tan\delta$（或损耗因数）都是在交流状态（一定频率的交流电压）下测量得到的，如表 5.1 所示。

表 5.1　损耗因数与介质损耗角的正切

片式叠层型陶瓷电容器		
参　　数	条　　件	数　　值
损耗因数	电压 1.0V_{RMS}，频率为 1MHz	0.05%

续表

铝电解电容器				
额定电压/V	额定容值/μF	标称尺寸 $D×L$	纹波电流/mA	介质损耗角的正切 $\tan\delta$（100Hz 时）
6.3	220	5(mm)×11(mm)	200	0.23

所谓介质损耗角 δ，是指在交变电场的作用下，电介质内流过的电流向量与电压向量之间夹角的余角，如图 5.7 所示。

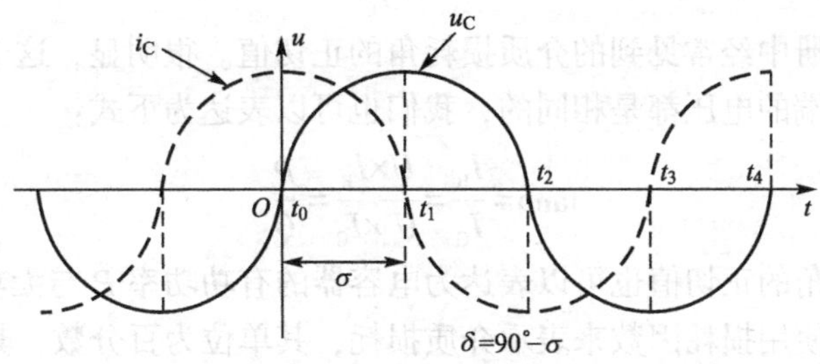

图 5.7　介质损耗角 δ

理想的电容器是没有任何损耗的，是一个单纯的储能元器件，当交变电压施加到电容器两端时，流过其中的电流超前两端电压 90°（$\sigma=90°$，$\delta=0°$），如图 5.8 所示。

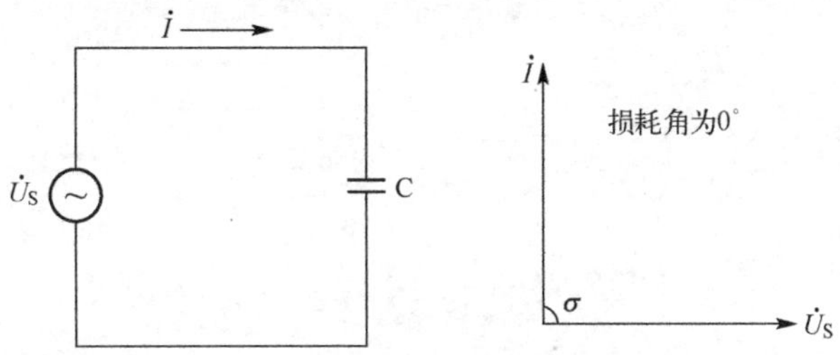

图 5.8　理想电容器的介质损耗角为 0°

实际的电容器是有一定有功功率损耗的（也就是有电阻），这使得施加在电容器两端的电压与流过其中的电流之间的相位差不再是理想的 90°（π/2），而是小于 π/2，形成了一个偏离夹角 δ，我们把这个 δ 称为电容器的介质损耗角，如图 5.9 所示（符号上面有黑点表示向量，既有大小也有相位角，具体可参考电路理论相关书籍，这里不再赘述）。

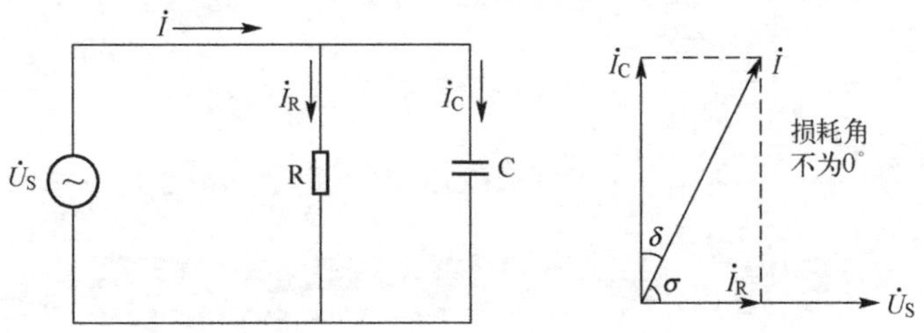

图 5.9　实际电容器的介质损耗角不为零

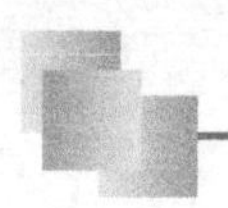

也就是说，实际电容器本体可以理解为一个理想电容器 C 与一个绝缘电阻 R 的并联，总电流$\dot{I}$可以理解为流过电容电流$\dot{I}_C$与电阻电流$\dot{I}_R$的合成，绝缘电阻 R 越小，则$\dot{I}_R$分量越大（漏电流越大），因而形成的 δ 角越大。

习惯上用损耗角的正切值表示电容器的介质损耗，它的定义是直角三角形中损耗角 δ 的对边与邻边的比值，那么从图 5.9 可以给出下式：

$$\tan\delta=\frac{I_R}{I_C}$$

这就是我们在数据手册中经常见到的介质损耗角的正切值。很明显，这个值越小越好。

由于并联器件两端的电压都是相同的，我们也可以表达为下式：

$$\tan\delta=\frac{I_R}{I_C}=\frac{U\times I_R}{U\times I_C}=\frac{P}{Q}$$

也就是说，介质损耗角的正切值也可以表达为电容器的有功功率 P 与无功功率 Q 的比值。

有些数据手册上使用损耗因数来表示介质损耗，其单位为百分数，其实与介质损耗角的正切值的意义是完全一样的，只不过将损耗角的正切值化成了百分号表示而已。例如，介质损耗角的正切值为 0.23，则损耗因数为 $0.23\times100\%=23\%$。

这里有个问题留给读者：为什么第 1 章中铝电解电容器数据手册中的 ESR 表达式为（$\tan\delta/2\pi fC_R$）？

第 6 章　绝缘电阻与介电常数的关系

哈哈，终于明白了介电常数在电容器制造过程中所起的作用了。然而，不要高兴得太早，我想问问你：**介电常数与绝缘性能有什么关系吗？**

一般都会认同这样的说法：电介质的绝缘电阻越高，则电容器的漏电流就越小。所以，很自然会认为介电常数越大，则电介质的绝缘性能越好，也就是电介质的电阻（率）越大。然而，介电常数与电阻率之间并没有必然关系。

第 5 章已经讨论过，介电常数是衡量电偶极子在外电场作用下重新排列的顺从度（电介质的极化程度），它与原子核最外层电子数是没有多大关系的，如图 6.1 所示（仅作为示意）。

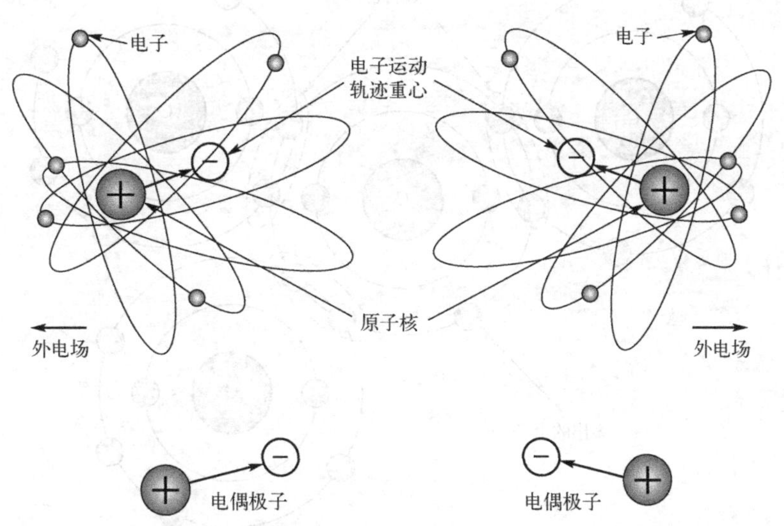

图 6.1　电偶极子

而电介质的电阻率是由材料的自由电子密度与迁移率决定的。例如，导体的自由电子密度比绝缘体大，所以导体比绝缘体更容易导电，这个比较好理解。

石墨与金刚石的导电能力差别也是源自于自由电子密度的不同。金刚石与石墨属于“同素异形体”，化学成分都是碳（C），如图 6.2 所示。

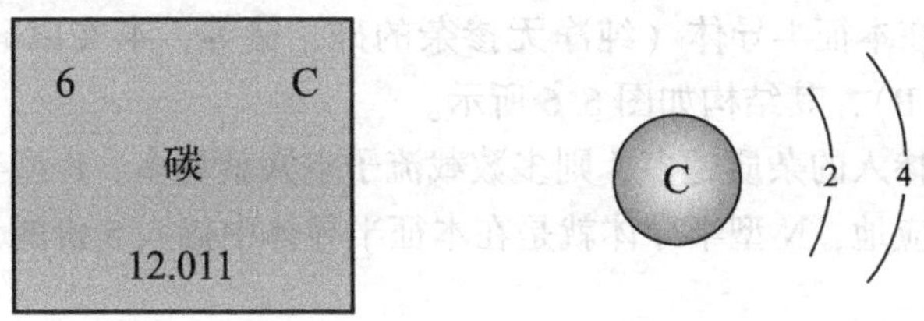

图 6.2　碳元素

但石墨与金刚石原子的排列方式不同，如图 6.3 所示。

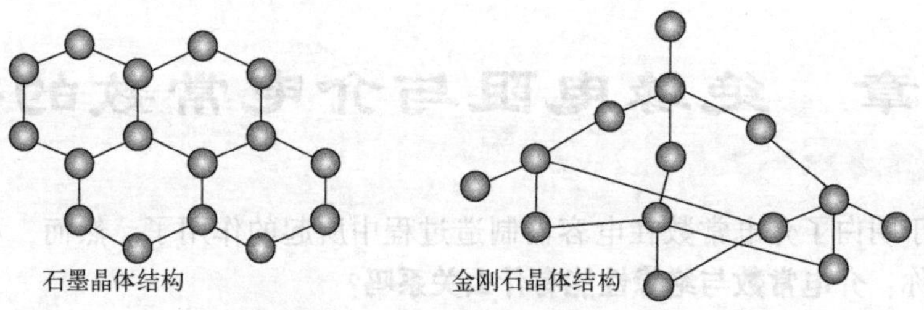

图 6.3　石墨与金刚石的结构

碳元素的最外层电子数跟硅和锗一样，都是 4 个。然而，在石墨的层状结构中，每个碳原子都与周围的 3 个碳原子形成共价键，形成最外层电子数为 8 的稳定结构。这样，每个碳原子都还剩下一个自由电子，因此石墨是可以导电的，如图 6.4 所示。

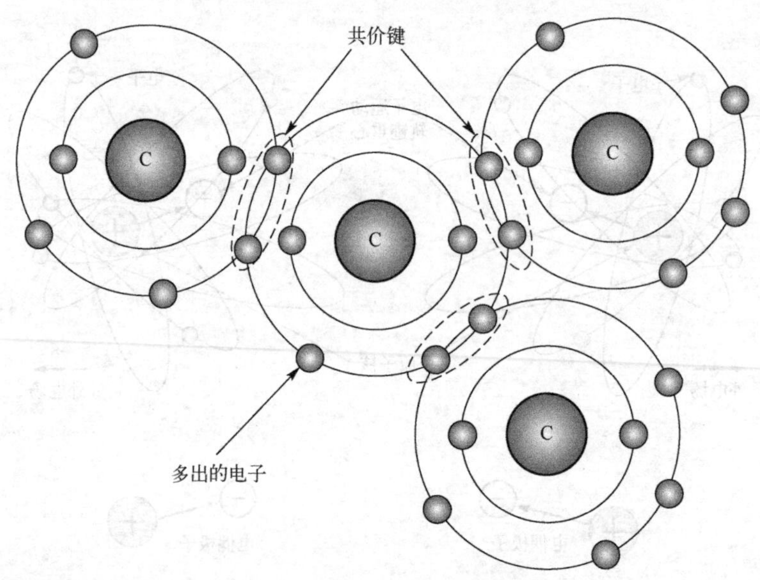

图 6.4　石墨中碳原子的结构

而金刚石的每个碳原子与周围 4 个碳原子形成共价键，也形成了最外层电子数为 8 的稳定结构。这样，一个多余的电子都没有，因此金刚石是不导电的，如图 6.5 所示。

那什么是电子迁移率呢？就是电子移动的速度！电子迁移率的差别在半导体材料中更容易说清楚一些，这里我们以 P 型半导体与 N 型半导体的电子迁移率为例加以说明。

P 型半导体就是在本征半导体（纯净无掺杂的硅、锗等，本文以硅 Si 为例）中掺入 3 价的元素（如硼元素 B），其结构如图 6.6 所示。

在合理的范围内掺入的杂质越多，则多数载流子空穴就更多，P 型半导体的导电性也**似乎**将会变得更好。相应地，N 型半导体就是在本征半导体中掺入 5 价的元素（如磷元素 P），其结构如图 6.7 所示。

同样地，在合理范围内掺入的杂质越多，则多数载流子电子就更多，N 型半导体的导电

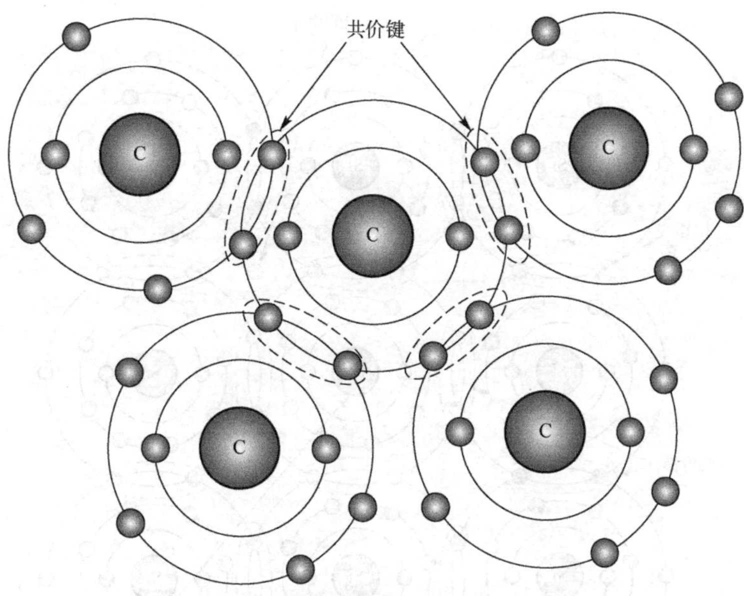

图 6.5　金刚石中碳原子的结构

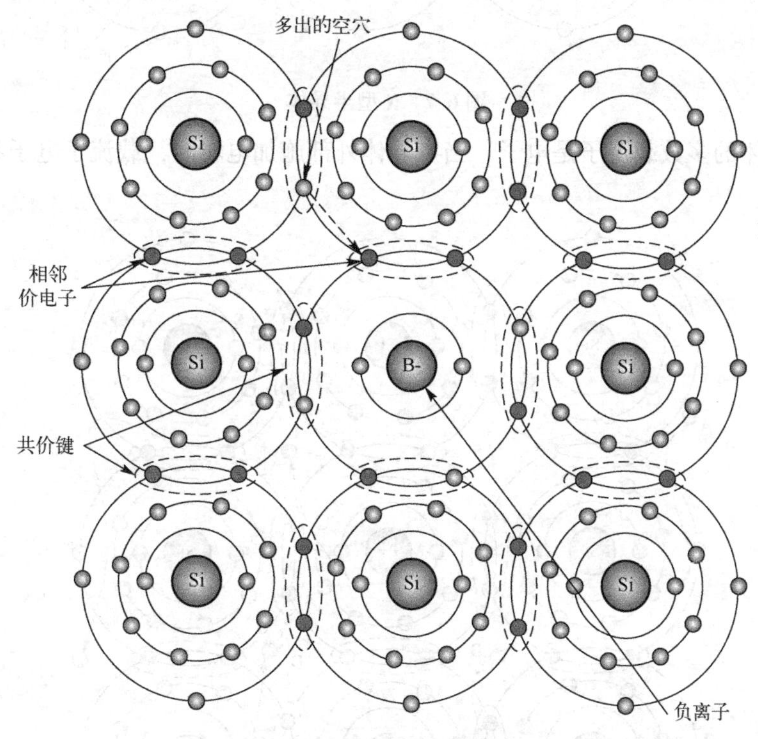

图 6.6　P 型半导体

性也因此**似乎**将会变得更好，看起来两者没有太大的区别，只要控制掺入杂质的数量，就可以控制掺杂半导体的导电性。但实际上并非这么回事！因为**半导体的导电性不仅与载流子（电子或空穴）密度有关，还与载流子的迁移率（速度）有关**。

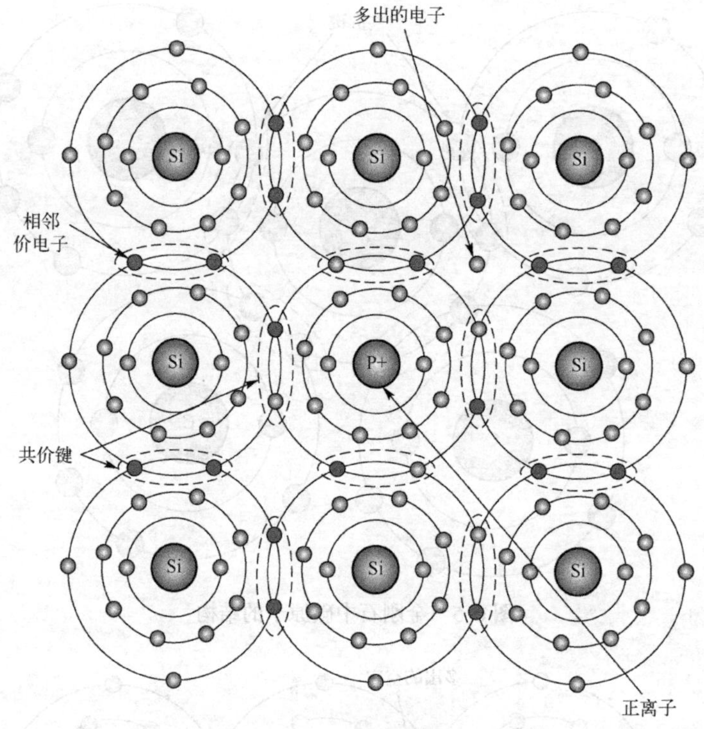

图 6.7　N 型半导体

N 型半导体的多数载流子是电子，当半导体外部施加电场时，载流子电子将按图 6.8 所示的方向迁移。

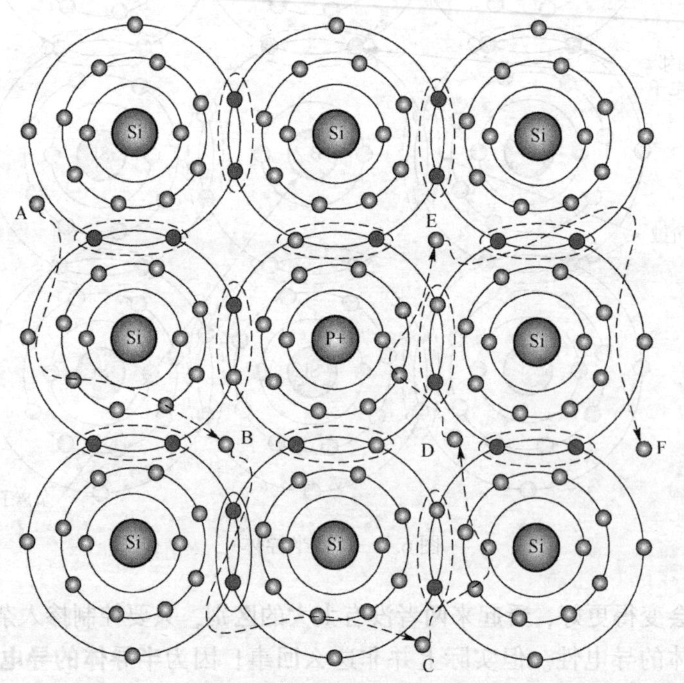

图 6.8　N 型半导体中的电子迁移

载流子电子在由 A 点到 F 点的运动过程中，不断地与晶格原子或杂质离子发生碰撞，因此运动轨迹不是直线，只有一个平均的迁移方向。但有一点需要注意的是：**载流子电子在迁移过程中不会进入共价键中，总是在图 6.8 所示的“空当”移动，这些地方没有来自共价键的束缚力，因此载流子电子的迁移率（速度）比较高。**

在《半导体物理学》中，我们把自由电子存在的空间称为**导带**，而把共价键所在的空间称为**价带**。很明显，价带中有来自晶格原子（如硅、锗）或杂质离子（如硼、磷）的束缚力，因此价带（共价键）中的电子要跑出来就必须具备一定的能量（如光或热），而电子在导带中则不需要。

P 型半导体的多数载流子是空穴，当半导体外部施加电场时，载流子空穴将按图 6.9 所示的方向迁移。

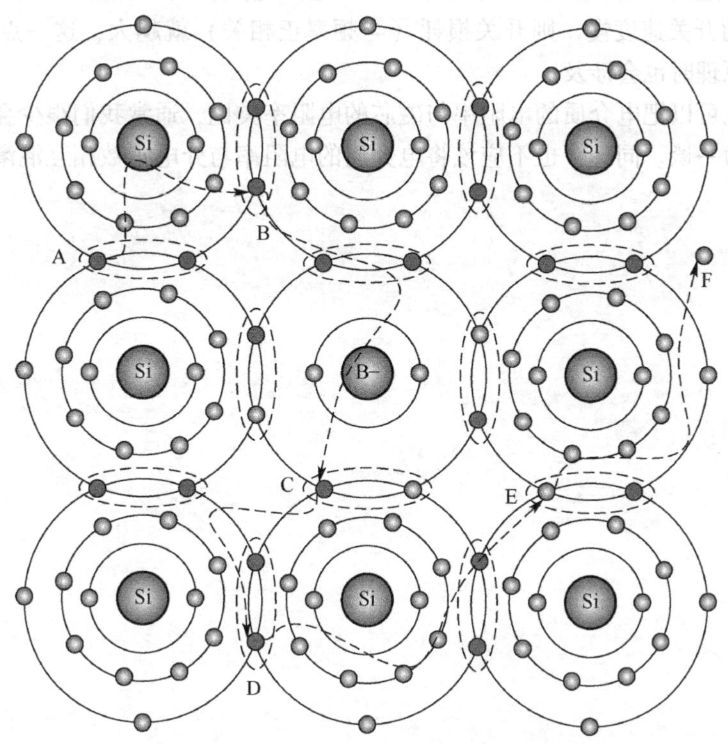

图 6.9　P 型半导体中的空穴迁移

空穴的移动可以看作电子的反向移动，每一次空穴移动时，都可以看成电子从**导带**中跳入到**价带**中（填充某个空穴），再从**价带**中跳出来往相邻的**价带**中移动。很明显，空穴迁移的速度是不如电子迁移速度的，因为电子一旦跳进**价带（共价键）**中，就会受到共价键的束缚力的作用，需要更多的能量激发才能跳出来。

你可以将这种迁移方式比作游泳，**N 型半导体中的电子相当于在水里游泳**，而**P 型半导体中的空穴相当于在油水相间的泳道中游泳**。很明显，在相同的条件下，在水里游泳的速度会更快一些，如图 6.10 所示。

图 6.10　空穴与电子的迁移比较

电子与空穴迁移率的差别具体表现在电阻率与开关速度上。由于 P 型半导体的迁移率比 N 型半导体要低，相同条件下 P 型半导体的电阻率会比 N 型半导体要高，这也是 NMOS 管的实际应用要广泛得多的原因之一。因为 NMOS 管使用 N 型半导体做导通沟道，其沟道导通电阻与开关速度比 PMOS 管更有优势，导通电阻越大，则开关导通损耗（与电流正相关）就越大，而开关速度慢，则开关损耗（与频率正相关）就越大，这一点在后续讲解开关电源的工作原理时也会涉及。

事实上，也可以把电介质的电阻率与磁芯的电阻率类比，通常我们很少会把磁芯的磁导率与电阻率混为一谈。同理，也不应该将电介质的电阻率与介电常数相互混淆。

第7章 电容器的失效模式

每个人都会经历生、老、病、死这些过程，电容器（或其他元器件）也不例外。我们把元器件在使用过程中可能出现的失效过程统称为失效模式（Failure Modes）。很自然，电容器也有相应的失效模式，而分析这些导致失效原因的过程称为失效模式分析（Failure Modes Analysis，FMA）。

我们为什么要了解失效模式呢？自然是从失效模式中找到失效原因，继而更合理地指导工程师的设计或工厂的生产与制造，以达到避免元器件意外失效、延长元器件使用寿命的目的，这与我们研究总结人的各种疾病，继而找到治疗方法的道理是完全一致的，如图 7.1 所示。

对象层	电容器	人
故障层	失效	生病
途径层	分析失效数据	分析病情 (把脉、验血)
治疗层	更合适的生产 或使用方法	药方
效果层	降低失效概率 延长使用寿命	病情好转

图 7.1　电容器与人

每一种元器件的失效模式都可能不一样，电容器的失效模式有很多种，如击穿、开路、电气参数变化、漏液、引线腐蚀或断裂等，引起电容器失效的原因是多种多样的。各类电容器的材料、结构、制造工艺、性能和使用环境不同，失效机理也不一样，图 7.2 所示为电容器的失效模式与人的身体状态对比（仅供参考）。

	电容器	人
失效1	击穿	崩溃
失效2	开路	筋脉尽断
失效3	电气参数变化	人至老年
失效4	漏液	失血
失效5	引线腐蚀或断裂	骨折

图 7.2　电容器的失效模式与人的身体状态对比

对于实际电路的设计工程师而言，容易引起电容器失效的主要原因有：环境温度、过压、PCB 布局设计（如陶瓷电容器由于布局不合理时，一旦 PCB 板变形，将导致陶瓷电容器本体破裂）。这里我们仅仅提出失效模式这个概念，后续章节在讲述各种电容器的时候会分别详细讨论！

第 8 章 RC 积分电路的复位应用

前面已经介绍了一些关于电容器的基本知识，这些知识对于大多数电容器电路的应用与理解已然足够，从本章开始我们将探索电容器在实际电路中的应用。

首先来观察一下电容器最基本的储能特性，这个特性也是电容器大多数应用电路的基础，我们的观察电路及其实际参数如图 8.1 所示。

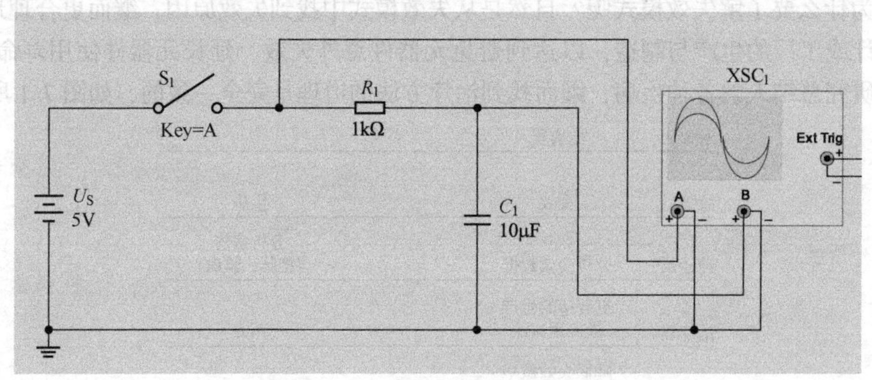

图 8.1　电容器储能特性观察电路

当开关 S_1 闭合时，电源电压 U_S 通过电阻 R_1 施加在电容器 C_1 两端，我们使用示波器测量电阻 R_1 左侧（输入）与右侧（输出）的电压波形。

假定初始状态下，电容器 C_1 中没有电荷（其两端的电压 U_C 为 0V）。当开关 S_1 闭合时，相关的输入输出波形如图 8.2 所示。

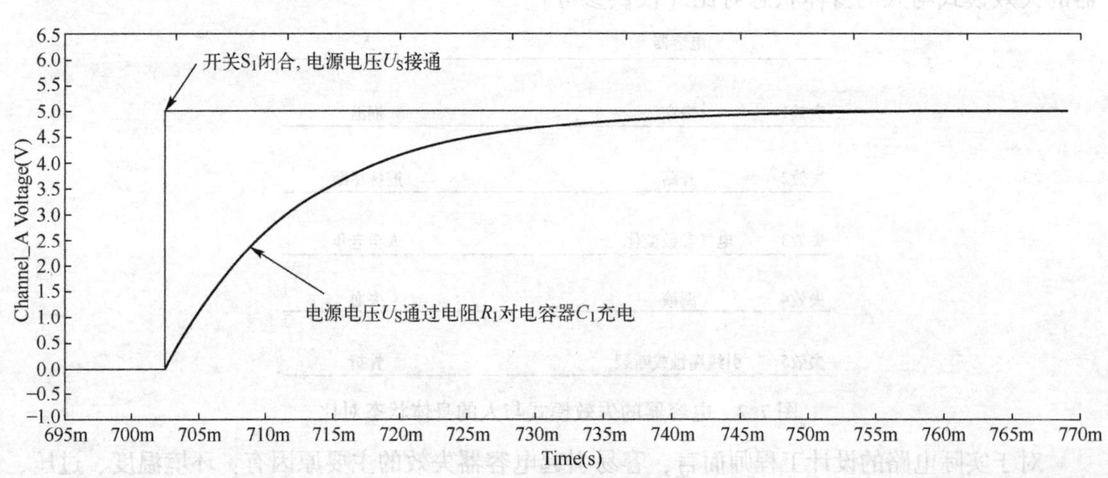

图 8.2　输入输出波形

可以看到，当开关 S_1 闭合后，电源电压 U_S 通过电阻 R_1 对电容器 C_1 进行充电，C_1 两端的电压 U_C 以指数形式开始上升，经过一段时间 t 后，C_1 充满电（相当于开路），此时 C_1 两端的电压等于电源电压 U_S，这就是电容器 C_1 充电储能的整个过程（电路理论称为“阶跃响应”或“零状态响应”）。

这个电路也称为 RC 积分电路（Integrating Circuit），我们可以用一个数学表达式来概括一下电容器充电的整个过程，如下式所示：

$$U_C = U_S(1-e^{-\frac{t}{\tau}}) = U_S(1-e^{-\frac{t}{RC}})$$

其中，τ（念 tao，我对你的钦佩之情犹如**滔滔**江水连绵不绝）是积分电路的充电时间常数（Time Constant），其值为阻值 R 与容值 C 的乘积，如果均使用国际单位（阻值为欧姆，容值为法拉），则时间常数的单位为秒，在本电路中，充电时间常数 $\tau = 1\text{k}\Omega\times10\mu\text{F} = 10\text{ms}$。

无论输入电压 U_S 有多大，电容器两端的电压都是从初始值开始慢慢变化（此例为充电上升）的，这就是我们常说的“电容器两端的电压不能突变”，因为电荷量的累积过程不可能是瞬间完成的。

从数学理论上来讲，电容器两端电压 U_C 表达式中的指数函数部分只有在时间 t 为无穷大的时候才会为 1（无限接近 1）。换言之，电容器最终完成充电电压为 U_S（充满）时所需要的时间为无穷大，但是经过 3~5 倍的充电时间常数后，电容器两端的电压已经达到输入电压 U_S 的 98%。因此，我们可以认为电容器的充电过程已经结束，如表 8.1 所示。

表 8.1　输出电压与输入电压的比值

t	U_C/U_S	t	U_C/U_S
0	0%	3τ	95%
τ	63.2%	4τ	98.2%
2τ	86.5%	5τ	100%

充电时间常数决定电容器充电速度的快慢。时间常数越大，则充电时间越长，反之则越短。我们将图 8.1 所示电路中电阻 R_1 修改为 100Ω 与 10kΩ 重新仿真一下，其波形分别如图 8.3 与图 8.4 所示。

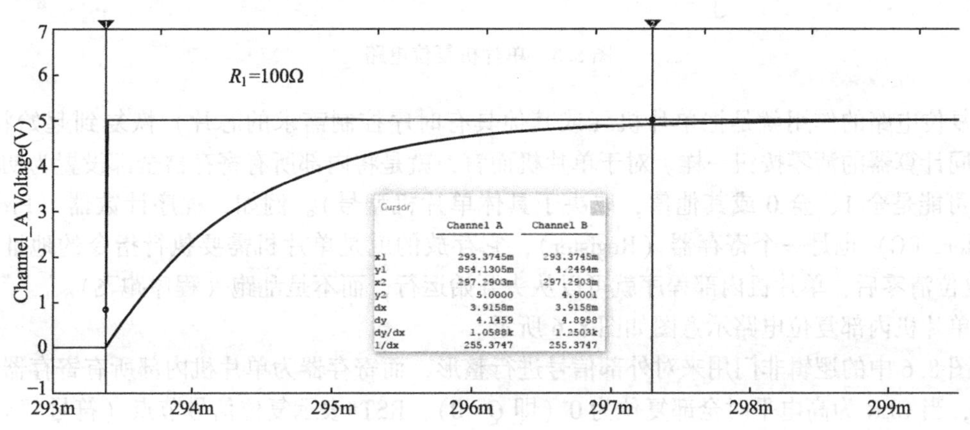

图 8.3　$R_1 = 100\Omega$ 相关波形

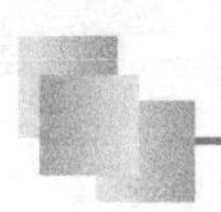

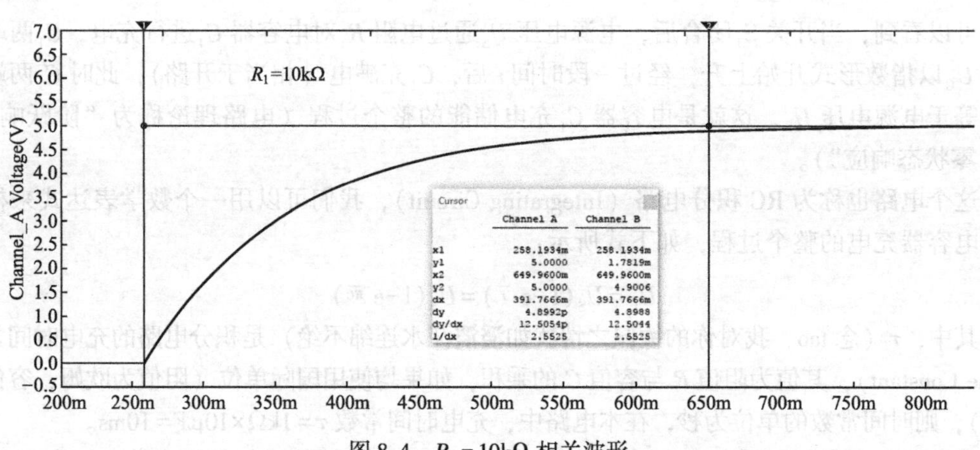

图 8.4 R_1 = 10kΩ 相关波形

看起来两个仿真波形是差不多的。这是必然的，因为都是以指数形式上升的。但是，输出电压的上升速度却不一样，当电阻值为 100Ω 时，输出电压上升到 4.9V 时需要 3.9ms；而当电阻值为 10kΩ 的时候，输出电压上升到相同值却需要约 391ms。

RC 电路在实际应用中非常广泛，最典型的应用就是时间延迟或定时，如 STM32 单片机的复位电路（Reset Circuit，不要联想为 RC，此 RC 非彼 RC），如图 8.5 所示。

图 8.5 单片机复位电路

复位电路的作用就是把单片机（或其他具有时序控制需求的芯片）恢复到起始状态，正如同计算器的清零按钮一样。对于单片机而言，就是将内部所有寄存器全部设置为初始状态（可能是全 1、全 0 或其他值，取决于具体单片机型号）。例如，程序计数器（Program Counter，PC）也是一个寄存器（Register），它存放的就是单片机需要执行指令的地址，当 PC 复位清零后，单片机内部程序就可以从头开始运行，而不是乱跑（程序跑飞）。

单片机内部复位电路示意图如图 8.6 所示。

图 8.6 中的逻辑非门用来对外部信号进行整形，而寄存器为单片机内部所有寄存器的简化图，当 CLR 为高电平时全部复位为 0（即 Q=0），RST#表示复位信号节点（符号“#”表示低有效）。

当电路系统刚刚上电时，电源 VCC 通过上拉电阻 R 对电容器 C 进行充电。由于电容器

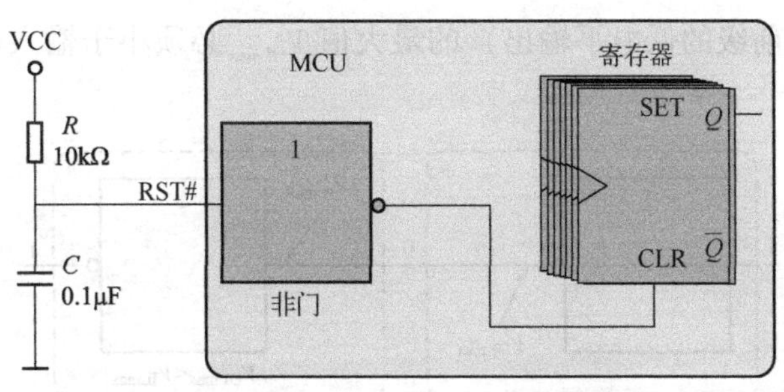

图 8.6　单片机内部复位电路示意图

两端的电压不能突变，此时节点 RST#的电位比较低，经过逻辑非门后为高电平，所以寄存器进入复位状态，然后电容器开始进行充电，当电容器两端的电压升高到一定值时，逻辑非门的输出翻转为高电平，内部寄存器退出复位状态，单片机可以正常工作。

那复位时间该如何计算呢？根据芯片供电电压的不同，常用的 CMOS 单片机有 5V 与 3.3V 两种，它们的电平标准分别如图 8.7 所示。

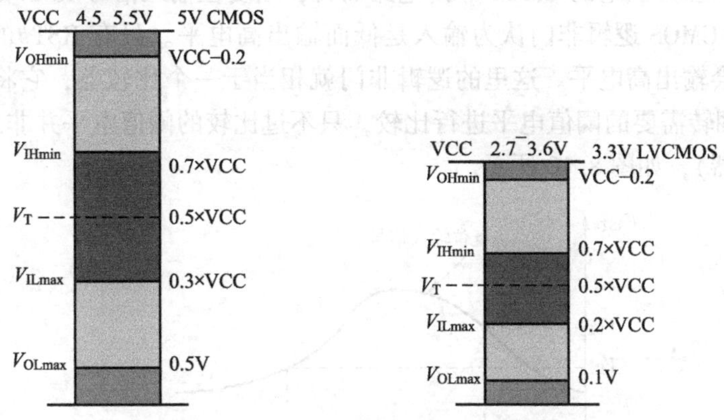

图 8.7　CMOS 与 LVCMOS 电平标准

其中，V_{IH}（High-Level input voltage）表示输入高电平；V_{OH}（High-Level output voltage）表示输出高电平；V_T表示数字电路勉强完成翻转动作时的阈值电平，它是一个介于 V_{IL}和 V_{IH}之间的电压值，CMOS 电路的阈值电压大约是供电电源电压的一半。要保证 CMOS 数字逻辑认为外部给它输入的电平为“高”，则这个输入电平（也就是前级的高电平输出）的最小值 V_{OHmin}必须大于输入电平要求的最小值 V_{IHmin}，如图 8.8 所示。

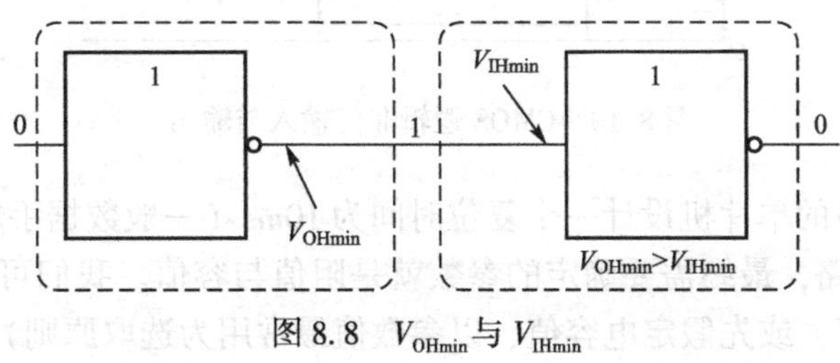

图 8.8　V_{OHmin}与 V_{IHmin}

同样，V_{IL}（Low-Level input voltage）表示输入低电平，而 V_{OL}（Low-Level output voltage）表示输出低电平。要保证 CMOS 数字逻辑认为外部给它输入的电平为“低”，则这

个输入电平（也就是前级的低电平输出）的最大值 V_{OLmax} 必须小于输入电平的最大值 V_{ILmax}，如图 8.9 所示。

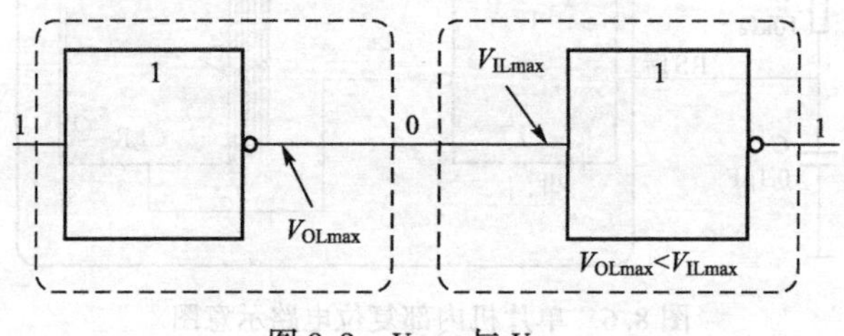

图 8.9　V_{OLmax} 与 V_{ILmax}

这让我想起了马太效应：凡是有的，还要给它更多；没有的，连仅有的也要被夺走！逻辑电路要求输入高电平时至少为 V_{IHmin}，那实际给它的电平 V_{OHmin} 应该比需要的 V_{IHmin} 更大；而要求输入低电平时至多为 V_{ILmax}，那实际给它的电平 V_{OLmin} 只能比 V_{ILmax} 更小。

图 8.7 就是数字逻辑电平的噪声容限图，那么它跟复位时间有什么关系呢？也就是说，对于 5V（3.3V 同理）供电的 CMOS 非门电路而言，当复位输入信号 RST#的电位低于 3.5V（0.7×VCC）时，CMOS 逻辑非门认为输入是低而输出高电平。只有 RST#的电位高于 3.5V 时，逻辑非门才会输出高电平。这里的逻辑非门就相当于一个比较器，它将 RST#的电位与 CMOS 逻辑电路翻转需要的阈值电平进行比较，只不过比较的阈值电平并非总是相同的（更像是施密特触发器），如图 8.10 所示。

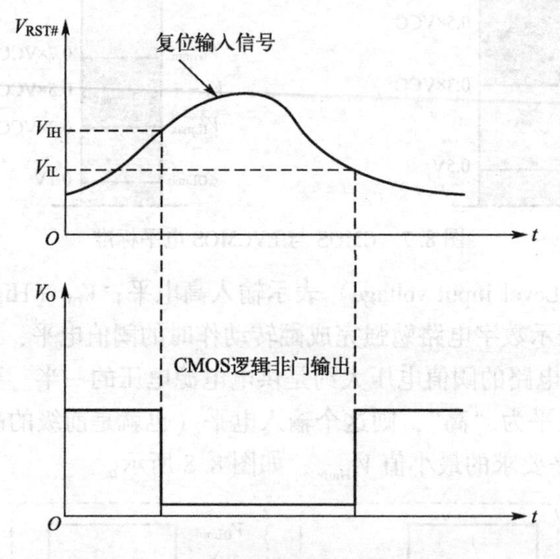

图 8.10　CMOS 逻辑非门输入与输出

例如，为 5V 供电的单片机设计一个复位时间为 10ms（一般数据手册都会给出这个参数的最小值）的复位电路，最终需要确定的参数就是阻值与容值。我们可以假定电阻为 10kΩ（也可以假定其他阻值，或先假定电容值，以参数值最常用为选取原则）。

根据电容器两端电压的充电表达式，则有：

$$U_C = U_S(1-e^{-\frac{t}{\tau}}) \rightarrow 3.5V = 5V(1-e^{-\frac{10ms}{10k\Omega \times C}})$$

变换一下，则有：

$$C=\frac{10\text{ms}}{10\text{k}\Omega\times\ln\left(\frac{5\text{V}}{5\text{V}-3.5\text{V}}\right)}\approx 0.830\mu\text{F}$$

我们可以选取常用电容器的电容值为 1μF，因为复位时间长一点没有影响。

当然，以上我们只是针对典型的 CMOS 逻辑电路进行计算的。换言之，不同型号单片机的输入高电平 V_{IH}与供电电压 VCC 都有可能是不一样的。因此，我们应该从数据手册的直流参数（DC Characteristics）部分找到相关的值再进行计算（有些数据手册会对复位引脚单独描述），如表 8.2 所示为某单片机的复位引脚的电平标准。

表 8.2　复位引脚的电平标准

符　号	参　数	条　件	最小值/V	最大值/V
V_{IL}	输入低电平	—	-0.5	0.8
V_{IH}	输入高电平	—	2	VCC+0.5

若无其他注明，本表所示数值对以下条件有效：环境温度为-40～105℃，供电电压为 2.0～3.6V。

当然，有些单片机的内部也有一些辅助电路，它们也会影响实际的复位时间，此时应参考相应的数据手册。

虽然现在很多芯片已经将复位电路集成到了芯片里面，外部电路不再需要单独的 RC 电路，但是其原理仍然是不会变的。

有人说：说那么多废话“做甚”？一般单片机都有典型的应用电路，只要照抄就行了，没必要搞那么复杂！我就是不会这个计算公式，也不需要知道这个知识，但我的水平依然还是那么厉害。

其实，这就是普通工程师与优秀工程师之间的区别！有太多的东西实际应用起来差别并不大，但优秀工程师总会比普通工程师要懂得多一些，就如晶体与匹配电容，51、AVR、STC、PIC、STM32 等单片机典型应用电路一大堆，照着画原理图就是了，无论是“大牛”还是“菜鸟”，使用起来大家都一样！

但事实是：1%的那部分知识就能够决定你的技术层次，而其他 99%的知识，大多数“地球人”都知道，这与二八法则有多么相似。大多数人的工作内容都是很相似的，然而能解决其他人所不能解决问题的人才是公司最需要的。换言之，从面试单位的角度判断，如果你理解某个“看似很偏”的技术问题，从概率上来讲，你的水平比那些不理解的工程师要高很多（当然，我没有说是绝对，也许你走“狗屎运”恰好知道这个知识点，而其他类似知识点都不知道）。

总之，我想表达的意思是：你赢了！

第9章　门电路组成的积分型单稳态触发器

你肯定见过有些楼道上的电灯是这样反应的：当有人来了（有声音），楼道的电灯就亮了，过一段时间电灯自动熄灭了。从灯亮到灯灭所需要的时间就可以使用 RC 积分电路来控制，这种控制电路在某段时期处于一个不稳定状态（暂态），然而最终总会回到另一个稳定状态（稳态），我们称其为单稳态触发电路。

单稳态触发器（Monostable Multivibrator）是一种具有稳态和暂态两种工作状态的电路。当没有外加触发信号时，电路处于稳定状态，而一旦有外加信号触发，电路将从稳定状态翻转到暂时维持状态，经过一定时间后（取决于电路本身的参数，通常是电容与电阻的充放电时间常数），电路又会自动返回到稳定状态，可应用于定时、延时、脉冲整形等应用场合。

单稳态触发电路的具体形式有很多，常见的积分型单稳态触发电路如图 9.1 所示。

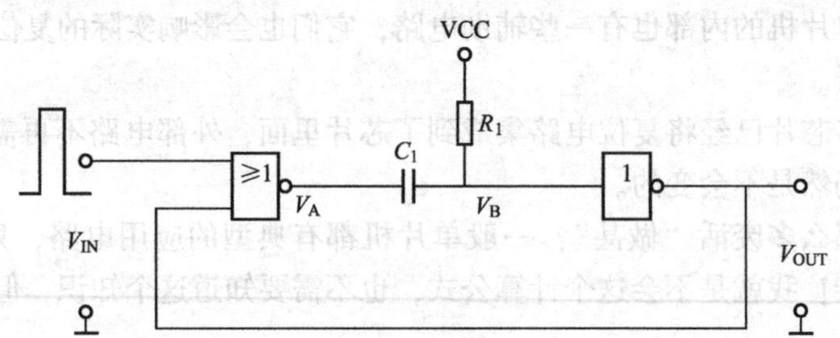

图 9.1　积分型单稳态触发电路

从图 9.1 中可知，此电路由一个两输入或非门、一个非门、一个电阻和一个电容组成，只要输入 V_{IN} 有一个足够宽的触发脉冲，则输出 V_{OUT} 将产生宽度为 t_w 由时间常数决定的脉冲，输入与输出相关的波形如图 9.2 所示。

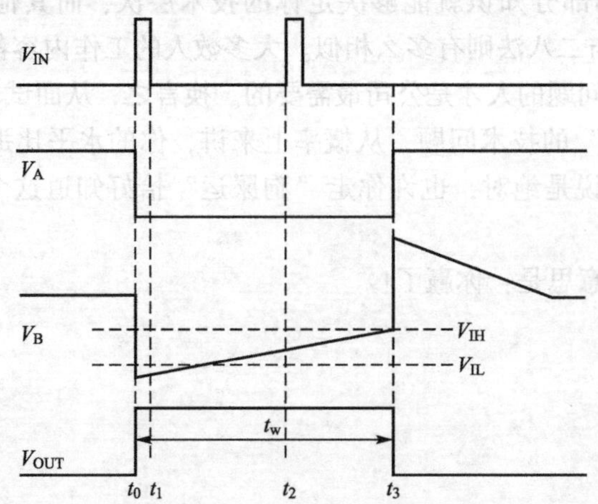

图 9.2　输入与输出相关的波形

在 t_0 时刻之前（空闲状态），输入信号 V_{IN} 一直为低电平，假设“或非门”另一引脚为低电平（也可以假设为高电平，最终结果是一样的），则“或非门”输出 V_A 为高电平（全 0 为 1），而“非门”的输入 V_B 由电阻 R_1 上拉到 VCC（高电平），因此输出电压 V_{OUT} 为低电平，此时环路为**初始稳定状态**，电容器 C_1 两端的电压约为 0V，如图 9.3 所示。

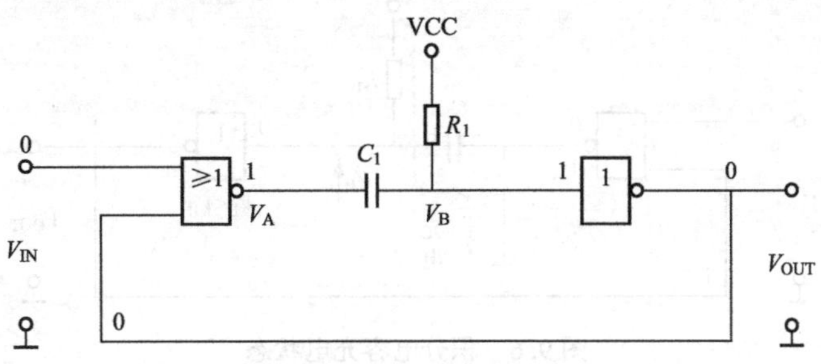

图 9.3　初始稳定状态

当 t_0 时刻到来时，输入 V_{IN} 翻转为高电平，则“或非门”输出翻转为低电平（有 1 为 0），由于电容器 C_1 两端的电压不能突变，因此“非门”输入也为低电平，即 V_B 小于 V_{IL}（非门输入低电平阈值电压），继而导致“非门”输出电压 V_{OUT} 翻转为高电平，这样“或非门”的另一引脚也为高电平，此时为电路的触发翻转阶段，如图 9.4 所示。

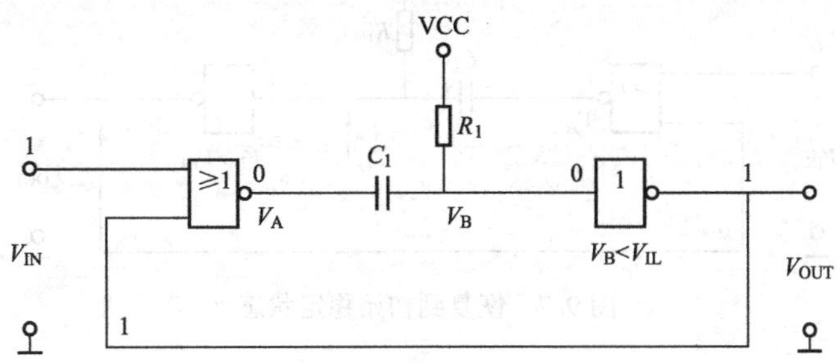

图 9.4　触发翻转阶段

在此状态下，如果将输入 V_{IN} 翻转为低电平（如 t_1 时刻），或者多次进行电平翻转（如 t_2 时刻），对电路的状态也是没有任何影响的，因为“或非门”逻辑是“有 1 为 0”，也因此将该电路称为“**不可重复触发单稳态触发器**”，此时为电路的暂态维持阶段，如图 9.5 所示。

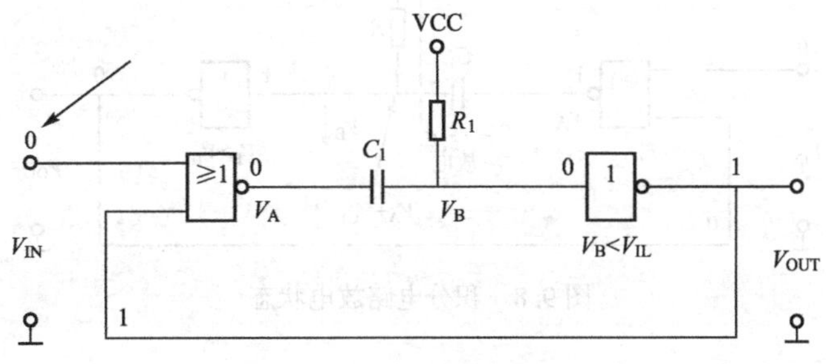

图 9.5　暂态维持阶段

此时电路的状态并不是稳定的，从图 9.5 可以看出，“或非门”输出 V_A为低电平，相当于接地状态，电源 VCC 将会通过电阻 R_1对电容器 C_1进行充电，则“非门”输入电位 V_B逐渐上升，如图 9.6 所示。

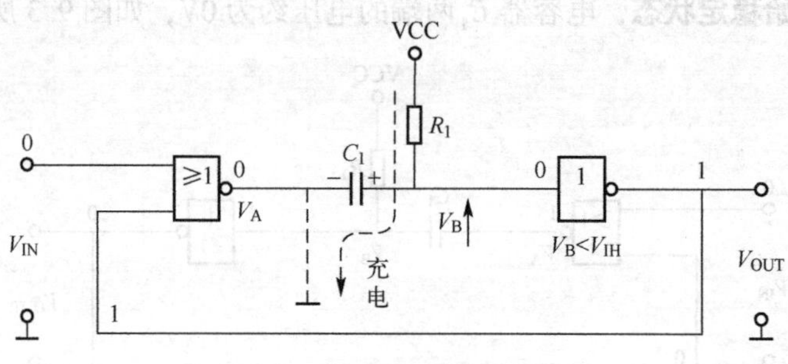

图 9.6　积分电容充电状态

当电位 V_B大于“非门”的 V_{IH}（非门输入高电平阈值电压）时，“非门”输出电压 V_{OUT}翻转为低电平，继而使“或非门”的另一输入引脚也为低电平，此时电路恢复到初始的稳定阶段，如图 9.7 所示。

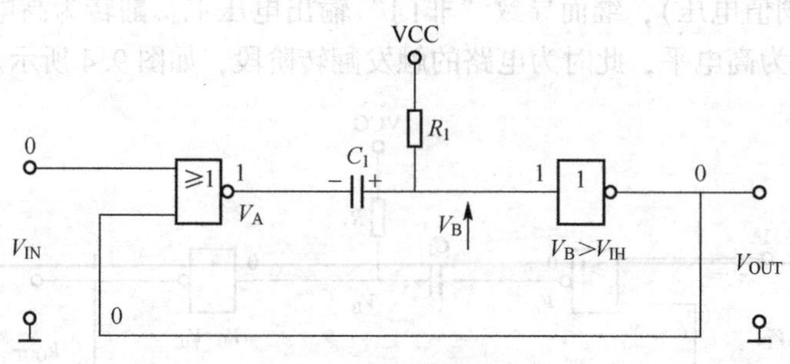

图 9.7　恢复到初始稳定状态

需要注意的是：当“或非门”的输出翻转为高电平时（电压值大约是 VCC），由于电容器 C_1已经充了电（极性为左负右正），因此 V_B电位会超过供电电压 VCC，相当于两个电压源串联，此时电容器 C_1通过电阻 R_1放电，V_B电位开始逐渐下降，如图 9.8 所示。

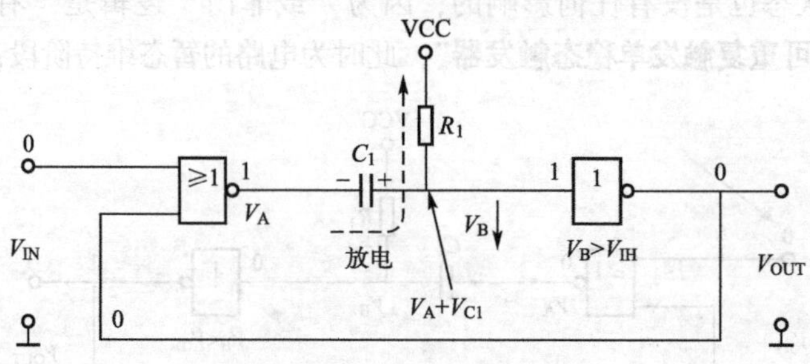

图 9.8　积分电路放电状态

当电容器 C_1放电完毕后，其两端的电位均为高电平（约 VCC），回到最开始的稳定状态。

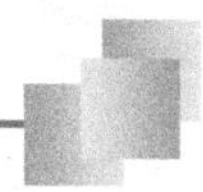

我们用图 9.9 所示的电路参数仿真一下。

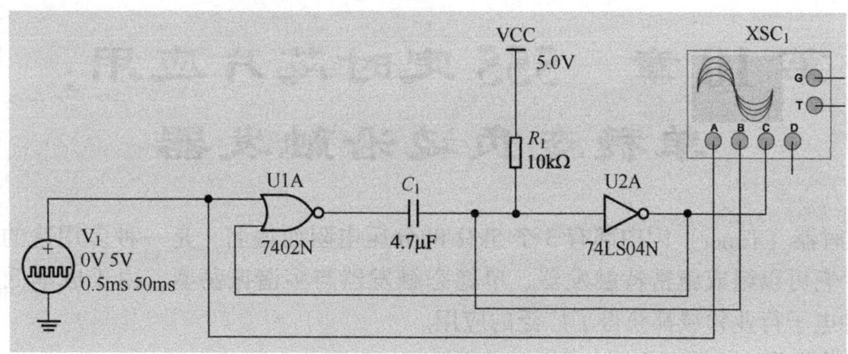

图 9.9　仿真电路图

相关波形如图 9.10 所示。

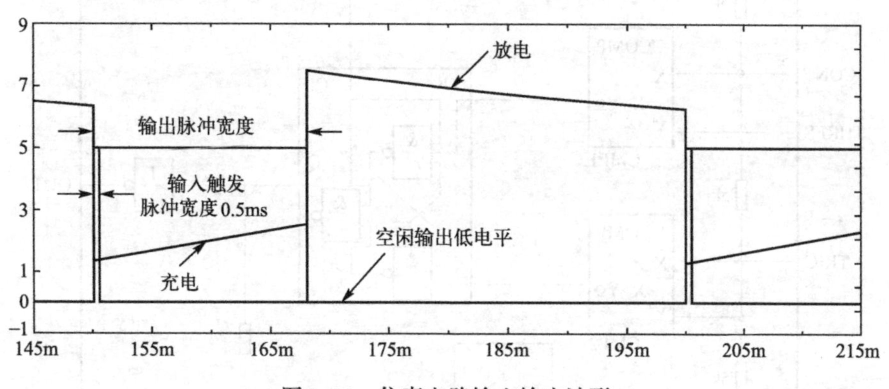

图 9.10　仿真电路输入输出波形

图 9.11 所示也是一个积分型单稳态触发电路，读者可自行分析一下，后续也会详细讲述其原理。

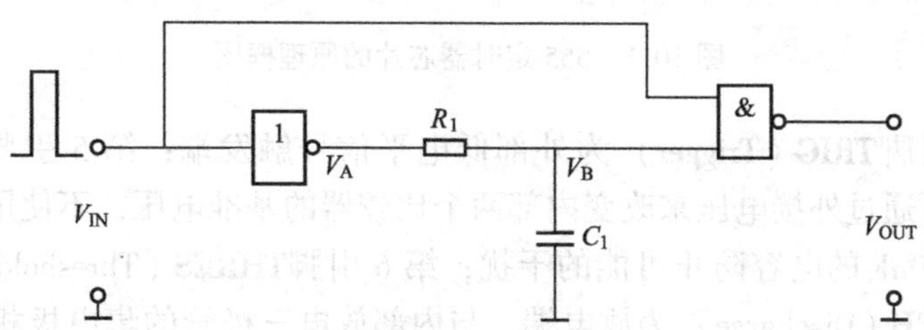

图 9.11　另一个积分型单稳态触发电路

第 10 章　555 定时芯片应用：单稳态负边沿触发器

555 定时器（Timer）因内部有 3 个 5kΩ 的分压电阻而得名，是一种多用途的模数混合集成电路，它可以组成施密特触发器、单稳态触发器与多谐振荡器，由于成本低且性能可靠，在各种电子行业领域都获得了广泛的应用。

555 定时器芯片的原理框图如图 10.1 所示。

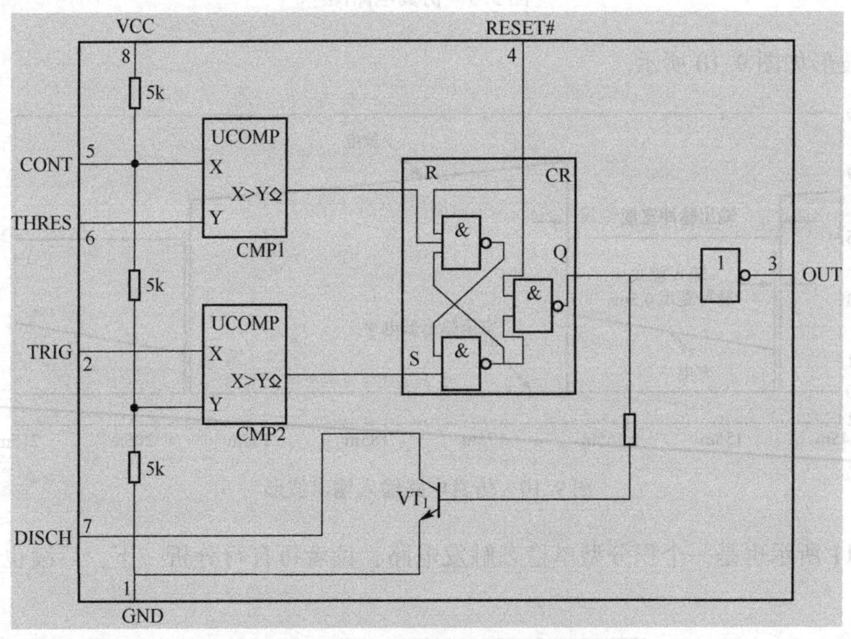

图 10.1　555 定时器芯片的原理框图

其中，第 2 引脚**TRIG**（Trigger）为外部低电平信号触发端；第 5 引脚**CONT**（Control）为电压控制端，可通过外接电压来改变内部两个比较器的基准电压，不使用时应在该引脚与公共地之间连接 10nF 的电容防止可能的干扰；第 6 引脚**THRES**（Threshold）为高电平触发端；第 7 引脚**DISCH**（Discharge）为放电端，与内部放电三极管的集电极相连，控制外接定时电容的充放电。

555 定时器最基本的功能是**定时**，实质上就是一个单稳态触发器，即外加信号一旦到来，单稳态触发器就产生时间可控制的脉冲宽度，这个脉冲的宽度就是我们需要的定时时间。

为了更方便地描述 555 定时器芯片的工作原理，我们首先用图 10.2 所示的单稳态触发器电路仿真一下。

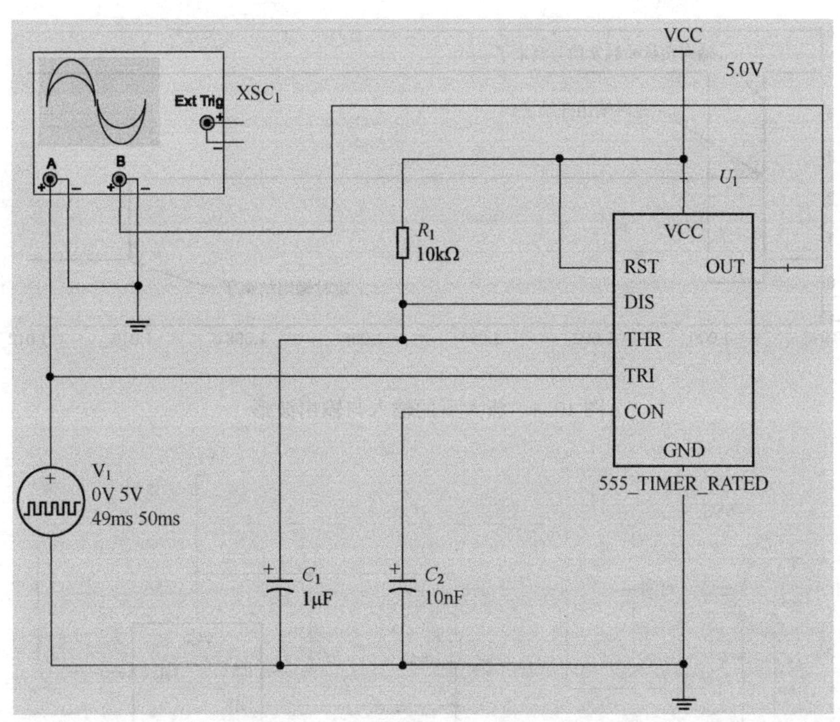

图 10.2　单稳态触发器电路

该单稳态触发器电路是负脉冲触发类型的，因此我们设置触发信号源的周期为 50ms，而高电平的宽度为 49ms，即负脉冲（低电平）的宽度为 1ms，仿真波形如图 10.3 所示（为方便读者观察波形，图 10.3 和图 10.4 中的定时输出幅度缩小了一半）。

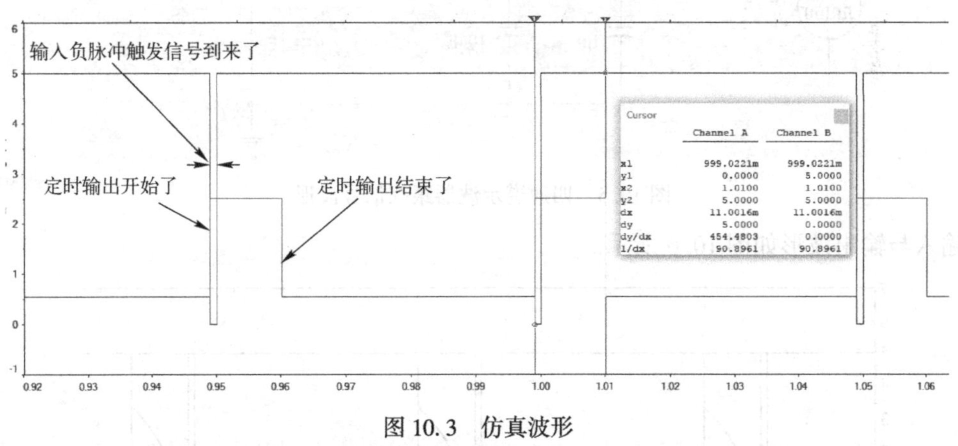

图 10.3　仿真波形

从图 10.3 中可以看到，输入每到来一个负脉冲（低电平）触发信号，电路则会输出固定宽度的高电平脉冲，此电路的输出脉冲宽度由电阻 R_1 与电容 C_1 决定，约为 $1.1R_1C_1$（$1.1\times1\times10=11$ms），我们将细节部分放大后再观察一下，如图 10.4 所示。

输出脉冲的宽度约为 11.0016ms，与理论值非常接近。为了更进一步分析电路的工作原理，我们用四通道示波器来跟踪如图 10.5 所示的 3 个信号波形。

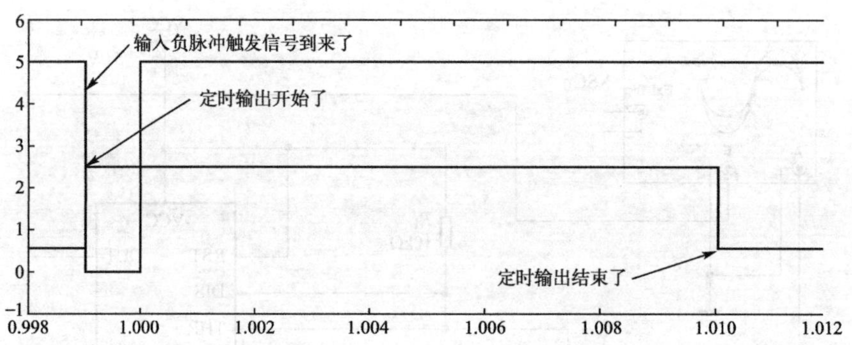

图 10.4　放大后的输入与输出波形

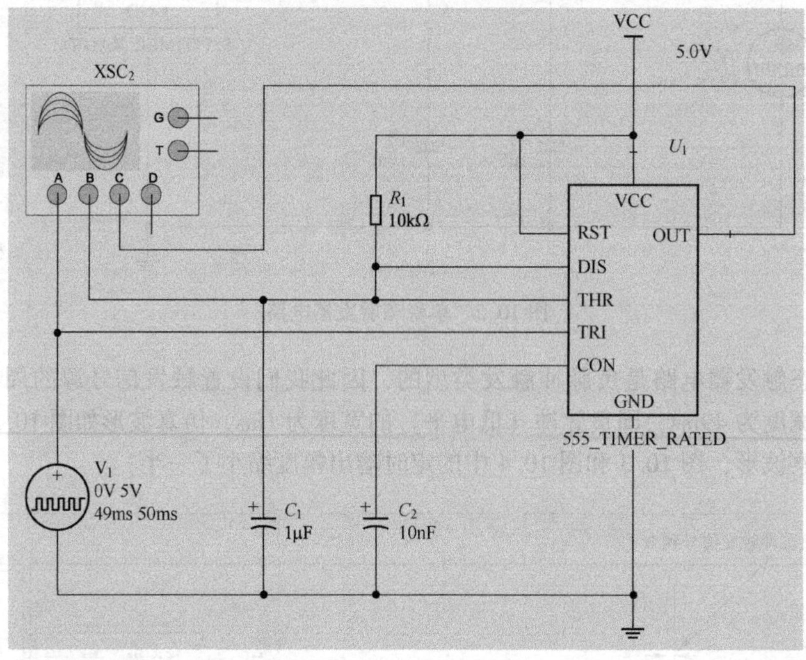

图 10.5　四通道示波器跟踪信号波形

输入与输出波形如图 10.6 所示。

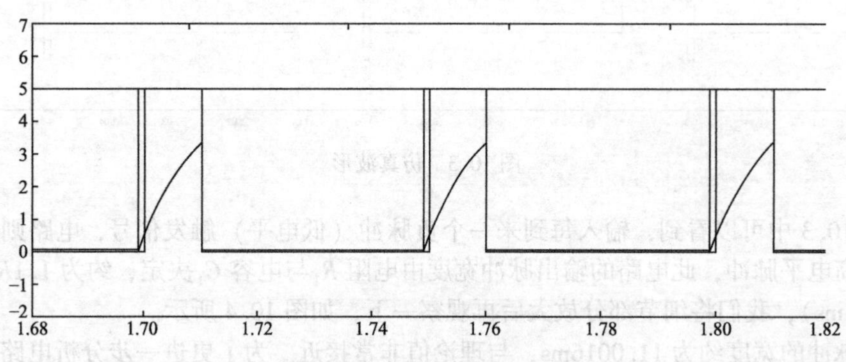

图 10.6　输入与输出波形

与之前的波形是一样的，只不过加入了 THR 与 DIS 引脚（连接在一起的）的波形，我们将其中一部分放大一下，如图 10.7 所示。

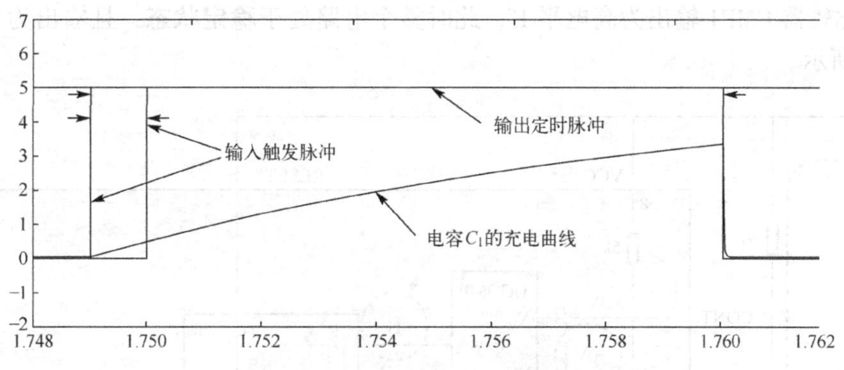

图 10.7　放大后的输入与输出波形

555 定时器芯片内部的 3 个 5kΩ 的电阻将 5V 直流电源 VCC 进行分压，其中 2/3（约 3.3V）供给比较器 CMP1 的同相端，1/3（约 1.6V）供给比较器 CMP2 的反相端。比较器 CMP1 的反相端经过电容 C_1 接地，在电路刚刚上电时，由于电容 C_1 两端的电压不能突变，比较器 CMP1 因反相端的电位比同相端的电位低而输出高电平 H，比较器 CMP2 的同相端默认是高电平（负脉冲触发），也就是 VCC = 5V，比反相端的电位（1.6V）高。因此，比较器 CMP2 的输出也为高电平 H。

由于“R=**H**,S=**H**”，RS 触发器处于保持状态。我们假设 555 定时器芯片刚开始已经复位过（RESET#为低电平，然后变为高电平），则触发器的输出为高电平 H（也可以不进行复位，最后的结果是一样的），经过一个反相器后，电路的输出为低电平 L，其状态如图 10.8 所示。

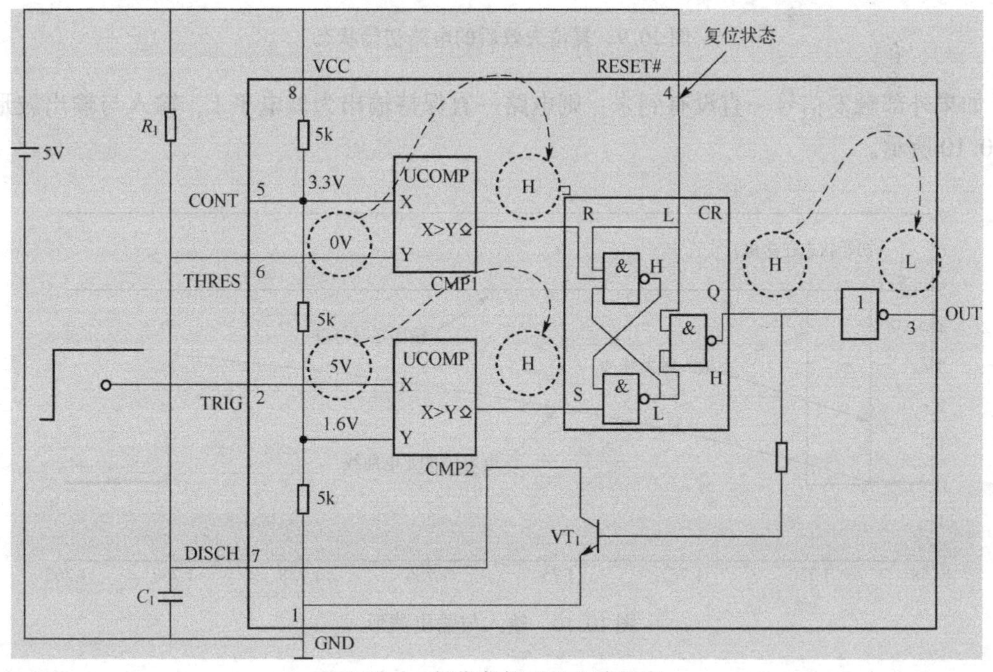

图 10.8　复位条件下的电路状态

另一方面，触发器输出的高电平 H 使三极管 VT_1 饱和导通，此时第 7 引脚 DISCH 被拉为低电平 L（相当于电容 C_1 处于放电状态），这个引脚与比较器 CMP1 反相端的电位是相同的，维持比较器 CMP1 输出为高电平 H，此时整个电路处于**稳定状态**，且输出为低电平 L，如图 10.9所示。

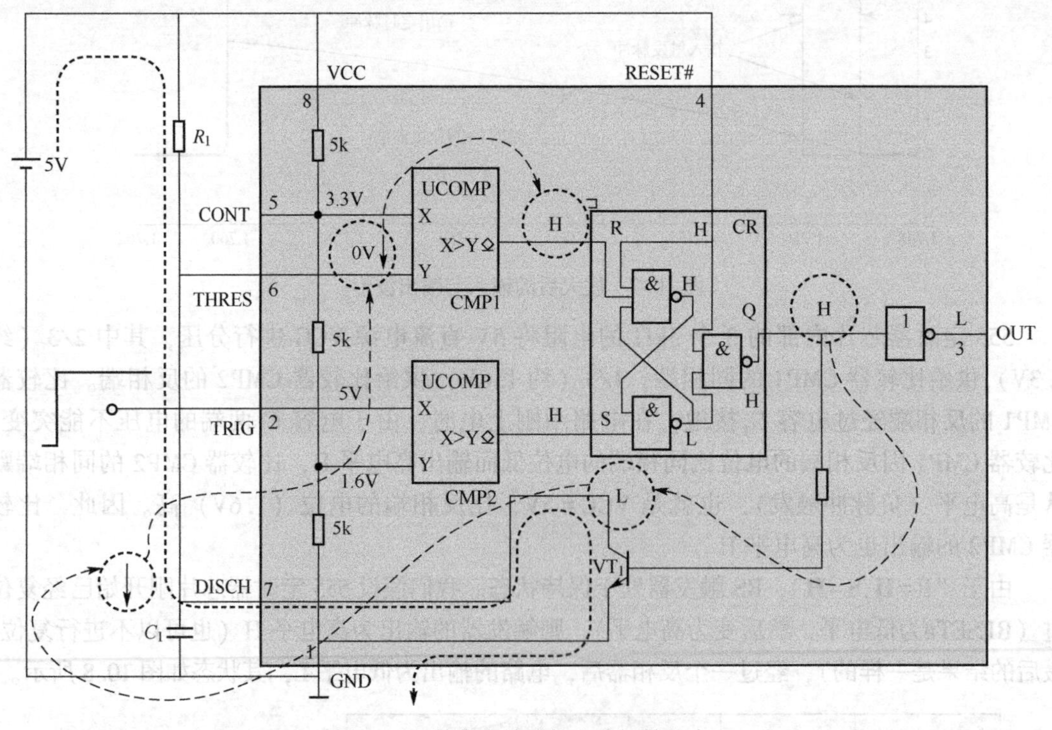

图 10.9　复位失效后的电路初始状态

如果外部触发信号一直没有到来，则电路一直保持输出为低电平 L，输入与输出波形如图 10.10 所示。

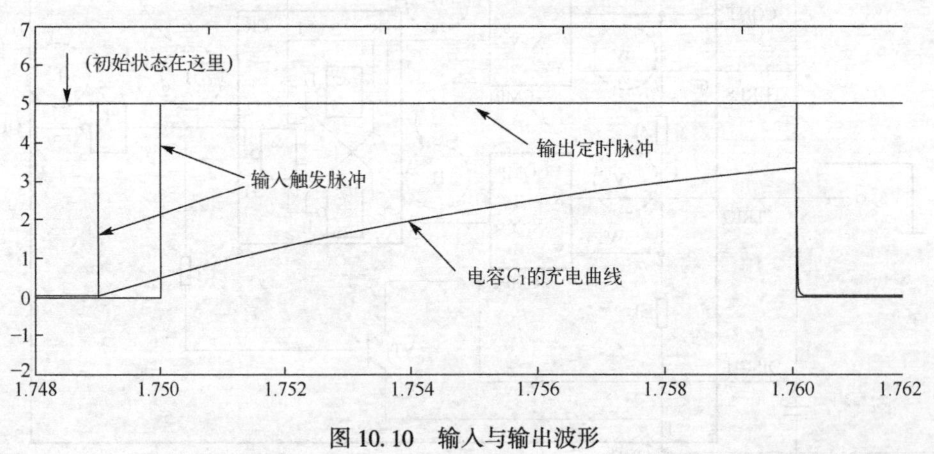

图 10.10　输入与输出波形

皇天不负有心人，终于等到了期待已久的负电平触发脉冲，比较器 CMP2 因同相端电位低于反相端电位而输出低电平 L，由于“R=**H**,S=**L**”，RS 触发器处于置位状态输出低电平 L，一方面经反相器输出高电平 H，另一方面使三极管 VT_1截止，此时直流电源 VCC 通过电阻 R_1对电容 C_1充电，第 6 引脚 THRES 的电位开始上升，如图 10.11 所示。

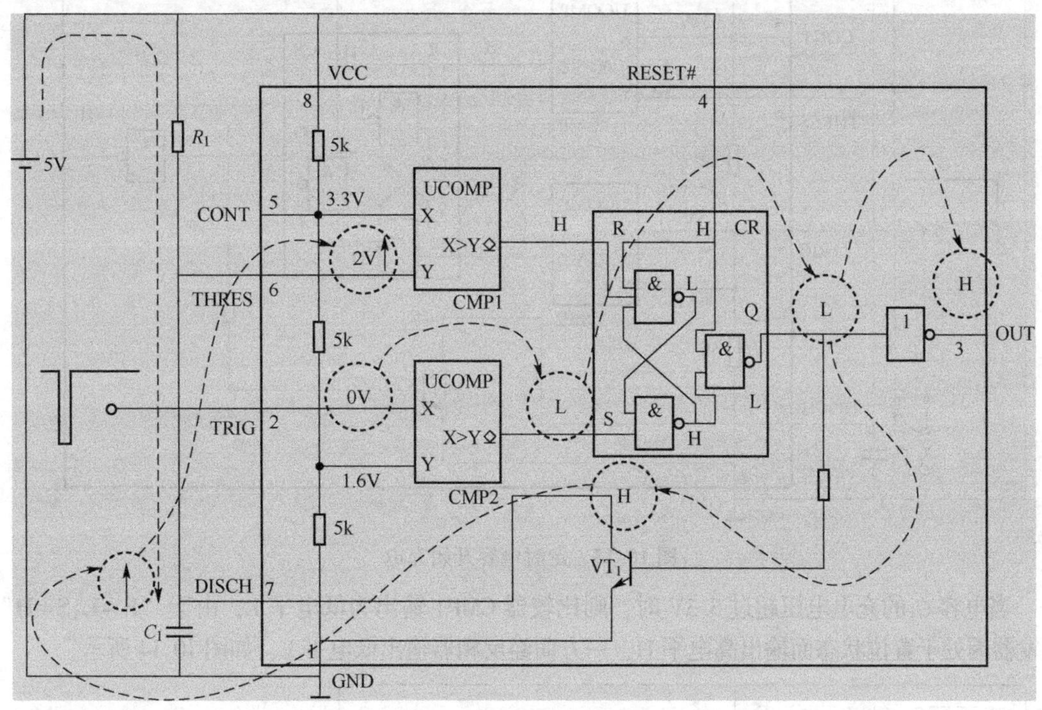

图 10.11　触发条件下的电路状态

在电容 C_1两端的充电电压还没有超过 3.3V（VCC 的 2/3）前，比较器 CMP1 的输出状态是不会变化的，如图 10.12 所示。

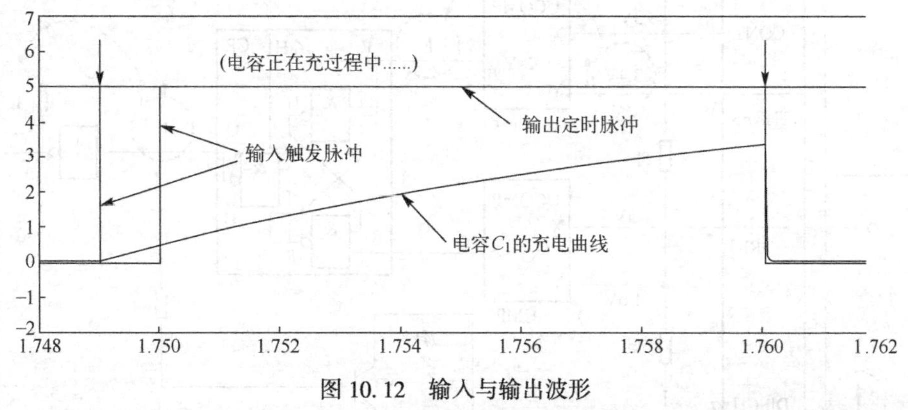

图 10.12　输入与输出波形

在电容 C_1的充电期间，如果输入低电平触发脉冲撤销（当前输入为高电平 H），则比较器 CMP2 输出为高电平 H，由于“R=**H**,S=**H**”，RS 触发器处于保持状态，不影响电路的输出状态，如图 10.13 所示。

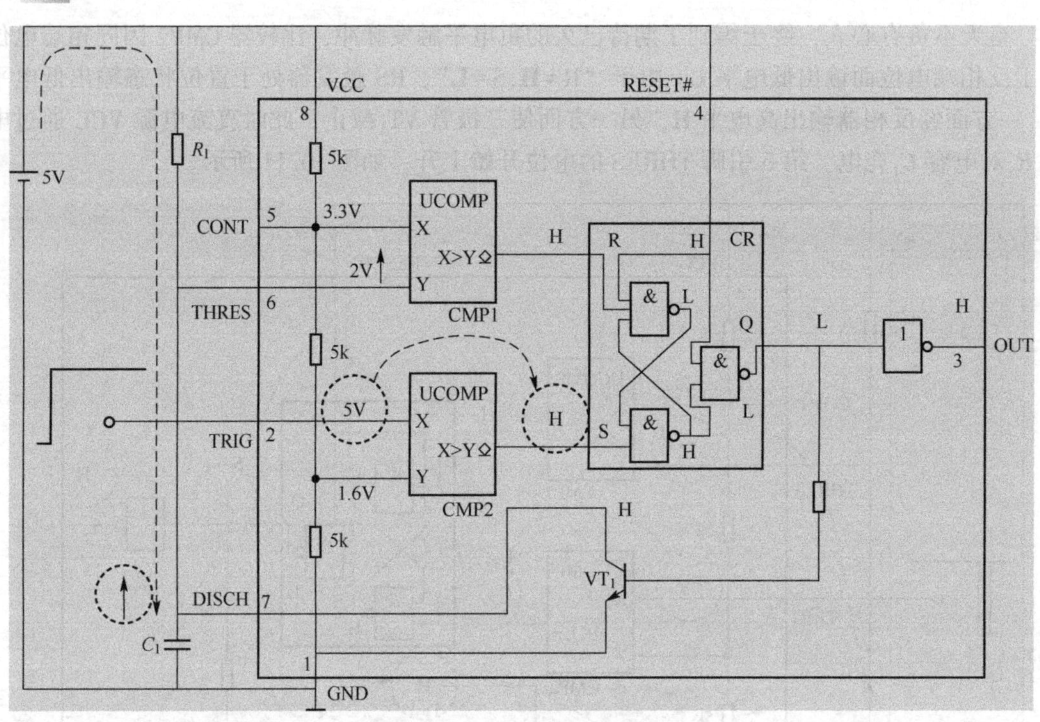

图 10.13　定时电容开始充电

当电容 C_1 的充电电压超过 3.3V 时，则比较器 CMP1 输出为低电平 L，由于“R=**L**,S=**H**”，触发器因处于置位状态而输出高电平 H，一方面经反相器输出低电平 L，如图 10.14 所示。

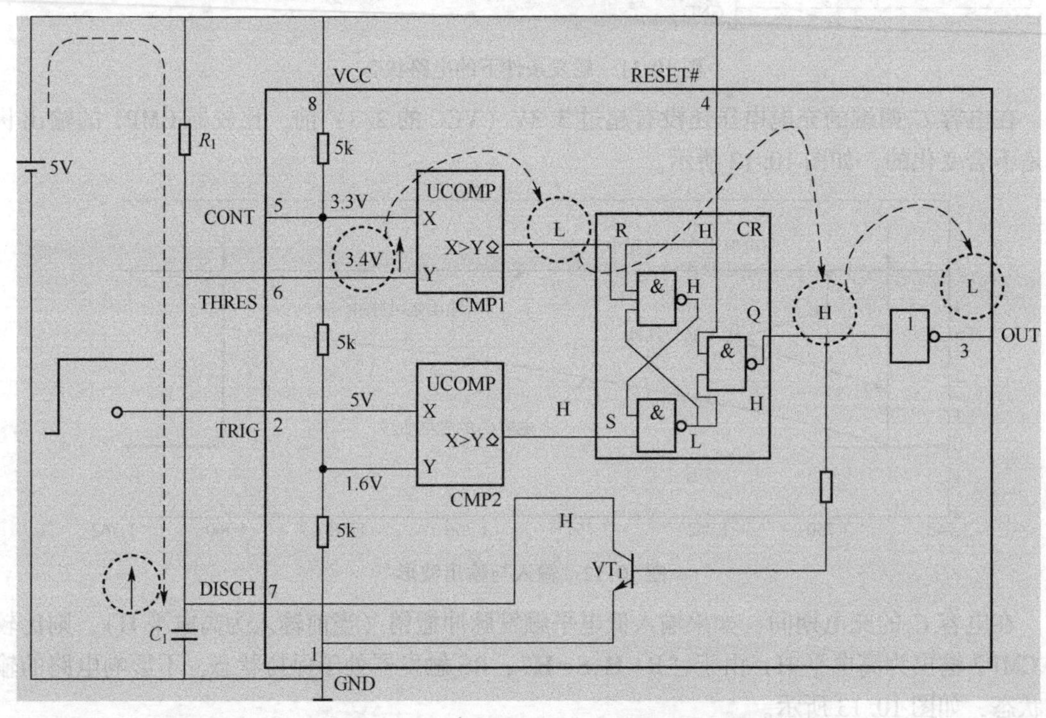

图 10.14　定时电容器充电超过比较器阈值

另一方面，触发器输出的高电平 H 又使三极管 VT_1饱和导通，此时第 7 引脚 DISCH 又被拉为低电平 L（相当于电容 C_1处于放电状态），这个引脚与比较器 CMP1 反相端的电位是相同的，维持比较器 CMP1 输出为高电平 H，此时整个电路又返回**稳定状态**，且输出为低电平 L，如图 10. 15 所示。

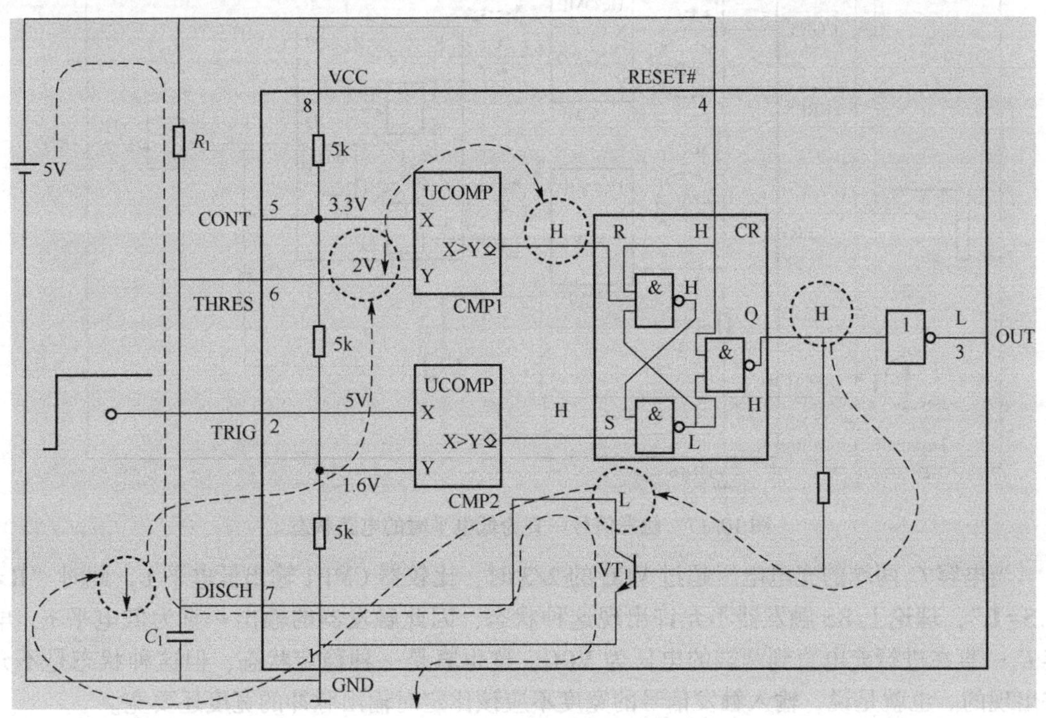

图 10. 15　返回稳定状态的电路

此时的输入与输出波形如图 10. 16 所示。

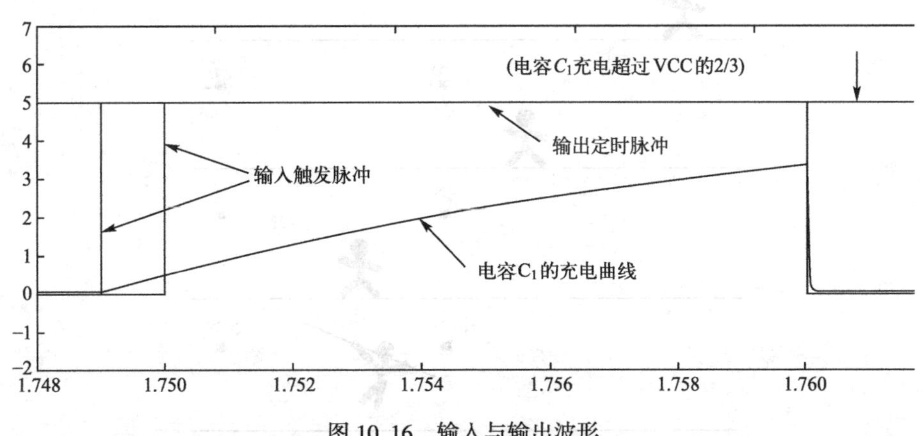

图 10. 16　输入与输出波形

当然，输入触发信号有可能在电容 C_1的充电期间一直保持为低电平，状态如图 10. 17 所示。

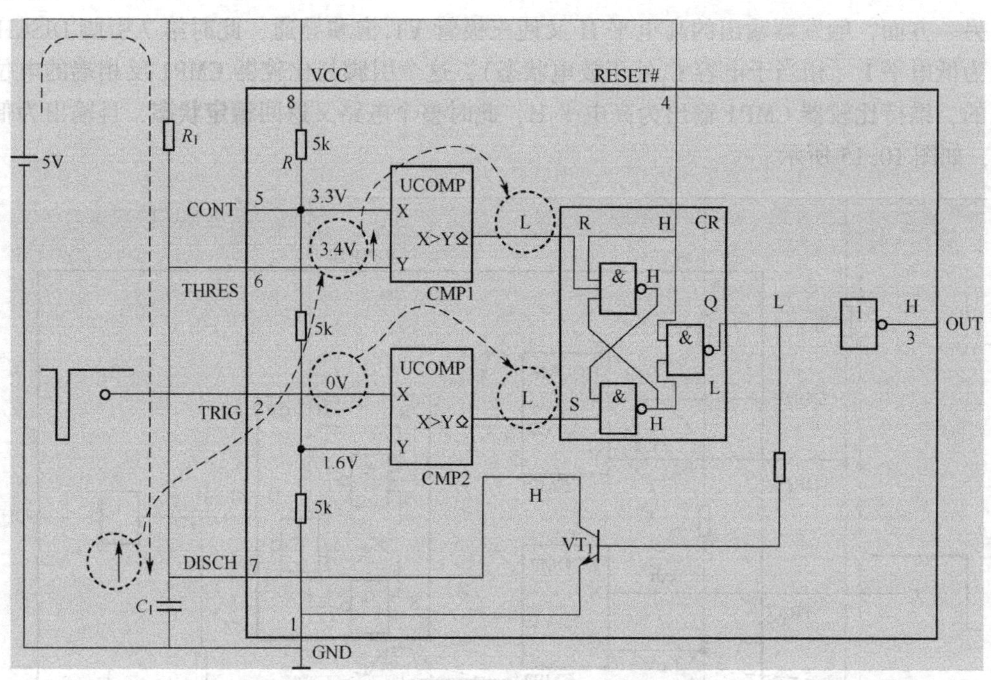

图 10.17　触发信号一直为低电平时的电路状态

当电容 C_1 两端的充电电压超过 VCC 的 2/3 时，比较器 CMP1 输出低电平 L，此时“**R**=**L**,**S**=**L**”，理论上 RS 触发器不允许出现这种状态，因此触发器的输出一直为低电平 L，电容 C_1 一直在进行充电直到两端的电压为 VCC，这也算是一种稳定状态，但这种状态是不允许出现的。也就是说，输入触发信号的宽度不应该比定时输出脉冲的宽度还要宽。

第 11 章　RC 多谐振荡器电路工作原理

多谐振荡器（Multivibrator）是一种能够产生矩形波的自激振荡器，也称矩形波发生器。它利用深度正反馈，通过阻容耦合使两个电子器件交替地处于导通与截止状态而产生方波输出。也就是说，电路输出的高电平与低电平都只是一个暂时状态，因此也称为无稳态振荡器（Astable Multivibrator）。

这种电路在接通电源后，不需要外加触发脉冲就能自动产生矩形脉冲，如流水灯多谐振荡电路，如图 11.1 所示，它也是利用 RC 充电原理工作的电路：电源 VCC 一旦接通，由于元器件的特性差异，总会有一只三极管先导通，假如三极管 VT_3先导通，则有 VT_3基极的电位 V_{B3}上升→VT_3集电极的电位 V_{C3}下降→VD_1正向偏置发光→电容 C_1的正极（左侧）电位接近零，由于电容 C_1两端的电压不能突变→VT_4基极的电位接近零电位→VT_4处于截止状态且集电极的电位 V_{C4}为高电平→VD_2处于截止状态不发光，如图 11.2 所示。

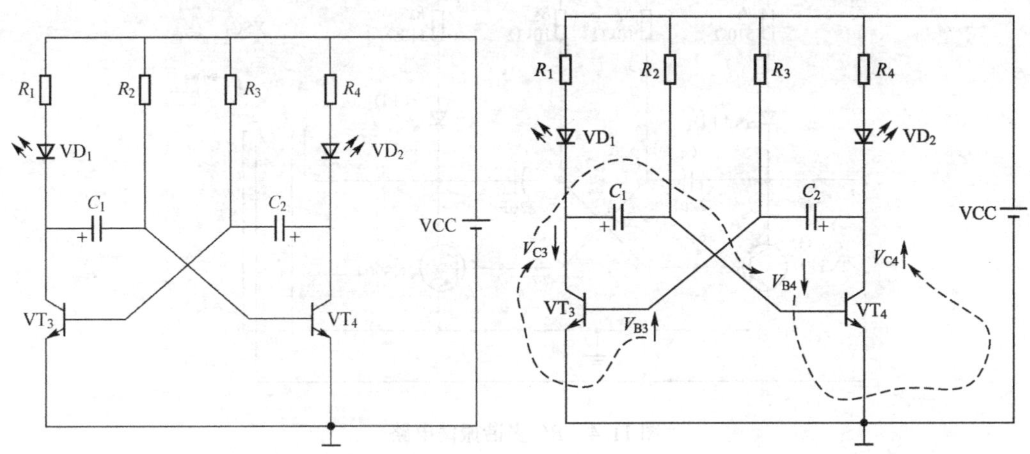

图 11.1　流水灯多谐振荡电路　　　图 11.2　三极管 VT_3先导通后的电路状态

随着电源 VCC 通过电阻 R_2对电容 C_1充电→VT_4基极的电位 V_{B4}上升→VT_4导通→VT_4集电极的电位 V_{C4}下降→VD_2正向导通发光，同样由于电容 C_2两端的电压不能突变而使 VT_3基极的电位 V_{B3}下降→VT_3处于截止状态且集电极的电位 V_{C3}为高电平→VD_1处于截止状态而熄灭，如图 11.3 所示。

如此循环，VT_3和 VT_4轮流导通和截止，VD_1和 VD_2就不停地循环发光。改变电容 C_1和 C_2的容量（或 R_2和 R_3），就可以改变两个发光二极管的亮灭循环速度，电路的振荡周期约为 1.4τ（充电时间常数）。

我们用图 11.4 所示的电路参数进行仿真。

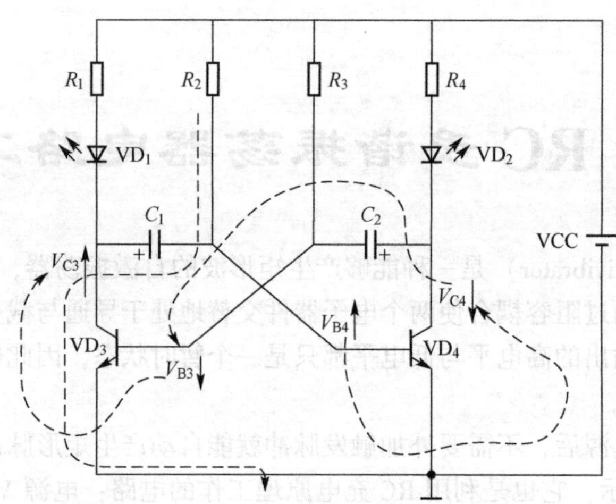

图 11.3　三极管 VT_4 导通后的电路状态

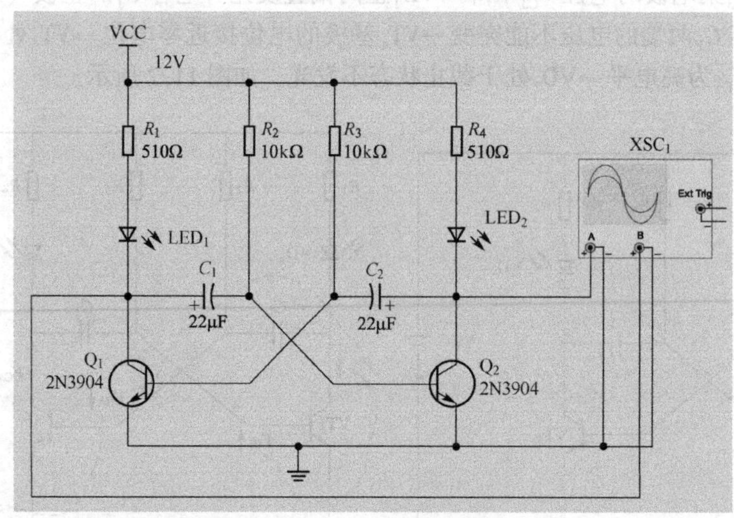

图 11.4　RC 多谐振荡电路

振荡电路的输出波形如图 11.5 所示（谐振频率约为 3.9Hz）。

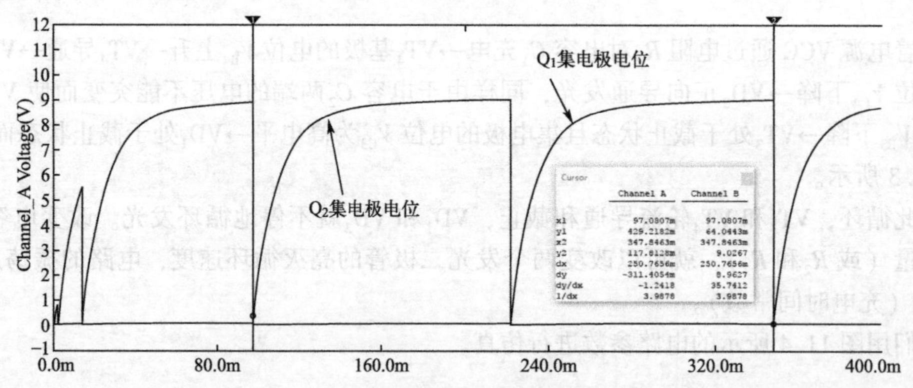

图 11.5　振荡电路的输出波形

我们将图 11.4 所示电路的布局改变一下，如图 11.6 所示。

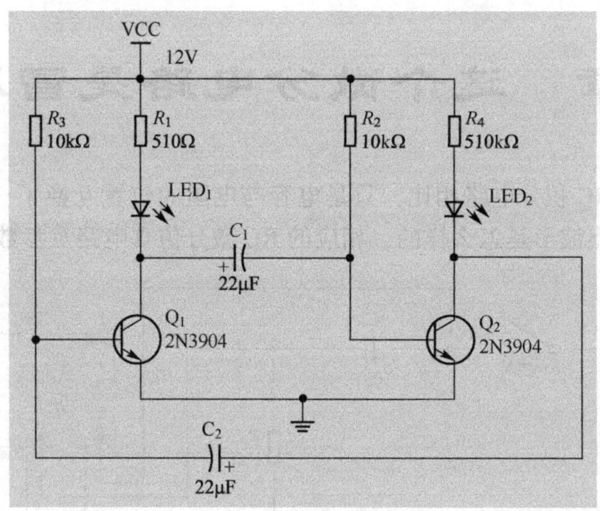

图 11.6　布局改变后的 RC 多谐振荡电路

其实就是两个反相器通过两个 RC 电路串联起来的，我们也可以使用两个反相器来搭建多谐振荡器，基本结构如图 11.7 所示。

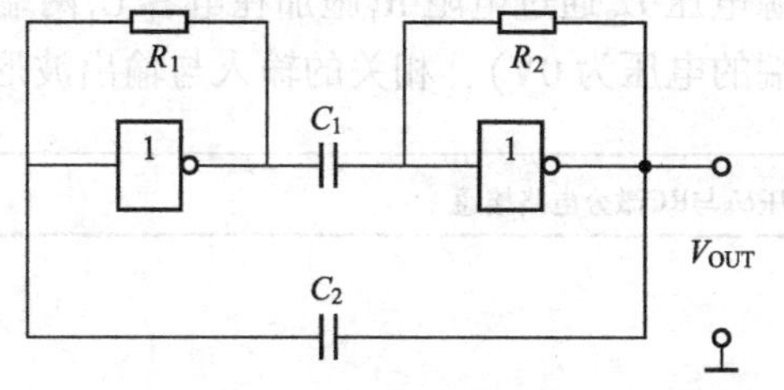

图 11.7　反相器门电路搭建的多谐振荡器电路

第 12 章　这个微分电路是冒牌的吗

RC 微分电路与 RC 积分电路相比，只是电容与电阻的位置互换了一下，我们来观察一下 RC 微分电路的输出波形是怎么样的，相应的 RC 微分仿真电路及参数如图 12.1 所示。

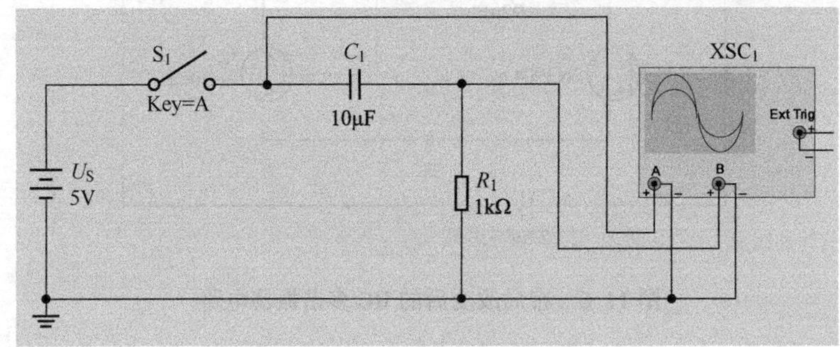

图 12.1　RC 微分仿真电路及参数

当开关 S_1 闭合时，电源电压 U_S 通过电阻 R_1 施加在电容 C_1 两端。假定初始状态下，电容 C_1 没有储存电荷（电容两端的电压为 0V），相关的输入与输出波形如图 12.2 所示。

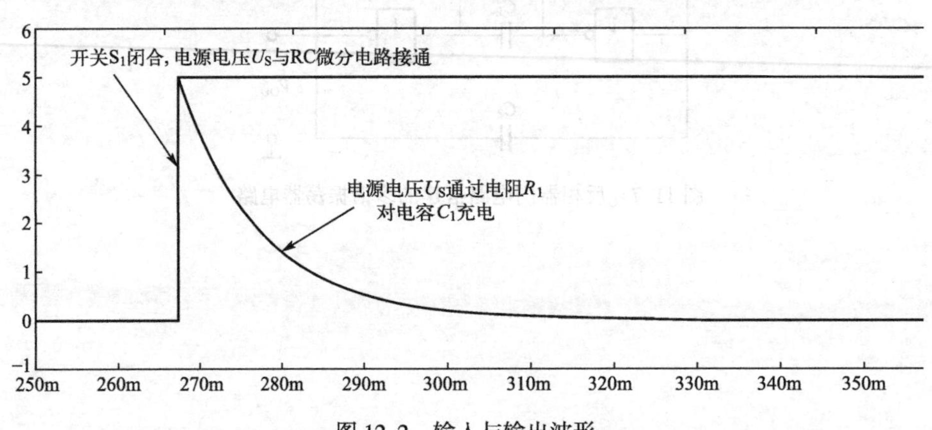

图 12.2　输入与输出波形

可以看到，当开关 S_1 闭合的瞬间，由于电容两端的电压不能突变（为 0V），电源电压 U_S 全部施加在电阻 R_1 两端，此时的输出电压是最高的（约为 5V），然后 U_S 通过电阻 R_1 对电容 C_1 开始充电，电容两端的电压 U_C 以指数形式开始上升，而输出（电阻两端）电压则以指数形式开始下降。经过一段时间 t 后，电容 C_1 充满电，此时电容两端的电压等于 U_S，而输出电压则下降到 0V，这也是电容 C_1 充电储能的整个过程。

这个电路也称为 RC 微分电路（Differential Circuit），如果你将其与前面介绍的 RC 积分电路对比一下，会发现输入电压与 RC 参数都是一样的，唯一的不同点是：RC 积分电路的

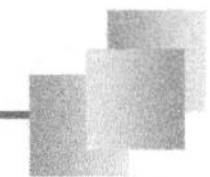

输出电压取自电容两端，而 RC 微分电路的输出电压取自电阻两端。因此，在相同的电路参数条件下，RC 微分电路与 RC 积分电路输出电压的变化趋势必然是相反（互补）的。

我们也可以用一个数学表达式来概括一下输出（电阻两端）电压的整个过程：

$$U_R = U_S(e^{-\frac{t}{\tau}}) = U_S(e^{-\frac{t}{RC}})$$

其中，τ 是 RC 微分电路的充电时间常数，其值与 RC 积分电路时间常数一样，也为阻值 R 与容值 C 的乘积。在本电路中，充电时间常数 $\tau = 1\text{k}\Omega \times 10\mu\text{F} = 10\text{ms}$。

从数学理论上来讲，输出电压 U_R 表达式中的指数函数部分只有在时间为无穷大的时候才会为 0（无限接近 0）。换言之，电容最终完成充电至两端电压为 5V 所需的时间为无穷大，但是经过 3~5 倍的充电时间常数后，电容两端的电压已经达到输入电压 U_S 的 98%，我们认为电容的充电过程已经结束，如表 12.1 所示。

表 12.1　输出电压与输入电压的比值

t	U_R/U_S	t	U_R/U_S
0	100%	3τ	5%
τ	36.8%	4τ	1.8%
2τ	13.5%	5τ	0%

充电时间常数决定电容充电速度的快慢，时间常数越大，充电时间越长，反之则越短。我们把图 12.1 所示电路中的电阻 R_1 分别修改为 100Ω 与 10kΩ 重新仿真一下，相应的输入输出波形如图 12.3 与图 12.4 所示。

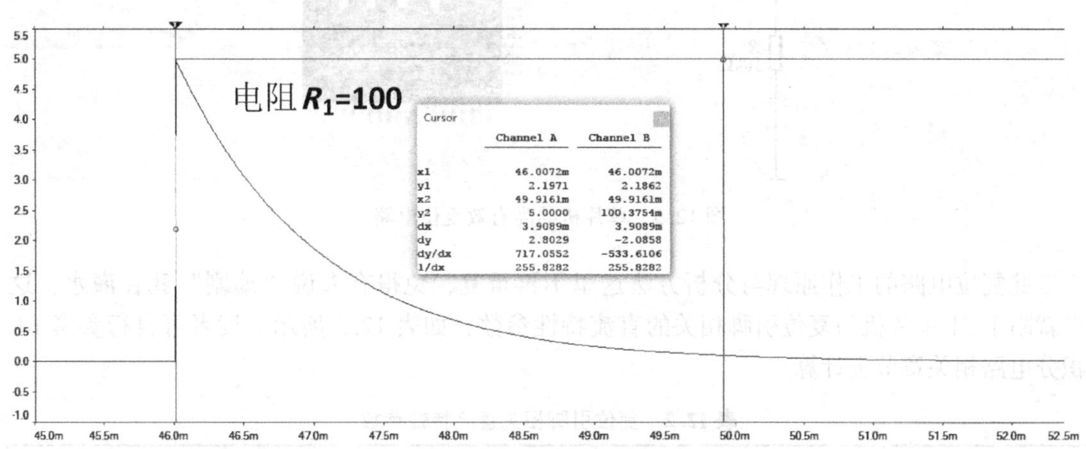

图 12.3　$R_1 = 100\Omega$ 的输入输出波形

看起来两个仿真波形好像是差不多的。这是必然的，因为都是以指数形式下降的。但是输出电压的下降速度却不一样，从而导致输出电压的下降速度不一样。当电阻为 100Ω 时，输出电压下降至 0.1V 需要约 3.9ms，而当电阻为 10kΩ 的时候，输出电压下降至相同的电压却需要约 390ms。

前面谈到过 RC 积分电路在单片机复位电路中的应用。事实上，RC 微分电路也经常应用在复位电路当中，只不过应用于高电平进行复位的场合，如 51 单片机的复位电路，如图 12.5 所示。

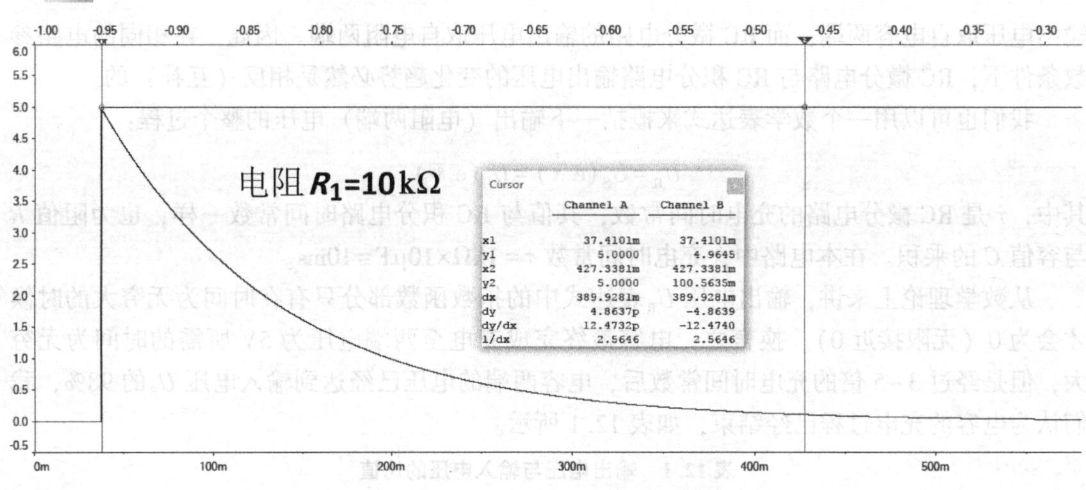

图 12.4　$R_1 = 10\text{k}\Omega$ 的输入输出波形

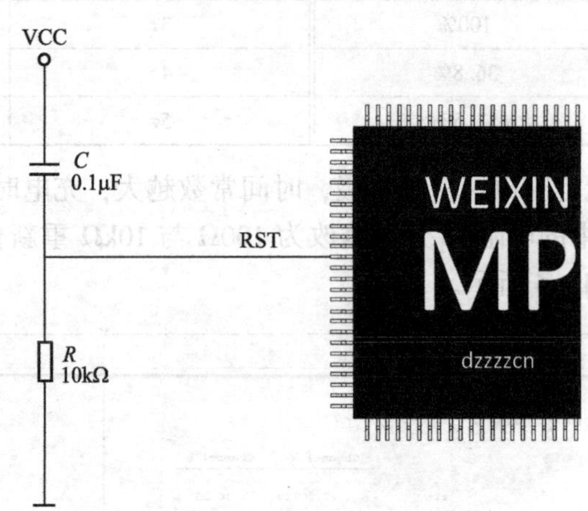

图 12.5　单片机的高有效复位电路

此复位电路的工作原理与分析方法这里不再重复，免得有人说“编剧”我在灌水，这里就附上 51 单片机与复位引脚相关的直流特性参数，如表 12.2 所示。读者可自行参考 RC 积分电路相关章节去计算。

表 12.2　复位引脚相关直流特性参数

符　号	参　数	条　件	最小值/V	最大值/V
V_{IL}	输入低电平	除 EA#引脚外	−0.5	0.2VCC−0.1
V_{IL1}	输入低电平（EA#）		−0.5	0.2VCC−0.3
V_{IH}	输入高电平	除 XTAL1 和 RST 引脚外	0.2VCC+0.9	VCC+0.5
V_{IH1}	输入高电平	XTAL1 和 RST 引脚	0.7VCC	VCC+0.5

若无其他注明，本表所示数值对以下条件有效：环境温度为−40~85℃，供电电压为 4.0~5.5V。

如果我没有记错的话，之前我们讨论过由 555 定时器芯片构成的单稳态触发器，它需要一个负脉冲信号进行触发，同时也提到过：输入触发信号的宽度不应该比定时输出脉冲的宽

度还要宽，否则输出脉冲的定时时间会比预定的时间要长，自然也就不能达到我们的目的。

有人说：那就保证触发信号的宽度比定时输出脉冲宽度窄点就行了呀！哎哟，做电路设计可不能这样想当然！如果是控制楼道电灯泡，最多浪费点电，如果是控制一把机关枪，那可说不准有多少“倒霉鬼”了。

为挽救无数人的宝贵生命，进一步贯彻落实电路设计安全的理念（能省电且环保也不错），此电路必须要进一步优化，容我想想！有了，可以在输入信号与单稳态触发器之间串联一个 RC 微分电路，如图 12. 6 所示。

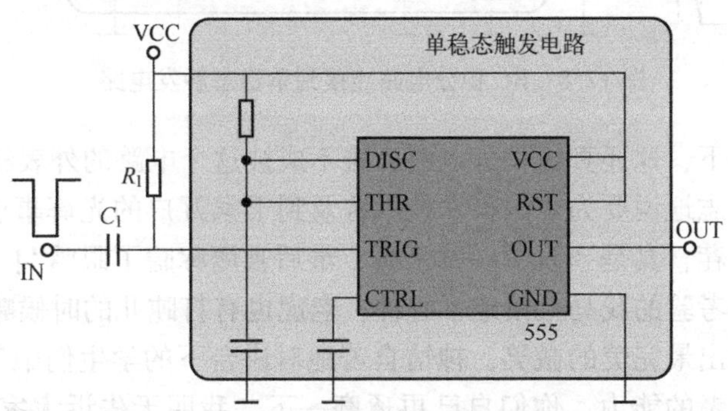

图 12. 6　RC 微分电路连接到单稳态触发电路

加入 RC 微分电路之后，不管输入触发负脉冲的宽度有多宽，在负脉冲触发的一瞬间，电容 C_1两端的电压为 0V，然后慢慢开始充电，芯片触发 TRIG 引脚输入电压开始上升，最终将上升为高电平，如图 12. 7 所示。

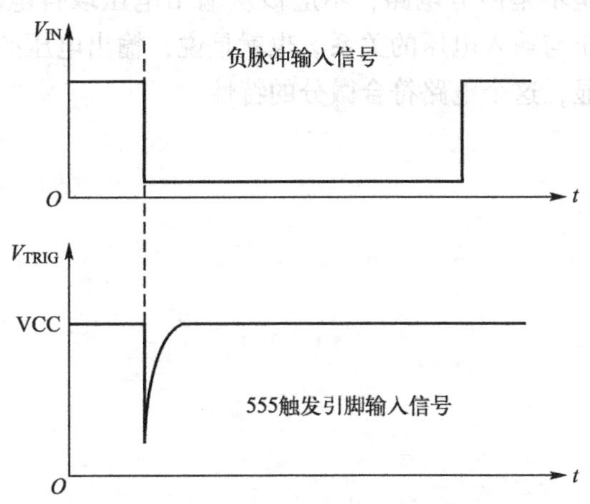

图 12. 7　RC 微分电路的输入与输出波形

当我还在为自己添加的 RC 微分电路感到无比自豪时，课堂下有个学生站起来说：老师，你讲错了，你添加的是 RC 积分电路，不是微分电路，因为输出电压是取自电容两端的，当输入信号由高电平转换为低电平时，就相当于电源 VCC 作为正脉冲输入信号施加到了 RC 积分电路，这样给到 555 定时器芯片触发引脚 TRIG 的输入波形跟你的电路是类似的，如图 12. 8所示。

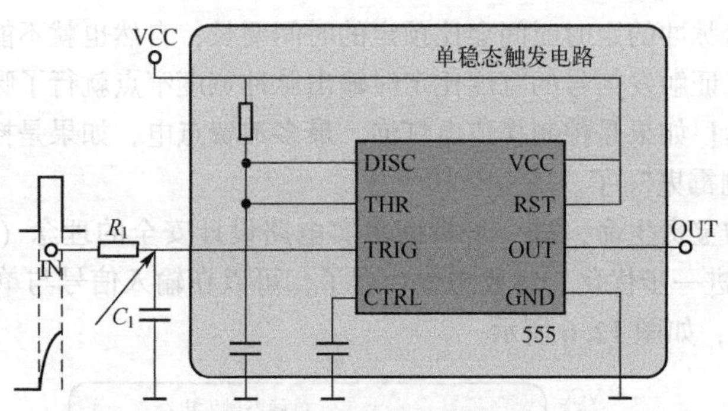

图 12.8　RC 积分电路连接到单稳态触发电路

我稍微琢磨了一下，这还真像积分电路，难不成被这个电路的外表给骗了，没来由心底慌了。昨天还雄心壮志地说要为中国科学技术普及到千家万户的光辉事业“添砖加瓦”，24小时不到就出了这一茬，真是“玩了一辈子鹰，最后被鹰啄瞎了眼睛”！

然而，久经讲台考验的我马上镇定了心神，老虎也有打盹儿的时候嘛，可以原谅！于是乎，我竭尽全力地露出最完美的微笑，神情自若地对讲台下的学生们中气十足地说：“同学们，一定要有独立思考的能力，你们自己再琢磨一下，我明天告诉大家答案（我得确认一下，现在脑子里仍然是一片嗡嗡声）。不过这位同学，你提到的这个电路也是没法用的，没有解决输入一直为低电平时的问题（千钧一发之际扳回了一局，挽回了面子，心里暗地给自己点了个赞，好险呀）。”

然而，很多资料也都说这是个微分电路，你们怎么看？

我们判断一个电路是不是微分电路，不应该从输出电压取自电容还是电阻这个角度来看，而应该根据输出电压与输入电压的关系。也就是说，输出电压的变化率是否与输入电压的变化率成正比。很明显，这个电路符合微分的特性。

第 13 章　门电路组成的微分型单稳态触发器

RC 微分电路也常用在单稳态触发器电路中，常见的微分型单稳态触发电路如图 13.1 所示。

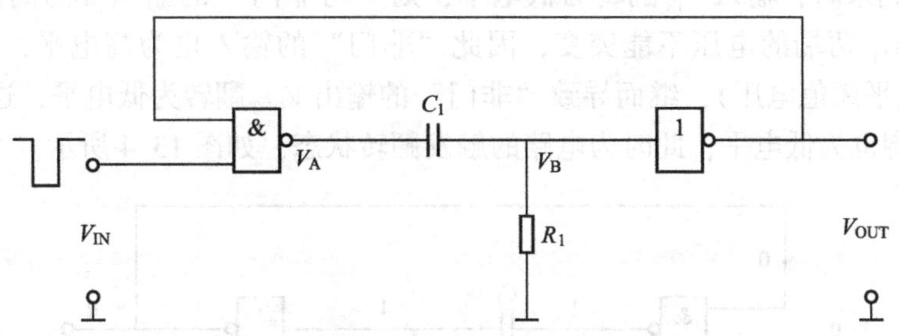

图 13.1　常见的微分型单稳态触发电路

从图 13.1 可知，其由一个与非门、一个非门、一个电阻和一个电容组成。只要输入 V_{IN} 有足够宽的负脉冲，则输出 V_{OUT}将产生宽度 t_w 由时间常数决定的定时脉冲，相关的输入与输出波形如图 13.2 所示。

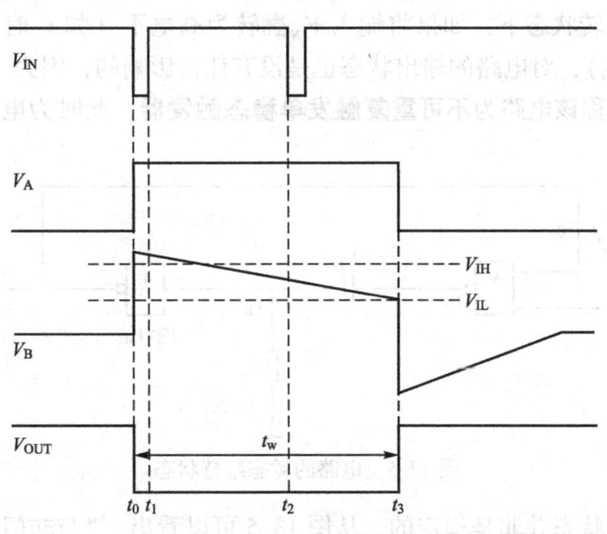

图 13.2　相关的输入与输出波形

在 t_0 时刻之前（空闲状态），输入 V_{IN}为高电平，假设“与非门”的另一输入引脚为高电平，则“与非门”的输出 V_A 为低电平（全 1 为 0），而“非门”的输入 V_B 由电阻 R_1 下拉到地（低电平），因此输出 V_{OUT}为高电平，此时环路为**初始稳定状态**，如图 13.3 所示。

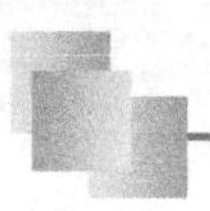

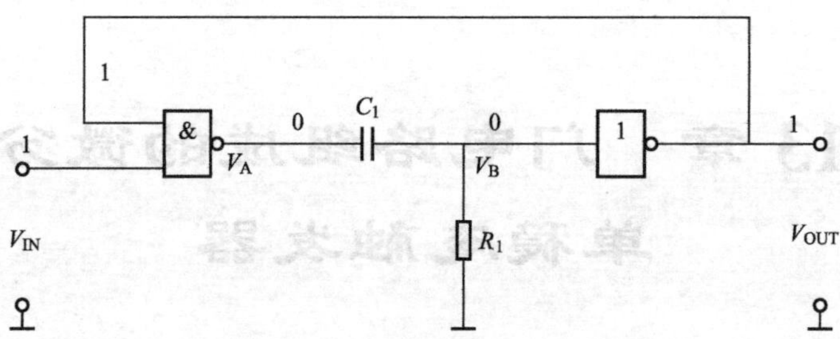

图 13.3　电路的初始稳定状态

当 t_0 时刻到来时，输入 V_{IN} 翻转为低电平，则“与非门”的输出变为高电平（有 0 为 1），由于电容 C_1 两端的电压不能突变，因此“非门”的输入也为高电平，即 V_B 大于 V_{IH}（非门输入高电平阈值电压），继而导致“非门”的输出 V_{OUT} 翻转为低电平，这样“与非门”的另一输入引脚也为低电平，此时为电路的触发翻转状态，如图 13.4 所示。

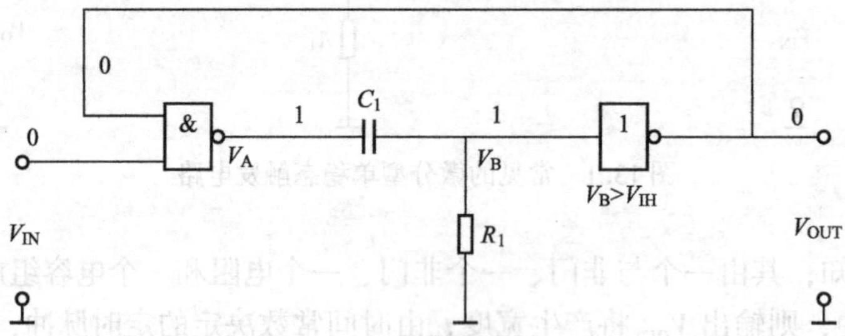

图 13.4　电路的触发翻转状态

在电路的触发翻转状态下，如果将输入 V_{IN} 翻转为高电平（如 t_1 时刻），或者多次进行电平翻转（如 t_2 时刻），对电路的输出状态也是没有任何影响的，因为“与非门”的逻辑是“有 0 为 1”，也因此称该电路为**不可重复触发单稳态触发器**，此时为电路的暂态维持状态，如图 13.5 所示。

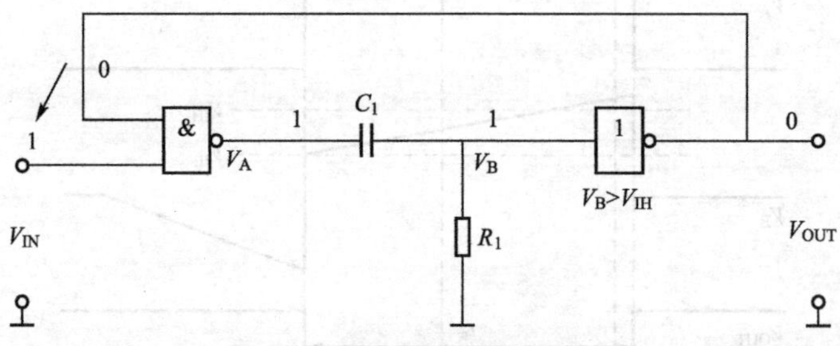

图 13.5　电路的暂态维持状态

电路的暂态维持状态并非是稳定的，从图 13.5 可以看出，“与非门”的输出 V_A 为高电平，相当于一个电源，它将会通过电阻 R_1 对电容 C_1 进行充电，则“非门”的输入电位 V_B 逐渐下降，如图 13.6 所示。

当 V_B 小于“非门”的 V_{IL}（非门输入低电平阈值电压）时，“非门”的输出翻转为高电平，继而使“与非门”的另一输入引脚也为高电平，此时电路恢复到初始的稳定状态，如图 13.7 所示。

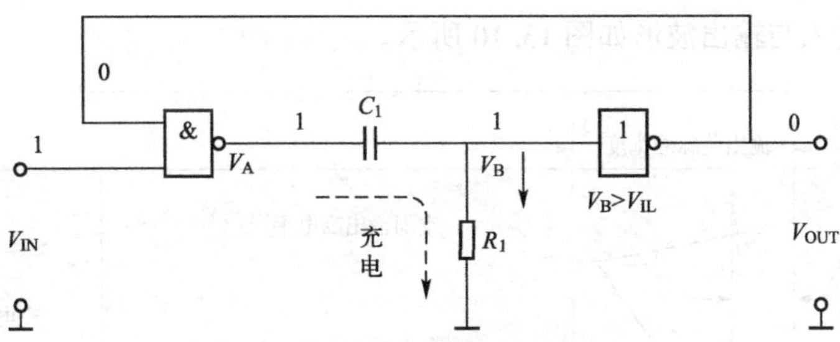

图 13.6　定时电容充电过程

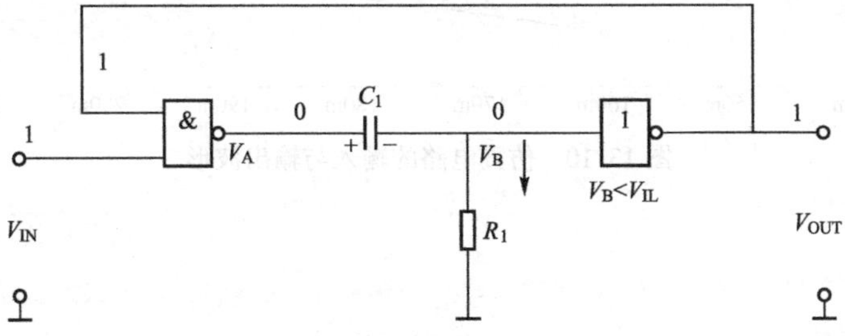

图 13.7　恢复到初始的稳定状态

需要注意的是：当“与非门”的输出翻转为低电平时（相当于接地，电压值大约为 0V），由于电容 C_1 已经充了电（极性左正右负），因此 V_B 电位会低于 0V（负电压），此时电容 C_1 通过 R_1 放电，V_B 电位开始上升，如图 13.8 所示。

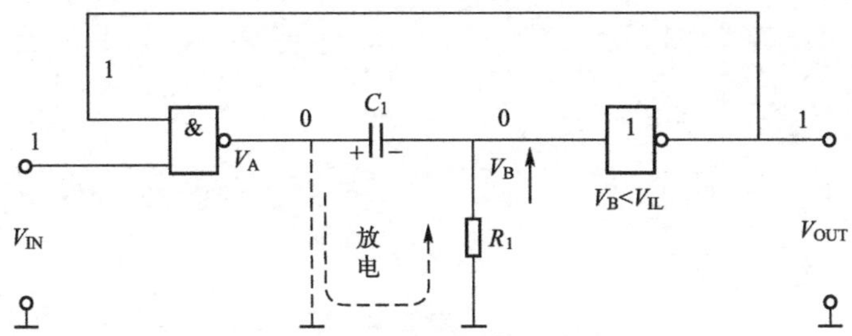

图 13.8　定时电容的放电状态

当电容 C_1 放电完毕后，其两端的电位均为低电平 0V，回到最开始的稳定状态。

我们用图 13.9 所示的电路参数仿真一下。

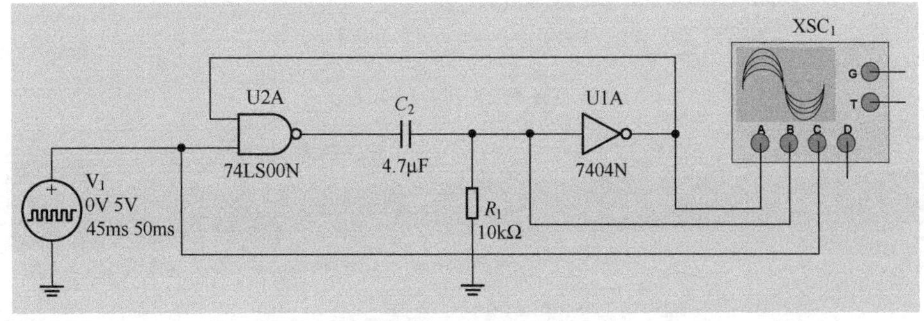

图 13.9　仿真电路图

仿真电路的输入与输出波形如图 13.10 所示。

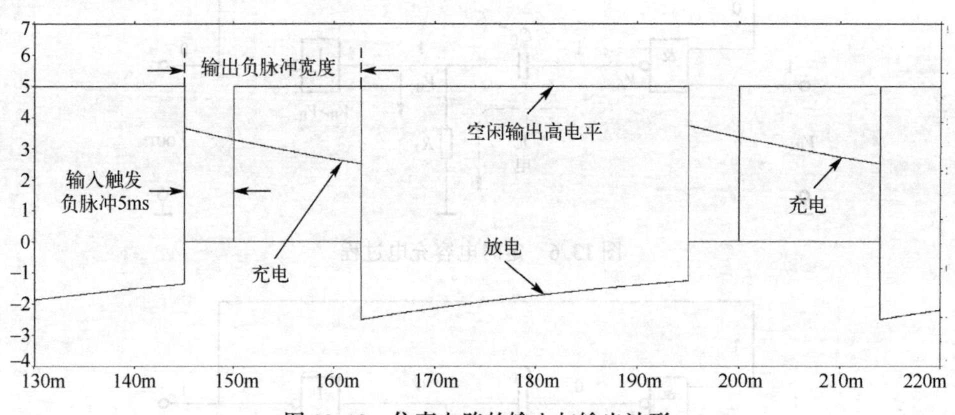

图 13.10　仿真电路的输入与输出波形

第 14 章 555 定时器芯片应用：单稳态正边沿触发器

本章将介绍由 555 定时器芯片构成的 RC 微分电路输入的单稳态触发器，如图 14.1 所示。

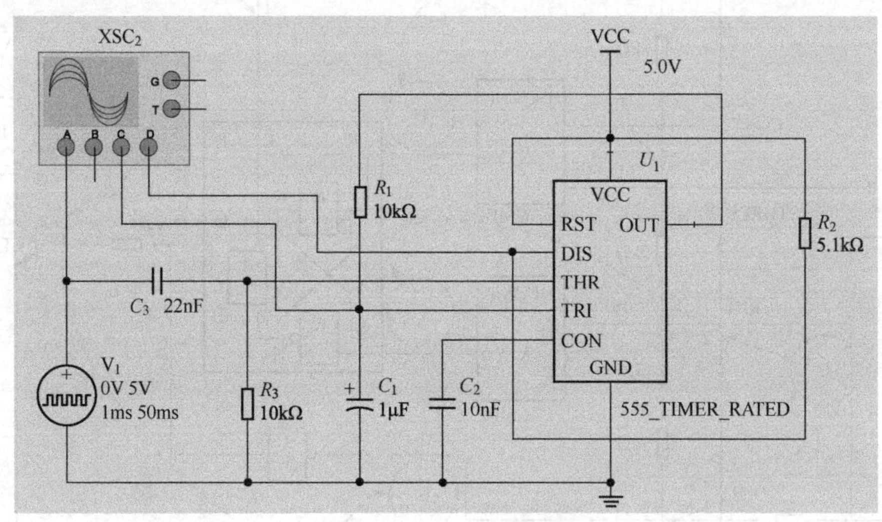

图 14.1　单稳态触发器

其相关的输入与输出波形如图 14.2 所示。

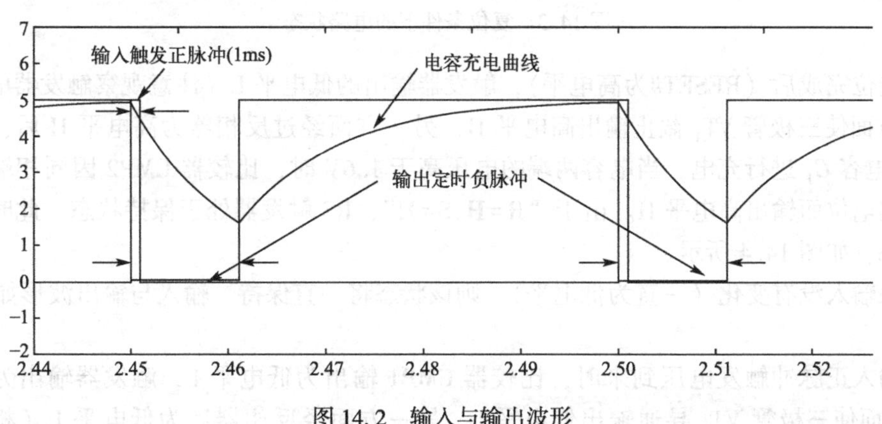

图 14.2　输入与输出波形

可以看到，这个电路的触发脉冲是正脉冲，而定时输出脉冲是低电平（负脉冲），但是定时的宽度与之前讲过的由 555 定时器构成的负脉冲触发单稳态触发器电路是一样的，因为与时间常数有关的阻值与容值都未曾更改。

我们同样按之前的方法来分析一下（不包括前面的 RC 微分电路），当然，关于 555 定时器芯片的知识不再重复介绍，读者可参考之前的章节。

假设 555 定时器芯片上电前处于复位状态（RESET#为低电平），此时触发器输出为高电平 H（也可以是低电平，最后的结果是一样的），一方面使三极管 VT_1 导通，电路输出为低电平 L。另一方面，经过反相器后为低电平 L，第 2 引脚 TRIG 也为低电平（假设电容器两端的初始电压为 0V），比较器 CMP2 输出低电平 L，如图 14.3 所示。

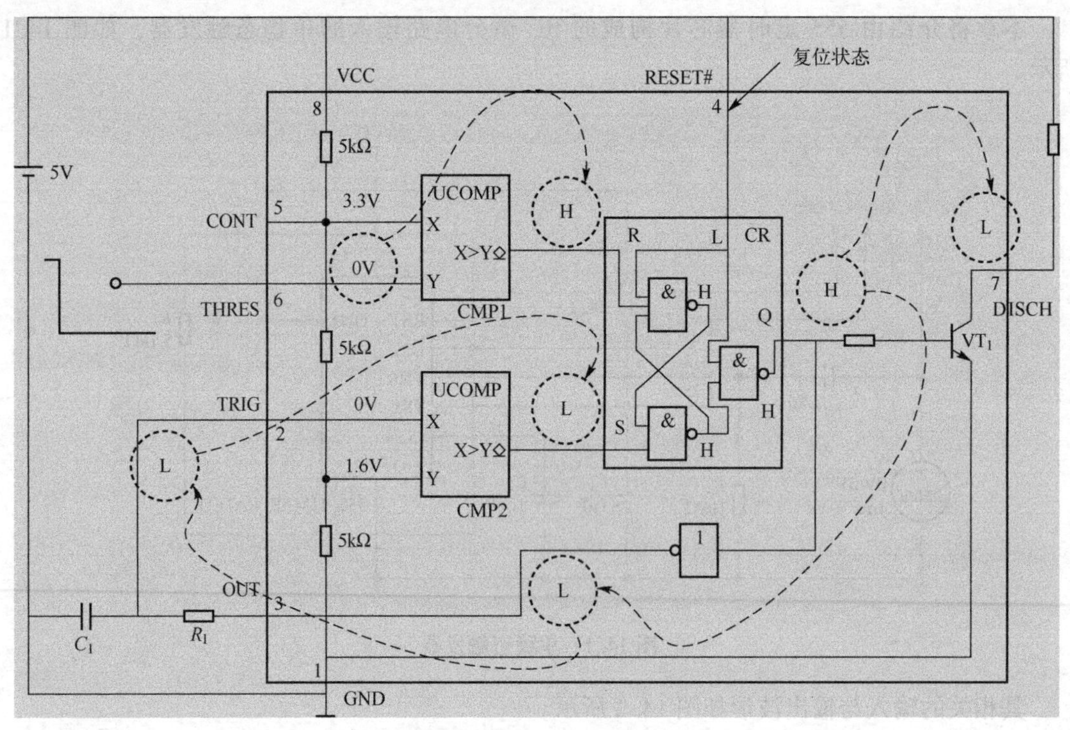

图 14.3　复位条件下的电路状态

当复位完成后（RESET#为高电平），触发器输出的低电平 L（注意观察触发器的内部状态）一方面使三极管 VT_1 截止输出高电平 H，另一方面经过反相器为高电平 H 后，通过电阻 R_1 对电容 C_1 进行充电，当电容两端的电压高于 1.6V 时，比较器 CMP2 因同相端电位高于反相端电位而输出高电平 H。由于“R=**H**,S=**H**”，RS 触发器处于保持状态，此时电路为**稳定状态**，如图 14.4 所示。

如果输入没有变化（一直为低电平），则该状态将一直保持，输入与输出波形如图 14.5 所示。

当输入正脉冲触发电压到来时，比较器 CMP1 输出为低电平 L，触发器输出为高电平 H，一方面使三极管 VT_1 导通输出低电平 L，另一方面经反相器后为低电平 L（相当于接地），电容 C_1 通过电阻 R_1 开始放电，在电容两端（CMP2 同相端）的电压不小于 1.6V（VCC 的 1/3）前，电路的输出状态不会发生变化，如图 14.6 所示，此时的输入与输出波形如图 14.7 所示。

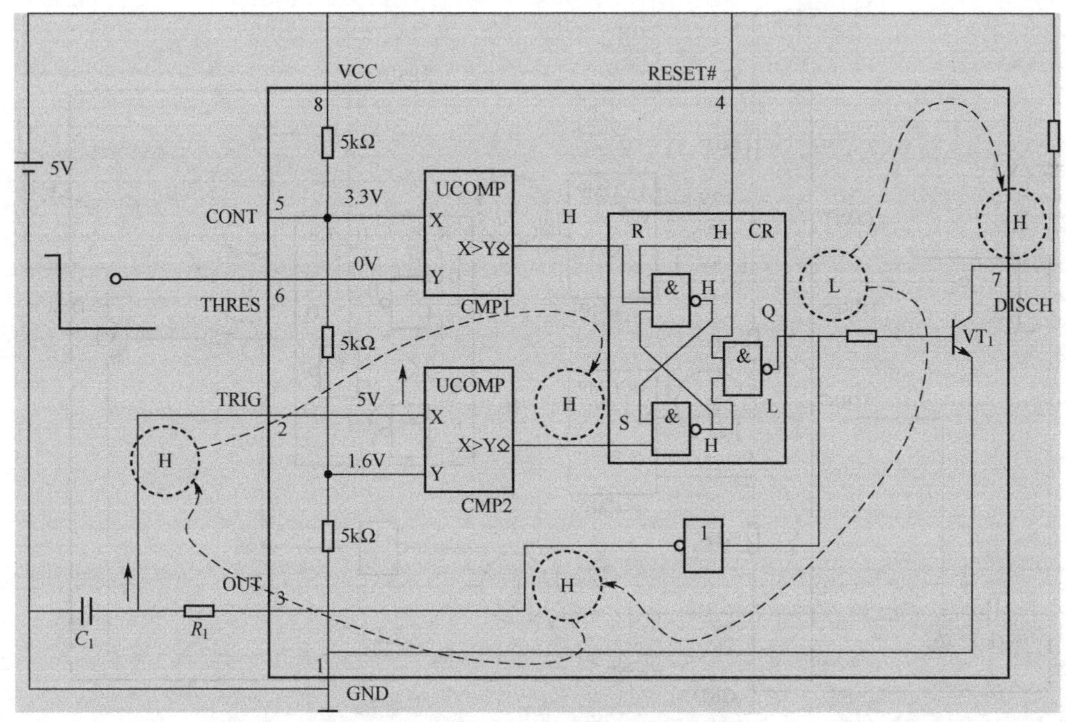

图 14.4　复位失效后的电路初始稳定状态

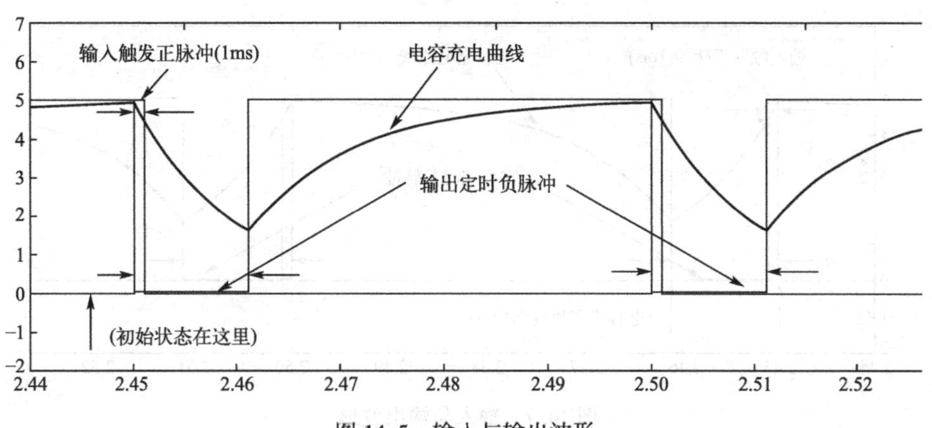

图 14.5　输入与输出波形

假如输入正脉冲触发后变为低电平（无效），则比较器 CMP1 输出为高电平 H，不影响触发器的输出状态，此时电容 C_1 还一直在放电，当两端电压低于 1.6V（VCC 的 1/3）时，比较器 CMP2 输出为低电平 L，触发器立刻变为低电平 L。一方面，使得三极管截止而输出高电平 H，如图 14.8 所示；另一方面，触发器输出的低电平 L 经反相器变为高电平 H，它通过电阻 R_1 对电容 C_1 充电，使得 CMP2 最终因同相端电位高于反相端电位而输出高电平 H。由于“R=**H**,S=**H**”，RS 触发器处于保持状态，此时电路又回到**稳定状态**，如图 14.9 所示。

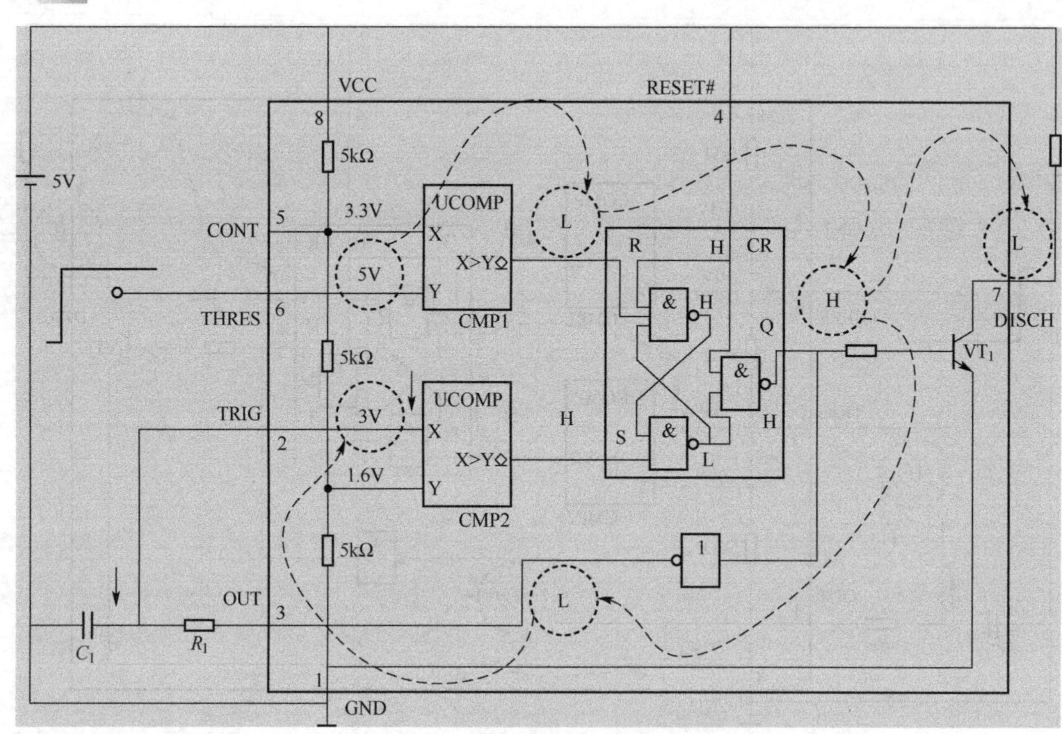

图 14.6　触发条件下的电路状态

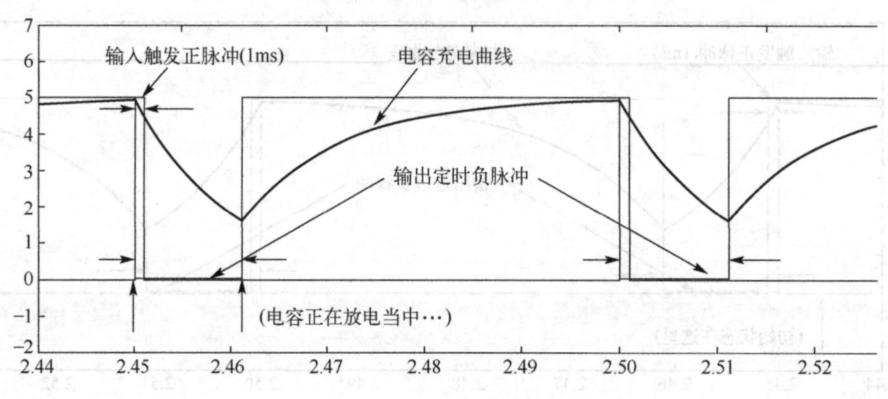

图 14.7　输入与输出波形

前面我们在描述中假设电容放电期间，输入的触发脉冲已经变为低电平 L，如果输入一直为高电平 H（触发状态），则触发器输入 R 也一直都为低电平 L，触发器输出会一直不停地进行电平的翻转，这是不允许的（读者可自行分析一下）。

为了彻底解决触发正脉冲有可能比定时时间更宽的问题，我们可以在触发信号输入端添加一个 RC 微分电路（仿真电路中的 C_1、R_1），这样无论输入触发正脉冲有多宽，给到 555 定时器的 THRES 引脚的就只会是一个尖脉冲。

但是微分电路有个小问题：当输入电平转变为高电平 H 时，输出是一个正向尖脉冲。电容充电的极性为左正右负。然而，当输入由高电平 H 转为低电平 L 时，电容的左端相

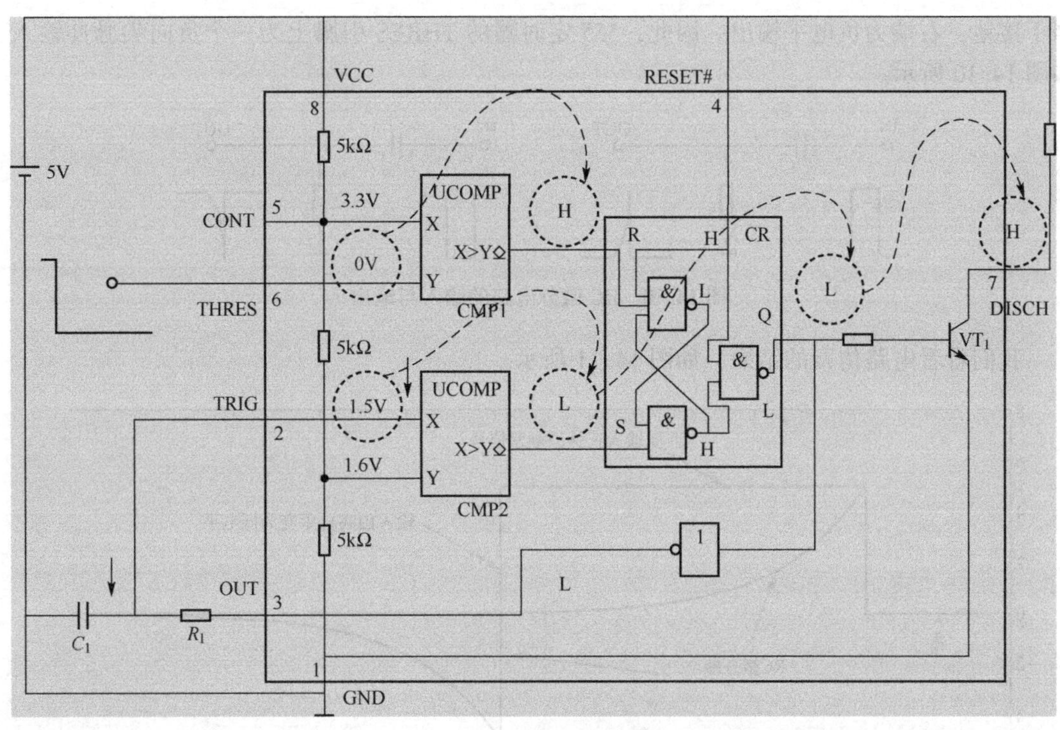

图 14.8　定时电容放电

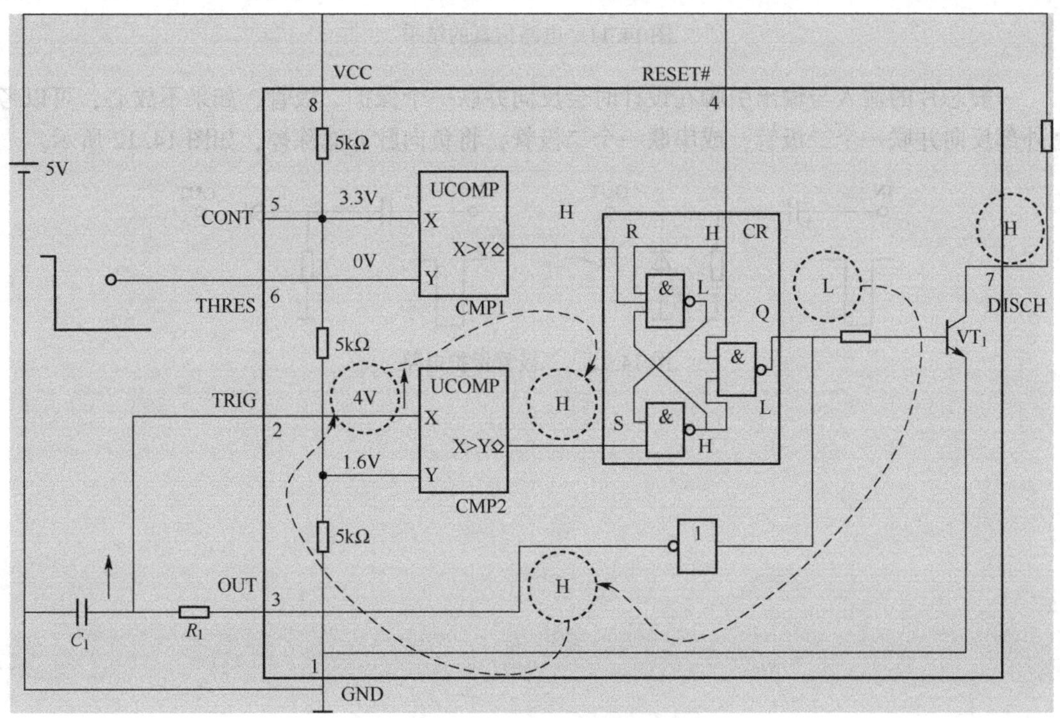

图 14.9　返回稳定状态的电路

当于接地，右端为负电平输出。因此，555 定时器的 THRES 引脚上为一个负向尖脉冲输入，如图 14.10 所示。

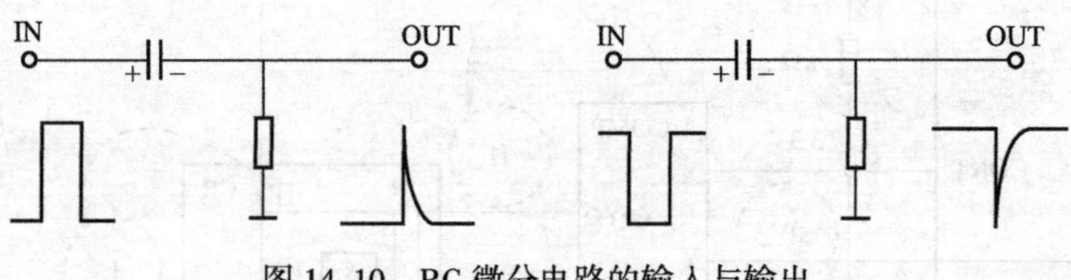

图 14.10　RC 微分电路的输入与输出

我们看看电路仿真的结果，如图 14.11 所示。

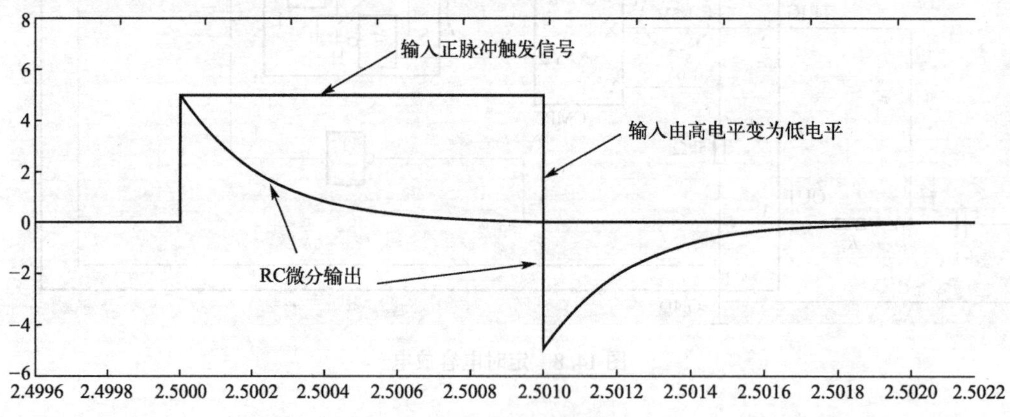

图 14.11　电路仿真的结果

一般芯片的输入与输出引脚在设计时会反向并联一个保护二极管，如果不放心，可以考虑外部反向并联一个二极管，或串联一个二极管，将负向脉冲滤除掉，如图 14.12 所示。

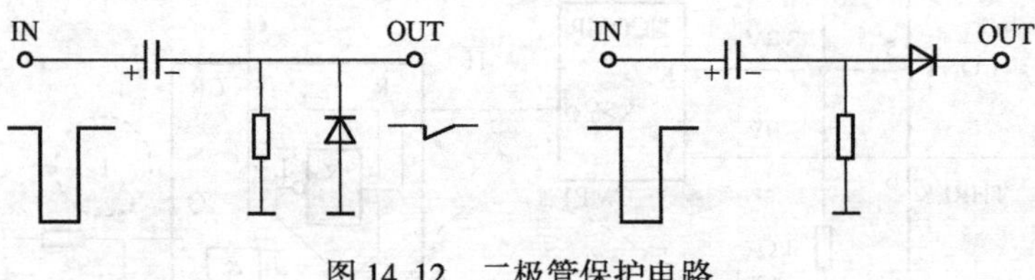

图 14.12　二极管保护电路

第 15 章　电容器的放电特性及其应用

之前我们讨论的是 RC 电路中，电容器的充电特性，本节我们观察一下电容器的放电特性，相应的仿真电路和参数如图 15.1 所示。

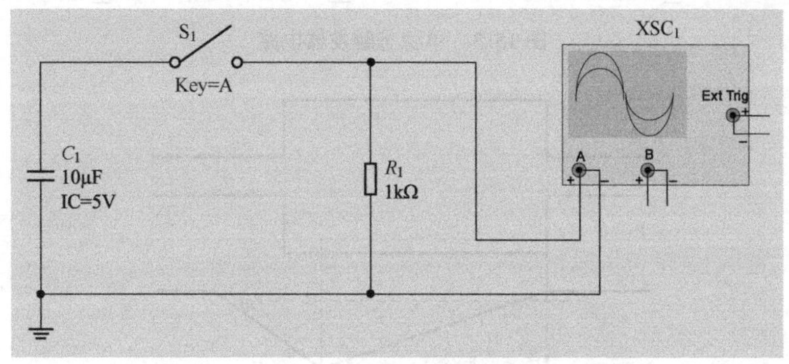

图 15.1　电容器放电特性的仿真电路和参数

注意：仿真电路中，电容 C_1 两端的初始电压（Initial Condition，IC）并不为 0V。当开关 S_1 闭合时，电容 C_1 储存的能量对电阻 R_1 放电，电阻两端的波形如图 15.2 所示。

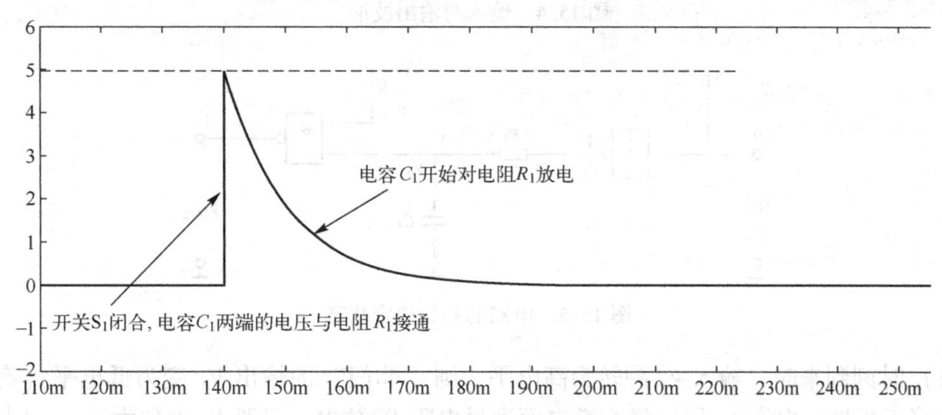

图 15.2　电阻两端的波形

是不是觉得很熟悉？它与 RC 微分电路的输出波形（电阻两端）是一样的。

我们分析图 15.3 所示的单稳态触发器电路，它的输出脉冲宽度由电容的放电时间常数决定。

从图 15.3 可知，单稳态触发器电路由一个与非门、一个非门、一个电阻和一个电容组成，只要输入 V_{IN} 有一个足够宽的正脉冲，则输出 V_{OUT} 将产生宽度 t_w 由时间常数决定的定时脉冲，其输入与输出波形如图 15.4 所示。

在 t_0 时刻之前（空闲状态），输入触发信号 V_{IN} 为低电平，则“非门”的输出电位 V_A 为高电平，它通过电阻 R_1 对电容 C_1 充满电，V_B 电位与 V_A 电位是相同的高电平，“与非门”

的一个引脚来自输入 V_{IN}的低电平，因此输出 V_{OUT}为高电平，此时电路为**初始稳定状态**，如图 15.5 所示。

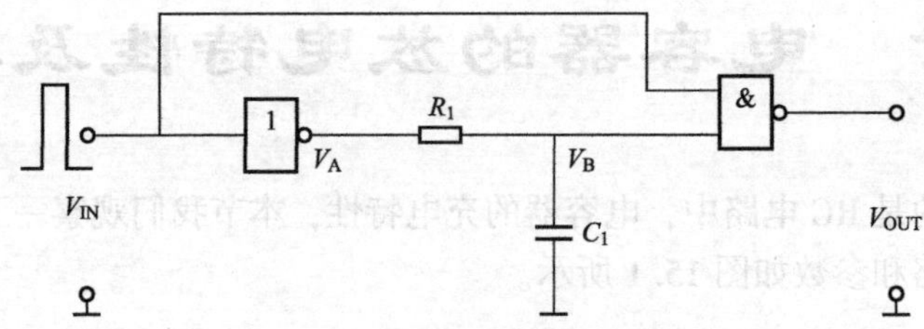

图 15.3　单稳态触发器电路

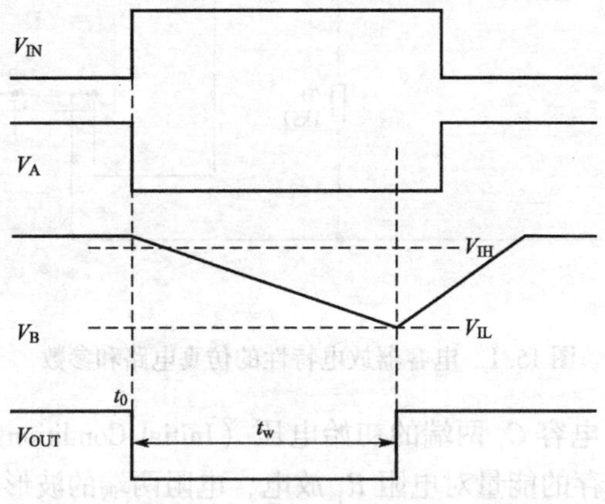

图 15.4　输入与输出波形

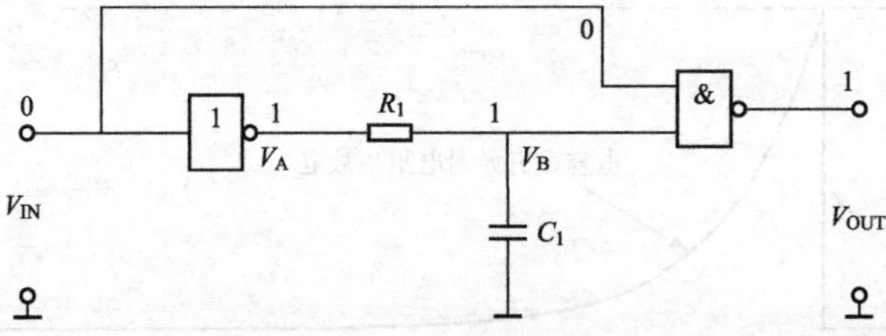

图 15.5　电路的初始稳定状态

当 t_0 时刻到来时，输入 V_{IN} 翻转为高电平，则“非门”的输出 V_A 变为低电平（有 1 为 0），相当于接地，电容 C_1 因已经充满电而通过电阻 R_1 放电，只要 V_B 电位大于 V_{IL}（与非门输入低电平阈值电压），输出状态就会保持为低电平，如图 15.6 所示。

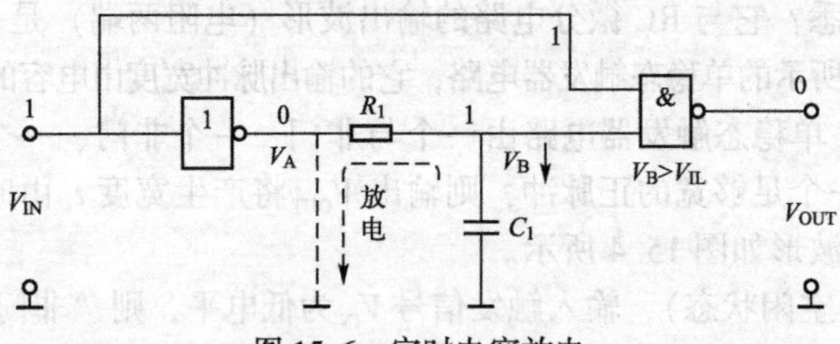

图 15.6　定时电容放电

在电容 C_1 放电期间，如果将输入 V_{IN} 翻转为低电平，“与非门”的输出也会立刻转换为高电平，输入对电路的状态是有影响的。因此，该电路的输入正脉冲宽度必须比定时的脉冲宽度要长，这是与之前其他单稳态触发器电路不同的地方。

当电容 C_1 的持续放电使得 V_B 电位小于 V_{IL} 时（与非门认为输入的是低电平），则输出为高电平，回到了稳定状态，此时输入正脉冲才可以撤掉，如图 15.7 所示。

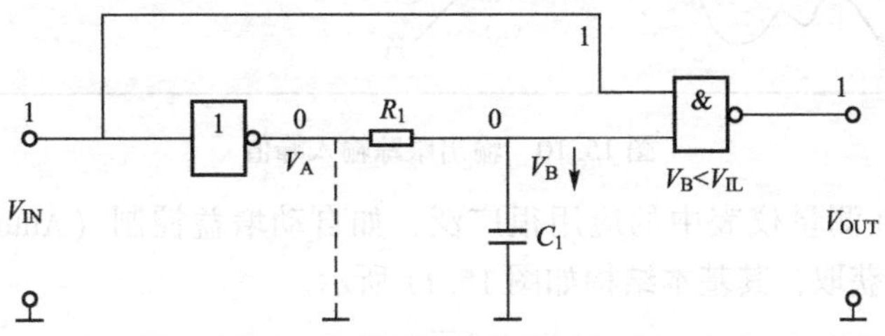

图 15.7　返回稳定状态的电路

我们用如图 15.8 所示的电路参数仿真一下。

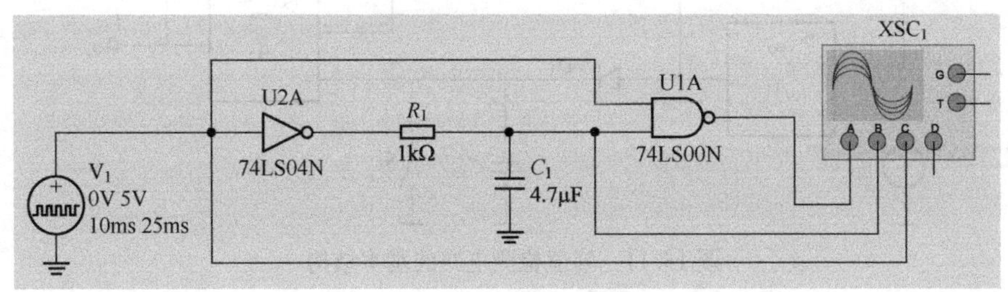

图 15.8　仿真电路

相关的输入与输出波形如图 15.9 所示。

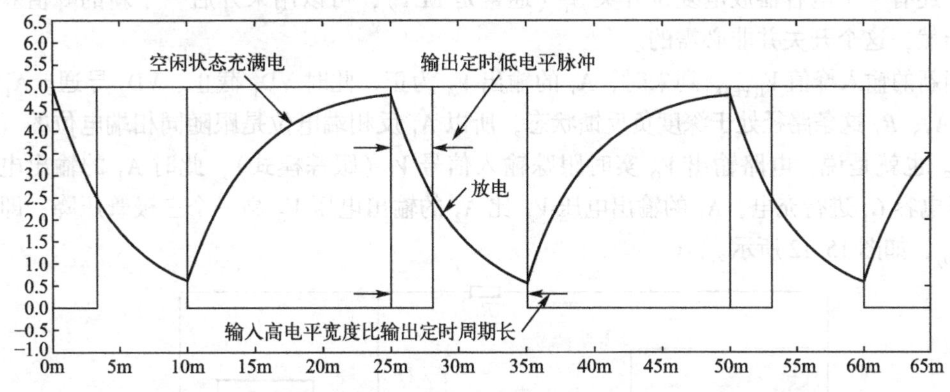

图 15.9　相关的输入与输出波形

也有些应用场合要求电容器的放电时间常数越大越好（完全不放电最好），如峰值检测电路（Peak Detector），它的作用就是对输入（模拟）信号 V_I 的峰值进行提取，产生的输出电压 $V_O = V_{I(PEAK)}$，如图 15.10 所示。

理想情况下，峰值检测电路的输出电压 V_O 应该是输入信号 V_I 的最大值，且在输入信号低于最大峰值时一直保持为当前最大峰值，直到有更大的峰值出现为止。

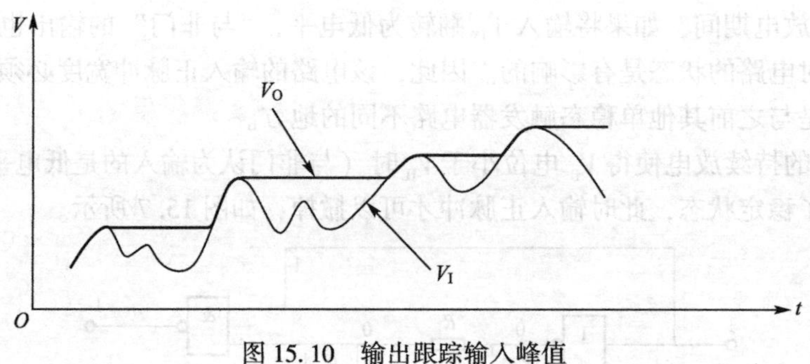

图 15.10　输出跟踪输入峰值

峰值检测电路在测量仪表中的应用很广泛，如自动增益控制（Automatic Gain Control，AGC）、传感器最值获取，其基本结构如图 15.11 所示。

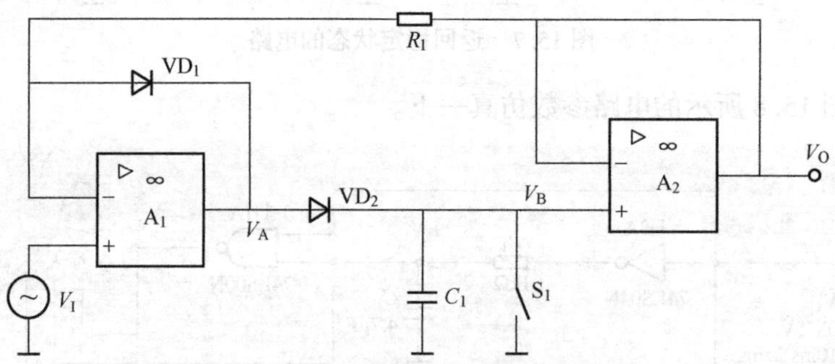

图 15.11　峰值检测电路的基本结构

其中，电容 C_1 即为输入模拟信号峰值存储单元；二极管 VD_1 和 VD_2 为单向电流控制器件，这样仅允许峰值出现时对电容进行单向充电；A_1 与 A_2 均为电压跟随器隔离连接方式；另外，还有一个电容器放电复位开关 S_1（通常是 FET），可以用来开启一个新的峰值获取周期，当然，这个开关并非必需的。

当新的输入峰值 $V_{I(PEAK)}$ 到来时，A_1 的输出 V_A 为正，此时 VD_1 截止、VD_2 导通。A_1 通过 VD_2、A_2、R_1 这条路径处于深度负反馈状态，所以 A_1 反相端电位是跟随同相端电位的（虚短特性）。也就是说，电路输出 V_O 实时跟踪输入信号 V_I（跟踪模式），此时 A_1 的输出电流经 VD_2 对电容 C_1 进行充电，A_1 的输出电压 V_A 比 A_2 的输出电压 V_O 高一个三极管压降，即 $V_A = V_O + V_{VD_2}$，如图 15.12 所示。

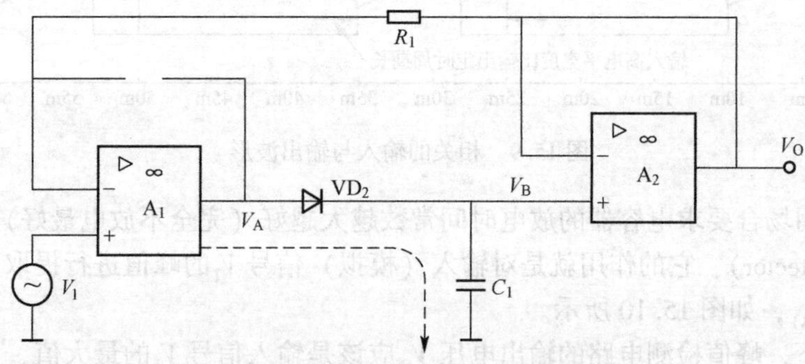

图 15.12　新的峰值到来后的电路状态

当输入 V_I开始下降时，输出 V_A 也同样会下降，由于 V_A 小于 V_B（C_1 储存最近的峰值），因此二极管 VD_2 截止，此时电容 C_1 没有放电回路而使电路处于保持模式，而 V_O仍然为之前的峰值电压（V_B），因此二极管 VD_1 导通，如图 15.13 所示。

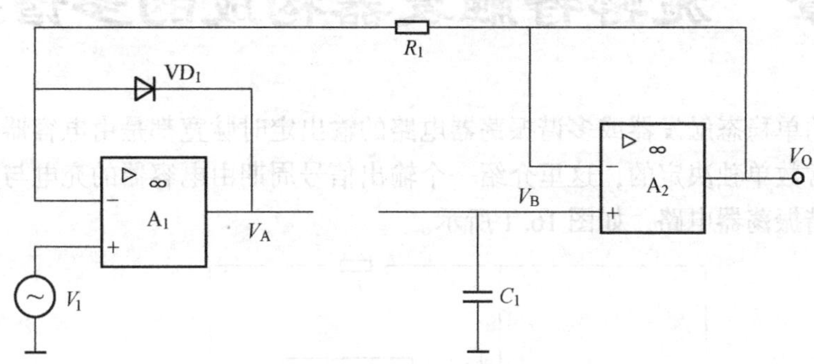

图 15.13　峰值过后的电路状态

为了保证电容 C_1 充电的速度及精度，A_1 应该选择带负载能力强（输出电流大）及直流输入误差较小的运放，而 A_2 要求输入偏置电流足够低，这样电容 C_1 在保持模式期间的放电会足够小。另外，VD_1 与 R_1 用来防止 A_1 检测到峰值后出现饱和现象，以避免影响新输入峰值出现时电路的响应速度。

第 16 章　施密特触发器构成的多谐振荡器

前面讲述的单稳态触发器或多谐振荡器电路的输出定时脉宽都是由电容器的充电时间常数或放电时间常数单独决定的，这里介绍一个输出信号周期由电容器的充电与放电时间常数共同决定的多谐振荡器电路，如图 16.1 所示。

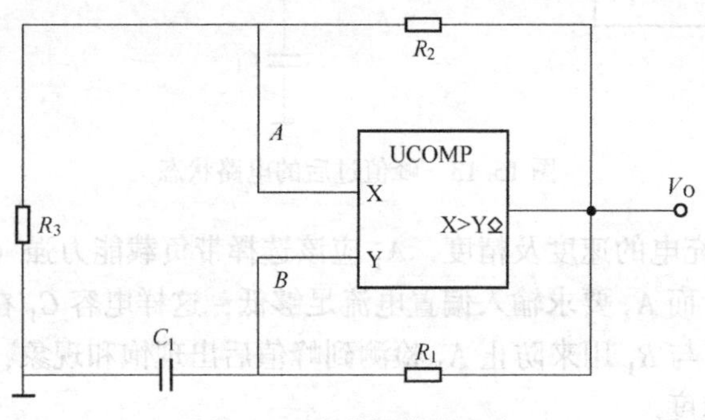

图 16.1　多谐振荡器电路

其中，比较器与电阻 R_2 和 R_3 构成一个施密特触发器，为分析方便，这里使用电阻分压系数 $K=R_3/(R_2+R_3)$，如图 16.2 所示。

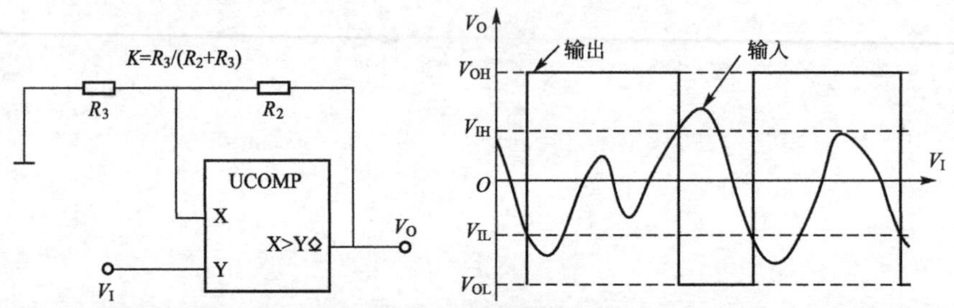

图 16.2　比较器组成的施密特触发器

假设输入电压 V_I 的初始状态为 0V，则输出电压的状态为高电平 V_{OH}，为什么会是高电平呢？如果输出电压是低电平 V_{OL}（负电压，比较器的输出只有两个状态），经过电阻分压之后，同相端电位为负，比反相端电位 0V 要低，因此输出 V_O 还是会转换为高电平 V_{OH}。

当输入电压 V_I 从 0V 开始上升时，只要 V_I 不大于 $K\times V_{OH}$，则比较器的输出状态是不会改变的。一旦 V_I 大于 $K\times V_{OH}$，由于比较器的反相端电位大于同相端电位，输出立刻就转换为低电平 V_{OL}（负电压）。此时比较器反相端是正电位，同相端为负电位（$K\times V_{OL}$），是一个稳定状态。

同样，此时只要输入电压 V_I 不小于 $K\times V_{OL}$，输出状态也是不会变化的。一旦输入电压 V_I 小于 $K\times V_{OL}$，则输出电压立刻就翻转为高电平 V_{OH}（正电压）。此时，比较器反相端为负电位，同相端为正电位（$K\times V_{OH}$），也是一个稳定状态，与初始状态是一致的。

我们可以用图 16.3 所示的电压传输曲线（Voltage Transfer Curve，VTC）来描述。

可以看到，由于施密特触发器电路的输入电压阈值 V_{IH} 与 V_{IL} 的存在，使其在抗干扰能力方面有了明显的增强，即抑制了在 0V 电平附近的噪声。

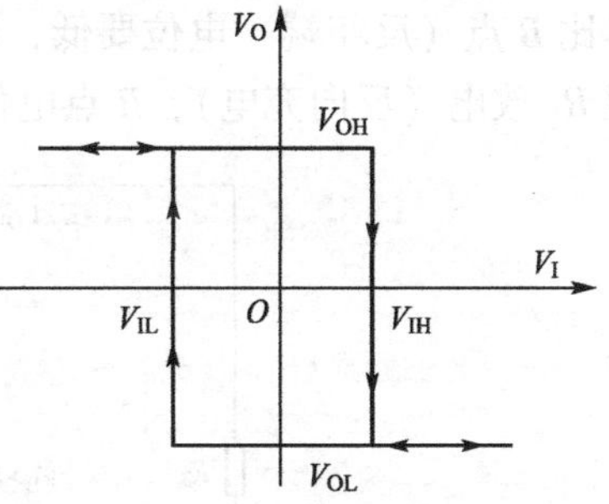

图 16.3 电压传输曲线

我们介绍的多谐振荡器电路在比较器的反相端加了一个 RC 电路，但仍然可以按施密特触发器电路的分析方法来分析这个电路。

假设电路刚上电时刻，电容 C_1 两端的电压为 0V（没有储存能量），则输出电压 V_O 为高电平 V_{OH}（与前面的分析一致），这样 A 点（同相端）的电位 V_A 即为电阻 R_3、R_2 对输出电压进行分压：

$$V_A = K \times V_{OH}, \left(K = \frac{R_3}{R_2 + R_3}\right)$$

与此同时，输出电压 V_{OH} 经电阻 R_1 给电容 C_1 充电，因此 B 点（反相端）的电位以时间常数 R_1C_1 呈指数形式开始上升，如图 16.4 所示。

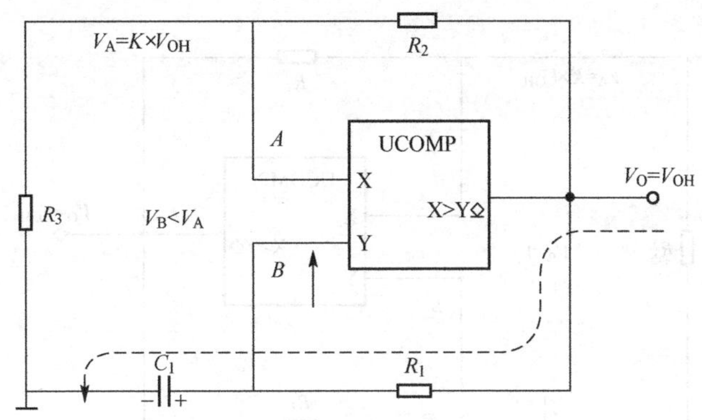

图 16.4 输出电压 V_{OH} 对定时电容器充电

当 B 点电位上升至大于 A 点电位时，比较器的输出翻转为低电平 V_{OL}，如图 16.5 所示。

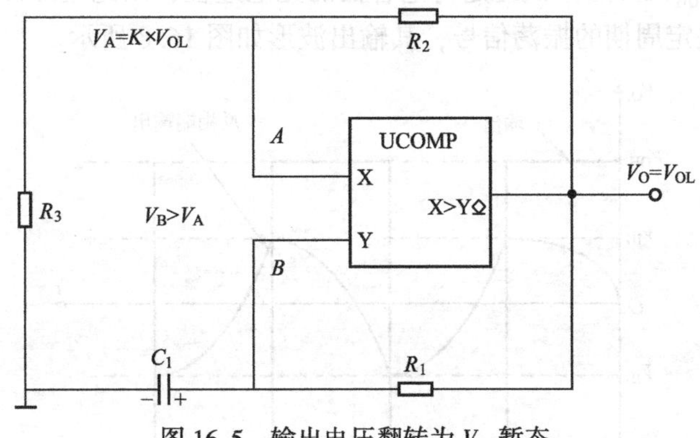

图 16.5 输出电压翻转为 V_{OL} 暂态

此时输出电压 V_{OL} 为负，经电阻 R_2 与 R_3 分压后的 A 点（同相端）电位 V_A 也为负，仍然比 B 点（反相端）电位要低，因此会保持输出电平为 V_{OL} 的状态，但是电容 C_1 也会经电阻 R_1 放电（反向充电），B 点电位会逐渐下降，如图 16.6 所示。

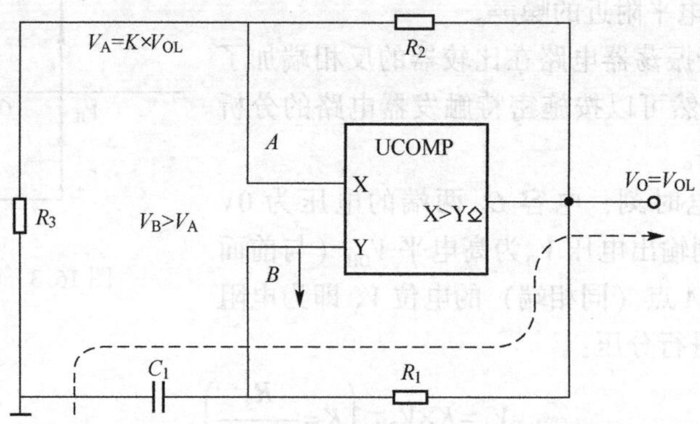

图 16.6　输出电压 V_{OL} 对定时电容器反向充电

当 B 点电位下降到小于 A 点电位时（$V_A > V_B$），输出又翻转为高电平 V_{OH}，如图 16.7 所示。

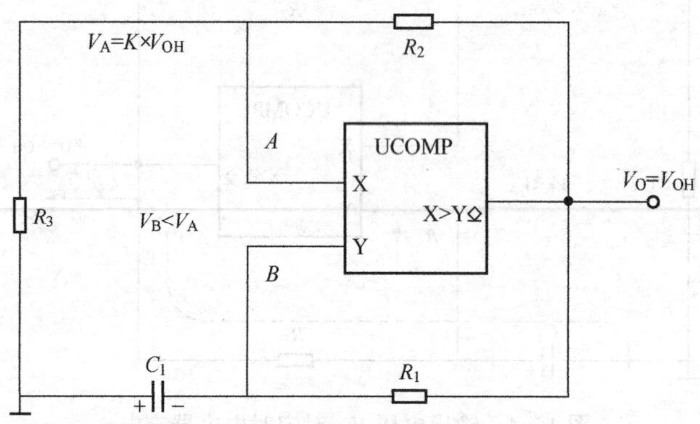

图 16.7　输出电压翻转为 V_{OH} 暂态

然后输出电压 V_{OH} 又开启一次对定时电容器的充电过程，以此循环即可产生由 $R_1 \times C_1$ 充电与放电时间常数决定周期的振荡信号，其输出波形如图 16.8 所示。

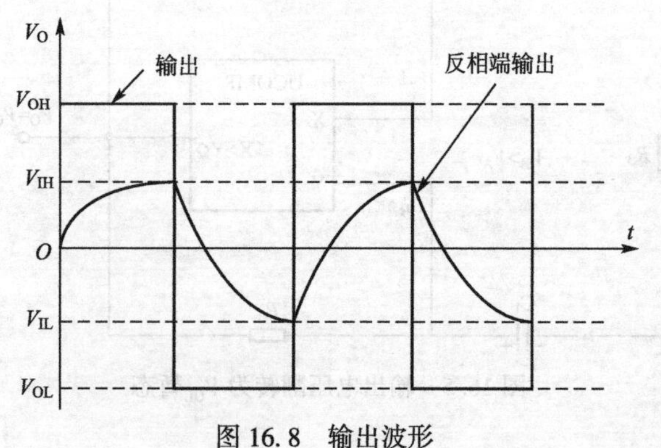

图 16.8　输出波形

其中，$V_{IH}=K\times V_{OH}$，$V_{IL}=K\times V_{OL}$，此电路的振荡输出信号频率可由下式获取：

$$f=\frac{1}{2R_1C_1\ln(1+2R_3/R_2)}$$

我们用图 16.9 所示的电路参数仿真一下。

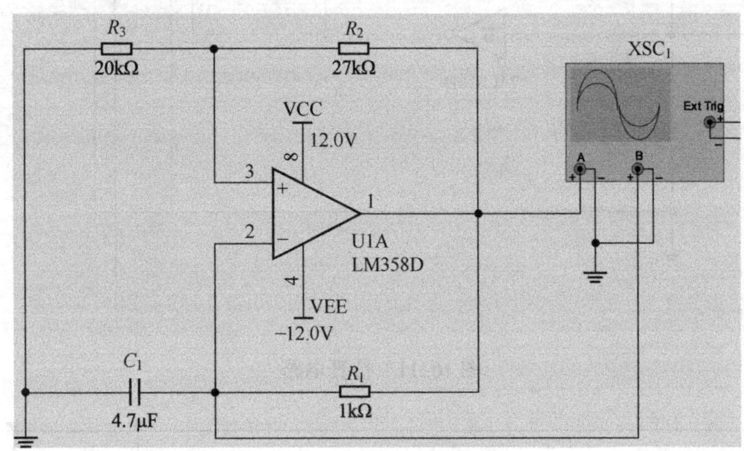

图 16.9　仿真电路

手工计算一下振荡信号的输出频率：

$$f=\frac{1}{2\times1\text{k}\Omega\times4.7\mu\text{F}\times\ln(1+2\times20/27)}\approx117\text{Hz}$$

相关波形如图 16.10 所示（频率为 116.5663Hz）。

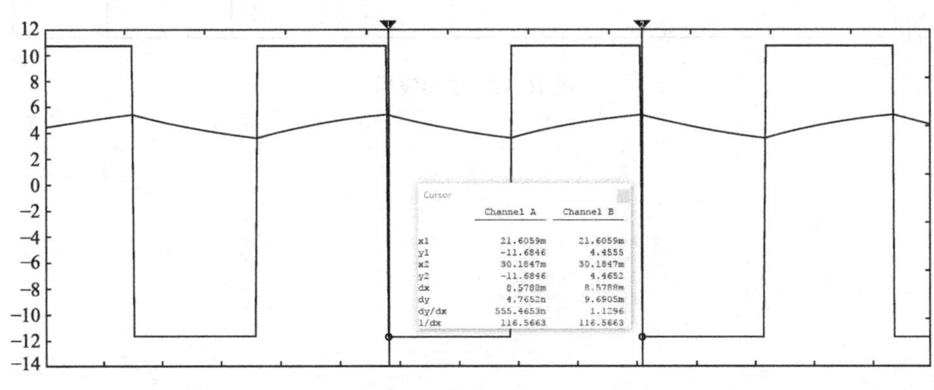

图 16.10　相关波形

有人说：可不可以直接用 74 系列逻辑芯片中的施密特触发器来搭建这个振荡电路呢？这样更简单呀！那是必须可以的，如图 16.11 所示，其输出波形如图 16.12 所示。

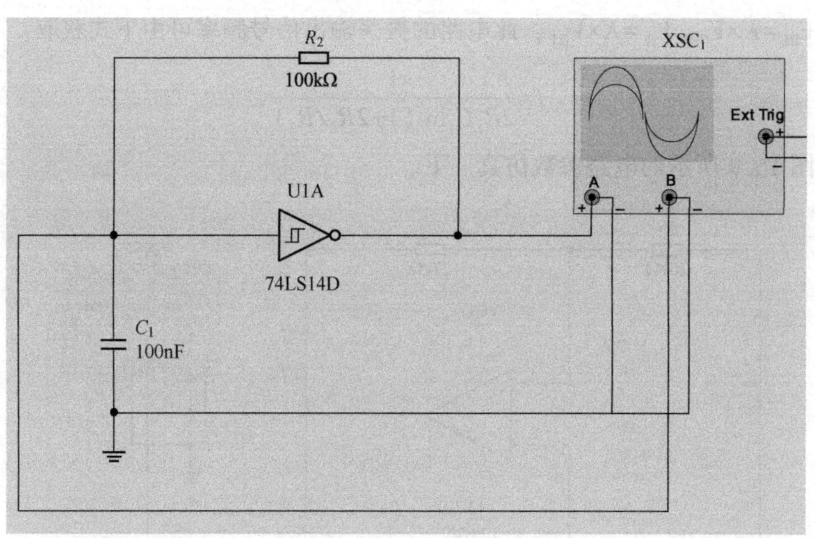

图 16.11　仿真电路

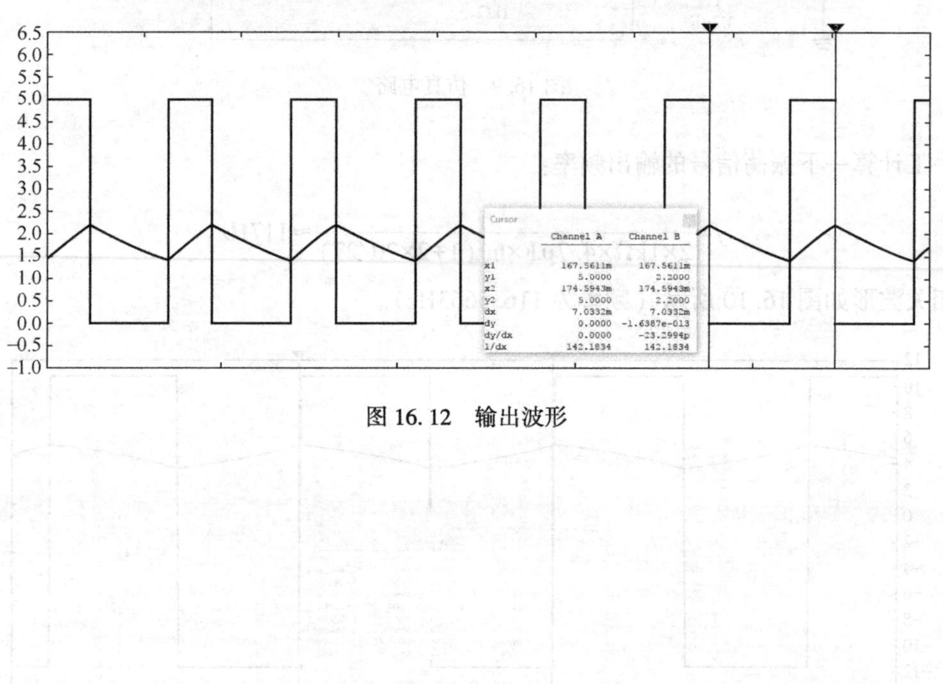

图 16.12　输出波形

第 17 章　电容器的串联及其应用

我们首先分析一个简单的电容器串联在电路中的应用，这种电路在很多简单的可充电手电筒电路中应用非常广泛（“80 后”一般都会知道，带一个小灯泡与开关的可充电小黑砖头，还可以系在皮带上），其电路如图 17.1 所示。

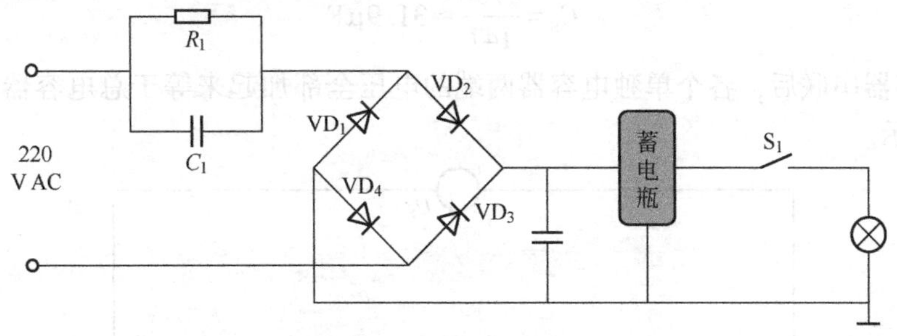

图 17.1　电容器降压电路

电路的原理很简单：对蓄电瓶进行充电操作时，桥式整流电路（$VD_1 \sim VD_4$）将市电 220V 交流电整流成直流脉冲电压施加给蓄电瓶充电，需要照亮时闭合开关 S_1，蓄电瓶将驱动电灯泡发光。

其中，电容 C_1 是降压电容；电阻 R_1 为电源关闭后电容 C_1 的电荷释放电阻。由于直接与市电相连接，一般会选择耐压较高的无极性电容（如薄膜电容），市电的频率比较低（50Hz/60Hz），选择合适的电容值可以使得容抗比较大，继而限制输出回路中的电流。

假设这里我们需要耐压值为 400V、容值为 1μF 的电容。OK，电路设计大功告成，下一步就要开始进行调试了！

但是很不幸，在实际的电路调试或电子电器的维修过程中，我们手上不可能有所有标称容量的电容器，只能充分运用手头已有的电容，这些电容的标称值通常都是常用的，如 10μF、100nF、470μF 等。当我们需要的那个电容不存在时该怎么办？重新发起一次采购行为是容易想到的做法，毕竟大家都会说：能用钱解决的事都不是事！

然而，有时可能会需要一些特殊的容值用于调试过程当中，市面上可能因为用得少而没有现货，或者电路调试比较急着用，重新采购也等不及，这时该怎么办呢？我们可以把手头上的多个电容器进行串联或并联来获取我们需要的容值。

当多个电容器串联时，如图 17.2 所示。

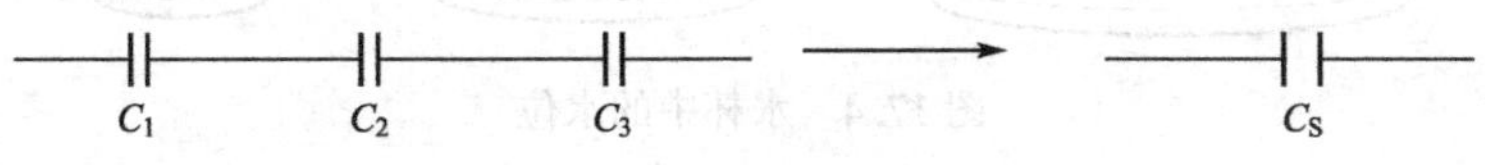

图 17.2　电容器的串联

串联后的总电容值比任何单个电容器的容值都要小，总电容的倒数就等于单个电容量倒数之和，相当于平板之间的距离增加了，如下式所示：

$$\frac{1}{C_S}=\frac{1}{C_1}+\frac{1}{C_2}+\frac{1}{C_3}$$

例如，47μF 的电容与 100μF 的电容串联，则其总电容值：

$$\frac{1}{C_S}=\frac{1}{100}+\frac{1}{47}=\frac{47+100}{4700}=\frac{147}{4700}$$

将上式两边求倒数，则有：

$$C_S=\frac{4700}{147}\approx 31.9\mu F$$

多个电容器串联后，各个单独电容器两端的电压全部加起来等于总电容器两端的电压，如图 17.3 所示。

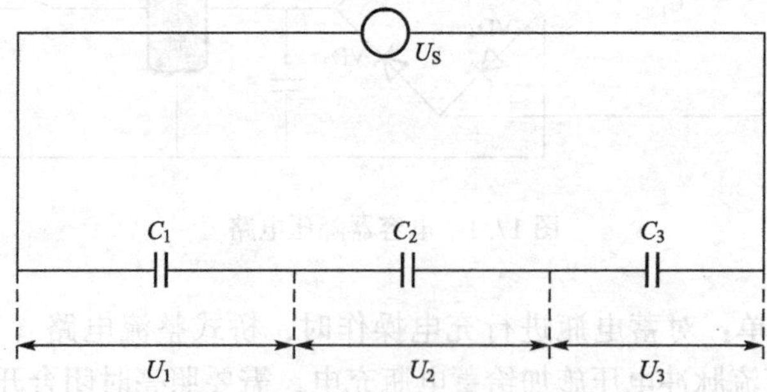

图 17.3　电容器串联后的电压分配

图 17.3 中，$U_S=U_1+U_2+U_3$，这与电阻串联电路的分压特性是完全一致的。

这里需要注意的是：在电容器串联的电路中，容量越小的电容器，其两端的电压越高。在图 17.3 中，如果电容的容量大小关系是 $C_1>C_2>C_3$，则三者的分压关系是 $U_1<U_2<U_3$。

你可以这样来理解电容器的分压关系：在串联电路当中，流过所有电容器中的电流是一致的。因此，所有电容器中所能够储存的电荷量也是一致的。由于 $Q=C\times U$ 的关系，容量 C 越小，则两端的电压越大，这正如容积不相同的水杯内都有相同的水量，自然容积越小的水杯中的水位更高些，这里的水位就相当于电压，如图 17.4 所示。

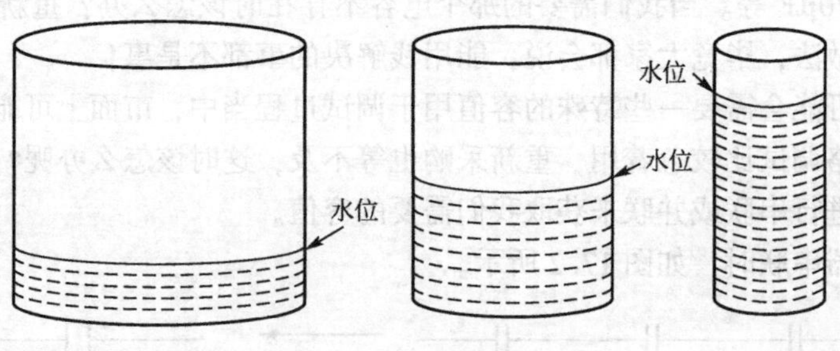

图 17.4　水杯中的水位

你也可以从容抗的角度来理解：对于某个具体的交流信号源，流过各电容器的交流电流的频率是一致的，电容器的容量越小，则容抗就越大（$X_C=1/2\pi fC$），这与串联电阻中大电

阻也是类似的，串联电路中的大电阻自然分压也大。

电容串联带来的主要好处是总电容的耐压增大。当我们手中的电容器的耐压值都不满足电路调试应用时，可以使用多个电容器的串联方式达到我们的要求。在实际应用中，电容串联电路也有很多应用。

在半桥拓扑（Half Bridge）的开关电源电路中，通常会使两个大电容器进行分压取得中点电压位置，如图 17.5 所示。

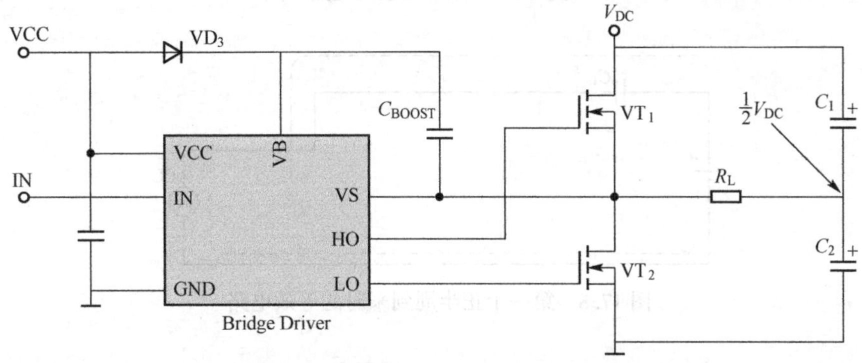

图 17.5　半桥拓扑开关电源的基本结构

其中，R_L通常为感性负载（如变压器、电感器）；而 C_1 与 C_2 通常为两个容量相同的铝电解电容（多数情况下也会分别在 C_1 与 C_2 两端各并联一个等值的电阻），它们对直流电压 V_{DC}（可以高至几百伏）进行平均分压获得一个$\frac{1}{2}V_{DC}$的分压中点，其工作原理如图 17.6 所示。

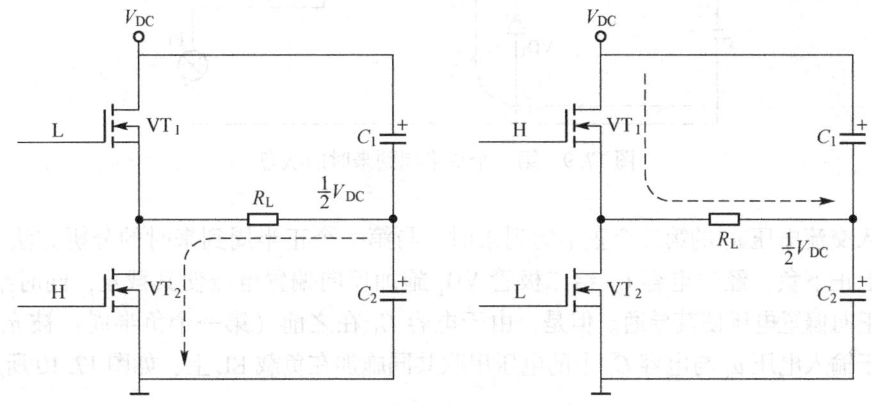

图 17.6　半桥拓扑的工作原理

电容器与二极管配合也经常应用在倍压整流电路中，具体的电路形式也很多，基本原理都是利用多个电容器两端的电压串联而输出较高的电压。例如，二倍压整流电路如图 17.7 所示（u_i 表示倍压整流电路的输入交流电压）。

当输入交流电压 u_i 的第一个正半周来到时（假设电容 C_1 两端的初始电压为 0V），u_i 的极性为上正下负，u_i 经过电容 C_1 给二极管 VD_1 施加反向偏置电压使其截止，同时给二极管 VD_2 施加正向偏置电压使其导通，输入电压 u_i 全部施加在负载上，此时的等效电路如图 17.8 所示。

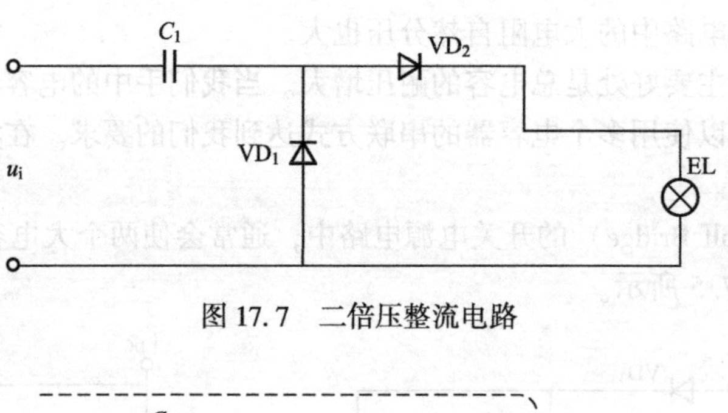

图 17.7　二倍压整流电路

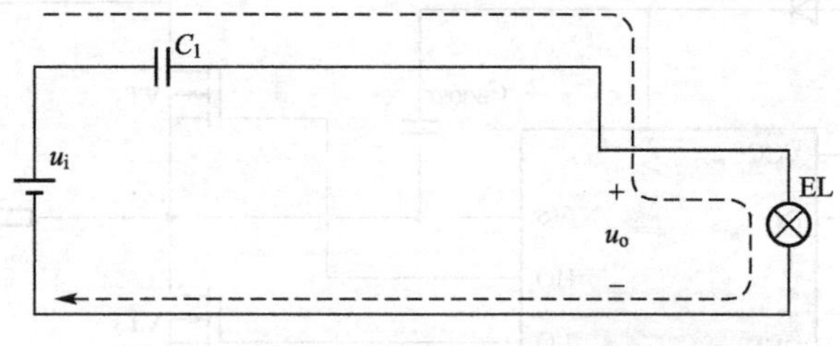

图 17.8　第一个正半周到来时的等效电路

当输入交流电压 u_i 的第一个负半周到来时，u_i 的极性变为上负下正，u_i 经过电容 C_1 给二极管 VD_1 施加正向偏置电压使其导通后给电容 C_1 充电至 u_i，同时给二极管 VD_2 施加反向偏置电压使其截止，此时负载 EL 两端是没有电压的，如图 17.9 所示。

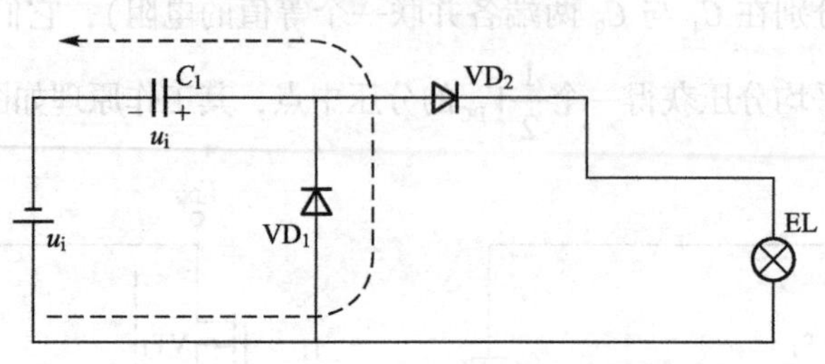

图 17.9　第一个负半周到来时的状态

当输入交流电压 u_i 的第二个正半周到来时，与第一个正半周到来时的分析方法一致，u_i 的极性为上正下负，经过电容 C_1 给二极管 VD_1 施加反向偏置电压使其截止，同时给二极管 VD_2 施加正向偏置电压使其导通。但是，由于电容 C_1 在之前（第一个负半周）被充电到 u_i，此时相当于输入电压 u_i 与电容 C_1 上的电压串联共同施加在负载 EL 上，如图 17.10 所示。

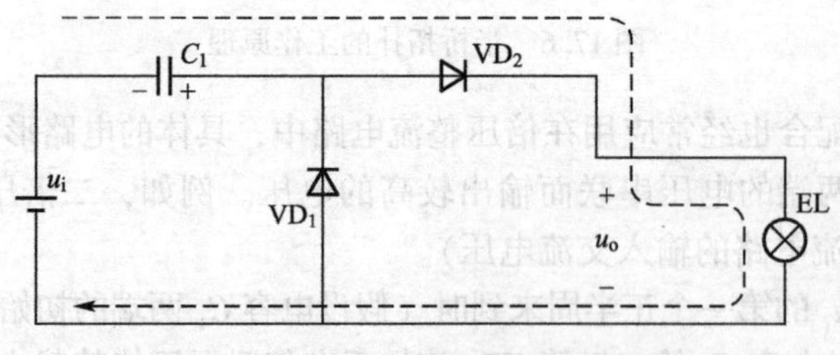

图 17.10　第二个正半周到来时的状态

此时的等效电路如图 17.11 所示。

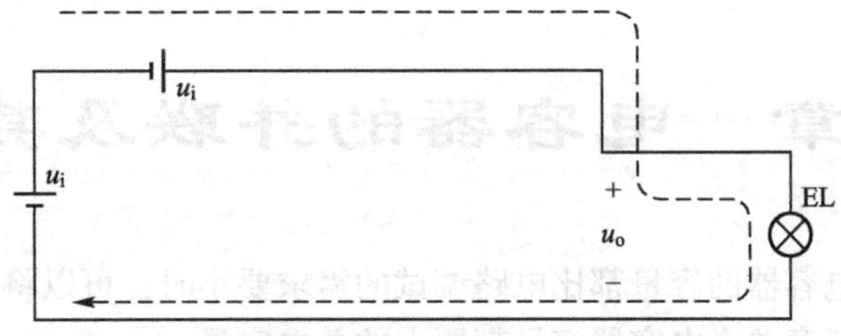

图 17.11　第二个正半周到来时的等效电路

其输入与输出波形如图 17.12 所示。

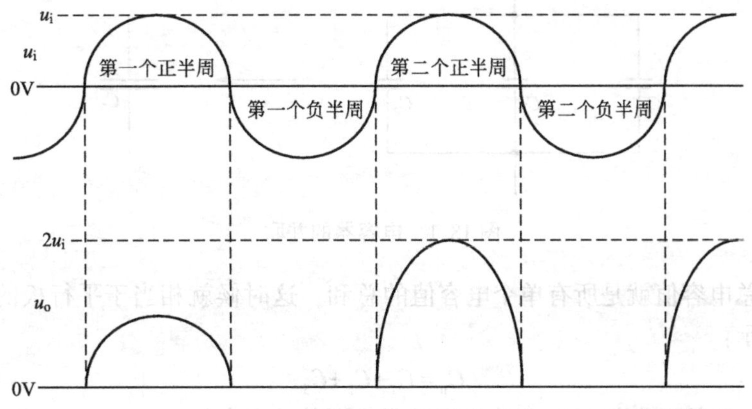

图 17.12　输入与输出波形

由图 17.12 可知，输出电压 u_o 是输入电压 u_i 的 2 倍，我们之所以可以从低电压获取比电容值耐压更高的输出高压，是因为电容器是串联在电路中的。虽然输出电压可能很高，但单个的电容器的分压相对会低很多。

当然，以上只是理想情况下的电路分析过程，并未考虑二极管正向压降，以及电路与负载串联对输出电压相位与幅度产生的影响。实际应用电路的输出电压幅度达不到输入电压的两倍，而且输出电压的相位也会超前一些，这一点可以参考后续关于耦合电容的章节。

基于同样的原理，我们也可以扩展更高倍数的倍压电路，如图 17.13 所示（上述二倍压整流电路就是其中一部分，只不过画法不一样而已）。

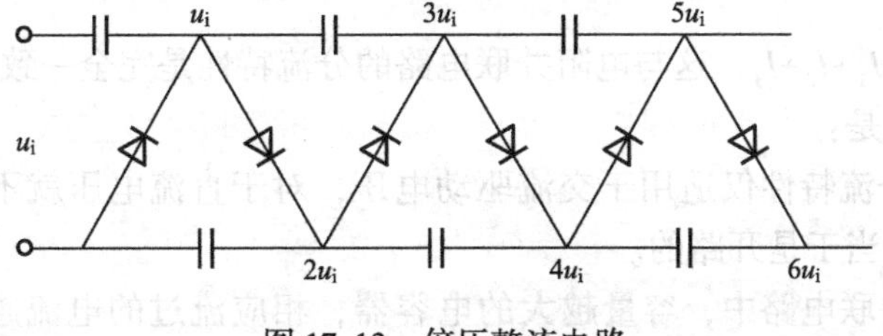

图 17.13　倍压整流电路

电容器串联还可以在信号耦合、高通滤波器和串联谐振等电路中应用，后续我们将一一详解。

第 18 章　电容器的并联及其应用

当手上任意单个电容器的容量都比电路调试的需求要小时，可以将多个电容器并联在一起，这样可以获得比任意单个电容器容量都要大的总电容量。

多个电容器相互并联时，如图 18.1 所示。

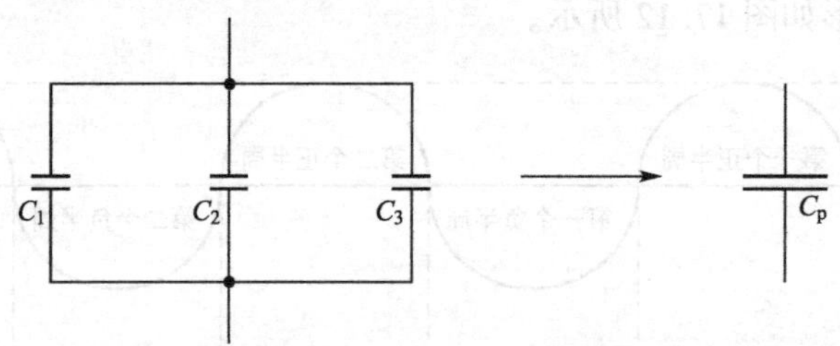

图 18.1　电容器的并联

并联后的总电容值就是所有单个电容值的总和，这时候就相当于平行板的面积增加了，其值如下式所示：

$$C_p = C_1 + C_2 + C_3$$

例如，470μF 的电容与 100μF 的电容并联，则其总电容值：

$$C_p = 100\mu F + 470\mu F = 570\mu F$$

多个电容器并联后，流过所有单独电容器的电流全部加起来等于总电流，如图 18.2 所示。

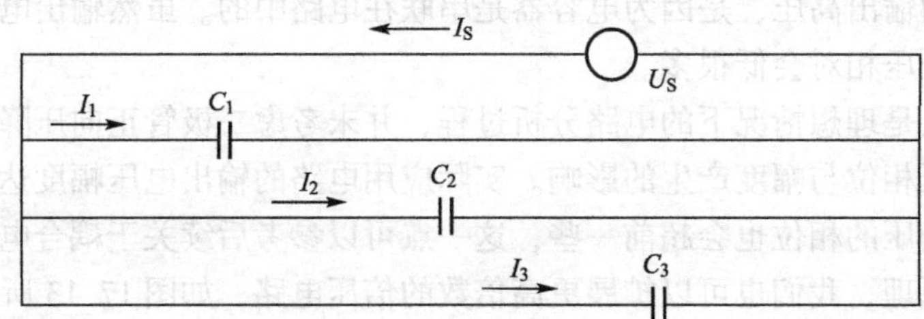

图 18.2　并联电容器的分流特性

图 18.2 中，$I_S = I_1 + I_2 + I_3$，这与电阻并联电路的分流特性是完全一致的。

这里需要注意的是：

（1）电容器的分流特性仅适用于交流驱动电压，对于直流电压就不适用了。因为对于直流而言，电容器相当于是开路的。

（2）在电容器并联电路中，容量越大的电容器，相应流过的电流越大。在图 18.2 中，如果容量大小关系是 $C_1 > C_2 > C_3$，则三者的分流关系是 $I_1 > I_2 > I_3$。

你可以从容抗的角度来理解：对于某个具体的交流信号源，所有电容器两端的电压都是一致的，电容器的容量越小，容抗就越大，这与并联电阻中的大电阻类似，大电阻自然分

流小。

(3) 多个电容器并联时，总的等效电容的耐压值为其中最低的那个，这与我们熟知的木桶原理是完全一致的，即一只木桶盛水的多少并不取决于木桶上最高的那块木块，而是取决于木桶上最短的那块木板，如图18.3所示。

(4) 多个电容器并联时，总的漏电流为所有电容器漏电流之和。因为电容器相当于一个绝缘阻值很大的电阻。绝缘阻值越小，则漏电流就越大。电容器的并联相当于并联了多个大电阻（并联电阻的阻值比任意单个电阻的阻值都要小），在相同的电压条件下，漏电流自然会大一些。

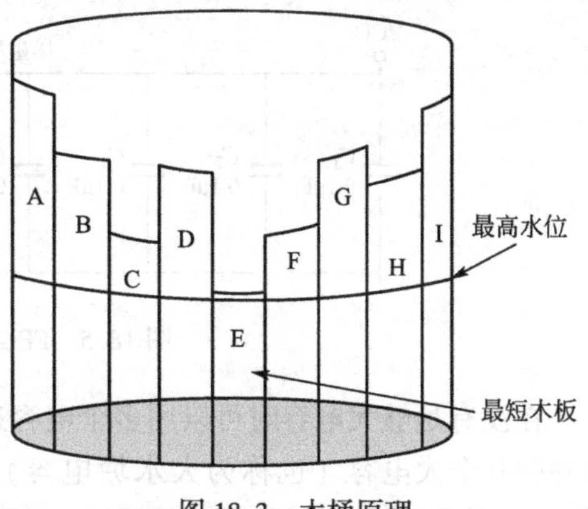

图18.3　木桶原理

知道西楚霸王与刘沛公的故事吗？先入咸阳者为王！西楚霸王一条路杀过去，阻力大，而刘邦绕道而行，阻力小，行军快，先入咸阳。对电阻来说也是一样的道理，前进的路越多，自然行军速度更快（漏电流就大），阻力就小（电阻越小），刘邦就捡个便宜。反之，百万大军通过羊肠小道，速度必然会有影响（漏电流就小），阻力就大。

电容器并联常用于改变电容容量值挡位，从而达到改变充放电时间常数的目的，如图18.4所示（读者可参考前述555定时器应用电路原理进行分析）。

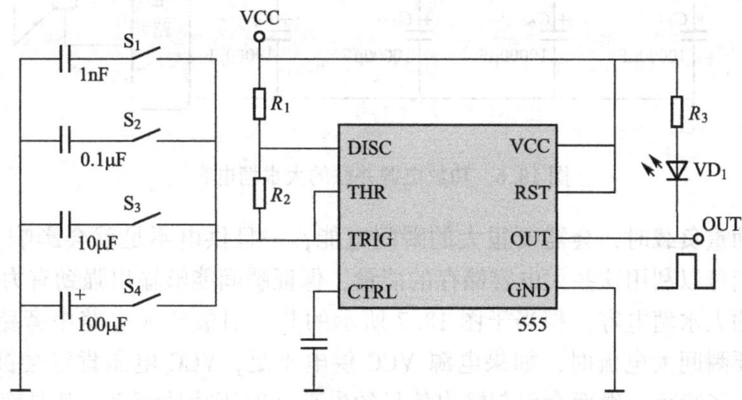

图18.4　555定时器芯片组成的振荡电路

这是一个采用555定时器搭建的多谐振荡器电路，用来输出一定频率范围的时钟信号，它的频率可由下式计算获取：

$$f=\frac{1.49}{(R_1+2R_2)\times C}$$

从上式可以看出，电路的输出频率由阻值R_1、R_2与容量C来调节。其中，C表示图18.4中THR引脚连接的开关控制的电容，我们可以通过调节R_1和R_2来决定。因此，你看到的555时钟电路模块会有一个或两个可调电阻。我们也会采用多个电容器并联的应用或相应开关的闭合与断开调节定时电容量的大小，继而达到扩展输出频率范围的目的。

图 18.4 中，电容值最小为 1nF，最大约为 110μF，在既定的阻值条件下，频率可调节范围跨越了 10^5 数量级。

在数字逻辑芯片中，通常会有很多个 0.1μF 的旁路电容并联，其用处之一也是为了提升容量（另一个用处后续再详细讲解），如图 18.5 所示。

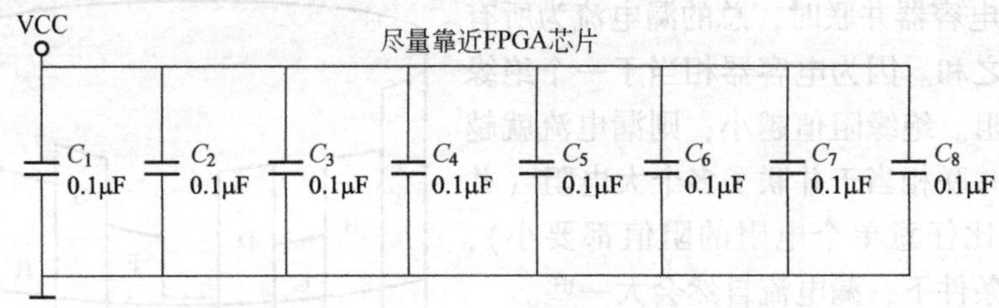

图 18.5　FPGA 芯片附近的旁路电容

在没有足够大电容时可以用多个电容进行并联获取。例如，大功率功放的正负电源通常会并联几个大电容（也称为大水塘电容），通常容量都在 10000μF（1 万微法）以上，如图 18.6 所示。

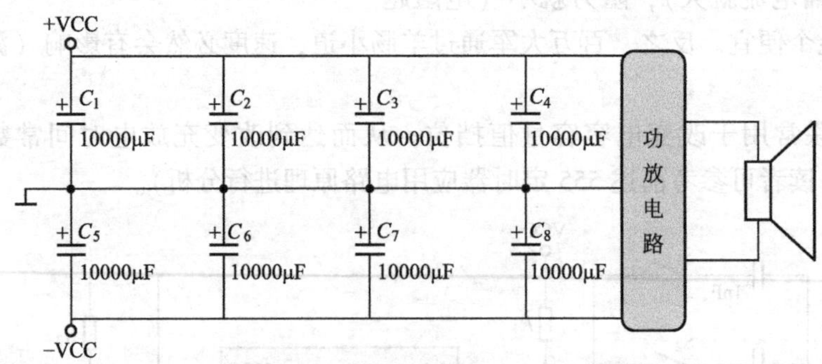

图 18.6　功放电源并联的大水塘电容

当功放带动重负载时，会需要很大的瞬间电能，一旦供电不足就会影响音频输出的音质。因此，我们可以利用这些大电容储存的能量，保证瞬间能够输出强劲有力的音频。

前面所述的大水塘电容，相当于图 18.7 所示的共发射极放大电路中旁路电容 C_4 的作用。当负载需要瞬间大电流时，如果电源 VCC 供电不足，VCC 电压肯定会被瞬间拉下来，也就相当于产生了噪声，继而会引起输出信号的失真（对于功放而言，就是声音失真）。

加入旁路电容 C_4 后，即可代替电源 VCC 提供瞬间电流的能量，相当于产生的噪声电流被去除了。放大电路的功率越大，则需要提供的瞬间电流就越大。

当然，更多电容器在电路中的并联应用并非为了增加电容量。

如图 18.7 所示的共发射极放大电路中，如果发射极电阻 R_E 没有旁路电容 C_3，则会对输入的交流信号产生交直流负反馈，也就是说放大电路的交流放大倍数会非常小。你可能会说：把电阻 R_E 去掉就行呀，但是这个电路也起着直流负反馈的作用，可以用来稳定静态工作，真是加了有问题，不加也有问题，好烦恼呀！然而，只要在发射极电阻旁边并联一个合适的电容，则交流信号被 C_3 旁路到地（而不经过发射极电阻），这样既可保留静态工作点的稳定性，也可保证较高的放大倍数，一箭双雕。

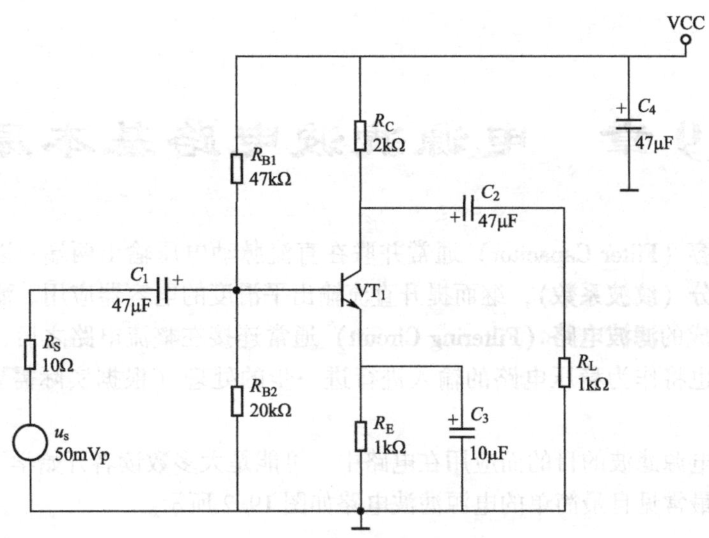

图 18.7　共发射极放大电路

电容器与电感器并联也可以构成 LC 并联谐振电路，它利用并联谐振时阻抗最高的特点来构成选频网络，将其代替共射极放大电路的集电极电阻时，就相当于一个随频率变化而变化的可变电阻。只有当输入信号的频率与并联谐振频率相等时，此时的选频网络阻抗最大，因此电路的放大倍数也就最大（你不会忘了 $A_V=-\beta R_C/r_{be}$ 这个公式吧），这就是我们所说的调谐放大电路，如图 18.8 所示的 L_1 与 C_1 就组成了一个 LC 并联选频回路。

电容器并联也可作为中和电容，用来消除高频电路中可能产生的自激振荡。我们都知道，三极管的三个极之间都存在 PN 结电容，尽管结电容很小，但是高频信号放大时结电容的容抗并不大，因此放大输出的信号会直接通过结电容耦合到输入造成寄生振荡，从而影响高频放大器的稳定性。中和电容就是用来消除寄生振荡的电容，如图 18.9 所示的电容 C_2。

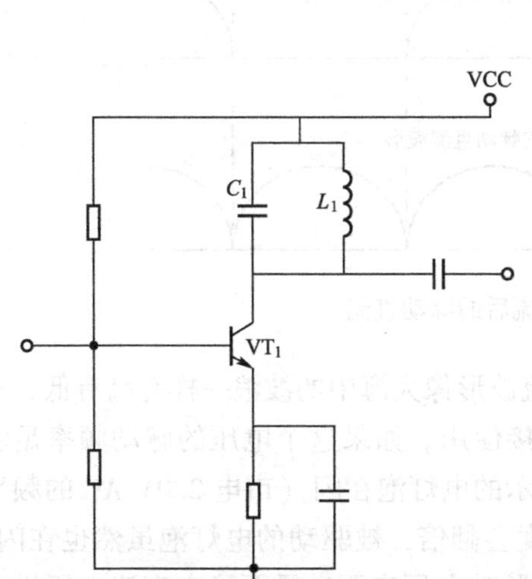

图 18.8　调谐放大电路中的 LC 并联选频回路

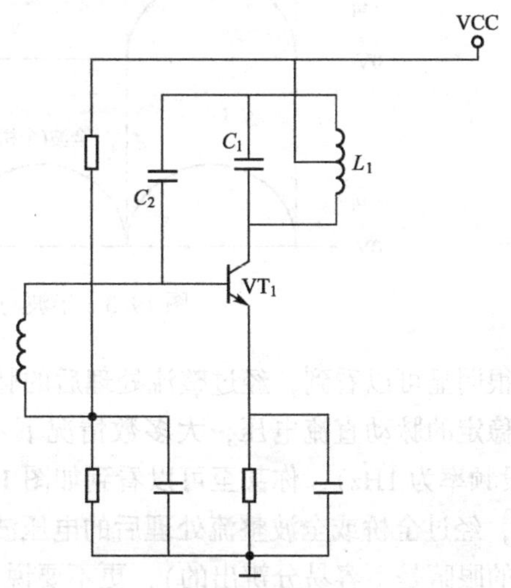

图 18.9　高频放大电路中的中和电容

实际中电容器并联的应用还有很多，后续我们将一一进行详细介绍。

第 19 章 电源滤波电路基本原理

电源**滤波电容（Filter Capacitor）**通常并联在直流脉动电压输出两端，以达到**降低交流脉动电压波动成分（纹波系数）**，继而提升直流输出平滑度的电容器应用。滤波电容（还有电阻、电感）组成的**滤波电路（Filtering Circuit）**通常连接在整流电路之后，经滤波电路处理后的输出电压也将作为稳压电路的输入进行进一步的处理（根据实际需要），如图 19.1 所示。

电容器作为电源滤波的目的而应用在电路中，可能是大多数读者开始学习电容器概念时最先接触到的。最常见且最简单的电源滤波电路如图 19.2 所示。

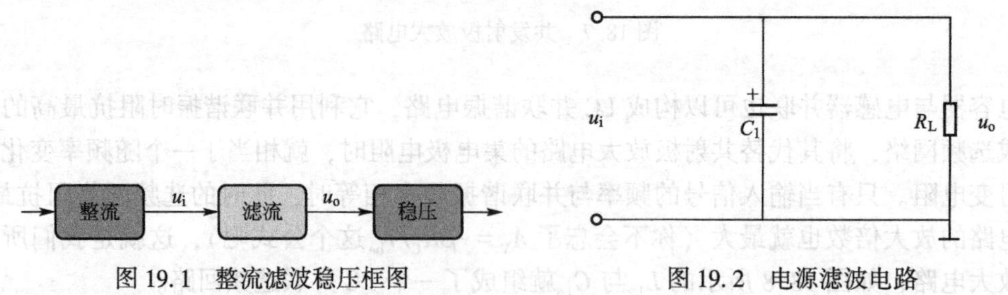

图 19.1 整流滤波稳压框图　　图 19.2 电源滤波电路

而电源滤波电路最常见的输入脉动电压 u_i 有两种：半波整流或全波（全桥）整流电路处理之后的脉动直流电源，如图 19.3 所示。

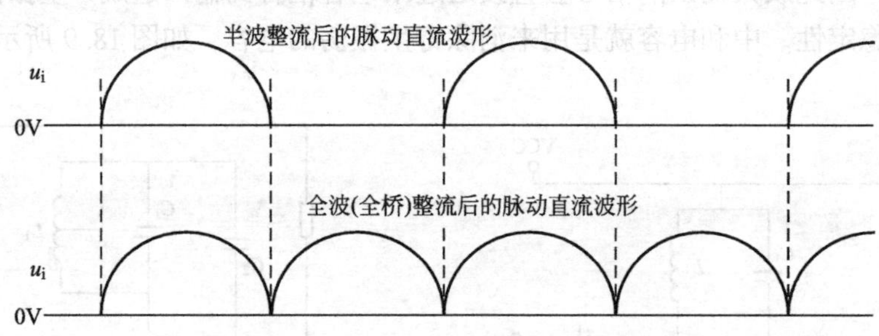

图 19.3 半波与全波整流后的脉动直流

很明显可以看到，经过整流处理后的脉动直流波形像大海中的波浪一样有高有低，这是很不稳定的脉动直流电压，大多数情况下不能直接使用。如果这个电压的脉动频率足够低（假设频率为 1Hz），你甚至可以看到如图 19.4 所示的电灯泡在闪（市电 220V AC 的频率为 50Hz，经过全桥或全波整流处理后的电压波动速度会翻倍，被驱动的电灯泡虽然也在闪烁，但人的眼睛是不容易分辨出的），更不要说用这种脉动电压来驱动需要稳定直流电压供电的集成芯片了。因此，整流输出的脉动电压需要经过滤波电路滤除其中的脉动成分，经过滤波后的电压波形如图 19.5 所示。

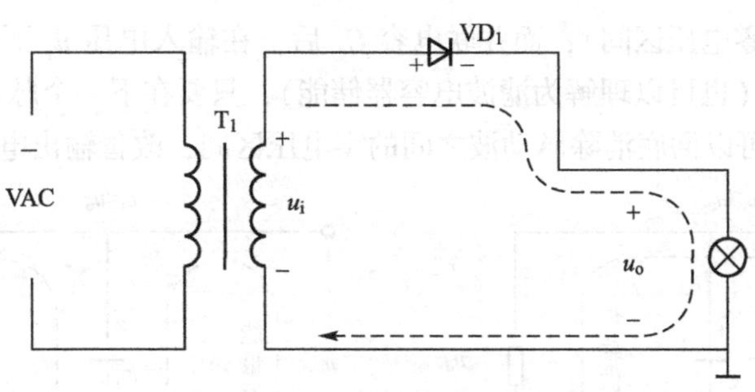

图 19.4　半波整流电路驱动电灯泡

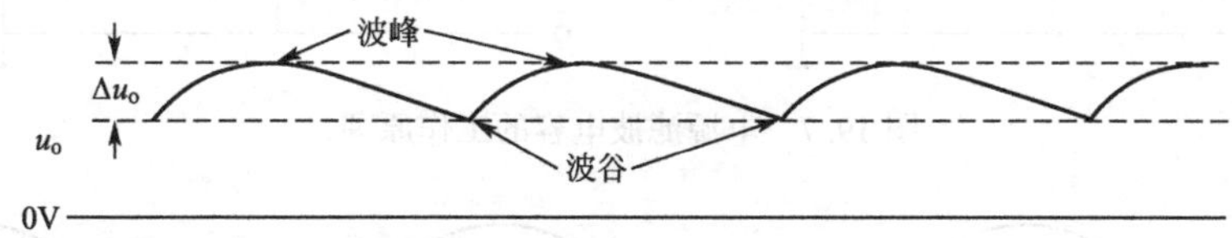

图 19.5　滤波后的电压波形

电压波形经过滤波电路处理后，输出的波形明显好很多。其中，Δu_o表示输出脉动波形的最大值（波峰）与最小值（波谷）的差值，是衡量滤波效果的重要参数，也就是我们常说的纹波电压系数（Ripple Voltage Coefficient）。纹波越小越好，表示输出电压的波动越小，也就是输出电压的质量越好。

有人说：滤波后的输出波形不能是一条稳定的横直线吗？这样不就是最理想的状态么？如图 19.6 所示。

图 19.6　理想的直流电压

我们当然希望能够有机会使用这种理想的直流电压，然而很遗憾，纹波是不可能完全消除的，只能够无限降低，实际中总会有一些交流成分无法滤除干净，即便使用干电池那样的直流电源，输出也会因为负载的变化而产生纹波电压。

从前述整流与滤波输出脉动电压的波形差可以看出，要想让滤波输出的脉动成分更少，可以让整流输出的波形在开始脉动的时候抑制它的变化，而电容器与电感器就有这样的能力。

我们在学习 RC 积分电路时已经提过：电容器两端的电压不能突变。利用这个特性就可以组成最简单的电容滤波电路，只需要在负载 R_L 两端并联一定容量的电容器即可滤除一定的脉动成分，其工作原理如图 19.7 所示。

当输入脉动电压 u_i 的幅度上升时，u_i 给负载 R_L 提供能量的同时，也对电容 C_1 进行充电，u_i 达到最大值时，电容 C_1 也被充电到最大值；而当 u_i 开始下降时，由于电容 C_1 已经充了电，如果 u_i 下降到小于电容 C_1 两端的电压，则电容 C_1 向负载 R_L 慢慢放电提供能量（也会对输入端放电），其输入与输出波形如图 19.8 所示。

从图 19.8 中可以看到，负载 R_L 的两端没有并联电容 C_1 之前，两个波峰之间还有一段

时期没有输出电压（零电压区间），而并联电容 C_1 后，在输入电压 u_i 下降期间，由于电容器两端的电压不能突变（也可以理解为滤波电容器储能），只要在下一个脉动到来之前电容 C_1 的电能没有释放完，则可以彻底消除脉动波之间的零电压区间，改善输出电压的平滑度。

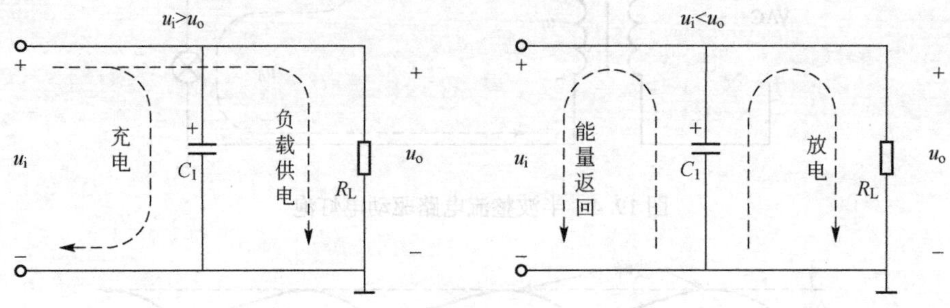

图 19.7　电源滤波电容的工作原理

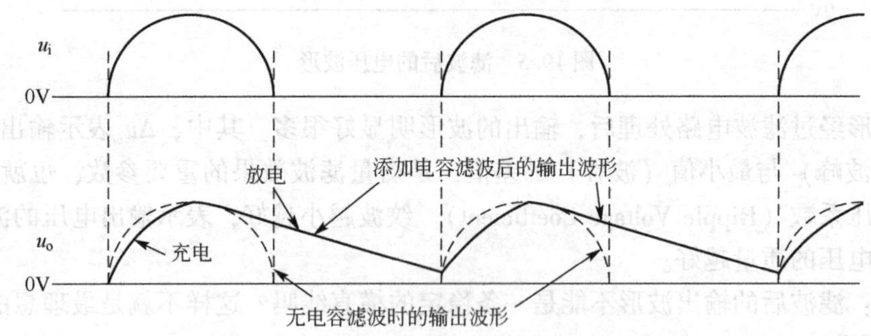

图 19.8　半波整流滤波电路的输入与输出波形

当然，这个简单滤波器电路中的电容 C_1 必须足够大，容值太小，则储能也小，放电常数也小。如果负载很重（电阻很小），负载电流就会很大，放电速度会更快，很容易在下一个脉动电压到来前就把电能全部释放掉，零电压区间仍然存在，波形如图 19.9 所示。

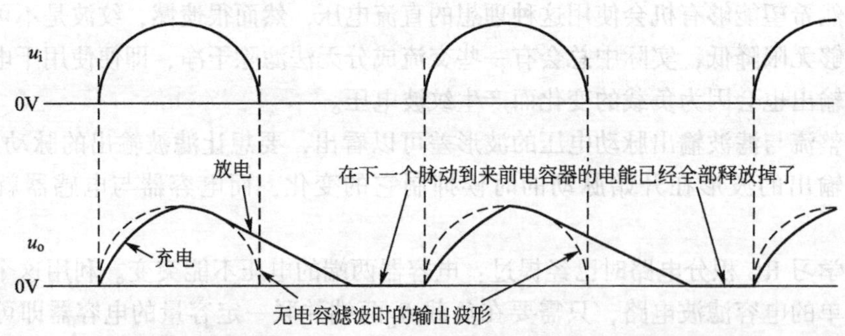

图 19.9　滤波电容过小的半波整流滤波电路的输入与输出波形

当全波（全桥）整流输出脉动电压输入经过此电容滤波的电路时，其输入与输出波形如图 19.10 所示，读者可自行分析。

相对于半波整流输出脉动电压，全波（全桥）整流输出没有半个周期的零电压区间，因此对滤波器的要求小很多，而且输出效率比半波整流高很多（半波电路“吃”了一半的电能）。

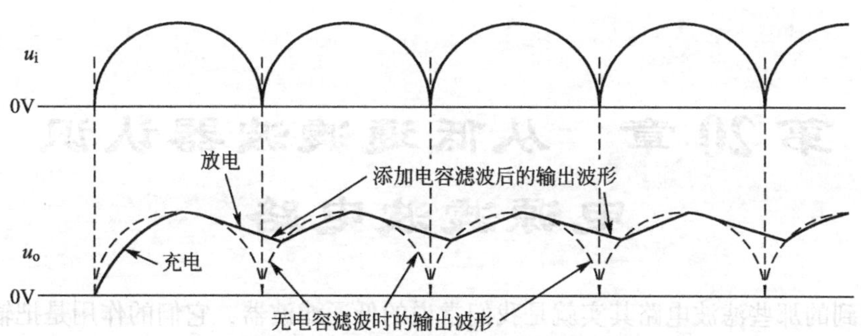

图 19.10　全波整流滤波电路的输入与输出波形

电感器具有抑制电流变化的能力，因此也可以用来滤波。与电容器不同的是，电感器通常与负载以串联的形式连接在电路当中，然而单一的电容器或电感器组成的滤波器或许还不能满足要求。尽管可以通过提升电容量或电感量优化滤波处理效果，但我们也可以通过电容器与电感器组成滤波电路。

如图 19.11 所示为电容器与电感器组成的滤波电路，分别为倒 L 型与 π 型 LC 滤波电路。

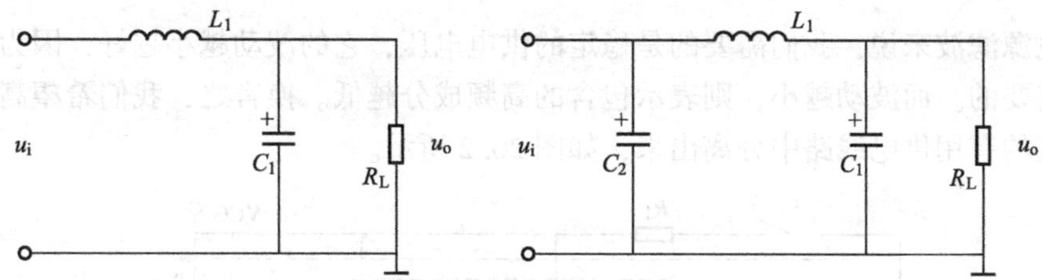

图 19.11　电容器与电感器组成的滤波电路

我们也可以级联多个 LC 滤波电路，如图 19.12 所示。

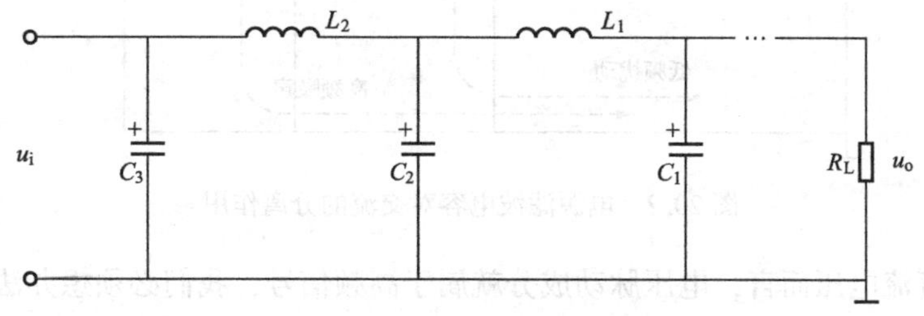

图 19.12　级联多个 LC 滤波电路

同样，我们也可以用一个电阻与两个电容器组成 π 型 RC 滤波电路，如图 19.13 所示。

RC 滤波电路中，R_1 不宜过大，否则输入的能量就直接消耗在电阻上，负载 R_L 上的能量就小了。在实际的电源滤波电路中，R_1 一般取值为 10Ω 以内。

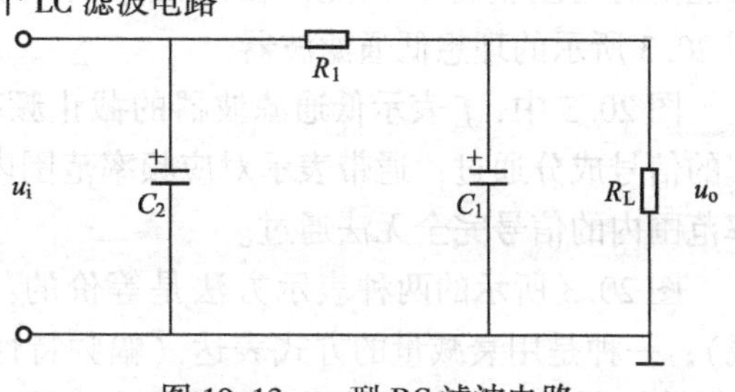

图 19.13　π 型 RC 滤波电路

第 20 章　从低通滤波器认识电源滤波电路

前面提到的那些滤波电路其实就是我们常说的低通滤波器，它们的作用是把输入信号中的高频（波动）成分滤除（不让其通过），仅让低频成分通过，如图 20.1 所示。

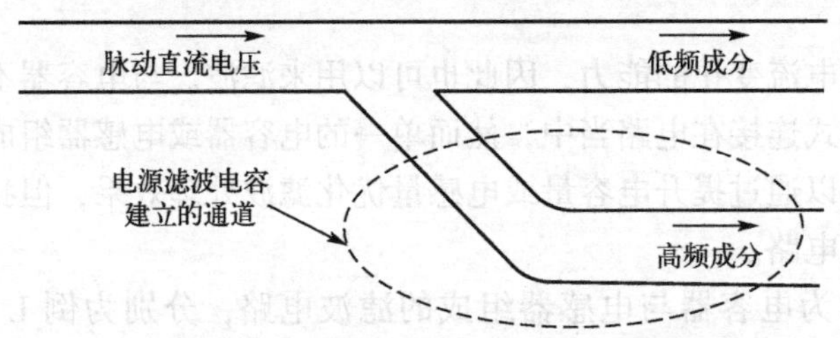

图 20.1　电源滤波电容建立的信号通道

对于电源滤波来说，我们需要的是稳定的供电电压，它的波动越小越好，因为这正是后级电路所需要的。而波动越小，则表示包含的高频成分越低。换言之，我们希望高频成分从低频或直流的有用供电线路中分离出来，如图 20.2 所示。

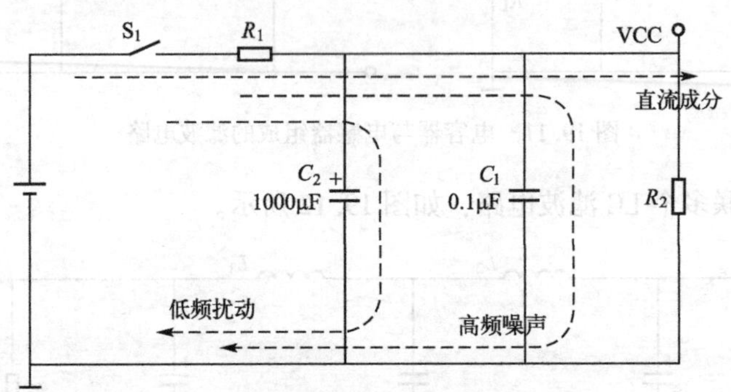

图 20.2　电源滤波电容对交流的分离作用

对于脉动直流电压而言，电压脉动成分就属于高频信号，我们必须想办法将脉动成分尽可能削弱甚至清除。因此，在最理想的情况下，我们希望（也应该）使用特性曲线如图 20.3 所示的理想低通滤波器。

图 20.3 中，f_c表示低通滤波器的截止频率（Cut-off Frequency），表示只允许低于该频率的信号成分通过；通带表示对应频率范围内的信号可以毫无损耗地通过；阻带表示对应频率范围内的信号完全无法通过。

图 20.3 所示的两种表示方法是等价的：一种是用阻抗的方式表达（阻抗频率特性曲线）；一种是用衰减量的方式表达（幅频特性曲线）。对于同一个电路而言，输入信号的阻抗越高，就意味着信号前进的阻力越大，这样输出的信号量自然也就越小。从输出端来看，

就是衰减量越大，如图 20.4 所示为 RC 低通滤波器电路（RC 积分电路）。

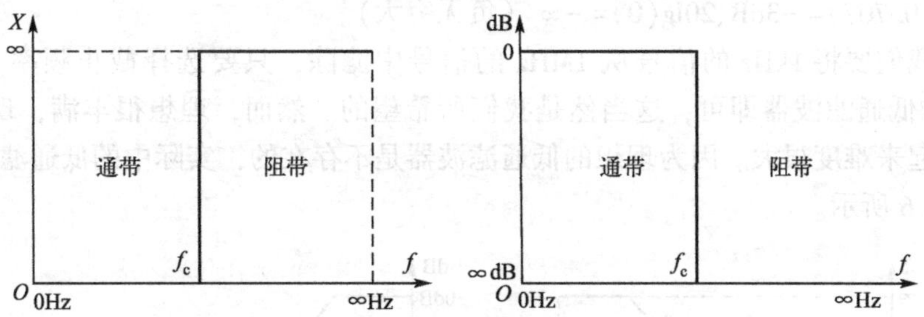

图 20.3　理想低通滤波器的特性曲线

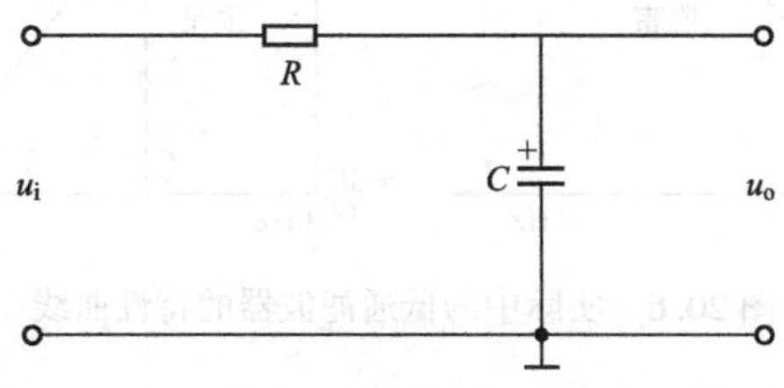

图 20.4　RC 低通滤波器电路

从阻抗的角度来看，当输入信号的频率低于截止频率 f_c 时，我们希望电容器的阻抗为无穷大（相当于开路，对于整个 RC 滤波电路而言，容抗无穷大就相当于对输入信号的阻抗无穷小），而当输入信号的频率高于 f_c 时，电容器的阻抗为无穷小（相当于短路），如图 20.5 所示。

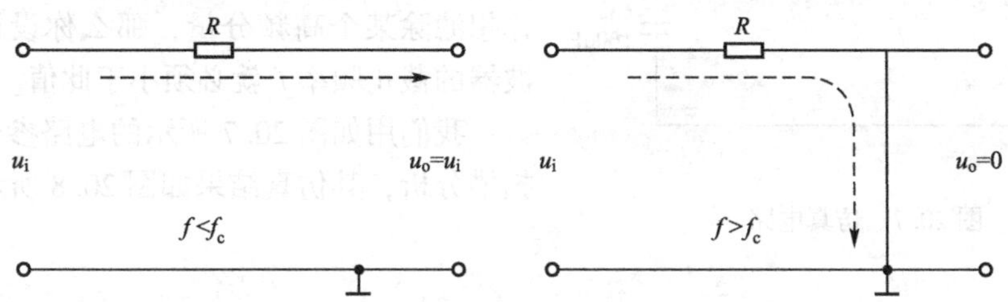

图 20.5　理想 RC 低通滤波器的特性

而衰减量则可以表达为输出电压与输入电压的比值：

$$\frac{u_o}{u_i}=\frac{u_C}{u_R+u_C}=\frac{X_C}{R+X_C}$$

对应于图 20.5，当输入信号的频率低于截止频率 f_c 时，电容器的容抗为无穷大（相当于开路），两者的比值为 1，输出信号与输入信号相等（信号完全没有损耗）；而当输入信号的频率高于截止频率 f_c 时，电容器的容抗为 0，两者的比值为 0（信号损耗无穷大）。

我们也常用对数来表达衰减量：

$$20\lg\left(\frac{u_o}{u_i}\right)\text{dB}$$

当 $(u_o/u_i)=1$ 时，衰减量就是 $20\lg(1)=0\text{dB}$，对于无源低通滤波器，输出信号总是不会

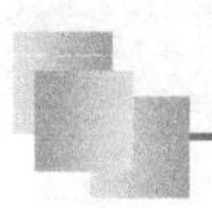

大于输入信号的，因此 0dB 表示衰减量是最小的。当 $(u_o/u_i)<1$ 时，用对数来表达就是负数，如 $20\lg(0.707)=-3\text{dB}$、$20\lg(0)=-\infty$（负无穷大）。

例如，我们要将 1kHz 的信号从 1MHz 的信号中滤除，只要选择截止频率 f_c 在 1kHz～1MHz 之间的低通滤波器即可，这当然是我们所希望的。然而，理想很丰满，现实很骨感。实际中操作起来难度很大。因为理想的低通滤波器是不存在的，实际中的低通滤波器的特性曲线如图 20.6 所示。

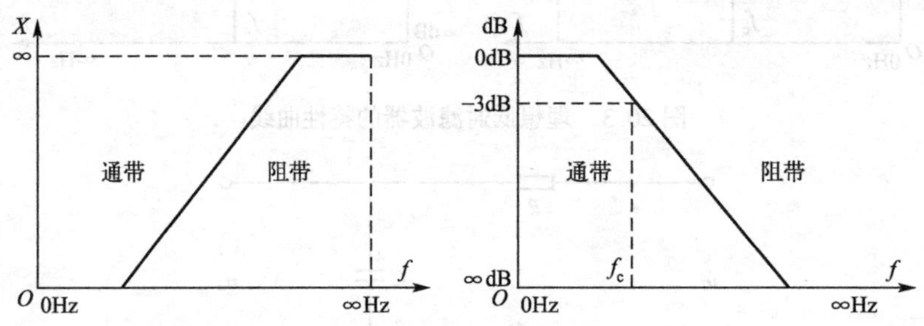

图 20.6　实际中的低通滤波器的特性曲线

它们不再是一条很陡的曲线，而是一个斜坡，这样一来，如果两个频率靠得比较近，就不容易将其中一个完全滤掉。你可以通过串联多个低通滤波器或优化滤波器的结构及参数获得更陡的曲线，但仍然无法实现理想滤波器的陡峭曲线。

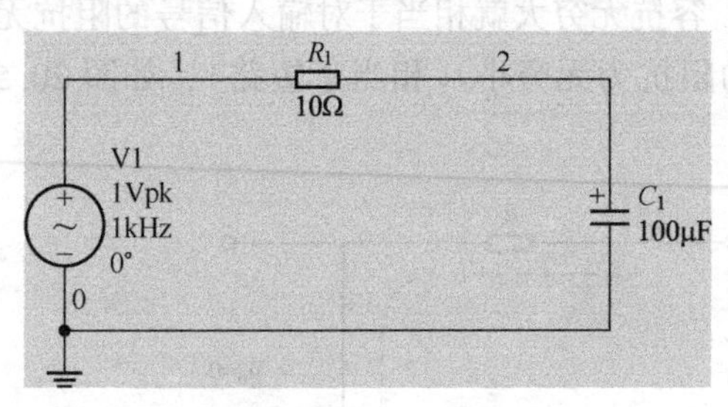

图 20.7　仿真电路

在实际的滤波器特性曲线中，我们将输出电压下降到输入电压的 0.707 倍时的频率点称为低通滤波器的截止频率 f_c，也就是说，如果你想滤除某个高频分量，那么你设计的低通滤波器的截止频率 f_c 就必须小于此值。

我们用如图 20.7 所示的电路参数进行交流扫描分析，其仿真结果如图 20.8 所示。

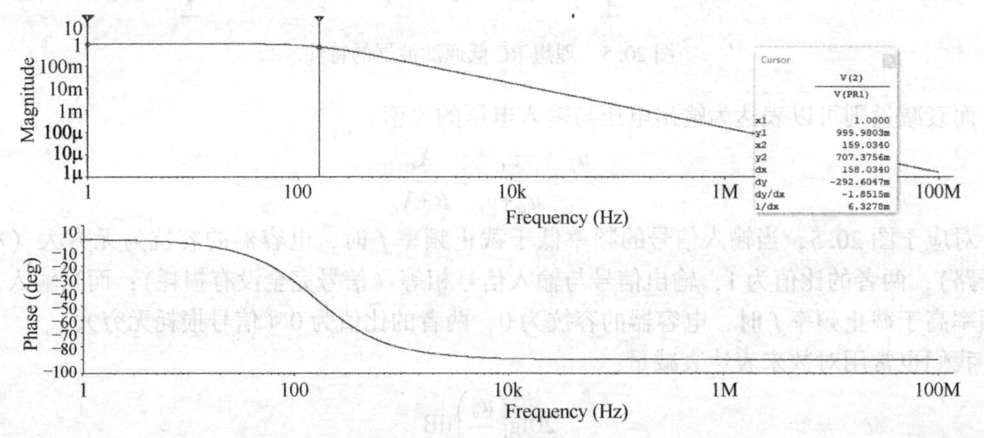

图 20.8　仿真结果

图 20.8 中，上半部分表示衰减量(u_o/u_i)，下半部分是相位特性。从图中可以看到，它的截止频率f_c约为 158Hz。对于一级 RC 低通滤波器，它的衰减曲线非常缓（这里我们仅仿真到了 100MHz)。换言之，如果你想用这种低通滤波器完全分离 1kHz 与 1MHz 的信号根本不太可能，必须另想它法。

然而，如果仅仅作为电源滤波电路，则 RC 低通滤波器中的电容器容量越大，截止频率f_c就会越小，高频波动成分的衰减量会更大，低通滤波器输出的供电电压就会越稳定。理想情况下，我们希望电源输出的频率是 0Hz（没有波动)，这与电容器通过储能放电降低电压脉动程度的意义是一致的。

我们可以从低通滤波器的角度解释电源滤波行为：整流输出的电压之所以有脉动，是因为其中有很多频率不同的交流成分。有人反驳道："交流电压不是有正向与负向电压吗？整流输出后的电压都是同一个方向呀！小编你连这个基本概念都不明白，还写书？可想而知，这本书的水准了！不看了，我要退货！"

事实上，无论是直流还是交流，只要电压有波动，就可以认为有交流成分，将直流成分与交流成分叠加起来就是实际的输出电压，如图 20.9 所示。

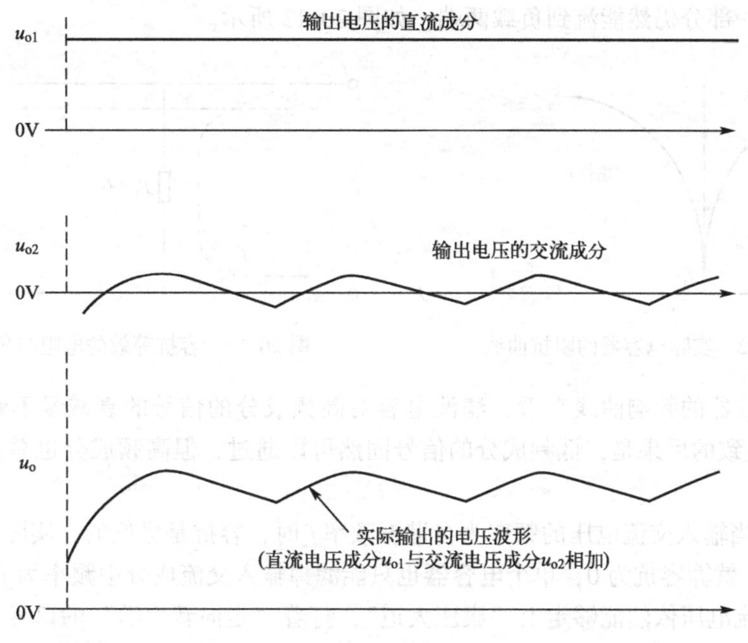

图 20.9 脉动直流的交直流成分

因此，我们在负载 R_L 两端并联了电容器后，交流成分通过电容器被旁路到地，而直流成分则直接施加到了负载两端，且直流成分正是我们需要的，如图 20.10 所示。

有人又来抬杠了：**既然如此，为什么输出电压还是有波动呢？**因为交流成分里面包含丰富的谐波成分，你可以理解为这个脉动电压是由很多不同频率的正弦波叠加而成的，它可以等效为多个频率不同的交流电压，如图 20.11 所示。

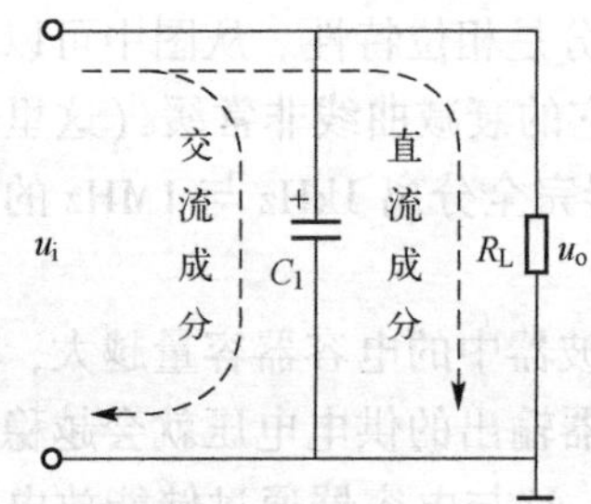

图 20.10　低通滤波器的交流与直流成分

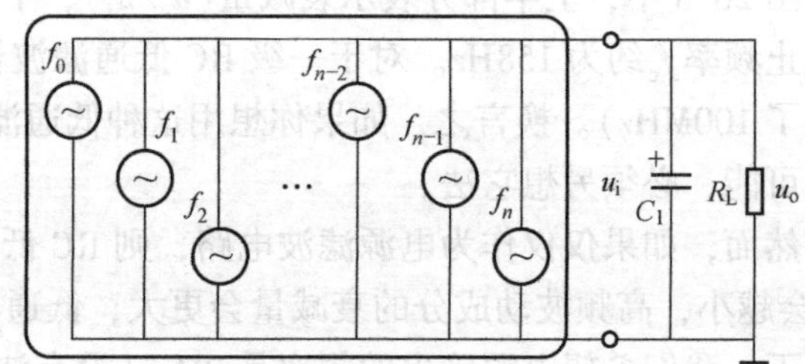

图 20.11　脉动电压的等效交流源

图 20.11 中，输入脉冲电压等效为 n 个频率不同的交流电压源，它们的频率范围从最低的 f_0 到最高的 f_n，而我们在前面已经讨论过实际电容器的阻抗曲线，如图 20.12 所示。

从图 20.12 中我们可以提取出两个信息：

（1）低于自谐振频率 f_s 的交流电压通过电容器时，尽管电容器仍然是呈容性的，但是仍然还有一定的阻抗。此时，电容器等效为一个电阻。很明显，这个电阻不为 0（也不可能为 0）。换言之，在输入信号中的任何一种频率 $f_x(<f_s)$ 只要有一部分可以通过电容旁路到地，就肯定会有另一部分仍然能流到负载两端，如图 20.13 所示。

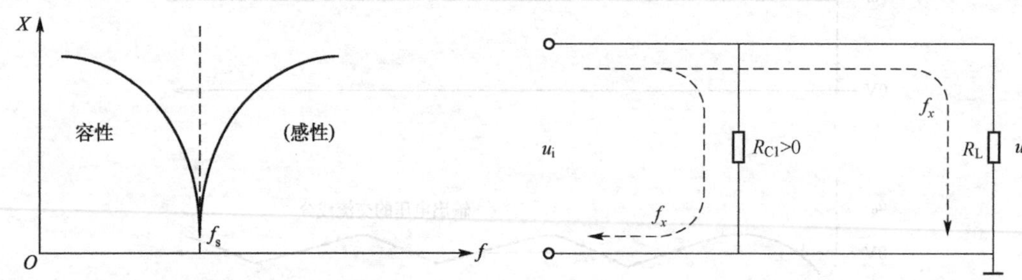

图 20.12　实际电容器的阻抗曲线

图 20.13　容抗等效的电阻与负载并联

从低通滤波器的频响曲线来看，滤波电容对高频成分的信号的衰减量不够（曲线不够陡峭），这样导致的后果是，低频成分的信号固然可以通过，但高频成分也总会有一部分可以通过。

（2）只有当输入交流电压的频率为自谐振频率 f_s 时，容抗是最低的，实际中电容器的容抗不可能为 0，就算容抗为 0，单个电容器也只能滤掉输入交流成分中频率为 f_s 的交流电压，其他频率的交流电压依然能够走上“康庄大道”，打着“走向新生活”的口号一往无前地朝负载 R_L 欢快地“裸奔”着，基本无视滤波电容的存在，如图 20.14 所示。

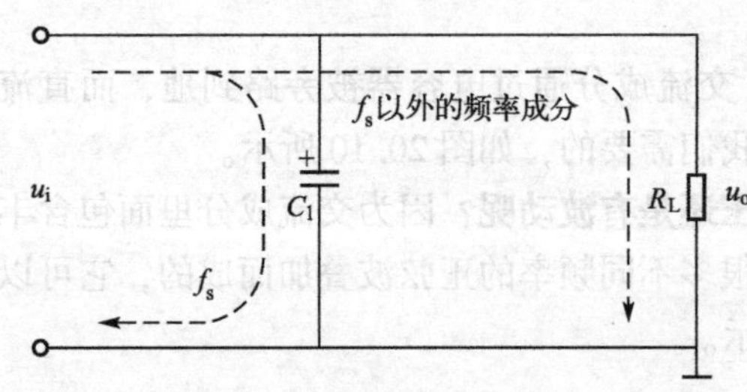

图 20.14　电容器将频率为 f_s 的交流成分旁路到地

换言之，仅仅使用单个电容器是无法滤波所有频率成分的，也就是输出电压肯定会有一定的波动（噪声或扰动）。

有人肯定会想到：用多个容量不同的电容器并联即可提升输出电压的质量。没错！这就是为什么很多电源滤波大电容还并联了些小电容的原因。

第 21 章　从电容充放电认识低通滤波器

前面曾经这样讲过：电源滤波电容相当于低通滤波器，频率比较低的信号由于容抗较高而到达负载，而频率比较高的信号由于电容器的容抗比较低，所以被旁路到地（而到达不了负载），这其实就是低通滤波器的基本作用。

那为什么低通滤波器可以通过低频信号而滤除高频信号呢？或者，我换个问法：为什么信号频率越高，电容器的容抗越低，而信号频率越低，电容器的容抗越高呢？

有人可能会嗤之以鼻地对我说：小编，我都不知道该怎么说你了，咱俩的水平真不是一个层次，难道你连容抗公式 $X_C = 1/2\pi fC$ 都没学过吗？也就是说，电容器两端的信号频率 f 越高，相当于容抗公式的分母越大，也就是容抗越小。当这个电容器并联在负载两端时，相当于并联了一个更小的电阻。按照电阻并联的分流行为（电阻越大，电流越小，反之亦然），自然频率越高，旁路到地的能量就越多，如图 21.1 所示。

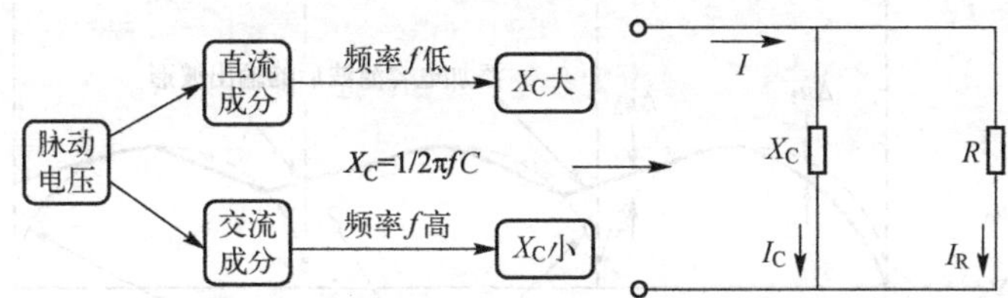

图 21.1　容抗与频率的关系

讲得好，像说书一样朗朗上口，你是人才，应该是资深工程师吧？我仰慕你！我问你低通滤波器的工作原理，你竟然就拿一个容抗公式来跟我讲道理？别人说什么你就信什么？这个容抗公式就是你所理解的低通滤波器？这就如同我问你为什么不如邻居“富二代”那样有钱，你回答说银行卡里面的数字小，而不是从家庭背景方面分析一样。

这里要问你的是：如何从物理层面理解低通滤波器？我没学过数学，正如同我不明白 100 万块钱与 100 块钱的区别，所以不要跟我讲什么公式，我需要的是最本质、最基本的知识。

我目前只学会了电容器充电与放电，属于层次比较低的“菜鸟”。无论低通滤波器（或其他电容器的作用）这个名称是如何“高大上”，这个基本的原理总归是不会变的，我们尝试用这些物理层的知识来讲解“低通滤波器的工作原理”。

假设输入的是脉动直流信号 u_i，当 u_i 开始上升大于 u_o 时，一方面给负载提供电能，另一方面给电容 C_1 充电；而当 u_i 开始下降小于 u_o 时，电容器释放能量，一方面对负载提供电能，另一方面对输入放电（反向充电），如图 21.2 所示。

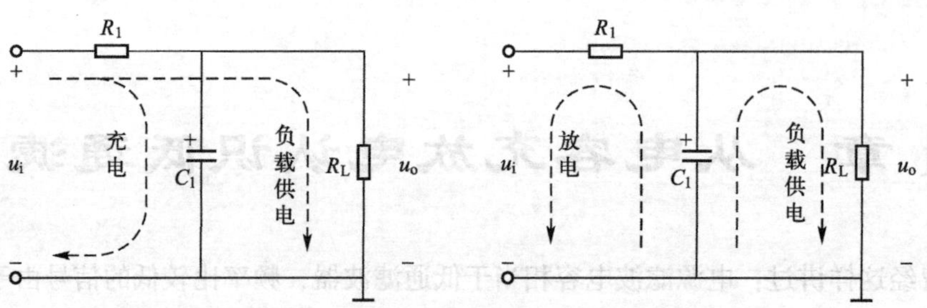

图 21.2　低通滤波器中电容器的充放电

这里我们添加了一个电阻 R_1，它与电容器 C_1 构成了一个低通滤波器，可以更方便地通过输入电压 u_i 与输出电压 u_o 的关系讲述能量的损耗，因为理论上没有电阻 R_1 时，u_i 与 u_o 是同一个节点（测试不出两者的波形区别），实际上有没有这个电阻工作原理是完全一样的，它们都是低通滤波器电路，此时的输入与输出波形如图 21.3 所示。

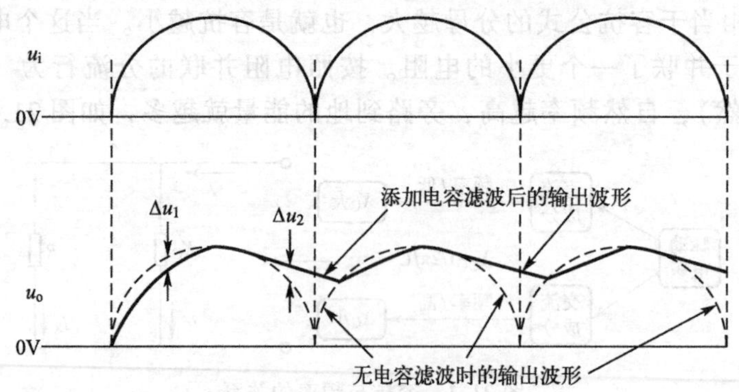

图 21.3　输入与输出波形

可以看到，当 u_i 大于 u_o（也就是电容器两端的电压）时，电阻 R_1 两端存在电压差 $\Delta u_1 = u_i - u_o$；当 u_i 小于 u_o 时，电阻 R_1 两端存在电压差 $\Delta u_1 = u_o - u_i$，此时的等效电路如图 21.4 所示。

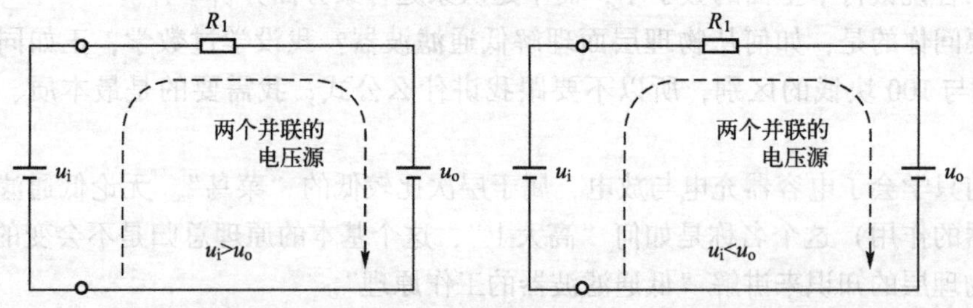

图 21.4　电容充放电等效电路

两个电压源并联形成回路后，一部分能量就被电阻 R_1 消耗掉了。当然，并不是所有输入能量都被消耗了，其中一部分被送往了负载。也就是说，只要输入电压 u_i 与输出电压 u_o 之间存在电压差，则必定会在电阻 R_1 上存在能量的损耗，这一点你应该不会反对吧？但这跟低通滤波器有什么关系呢？大有关系！

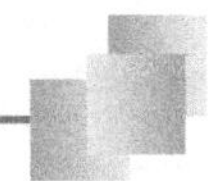

很明显，电压差 Δu 越大，则输入源损耗的能量就会越多。我们前面已经提到过，脉动电压源相当于多个频率不同的交流信号源。当输入交流信号的频率越高时，电容器的充放电频率越快，相当于电容器将输入源短路（旁路到地），如图 21.5 所示。

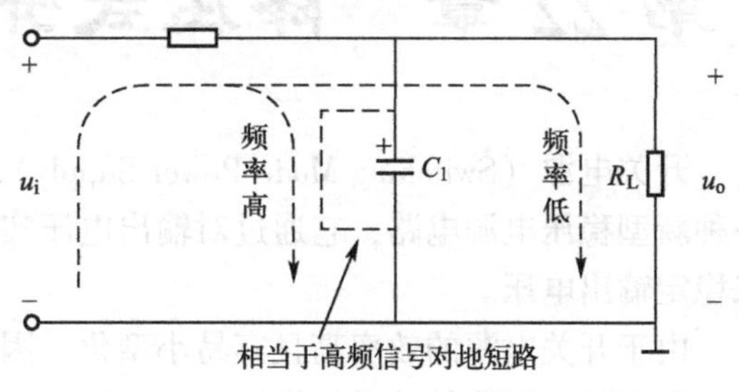

图 21.5　电容器对高频相当于短路

有人说：不对呀！按你的说法，无论频率是高是低，都相当于两个电池并联消耗能量，都是每个周期内产生的能量消耗，没理由高频信号会比低频信号消耗的能量更多。

但是你别忘了，输入交流信号的频率越高，则相应的周期越小，在一个周期内的充电量与放电量也会越小。当输入信号频率很高时，交流成分仅对电容器充一点点的电，然后再次对输入电压源放一点点的电（相当于反向充电），以此循环。换言之，频率很高的交流成分对应的输出电压 u_o 是很小的，即电阻 R_1 两端的压差也会更大，相应的能量损耗也就更大，而电容器两端的电压其实就是输出（负载两端）电压 u_o，也就相当于把高频交流成分滤掉了，如图 21.6 所示。

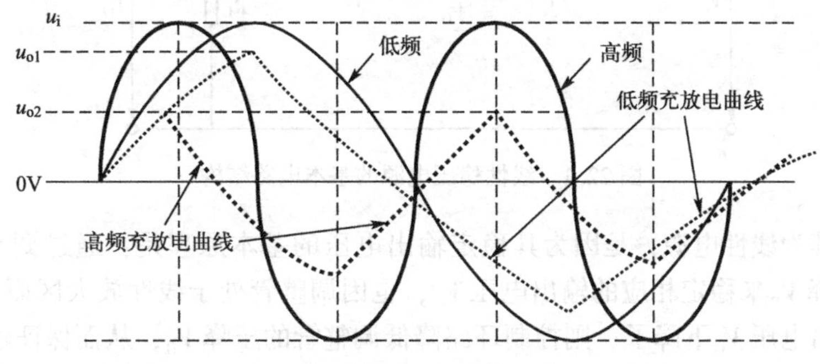

图 21.6　电容在低频与高频时的充电量

对于同一个电路，充电时间常数与放电时间常数是完全一样的。频率较低时，一个周期内电容器被充电更高（u_{o1}），这个充电的过程也伴随着能量传递的过程，也就是能量被传递到了负载。因为负载与滤波电容器是并联的，电容器充电量越高，则负载获得的能量也就越高。换言之，低通滤波器对低频信号的能量损耗越小。

反之，输入信号的频率越高时，一个周期内电容器的充电时间更短，电容器两端的电压值（u_{o2}）就会越低，因此从输入传递到负载的能量也越低。换言之，低通滤波器对高频信号的能量损耗越大。

当我们加大电阻 R_1 或电容 C_1 时，我们认为 RC 低通滤波器对直流脉动电压的滤波能力更强，就相当于增加了 RC 低通滤波器（积分电路量）的充/放电时间常数。在相同的输入交流信号频率条件下，降低了每个周期的电容器充电量与放电量。换言之，降低了对应频率交流成分的输出电压，也就相当于将更多的交流成分滤除掉了，这与低通滤波器的特性也是完全一致的。

第 22 章　降压式开关电源中的电容器

开关电源（Switching Mode Power Supply），即开关稳压电源，是相对于线性稳压电源的一种新型稳压电源电路，它通过对输出电压实时监测并动态控制开关导通与断开的时间比值来稳定输出电压。

由于开关电源的效率高且容易小型化，因此已经被广泛地应用于现代大多数的电子产品中。那它相比于我们熟悉的线性稳压电源电路（如 74XX 系列稳压芯片）有什么优势呢？我们先来简单介绍一下线性稳压电源的工作原理，其基本电路结构如图 22.1 所示。

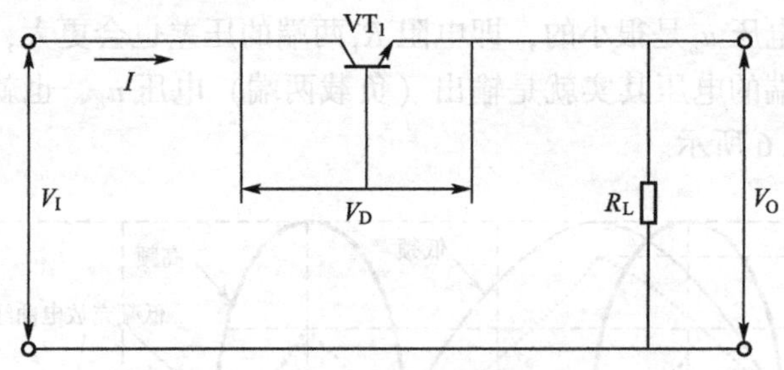

图 22.1　线性稳压电源的基本电路结构

之所以称其为线性电源，是因为其稳定输出电压的基本原理是：通过调节调整管（如三极管）的压降 V_D来稳定相应的输出电压 V_O，也因调整管处于线性放大区而得名。如果某些因素使得输出电压 V_O下降了，则控制环路降低调整管的压降 V_D，从而保证输出电压 V_O不变，反之亦然。但这样带来的缺点是调整管消耗的功率很大，使得该电路的转换效率低下。当然，线性电源的优点是电路简单和纹波小。然而，在很多应用场合中，转换效率才是至关重要的。

为了进一步提升稳压电路中的转换效率，提出用处于**开关状态的调整管**来代替线性电源中处于**线性状态的调整管**，而 BUCK 降压变换器，即开关电源的基本拓扑之一，如图 22.2 所示。

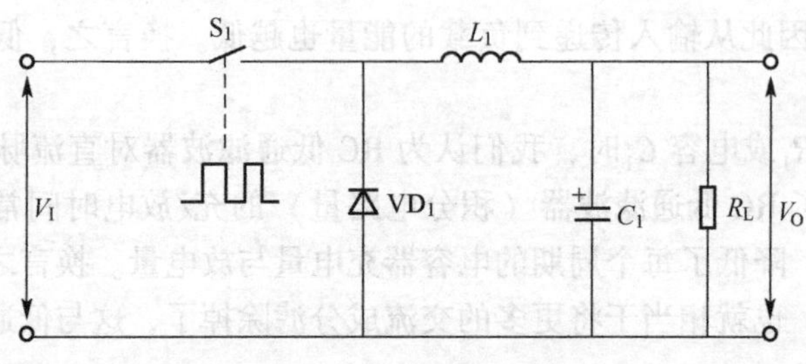

图 22.2　BUCK 降压变换器

图 22.2 中，开关 S_1代表三极管或 MOS 管之类的开关管（本文以 MOS 管为例），通过矩形波控制开关 S_1只工作于截止状态（开关断开）或导通状态（开关闭合），理想情况下，这两种状态下的开关管都不会有功率损耗。因此，相对于线性电源的转换效率有很大的提升。

开关电源调压的基本原理，即**面积等效原理**，亦即冲量相等而形状不同的脉冲加在具有惯性环节上时其效果基本相同，如图 22.3 所示。

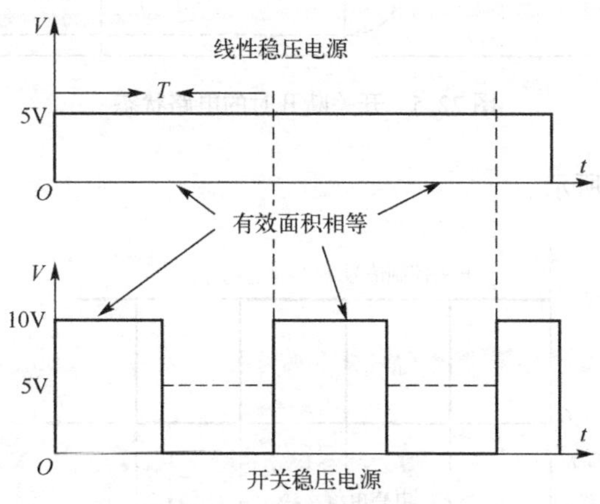

图 22.3　面积等效原理

同样是从输入电源 10V 中获取 5V 的输出电压，线性稳压电源的有效面积为 $5\times T$，而对应在开关稳压电源的单个有效周期内，其有效面积为 $10\times T\times 50\%$(占空比)$=5\times T$，这样只要在后面加一级低通滤波电路，则两者的输出电压有效值（平均值）就是相似的。

下面我们来看看 BUCK 转换电路的工作原理（假设高电平开关闭合，低电平开关断开），当开关 S_1闭合时，输入电源 V_I通过电感 L_1对电容 C_1进行充电，电能储存在电感 L_1的同时也为外接负载 R_L提供能源，如图 22.4 所示。

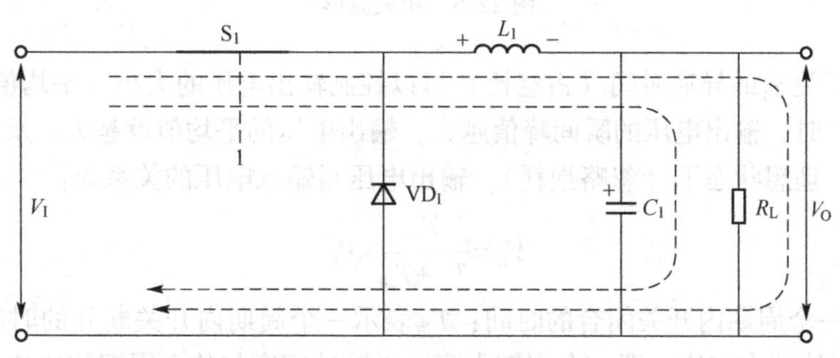

图 22.4　开关闭合时电路的状态

当开关 S_1断开时，由于流过电感 L_1的电流不能突变，电感 L_1通过二极管 VD_1形成导通回路（二极管 VD_1也因此称为续流二极管），从而对输出负载 R_L提供能源，此时此刻，电容 C_1也对负载 R_L放电提供能源，如图 22.5 所示。

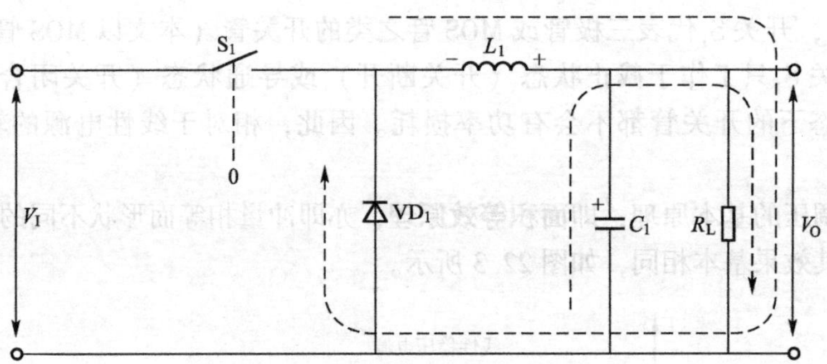

图 22.5　开关断开时的电路状态

相关波形如图 22.6 所示。

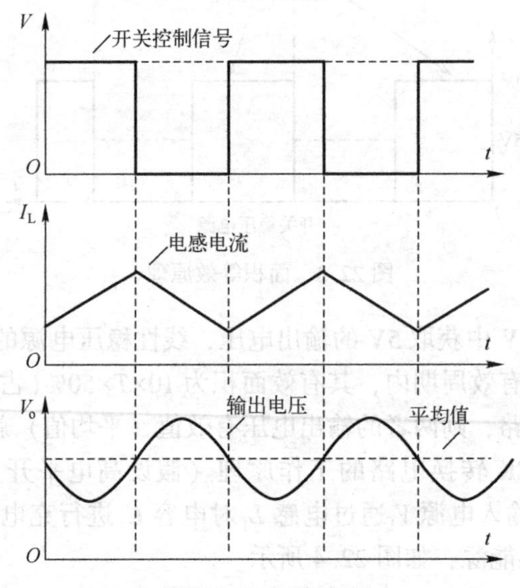

图 22.6　相关波形

通过控制开关 S_1 的导通时间（占空比）可以控制输出电压的大小（平均值）。当控制信号的占空比越大时，输出电压的瞬间峰值越大，输出电压的平均值就越大；反之，输出电压的平均值越小。理想状态下（忽略损耗），输出电压与输入电压的关系为：

$$V_O = \frac{T_{on}}{T_{on} + T_{off}} \times V_I$$

其中，T_{on} 表示一个周期内开关闭合的时间；T_{off} 表示一个周期内开关断开的时间；$T_{on}/(T_{on}+T_{off})$ 也叫作矩形波的占空比，即一个周期内高电平脉冲宽度与整个周期的比值，也是输出电压为输入电压与控制信号占空比的乘积，如图 22.7 所示。

BUCK 变换器拓扑通过配合相应的控制电路，实时监测输出电压的变化，适时地动态调整占空比开关管的导通与截止时间的比值，即可达到稳定输出电压的目的，如图 22.8 所示。

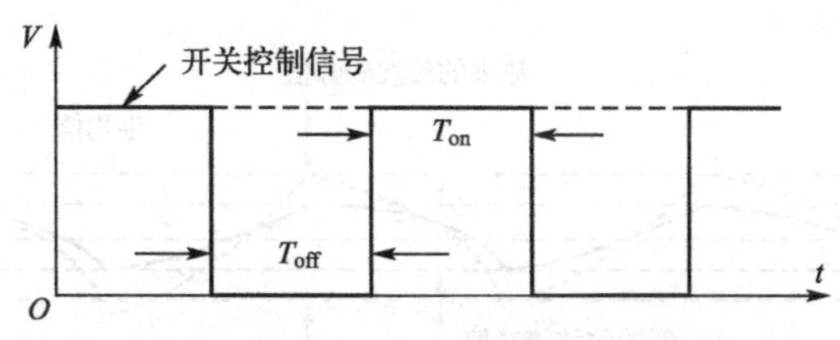

图 22.7　开关控制信号的占空比

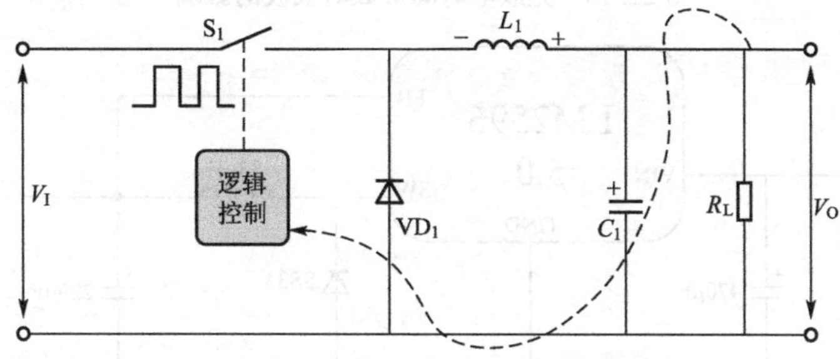

图 22.8　BUCK 变换器拓扑的稳压原理

这种通过控制占空比的方式也叫作脉冲宽度调制技术（Pulse Width Modulation，PWM），它是一种频率固定而占空比变化的控制技术。相应地，也有脉冲频率调制技术（Pulse Frequency Modulation，PFM），或两者的结合。

从公式中也可以看出，BUCK 拓扑结构只能用来对输入电压 V_I进行降压处理。因为控制信号的占空比是不可能超过 1 的，这一点与线性电源是类似的，而且设计比较好的开关电源电路，其效率可达到 90%以上，这看起来似乎是个不错的降压稳压方案，但任何方案都不会是完美的，相应的问题也接踵而至，如纹波、噪声、EMI 等问题，下面我们简单介绍一下。

纹波，即输出电压波动成分的峰峰值，自然是越小越好，如图 22.9 所示。

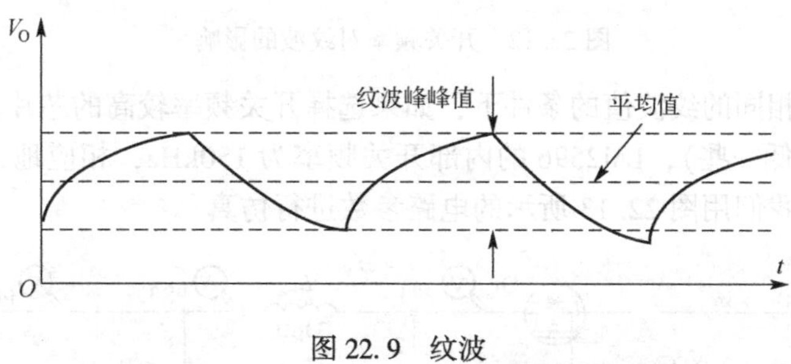

图 22.9　纹波

降低纹波有很多途径，增大电感量或电容量就是常用的途径之一。电感量或电容量增加后，充放电的速度（时间常数增大）会下降，相应的纹波峰峰值也会下降，如图 22.10 所示。

对于具体的 BUCK 拓扑降压芯片，厂家都会提供典型的应用电路及相关的参数值，如图 22.11 所示为 TI 公司的集成降压芯片 LM2596 典型的应用电路。

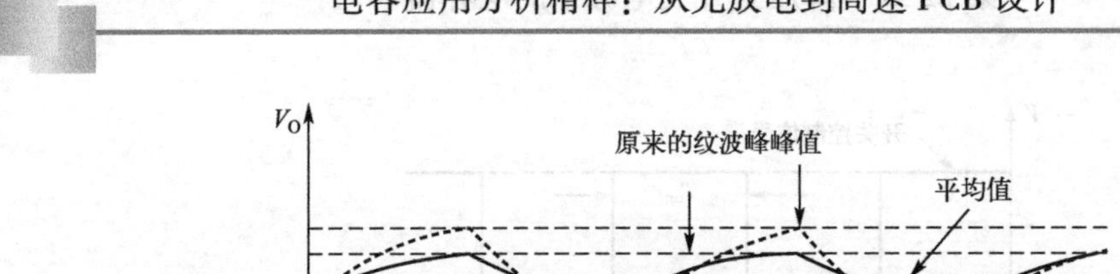

图 22.10　充放电时间常数对纹波的影响

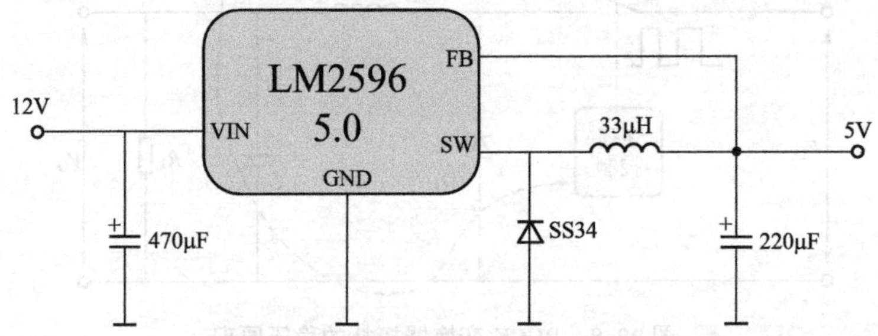

图 22.11　LM2596 典型的应用电路

我们也可以通过提高开关的频率来降低纹波。这样，在同样的电感量与电容量条件下，每次充放电的时间缩短了，从而纹波的峰峰值就下降了，这与我们前面从电容器充放电的角度认识低通滤波器的原理是一样的，如图 22.12 所示。

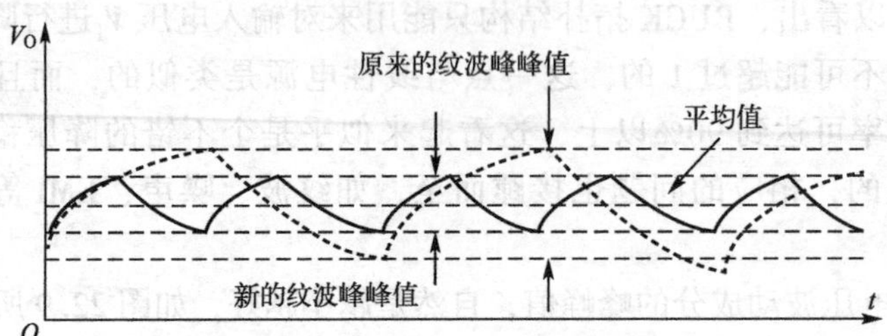

图 22.12　开关频率对纹波的影响

换句话说，在相同的纹波值的条件下，如果选择开关频率较高的芯片，电感与电容值相对会小一些（成本低一些），LM2596 的内部开关频率为 150kHz，相应地，也有超过兆赫兹的开关频率芯片，我们用图 22.13 所示的电路参数进行仿真。

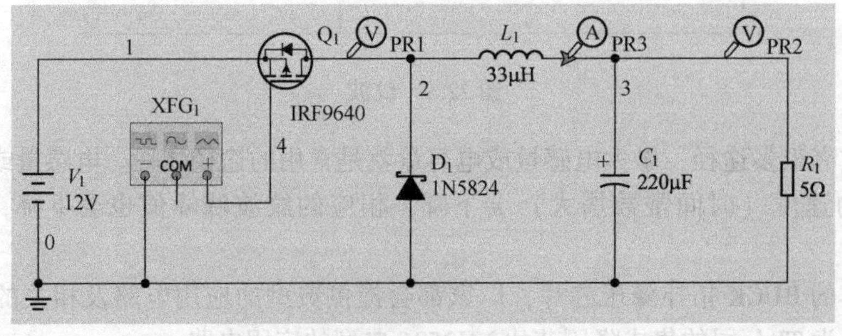

图 22.13　仿真电路

其中，设置信号发生器 XFG_1 的峰值电压为 12V、频率为 150kHz、占空比为 50%，如图 22.14 所示。

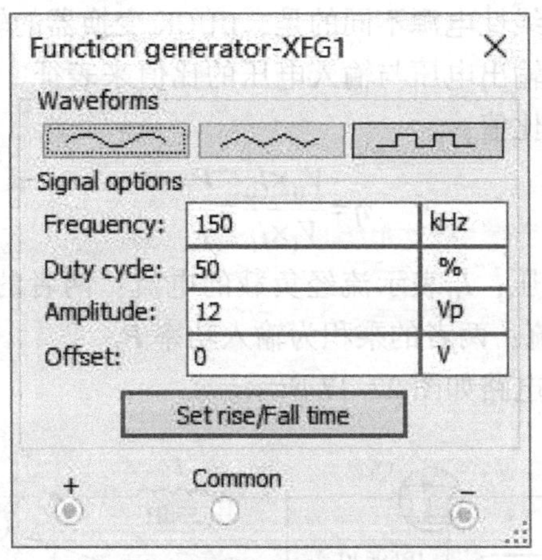

图 22.14　信号发生器 XFG_1 的设置

监测的电路参数主要是开关之后的电压、电感电流及输出电压（理论计算应为 6V），我们看看如图 22.15 所示的仿真结果。

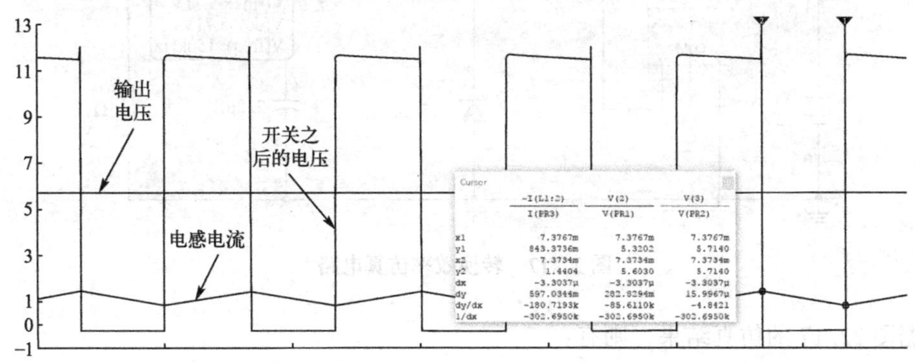

图 22.15　仿真结果

图 22.15 中，输出电压约为 5.7V，看起来还是比较稳定的，我们将输出电压曲线放大并测量一下其纹波值，如图 22.16 所示。

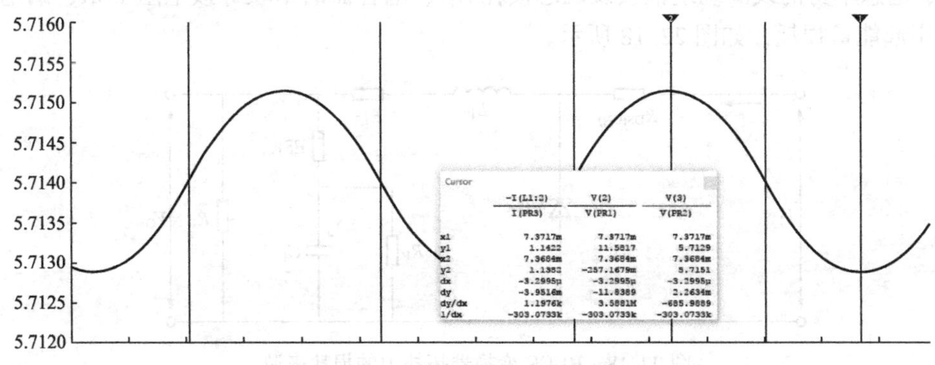

图 22.16　放大后的纹波电压波形

纹波峰峰值为 2.26mV，还是比较低的（实际的电路很有可能没这么低，特别是接上开关之类的负载之后）。

还有一个效率问题，与线性电源不同的是，BUCK 变换器的输入电流与输出电流是不一样的。因此，不能简单地用输出电压与输入电压的比值来表征，我们只有用最原始的方法，计算输出功率与输入功率的比值：

$$\eta=\frac{V_O\times I_O}{V_I\times I_I}=\frac{P_O}{P_I}$$

其中，V_O表示负载两端的电压；I_O表示流经负载的电流；两者的乘积为输出功率 P_O；V_I表示输入电压；I_I表示输入电流；两者的乘积为输入功率 P_I。

同样，我们使用的仿真电路如图 22.17 所示。

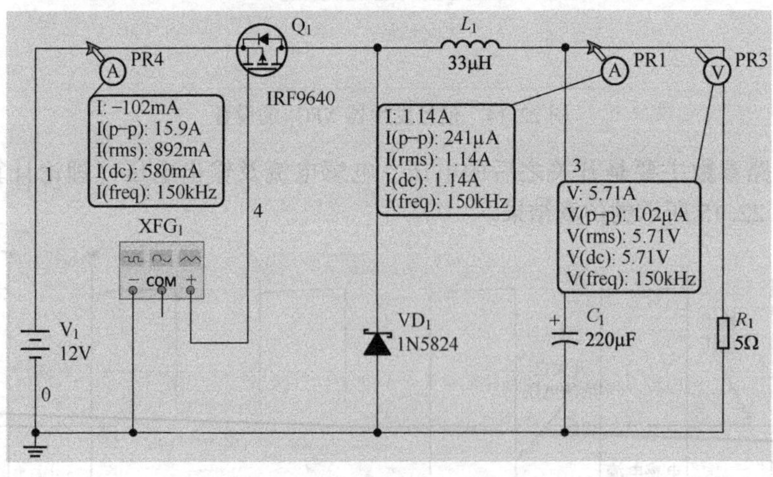

图 22.17　转换效率仿真电路

根据图 22.17 的仿真结果，则有：

$$\eta=\frac{1.14\times5.7}{0.58\times12}=93.36\%$$

貌似效率还是挺高的，但不是 100%，因为有很多地方有损耗，如 MOS 管导通时的电阻 $R_{DS(ON)}$、电感本身的线圈绕组铜损及磁芯损耗 R_{L1}、电容器的串联等效电阻 ESR、漏电阻 R_P 等都会引起能量损耗，如图 22.18 所示。

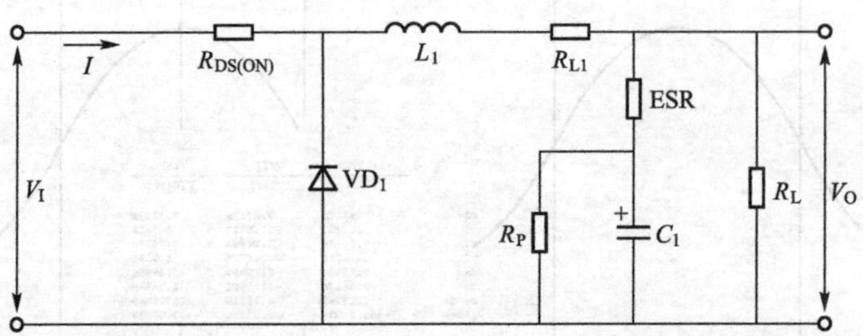

图 22.18　BUCK 变换器拓扑中的损耗来源

续流二极管也是损耗的一种来源，由于续流二极管存在一定的压降，只要续流二极管中有电流，就存在损耗，即 $P=I_D \times V_D$。很明显，降低二极管损耗的有效办法是选择低压降的二极管，如肖特基二极管，但是低压降的肖特基二极管漏电流与结电容也大，会产生更大的损耗，因此需要综合各种因素考虑。我们也可以采用同步整流的方案，即使用 MOS 管代替续流二极管，如图 22.19 所示。

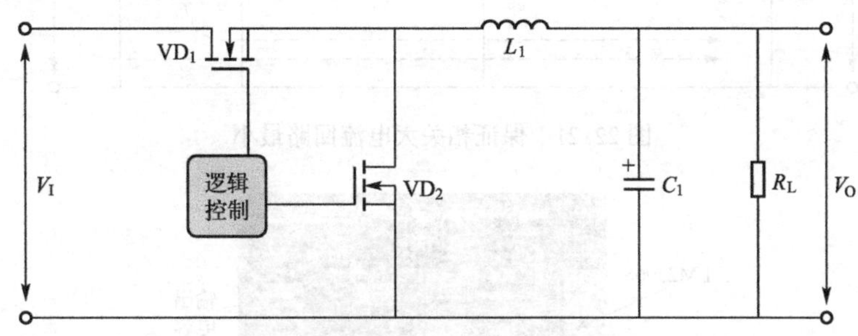

图 22.19　同步整流电路

同步整流电路方案中，VD_1导通时 VD_2截止，而 VD_1截止时 VD_2导通，可代替肖特基二极管的续流功能。假设原方案中的肖特基二极管的压降为 0.4V，流过其中的电流为 3A，则损耗的功率为 1.2W。如果选择导通电阻较小的 MOS 管（如 0.01Ω），则同样的电流条件下的损耗为 0.09W，大大提高了电路的效率。

理想与实际的 MOS 管在工作时（即导通或截止）的压降 V_{DS}及流过其中的电流 I_D的波形如图 22.20 所示。

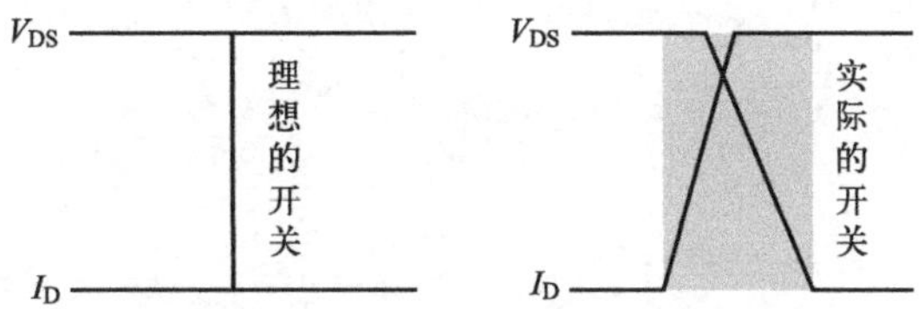

图 22.20　理想与实际的 MOS 开关管

其中，V_{DS}表示 MOS 管两端的压降；I_D表示流经 MOS 管的电流。在任意时刻，V_{DS}与 I_D都会有一个参数为 0，因此消耗的功率也应当是 0。但是，实际中 MOS 管的开关与闭合都是需要过渡时间的，在阴影区域，电流与电压都不再为 0，从而引起了开关损耗。它主要与开关的切换频率有关，频率越高，则单位时间内开关的次数越多，因此相应的开关损耗也就越大。

另外，为避免开关电源带来的 EMI 问题，应该对开关电源电路的 PCB 布局布线格外关注，如图 22.21 所示。

在进行 PCB 布局布线时，应尽量使开关管与相关的续流二极管、储能电感及输出电容的电流回路是最小的，LM2596S 的布局布线实例如图 22.22 所示。

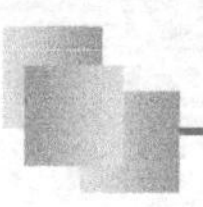

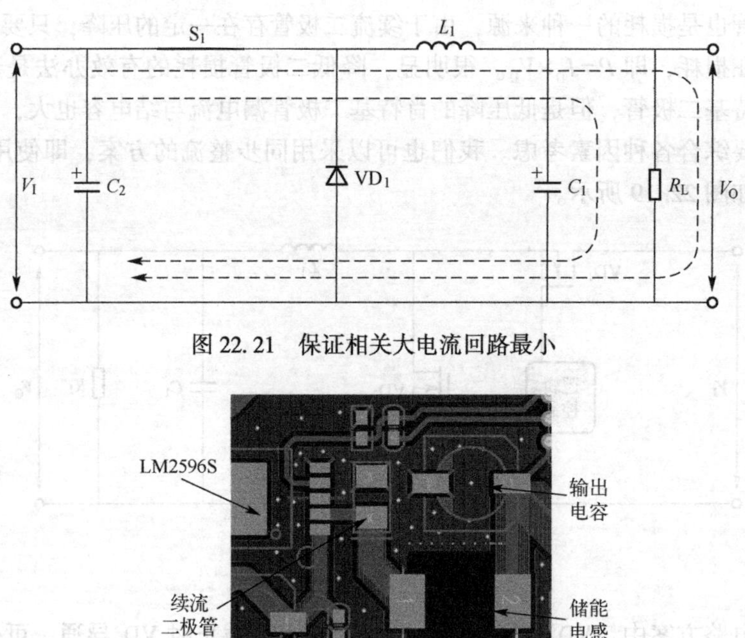

图 22.21　保证相关大电流回路最小

图 22.22　LM2596S 的布局布线实例

第 23 章　电源滤波电容的容量越大越好吗

前面我们已经讨论了电源滤波电容的工作原理：利用电容储能（或者说，电容两端的电压不能突变）的原理，当输出电压低于输入电压时，滤波电容放出自己储存的电能来降低电压波动程度(**纹波系数**)，继而提升直流输出电压的平滑度。我们也曾经被教育过：滤波电容越大，则滤波后的输出电压的纹波越小。

电源滤波电容并联在整流电路之后是最为常见的应用场合，我们首先使用如图 23.1 所示的全桥整流滤波电路来仿真，体会一下使用大容量滤波电容带来的好处。

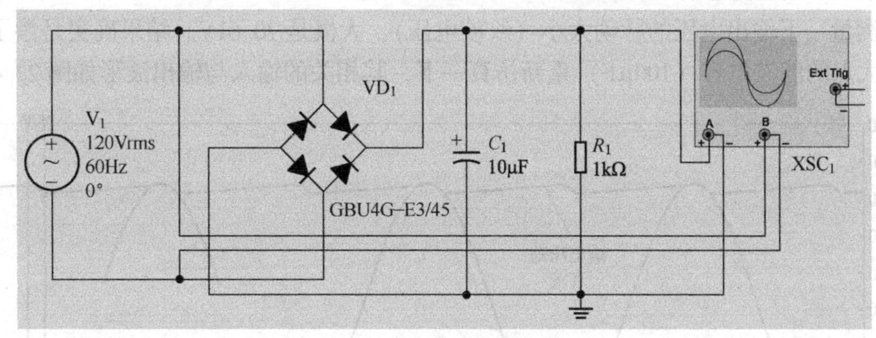

图 23.1　全桥整流滤波电路

我们先测量一下输出端没有并联滤波电容 C_1(0μF)时的输入与输出波形，如图 23.2 所示。

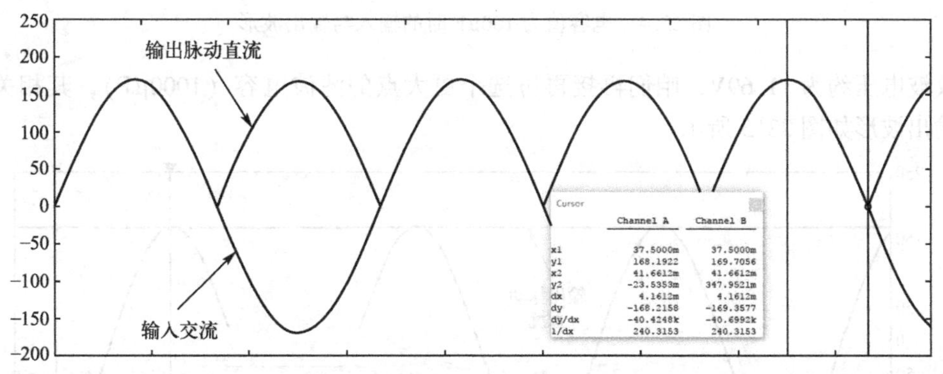

图 23.2　没有滤波电容时的输入与输出波形

没有滤波电容的输出电压波动是非常大的，大约为 168.21V，后续我们依次在整流输出端并联容量更大的电容，并测量相应的纹波电压值。

当滤波电容 C_1 为 10μF 时，其相关的输入与输出波形如图 23.3 所示。

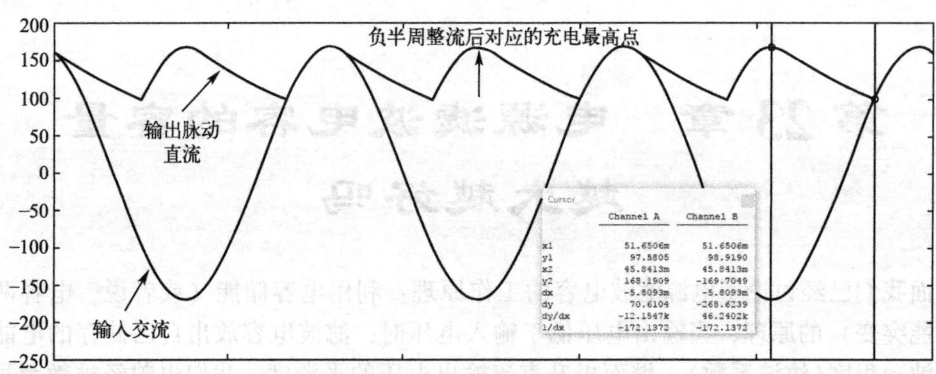

图 23.3　电容值为 10μF 时的输入与输出波形

每个输入交流周期对应两次滤波电容的充放电过程，其中一次是输入负半周电压整流后对滤波电容 C_1 的充放电结果。

我们测量一下输出电压的脉动大小（纹波电压），大概是 70.61V。结果确实是惨了点，再换个容量大点的滤波电容（100μF）重新仿真一下，其相关的输入与输出波形如图 23.4 所示。

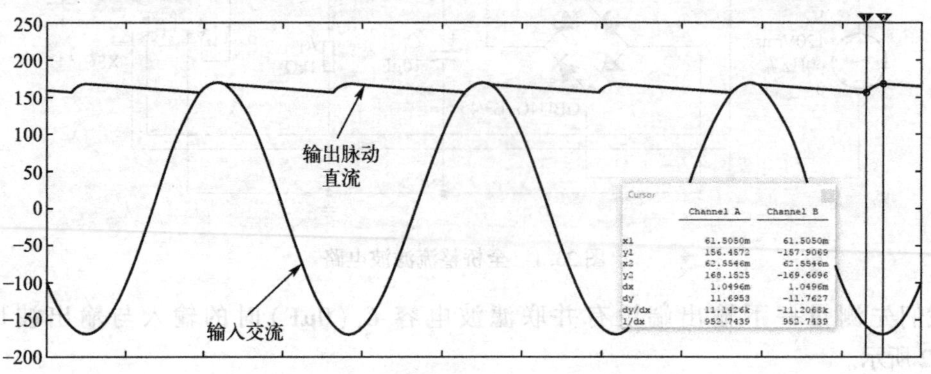

图 23.4　电容值为 100μF 时的输入与输出波形

纹波电压约为 11.69V，咱们再接再厉选个更大点的滤波电容（1000μF），其相关的输入与输出波形如图 23.5 所示。

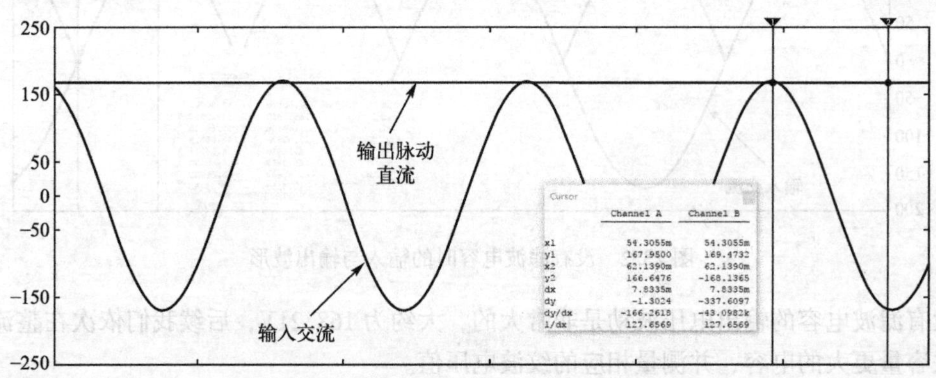

图 23.5　电容值为 1000μF 时的输入与输出波形

其纹波电压约为 1.3V。当滤波电容为 4700μF 时，其输入与输出波形如图 23.6 所示。

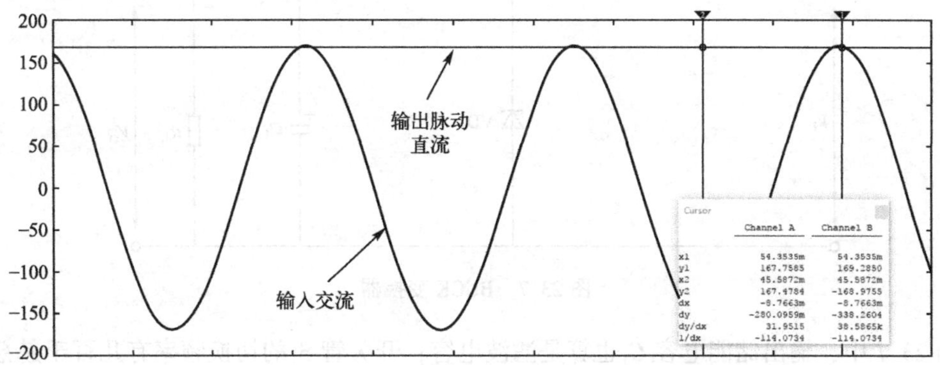

图 23.6　电容值为 4700μF 时的输入与输出波形

看起来跟滤波电容为 1000μF 时的波形没有多大区别，实际测试的输出纹波电压约为 0.28V。

从上面的仿真数据可以看出，滤波电容的容量越大，则输出电压的纹波越小（越平滑），这自然是一件相对美好的事情，但这里我们有两个问题需要确定一下：

(1) 滤波电容的容量是不是越大越好？

(2) 滤波电容的容量多大才是最合适的？

首先讨论第一个问题。我们在后续章节中会详细讨论“旁路电容与去耦电容的区别与联系”的话题，顺便也会提到**滤波电容的本质就是旁路电容**。因此，我们自然会想到使用旁路电容的选择依据来选择滤波电容，可以吗？当然可以！

旁路电容的最大容量限制主要是自谐振频率，我们只需要通过公式计算一下实际电容的自谐振频率就可以确定该容量的滤波电容能否应用在对应的电路中。

我们以铝电解电容的容量 $C=22000\mu F(22mF)$、等效串联电感 ESL = 18nH 来计算一下，则有自谐振频率：

$$f=\frac{1}{2\pi\sqrt{\mathrm{ESL}\times C}}=\frac{1}{2\times3.14\times\sqrt{18\times10^{-9}\times22\times10^{-3}}}\approx8\mathrm{kHz}$$

频率 8kHz 比 120Hz（60Hz 交流经全桥整流后，电压脉动频率翻倍）高得太多！那要达到 120Hz 自谐振频率的滤波电容的容量是多少呢？

我们以 ESL 为 40nH 反推 120Hz 自谐振频率下的电容容量：

$$C=\frac{1}{4\times\pi^2\times f^2\times\mathrm{ESL}}\approx43\mathrm{F}$$

43F（法拉），“My God”！很少有电路会使用容值这么大的电容（恕在下孤陋寡闻，还没见过这么大的电容，应该可以抱着睡觉吧）。因此，单纯从自谐振频率来讲，这并不是限制滤波电容容量最大值的理由。正如同你天天担惊受怕：如果我长得比天还高怎么办！不用担心，先把你们家门框给挤掉再说。

但是开关电源就不一样了，我们看看前面讨论过的 BUCK 变换器，如图 23.7 所示。

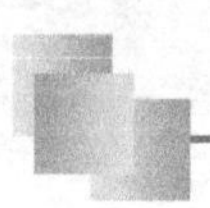

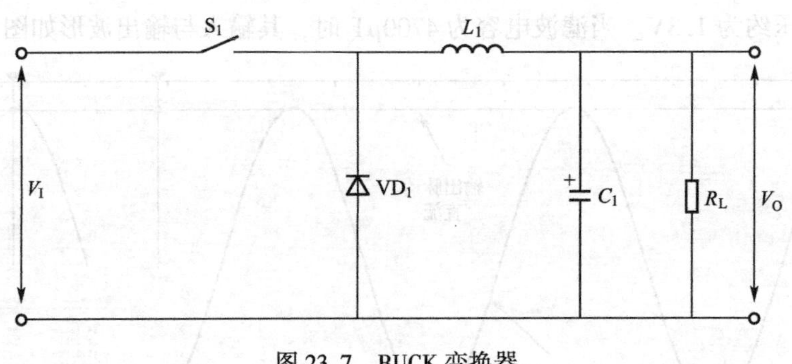

图 23.7　BUCK 变换器

图 23.7 中，输出储能电容 C_1 也算是滤波电容；开关管 S_1 的切换频率有几百千赫兹，甚至几兆赫兹。从单纯的自谐振频率来看，上述 1000μF 的滤波电容是不能够使用的，而且这样的考虑也是完全正确合理的。

但是如果存在一个理想的超级大容量的滤波电容，而且其 ESL 为 0，那我们是不是仍然可以使用呢？从开关电源的原理来讲，好像是可以的！然而，滤波电容的容量过大并不是一件美好的事情。

有人说：电源滤波电容过大当然是不好的。例如，复位电路时间太长可能会导致电路工作不正常，某些场合下也会使电源的功率因素下降等。这些都是一些电路中的具体表现行为，本书不赘述，我们仅从设计思路的角度探讨一下。

首先，毫无疑问，**容量越大，成本越高**，但更重要的是，电源滤波电容的容量大到一定程度后，更大电容量所带来的好处会越少，如前述桥式整流滤波的仿真效果，滤波电容的容量从 0μF 到 10μF，纹波电压的改善约为 168.21V-70.61V≈98V；从 10μF 到 100μF，纹波电压的改善约为 70.61V-11.69V≈59V；从 100μF 到 1000μF，纹波电压的改善约为 11.69V-1.3V≈10V；从 1000μF 到 4700μF，纹波电压的改善约为 1.3V-0.28V≈1V，如图 23.8 所示。

很明显可以看到，电源滤波电容的容量越大，相应的纹波电压下降了，但是滤波电容器的容量大到一定程度，能够获得的好处更少了。从经济学的角度看，就是边际效益越小（性价比低），不值得这么做。

其次，**滤波容量过大的必要性**。如果一件事情没有执行的必要，那我们就没有必要去执行，这看来是句废话，然而这也是电路设计中遵循的适用性法则（够用就好）。

当输入脉动直流电压的纹波经滤波电容（电路）后被控制在允许的范围内，尽管此时输出的直流电压还有些波动（不是十分稳定），但我们认为电源滤波电容的历史使命已经圆满完成，如果你设计的电路需要稳定性更佳的供电电源，可以使用各种稳压电路来完成你的设计目标，而不是一条路走到黑，如图 23.9 所示。

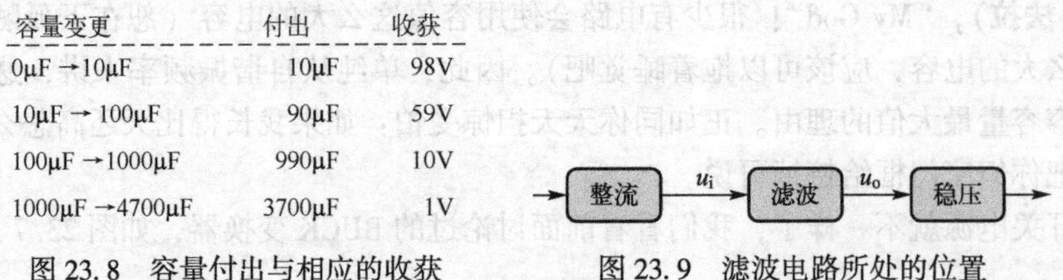

容量变更	付出	收获
0μF →10μF	10μF	98V
10μF → 100μF	90μF	59V
100μF →1000μF	990μF	10V
1000μF →4700μF	3700μF	1V

图 23.8　容量付出与相应的收获　　　图 23.9　滤波电路所处的位置

电路系统中的每一部分都有其主要职责，我们没有必要花费更多的精力让滤波电路去执行它并不擅长的任务，这与每个人都应当做其最擅长的事情也是一样的道理。最开始我们就已经讲述了滤波电容存在的目的：**降低交流脉动电压（纹波系数）**，而不是用来输出稳定的电压。

再次，**滤波电容过大的可行性**。滤波电容的容量越大，则充电电流（纹波电流）也会越大，过大的纹波电流对电路系统是一个致命的伤害。

如果说上面两点不成为阻止你使用更大容量的电源滤波电容的理由（例如，你说你有钱任性，我就想做最好的产品感恩社会，报效祖国，花多点钱不在乎），但在纹波电流的限制下，你想使用容量过大的电容器都不行（滤波电容会说："你要做好产品我不管，但你要把我弄得太大，搞不好把电路损坏了，这锅我不背"）。

大多数读者可能对纹波电压都有所了解，但其实相应的也还有**纹波电流（Ripple Current）**，它的定义是：在最高的工作温度条件下，电容器所能承受的最大交流纹波电流的 RMS 值（有效值），并且指定的纹波为频率范围为 100~120Hz 的正弦波。

纹波电流在电压上的表现就是脉动电压（纹波），电容所能承受的最大允许纹波电流受温度、损耗角度及交流频率等参数的限制，在数据手册中通常用 I_R 来表示，如表 23.1 所示为部分电容参数的定义。

表 23.1　部分电容参数的定义

符　号	描　述
C_R	额定容量，测试频率为 100Hz，允许偏差为±20%
I_R	额定均方根（RMS）纹波电流，测试频率为 100Hz，温度为 85℃
I_{L2}	最大泄漏电流（额定电压值偏置 2 分钟后）

实际中，铝电解电容的纹波电流都不会是无穷大的，如表 23.2 所示为部分铝电解电容的纹波电流参数。

表 23.2　部分铝电解电容的纹波电流参数

额定电压/V	额定容值/μF	标称尺寸 $D\times L$	纹波电流/mA	泄漏电流/μA
25	100	6.3mm×11mm	190	25
	220	8mm×11.5mm	320	55
	330	8mm×11.5mm	440	83
	470	10mm×12mm	545	118
	1000	10mm×20mm	955	250
	2200	13mm×25mm	1540	825

表 23.2 是耐压值为 25V 的滤波电容的部分数据，相同工艺及容量下，耐压越高，相应的纹波电流就越高。那滤波电容的容量过大为什么又会产生更大的纹波电流呢？

对于同样的桥式整流滤波电路，当滤波电容的容量过大时，其相关波形如图 23.10 所示。

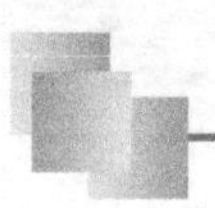

在电路系统刚刚上电时，滤波电容两端的电压为零，此时输入脉动电压 u_i 会逐渐升高，并同时对滤波电容进行充电。如果滤波电容的容量过大，则电容充电的速度会比较慢（电压上升慢）；当输入脉动电压 u_i 达到峰值时，此时的输入峰值电压与滤波电容两端的电压差最高，并且两者之间没有任何阻抗，如图 23.11 所示。

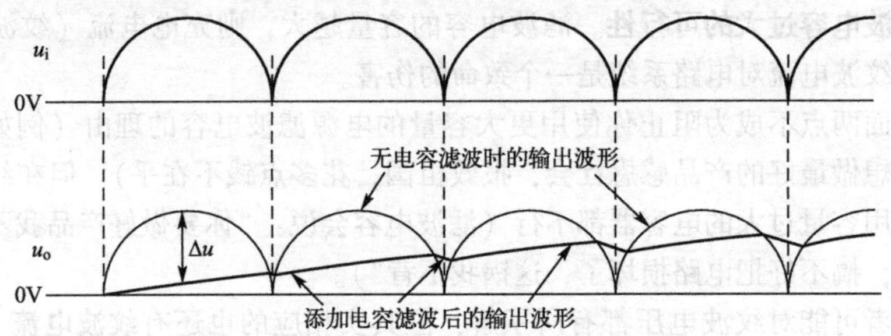

图 23.10　电源滤波容量过大时的相关波形

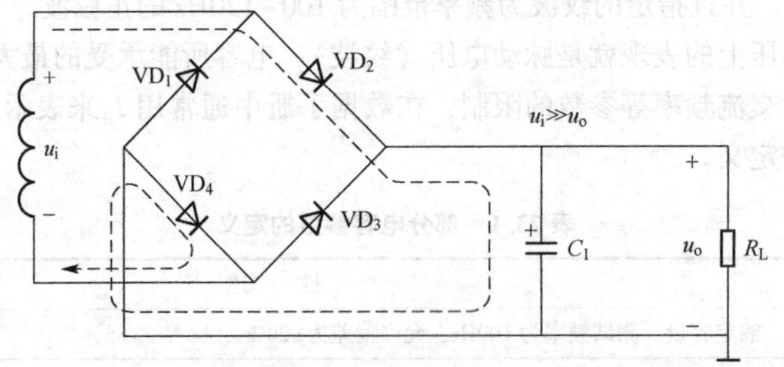

图 23.11　上电瞬间导致输入与输出之间的低阻状态

高压低阻状态会引起瞬间大电流，滤波电容的容量越大，瞬间的充电（纹波）电流就越大，此时电路的状态如图 23.12 所示。

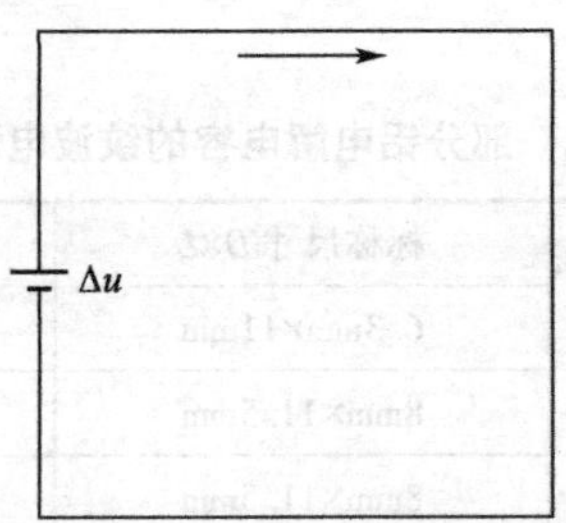

图 23.12　高压低阻等效电路

这种瞬间电流（也称为浪涌电流）很可能超出滤波电容的最大纹波电流，从而损坏滤波电容或缩短其使用寿命。如果由此引起滤波电容短路故障，则其他相关元器件（如整流二极管、保险丝、开关管）也可能在一瞬间报销。

当然，很多情况下电源滤波电容要必须很大，因此就必须添加相应的防浪涌保护或软启动（Soft Start）电路。例如，我们可以串联一个限流电阻在电路中，再额外使用继电器进行开关控制，如图 23.13 所示。

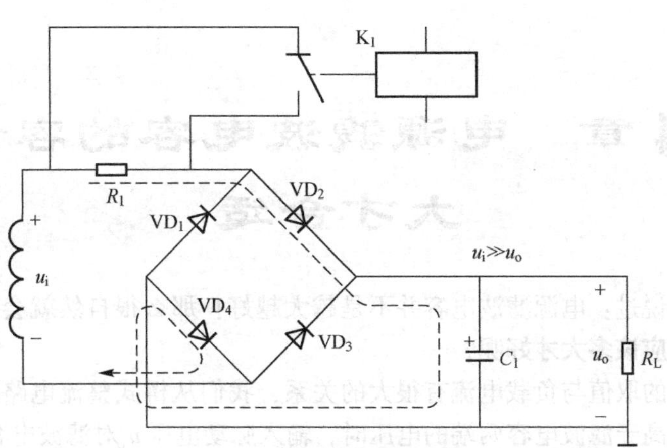

图 23.13　浪涌保护电路

当电源刚刚上电时，继电器开关断开，此时限流电阻 R_1 串联在电路中，以防止出现过大的纹波电流。而当滤波电容已经进入正常工作状态后，电路系统控制继电器开关闭合，将限流电阻 R_1 短接，这样可以避免限流电阻 R_1 消耗不必要的电能。

那滤波电容的容量到底多大才算合适呢？下一章我们来讨论这个问题！

另外，我在头条号曾经发布过这篇文章，题名为“不要再把电源滤波电容加倍了，后果很严重”，少数人提出过一些疑问，主要依据就是功放板电源并联的那几个大水塘电容，几万微法都有。这里要说明一下的是：功放板电源并联的那几个大水塘电容的主要作用是去耦，而不是滤波！你可以理解为大水塘电容储存很多能量，它能够为负载提供瞬间大电流，继而提升音质，这一点在“旁路电容与去耦电容的联系与区别”这一章中也会详细讨论。

第24章　电源滤波电容的容量多大才合适

前面我们已经说过：电源滤波电容并不是越大越好！那么很自然就会想到另一个问题：**电源波电容的容量应该多大才好呢？**

电源滤波电容的取值与负载电流有很大的关系，我们从桥式整流电路的原理可以看到：当输入脉动电压 u_i 高于滤波电容两端的电压时，输入脉动电压 u_i 对滤波电容进行充电，同时对负载进行供电；而当输入脉动电压 u_i 低于滤波电容两端的电压时，负载所需要的电流将完全由滤波电容的放电电流维持，如图 24.1 所示。

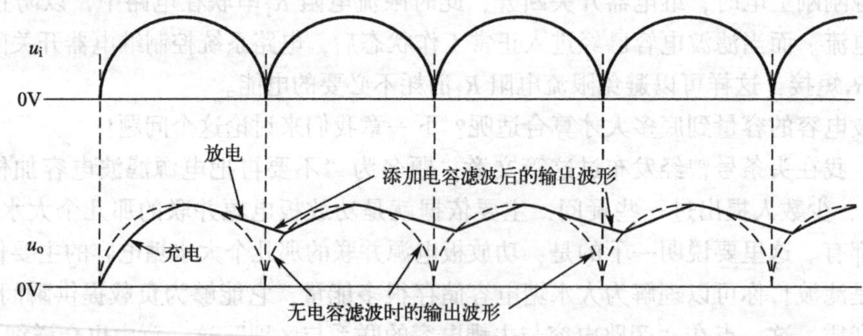

图 24.1　电源滤波电容的工作原理

我们可以根据负载电流的大小，计算出滤波电容在放电期间负载需要消耗的电荷量，然后再根据负载能够接受的最大压降 Δu（电压波动）就可以计算出电源滤波电容所需要的最小电容量。

打个比方（小编就喜欢打比方）：假定你就是负载，每个月需要的伙食费相当于消耗的电荷量，但你家里只是每个月定时给你寄一点点钱（相当于小容量滤波电容，当然，没有暗示说你家里穷，也许你老爸管钱管得严）。因此，你每次收到的伙食费就要维持一个月的消耗。换言之，如果你的消费过高（相当负载电流大），寄给你的钱就像流水一样一下就没了，这个月肯定有些时候没钱吃饭，只能面黄肌瘦地饿着了，饿着的状态自然就不会有什么力气（相当于电压波动）。

当然，你身边的"富二代"就不一样了，他的消费比你消费最高时还要高 N 倍，但是始终红光满面、气定神闲地跟你讨论人生或聊聊理想（都饿得没力气了还跟你谈理想，你手上那块饼干给我先咬一口），原因在于他有个有钱且大方的老爸（相当于大容量滤波电容），每个月给的钱足够他尽情挥霍，自然身体状态就非常好（相当于电压波动小），我们最终要的就是这种结果（不是说要这样的老爸，当然，如果有自然也不错）。

我们可以用图 24.2 来表示这种对比状态。

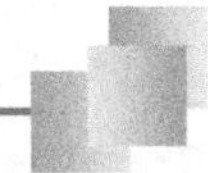

能耗层	负载	你	富二代
来源层	电荷量	伙食费(吃喝)	吃喝玩乐费
仰仗层	滤滤电容	你老爸	他老爸
实力层	容量大小	缺钱	不差钱
现象层	电压波动	面黄肌瘦	红光满面

图 24.2　电容与老爸的对比

很明显，我们可以根据每个月（电容放电期间）消耗的伙食费（负载消耗电荷量）来确定应该寄钱的最小数量（滤波电容的最小值），下面我们一起来看看。

我们假设负载电流为 1A，输入为频率为 50Hz、有效值为 220V 的交流市电，经桥式整流后的脉动频率为 100Hz。当电源滤波电容正常工作时，滤波器重新进行充电的时间间隔约为 10ms（这里假设输入电压仅在最高点对滤波电容进行充电且充满了电）。换言之，滤波电容必须在 10ms 内为负载提供足够的电荷量，如图 24.3 所示。

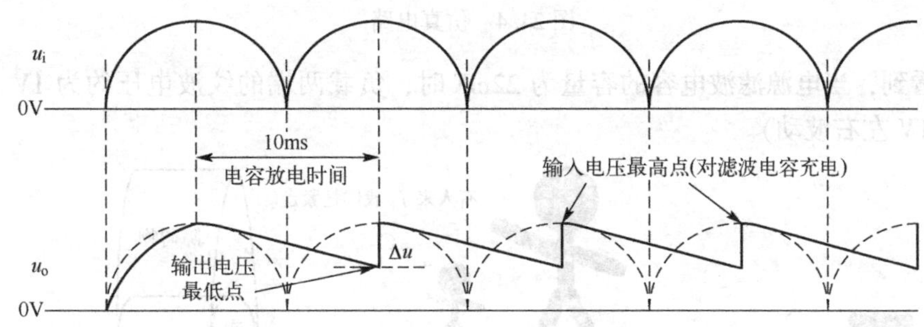

图 24.3　电源滤波电容充放电时间的定义

由于负载消耗的电流是 1A，我们可以先计算出负载所需要的电荷量。

根据前面讲述过的电荷量计算公式：$I=Q/t$，则有：$Q=I\times t$。因此，负载消耗的电荷量为 $1A\times 10ms=10mC$。

由于电源滤波电容承担负载在 10ms 时间内需要的所有电荷量，因此滤波电容两端的电压必然会因放电而下降，这样我们就可以根据负载所能接受的电压波动最大值来计算滤波电容的最小容量。

我们假设负载能够接受的最大波动为 1V，则根据公式：$C=Q/\Delta u$，则有：$C=Q/\Delta u=10mC/1V=10mF$。也就是说，你需要容量为 10000μF 以上的滤波电容。当然，这里计算的是最坏的情况，实际电容的取值可根据测试情况选择。

你也可以这样理解：电源滤波电容相当于储存水源的水库，整流输出相当于河流，而农田相当于负载，因为农田总是需要水的。当水季到来时，河流水位上升，不仅对农田进行灌溉，也同时对水库进行补充；当旱季到来时，河流水位下降不足以满足农田的用水要求，此时由水库承担给农田灌溉的任务。假设旱季的时间较长，那水库的储水量应该更大。否则，水季到来前，水库里的水就用完了，农田就会旱死了。

当然，在实际的电路应用中，电容（特别是铝电解电容）的容量会随着工作时间越长而逐渐下降，最终将导致电容器失效。因此，在进行电路设计时，可以在适当的范围内提升滤波电容的容量。

我们用仿真电路反过来验证一下计算结果的正确性，其思路就是：设计一个负载电流为 1A 且纹波电压为 1V 的电路，看看其电源滤波电容的电容值到底是多少，其电路参数如图 24.4 所示（仅供参考）。

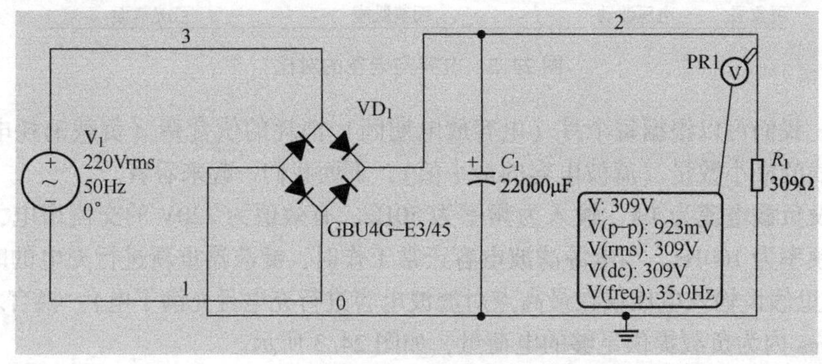

图 24.4　仿真电路

可以看到，当电源滤波电容的容量为 22mF 时，负载两端的纹波电压约为 1V（仿真纹波实际在 1V 左右波动）。

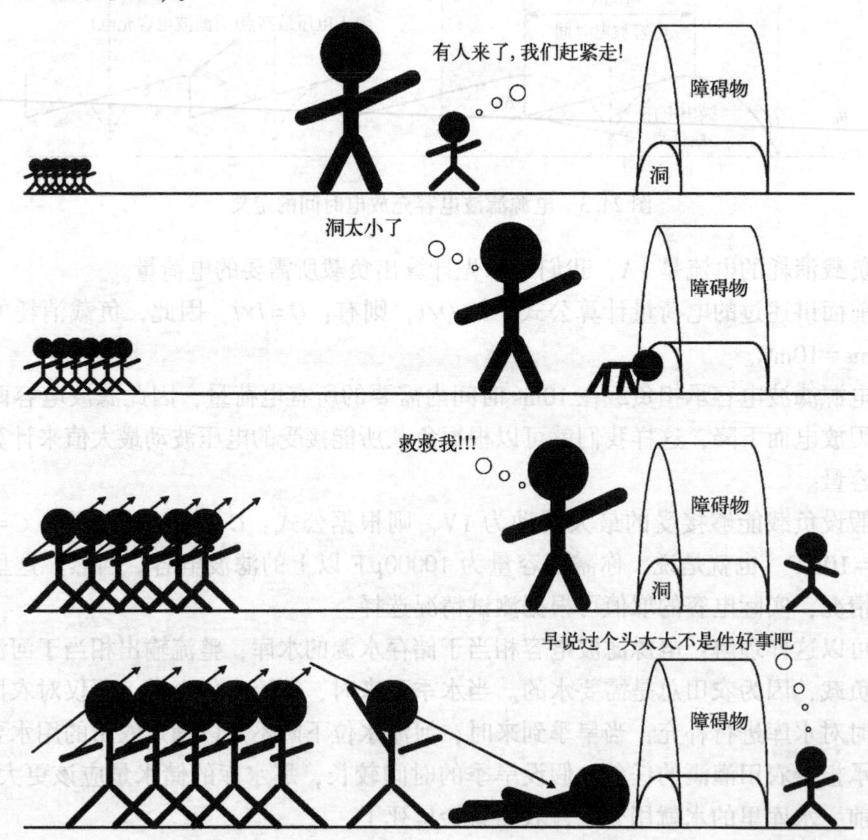

第 25 章 RC 滞后型移相式振荡电路

我们还没有讨论过电容的相移特性，先用图 25.1 所示的电路参数仿真一下。

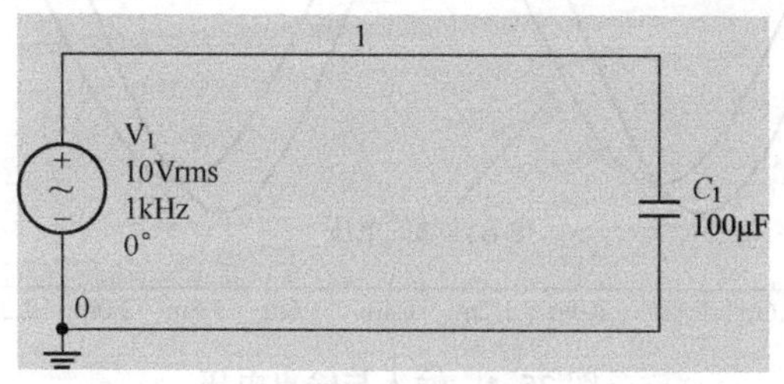

图 25.1 仿真电路

我们观察一下电容两端的电压和流过其中的电流，如图 25.2 所示。

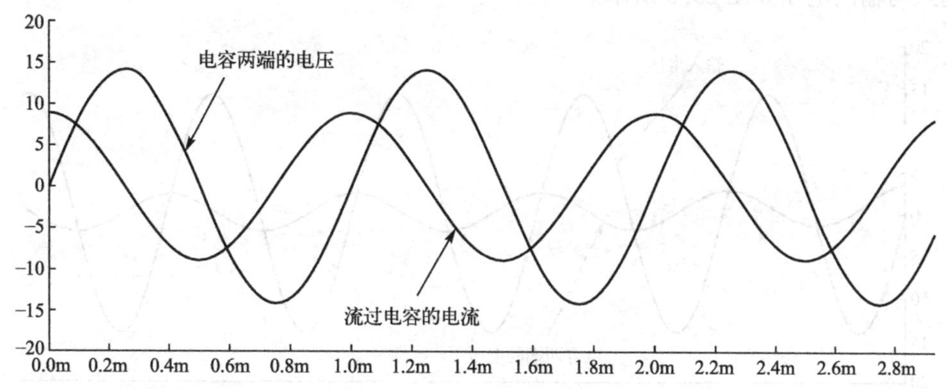

图 25.2 电容两端的电压和流过其中的电流

可以看到，流过电容的电流是超前其两端的电压的，或者说，电容两端的电压滞后流过其中的电流（也就是说，电流的波形比电压的波形先出现）。

对于单纯的电容而言，无论电容的容量有多大，流过电容的电流只能超前两端电压的最大角度为 90°。如果使用一个电阻与电容串联，则输入电压超前电容两端电压的角度会小于 90°，如图 25.3 所示。

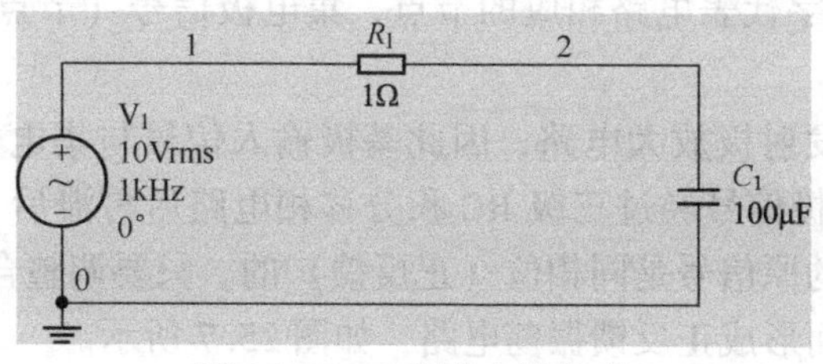

图 25.3 RC 积分电路仿真

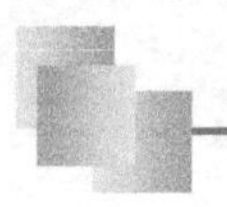

输入与输出电压如图 25.4 所示（注意，不要看错了，之前的波形图是一个电压与一个电流，下面两个都是电压波形）。

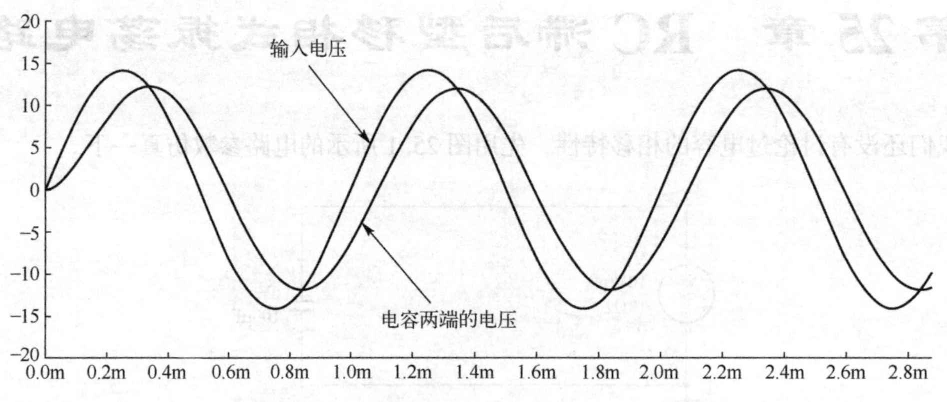

图 25.4　输入与输出电压

很明显，输出（电容两端的）电压滞后输入电压，只不过远小于 90°。电阻值为 10Ω 时的输入与输出电压如图 25.5 所示。

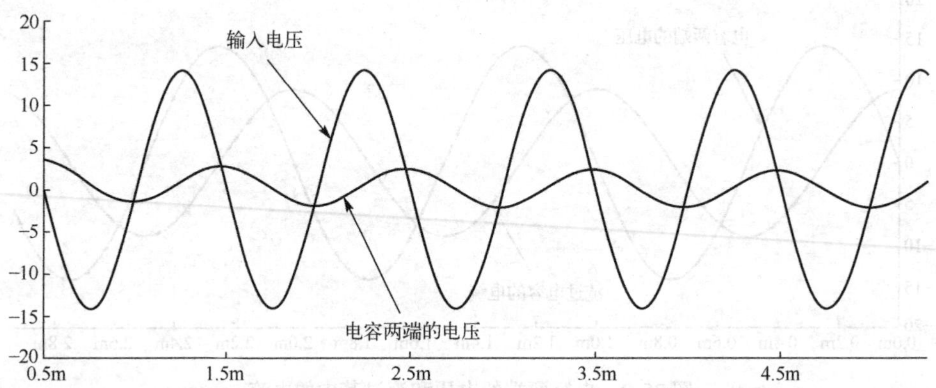

图 25.5　电阻为 10Ω 时的输入与输出电压

参数修改后的电路产生的相移角大了很多，但一级 RC 积分电路最多只能移相 90°（90° 移相的时候，输出也就为 0 了）。如果需要更大的电压移相角，可以使用多个 RC 积分电路串联起来。当然，串联的级数越多，输出电压的幅度也就越小。

我们可以利用移相特性组成 RC 滞后型移相式振荡电路，如图 25.6 所示。

图 25.6 中显示的数字代表电路相应的节点，集电极信号（节点 4）为振荡输出，其工作原理如下。

三极管构成一个共发射极放大电路，因此基极输入信号与集电极输出电信号是反相的（相位相差 180°）。集电极信号经过三级 RC 积分移相电路后再滞后 180°，因此最终反馈到基极的信号与基极输入的原信号是同相位（正反馈）的。只要调整合适的 RC 参数，即可满足振荡的幅度条件，从而形成正反馈振荡电路，如图 25.7 所示。

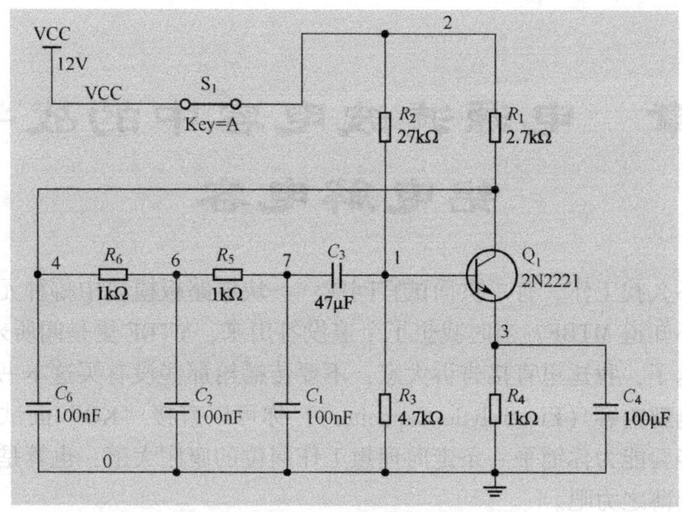

图 25.6　滞后型移相式振荡电路

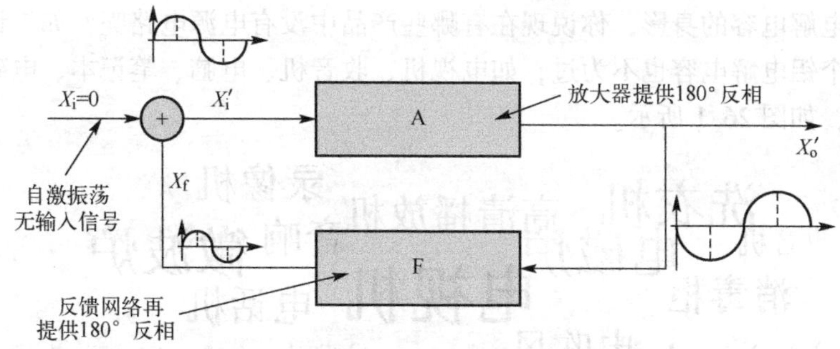

图 25.7　正反馈振荡电路的相位条件

滞后型移相式振荡电路各点的波形如图 25.8 所示。

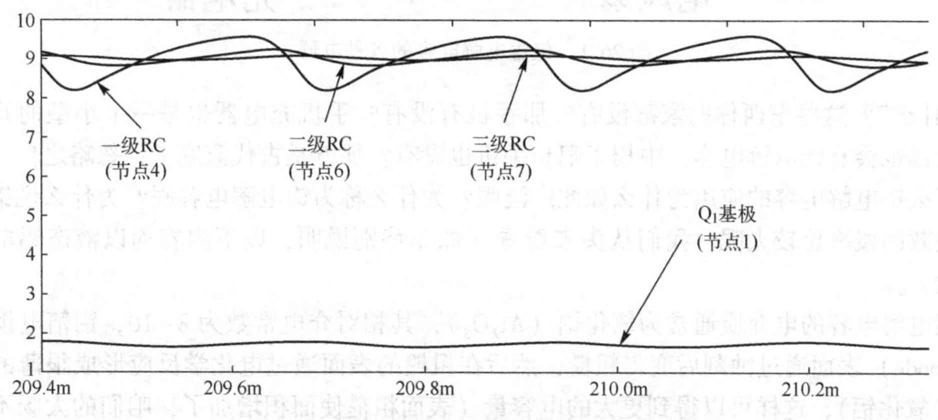

图 25.8　滞后型移相式振荡电路各点的波形

有心的读者可能会问：既然滞后 180°可以满足正反馈相位条件，那超前 180°不是同样可以满足相位条件吗？确实是可以的，后续章节可以看到用三级 RC 微分电路组成的 RC 超前型移相式振荡器。

第 26 章　电源滤波电容中的战斗机：铝电解电容

记得刚毕业不久找工作，有一次面试官问我：一块电路板模块中哪种元件最快失效的概率大？还问我知不知道 MTBF？当时我想了个遍没答出来，MTBF 更是闻所未闻。

今天大家幸运了，我这里直接告诉大家，不要传播给那些没有买这本书的人，这是我们之间的秘密：铝电解电容（Electrolytic Capacitor）！你可以直接“KO”面试官了。如果我的惨痛经历总结的经验能为你铺平一条走向理想工作岗位的康庄大道，也算是为中华民族的崛起贡献出自己的绵薄之力吧。

在电源滤波电容中，铝电解电容可能是应用最为广泛的一种滤波电容。只要是电源电路，都会有铝电解电容的身影，你说现在有哪些产品中没有电源电路呢？如果说每个现代家庭都至少有一个铝电解电容也不为过，如电视机、收音机、电脑、笔记本、电磁炉等内部都有铝电解电容，如图 26.1 所示。

图 26.1　包含电解电容的各种电器

“什么”？这些东西你们家都没有？那手机有没有？手机充电器也是一个小型的开关电源，内部也会有铝电解电容，中招了吧！手机也没有？那就是古代家庭了，忽略之！

那么铝电解电容的应用为什么如此广泛呢？为什么称为铝电解电容呢？为什么说铝电解电容失效的概率比较大呢？我们从头来看看（如非特别说明，以下内容均以液态铝电解电容为例）。

铝电解电容的电介质通常为氧化铝（Al_2O_3），其相对介电常数为 8~10，铝箔电极（阳极，Anode）表面通过蚀刻后变得粗糙，然后在粗糙的表面通过电化学反应形成很薄的电介质膜（氧化铝），这样可以得到更大的电容量（表面粗糙使面积增加了，咱们的大肠不也是这样的嘛，想想都好恶心呀。所以，吃饭的时候不要看书）。由于阴极也使用铝箔（Cathode Foil），不可能紧密地与电介质靠近，因而在电介质（阳极铝箔）与阴极铝箔之间夹了一张含浸了电解液的隔离纸（Spacer Paper），这样可以保证两个极板之间的距离就是氧化铝的厚度，其截面结构如图 26.2 所示。

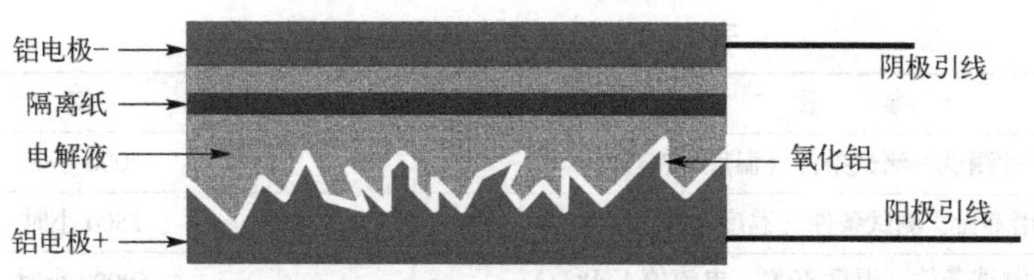

图 26.2　铝电解电容的截面结构

液态铝电解电容的最大优势就是容量可以做得很大（可以达到 0.1F），额定电压的范围为 3~600V，因此可供选择的范围也很广，但缺点也是有的。例如，容量偏差一般较大，容值也不能做得太小。另外，电解液在高温环境下使用时，寿命容易缩短，介质损耗大，漏电电流大等，这些我们在前面也提到过。

然而，瑕不掩瑜，由于铝电解电容的成本低，制作工艺成熟，因而被广泛使用！

铝电解电容常见的失效模式有爆炸、漏液、开路、击穿、电参数恶化等，这里我们简单讲解一下爆炸。

铝电解电容使用电解液作为阴极，但电解液在高温环境下会由于挥发作用而产生气体。虽然大部分气体用于修补阳极氧化膜，只有少部分氧气储存在电容器壳内，但如果在正常工作中因充放电电流过大、漏电流过大、温度过高等原因导致挥发速率很快，时间一长，壳内的气体将越来越多，继而将在壳内形成很大的气压差。如果电容的密封性差，就会造成漏液现象。反之，如果密封性较好，气压差增大到一定程度就可能会引起爆炸。

现如今，大多数铝电解电容已普遍采用防爆外壳结构，常见的防爆纹如图 26.3 所示。

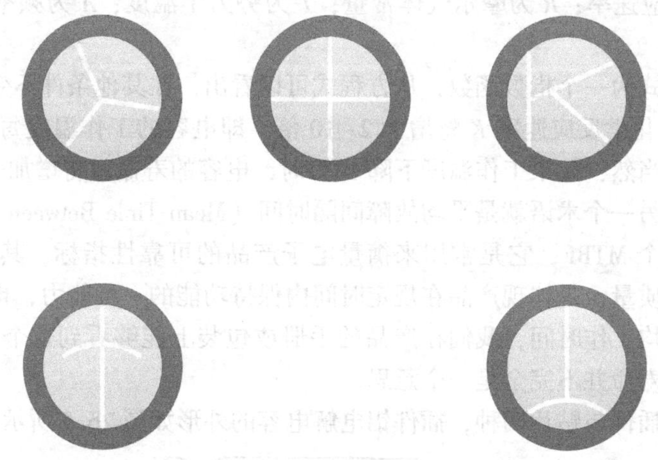

图 26.3　常见的防爆纹

防爆纹是在金属外壳顶部增加的一道褶缝。当气压过高时，将褶缝顶开，以增大壳内容积，继而降低气压，减少爆炸危险。

铝电解电容对工作环境的温度有较严格要求，因此数据手册会给出指定温度下的使用寿命，如 85℃、105℃、125℃、130℃等，如表 26.1 所示。

表 26.1　铝电解电容寿命参数

参　　数	值
耐久性测试，测试条件（温度 85℃）	2000 小时
使用寿命，测试条件（温度 85℃）	2500 小时
使用寿命，测试条件（温度 40℃，电流值 $1.4\times I_R$）	60000 小时

铝电解电容最怕热，因为内部是液体，工作环境的温度高时容易挥发掉，这样铝电解电容两个极板之间的距离就增大了，也就是电容量变小了，如图 26.4 所示。

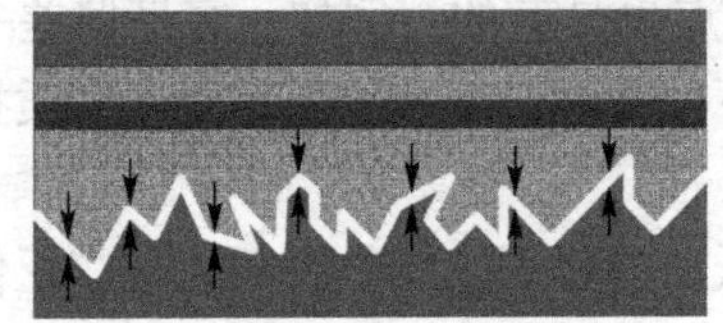

(a) 有电解液时极板之间的距离

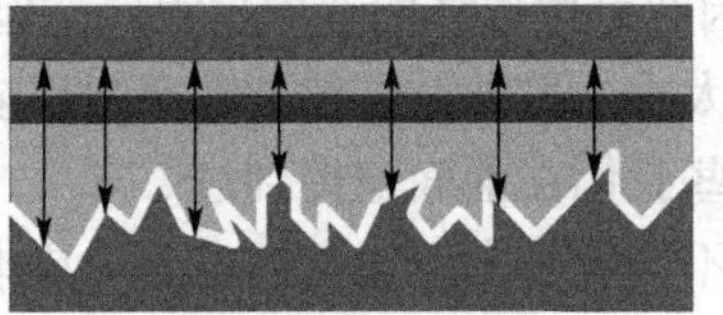

(b) 无电解液时极板之间的距离

图 26.4　有无电解液时的极板距离

我们在估算铝电解电容寿命时有一个简单的方法：温度每升高 10℃，铝电解电容的寿命减半。

这个寿命估算方法来自阿列纽斯（Arrhenius）方程，它是用来描述化学物质反应速率与温度之间的关系式：

$$K=Ae^{-\frac{E_a}{RT}}$$

其中，K 为化学反应速率；R 为摩尔气体常量；T 为势力学温度；A 为频率因子；E_a为反应活化能。

阿列纽斯方程式为一个指数函数，从方程式可以看出，在其他条件不变的情况下，环境温度每升高 10℃，化学反应速率 K 将增大 2~10 倍，即电容的工作温度每升高 10℃，电容的寿命缩短一倍。当然，如果工作温度下降 10℃时，电容的寿命也将增加一倍。

与寿命相关的另一个术语就是平均故障间隔时间（Mean Time Between Failure），也就是面试官拷问我的那个 MTBF，它是常用来衡量电子产品的可靠性指标，其单位为“小时”，反映了产品的时间质量，是体现产品在规定时间内保持功能的一种能力，也可以理解为相邻两次故障之间的平均工作时间，我们在产品的手册或包装上能够看到这个 MTBF 值。当然，这与铝电解电容的寿命并不完全是一个意思。

铝电解电容有插件与贴片两种，插件铝电解电容的外形如图 26.5 所示。

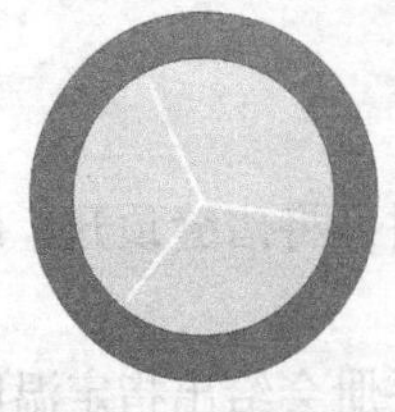

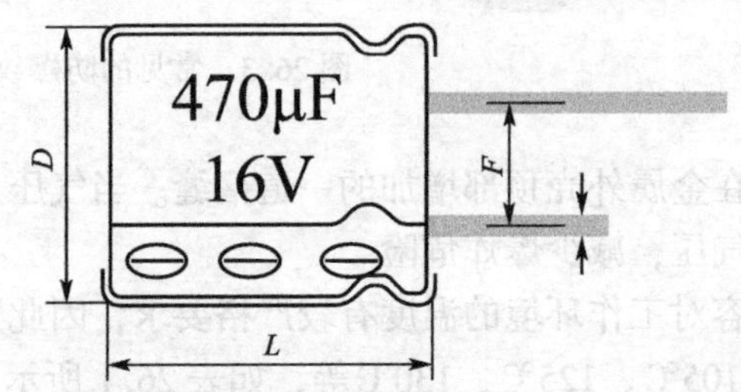

图 26.5　插件铝电解电容的外形

常用的插件铝电解电容的封装尺寸如表 26. 2 所示。

表 26. 2　常用的插件铝电解电容的封装尺寸

尺寸									单位：mm
标称尺寸 $D\times L$	本体直径 D_{max}	引脚直径 d	本体长度 L_{max}	引脚距离 F	标称尺寸 $D\times L$	本体直径 D_{max}	引脚直径 d	本体长度 L_{max}	引脚距离 F
4×5	4. 5	0. 45	6	1. 5	10×16	10. 5	0. 6	17. 5	5. 0
4×7	4. 5	0. 45	8	1. 5	10×20	10. 5	0. 6	22. 0	5. 0
5×5	5. 5	0. 45	6	2. 0	13×20	13. 5	0. 6	22. 0	5. 0
5×7	5. 5	0. 45	8	2. 0	13×25	13. 5	0. 6	27. 0	5. 0
6. 3×5	6. 8	0. 45	6	2. 5	16×25	16. 5	0. 8	27. 0	7. 5
6. 3×7	6. 8	0. 45	8	2. 5	16×31	16. 5	0. 8	33. 5	7. 5
5×11	5. 5	0. 5	12. 5	2. 0	16×35	16. 5	0. 8	37. 5	7. 5
6. 3×11	6. 8	0. 5	12. 5	2. 5	18×35	18. 5	0. 8	37. 5	7. 5
8×11. 5	8. 5	0. 6	12. 5	3. 5	18×40	18. 5	0. 8	42. 0	7. 5
10×12	10. 5	0. 6	13. 5	5. 0					

而贴片铝电解电容的外形如图 26. 6 所示。

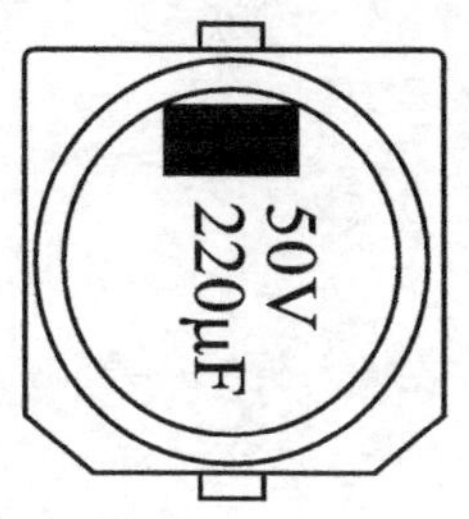

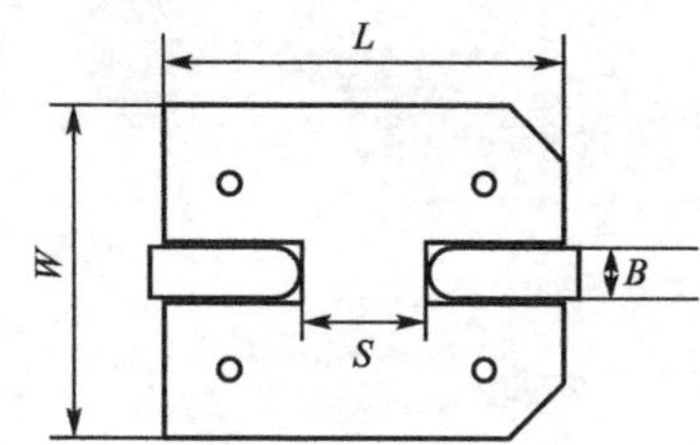

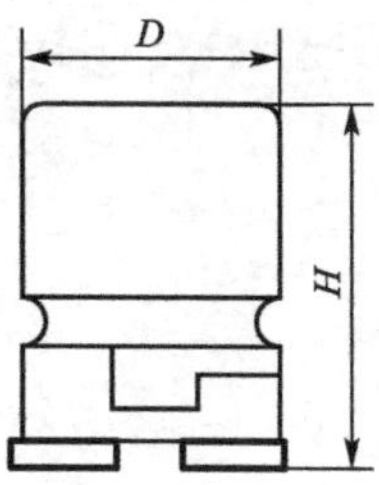

图 26. 6　贴片铝电解电容的外形

常用的贴片铝电解电容的封装尺寸如表 26. 3 所示。

表 26. 3　常用的贴片铝电解电容的封装尺寸

尺寸						单位：mm
标称尺寸 $L\times W\times H$	长 L_{max}	宽 W_{max}	高 H_{max}	直径 D	引脚宽度 B_{max}	引脚距离 S
4×4×5. 3	4. 5	4. 5	5. 5	4. 0	0. 8	1. 0
5×5×5. 3	5. 5	5. 5	5. 5	5. 0	0. 8	1. 4
6. 3×6. 3×5. 3	6. 8	6. 8	5. 5	6. 3	0. 8	2. 0
8×8×6. 5	8. 6	8. 6	6. 8	8. 0	0. 8	2. 3
8×8×10	8. 6	8. 6	10. 5	8	1. 1	3. 1
10×10×10	10. 6	10. 6	10. 5	10. 0	1. 1	4. 7
12. 5×12. 5×13	12. 9	12. 9	14. 0	12. 5	1. 3	3. 6
16×16×16	16. 6	16. 6	17. 5	16. 0	1. 3	6. 5
16×16×21	16. 6	16. 6	22. 0	16. 0	1. 3	6. 5
16×18×21	19. 0	19. 0	22. 0	18. 0	1. 3	6. 5

最后，我们简单介绍一下铝电解电容的主要品牌商。

(1) 红宝石（Rubycon）：日本三大电容厂家之一，主要以铝电解电容和塑胶薄膜电容为主（如 MBZ 和 MCZ 系列），其防爆纹为英文字母 K 字型，侧面注有“Rubycon”字样。

(2) 尼吉康（Nichicon）：日本的老牌电容厂，在全球电解电容技术领域中，一直处于领先地位，主要生产电解电容，其防爆纹为十字型，侧面有“Nichicon”字样。

(3) 三洋（Sanyo）：其研发技术水准在业界都是数一数二的，其防爆纹是 K 字型，侧面有“Sanyo”字样。

(4) 日本化工（Chemicon）：电容侧面会注明相应的产品型号，常见的系列为 KZG、KZJ、KZE 等。

(5) 松下（Panasonic）：松下的电解液电容 GOLD（金装电容）系列也很有名，防爆纹为 T 字型。

第27章　旁路电容工作原理（数字电路）

旁路电容（Bypass Capacitor）在高速数字逻辑电路中尤为常见，它的作用是在正常的信号通道旁边建立一个对高频噪声成分阻抗比较低的通路，从而将高频噪声成分从有用的低频信号中滤除，也因此而得名，如图27.1所示。

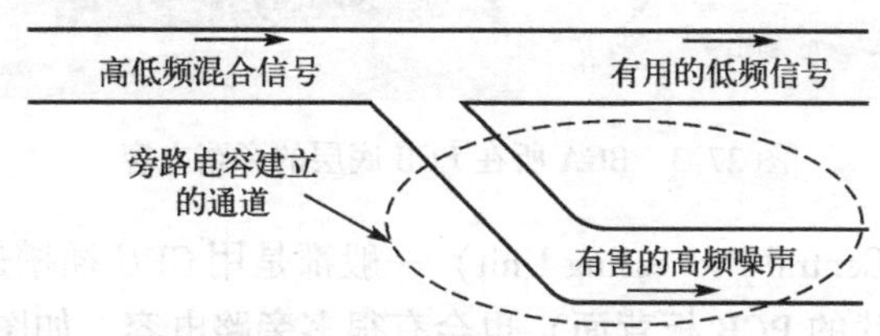

图27.1　旁路电容建立的信号通道

旁路电容的常见位置如图27.2所示。

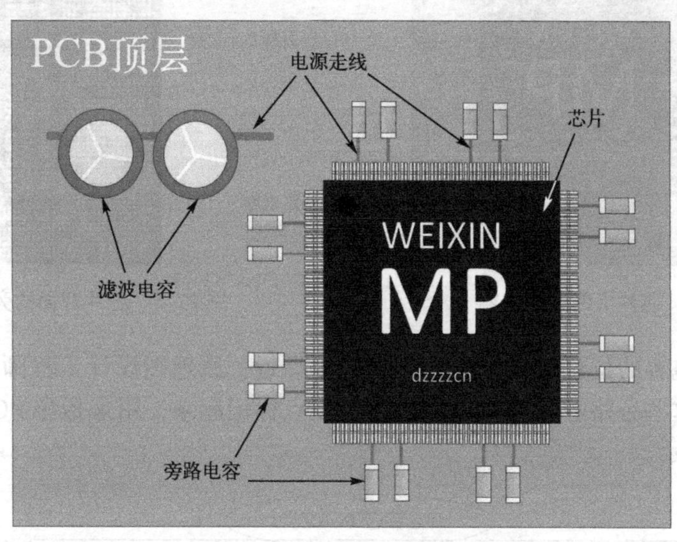

图27.2　旁路电容的常见位置

如果是高密度的BGA（Ball Grid Array）封装芯片，则旁路电容通常会放在PCB底层（芯片的正下方），这些旁路电容使用过孔扇出（Fanout）后会与芯片的电源和地引脚连接，如图27.3所示。

更有甚者，很多高速处理器芯片（通常也是BGA封装）在出厂时已经将旁路电容贴在芯片上，如图27.4所示。

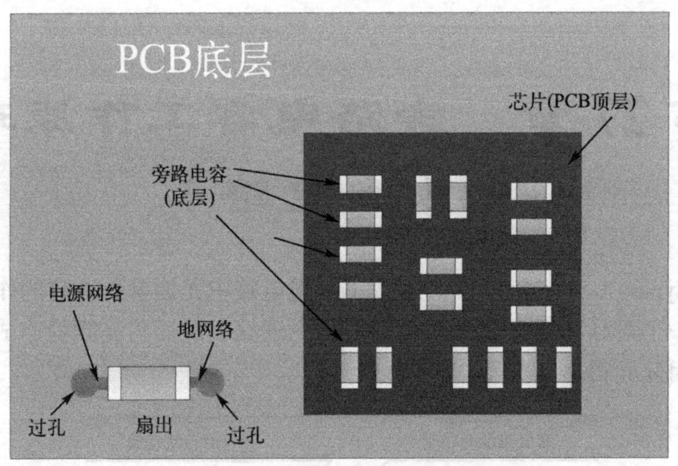

图 27.3　BGA 所在 PCB 底层的旁路电容

台式电脑的 CPU（Central Processing Unit）一般都是用 CPU 插槽进行安装的，很多 CPU 芯片的背面（不是贴芯片的 PCB 板背面）也会有很多旁路电容，如图 27.5 所示。

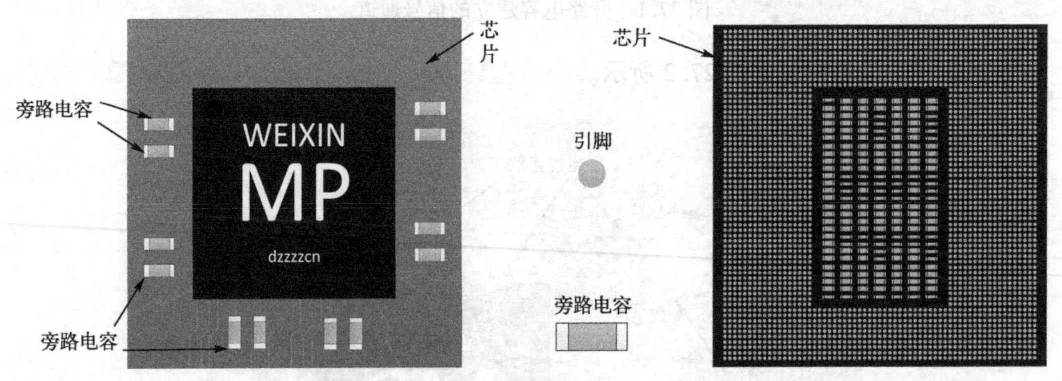

图 27.4　芯片上的旁路电容　　　　图 27.5　芯片背面的旁路电容

总之，旁路电容的位置总是与主芯片越来越靠近，原理图设计工程师在进行电路设计时，也通常会将这些旁路电容的 PCB 布局布线要点标记起来，用来指导 PCB 布局布线工程师，如图 27.6 所示。

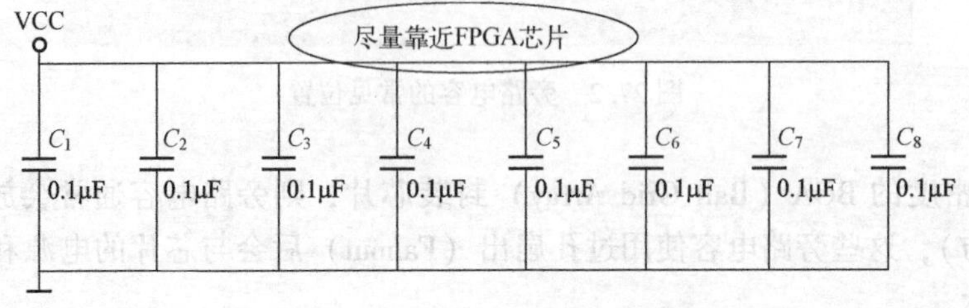

图 27.6　FPGA 芯片附近的旁路电容

那么这里就存在两个问题了：

（1）为什么旁路电容一定要与主芯片尽可能靠近？

（2）为什么大多数旁路电容的容值都是 0.1μF（104）？这是巧合吗？

要讲清楚这两个问题，首先我们应该理解旁路电容存在的意义。很多人分不清滤波电容和旁路电容，其实两者本质上没有任何区别，只不过在细节上对电容的要求有所不同。无论电容在实际应用电路中的名称叫什么，基本的（也是共同的）一点特性总是不会变的：**储能**。电容的这一特性使得外部供电电源有所波动时，与电容并联的器件，其两端的电压所受的影响将会减小，如图 27.7 所示。

图 27.7 中，我们用开关 S_1来模拟电源扰动的来源。很明显，每一次开关 S_1闭合或断开时，电阻 R_2两端的电压（VDD）都会实时跟随变化（波动很大），只不过电压幅度不一致而已，我们认为开关的切换动作已经产生了电源噪声。

当我们在 VDD 节点与公共地之间并联一个电容 C_1后，如图 27.8 所示。

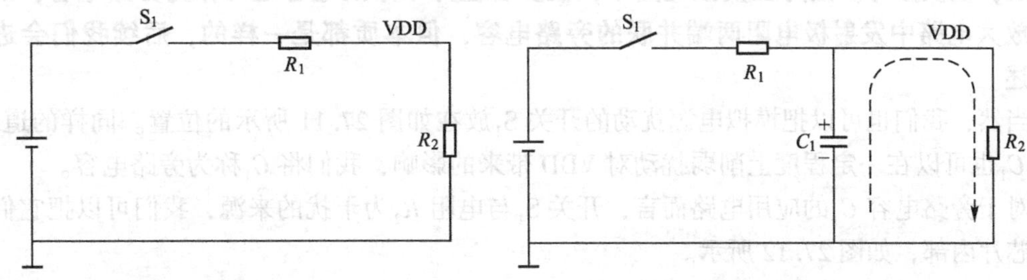

图 27.7　开关带来的噪声　　　图 27.8　并联电容 C_1后的电路

由于电容 C_1的储能作用，开关 S_1在开/关切换时，电容的充放电行为会使 VDD 的变化更加平缓一些，如图 27.9 所示。

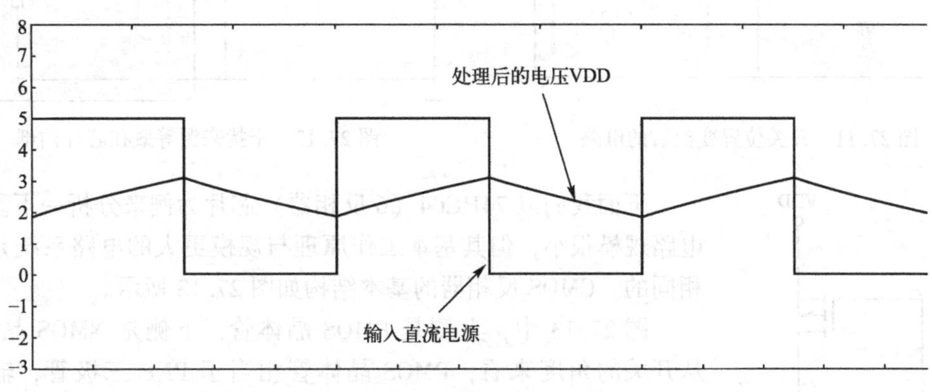

图 27.9　并联电容后的 VDD 波形

如果这个电容值比较大（一般在 10μF 以上，也有数千微法），我们就将其称为滤波电容，它可以将低频扰动成分滤除掉（但是对高频成分不管用）。如果这个电容值比较小（一般在 1μF 以下），我们称为旁路电容，它可以将高频成分滤除掉（对低频成分不管用）。很明显，这两种电容起到的作用都是滤除（扰动或噪声），如图 27.10 所示。

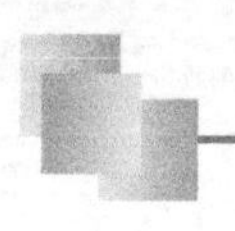

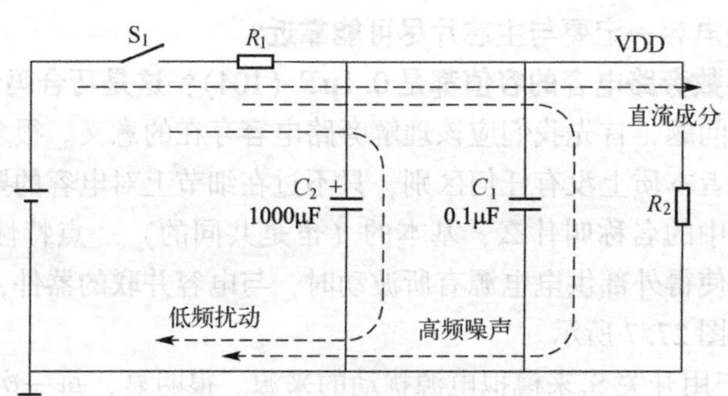

图 27.10　旁路电容与滤波电容

注：本书以容值大小作为滤波电容与旁路电容的区分依据仅限于数字电路，旨在说明两者区别，仅供参考。因为在模拟电路中，很多容值并不小的电容也可作为旁路电容，如三极管放大电路中发射极电阻两端并联的旁路电容，但本质都是一样的，后续我们会进一步阐述。

当然，我们也可以把模拟电源扰动的开关 S_1放在如图 27.11 所示的位置。同样的道理，电容 C_1也可以在一定程度上削弱扰动对 VDD 带来的影响，我们将 C_1称为旁路电容。

对于旁路电容 C_1的应用电路而言，开关 S_1与电阻 R_2为干扰的来源，我们可以把它们等效在芯片内部，如图 27.12 所示。

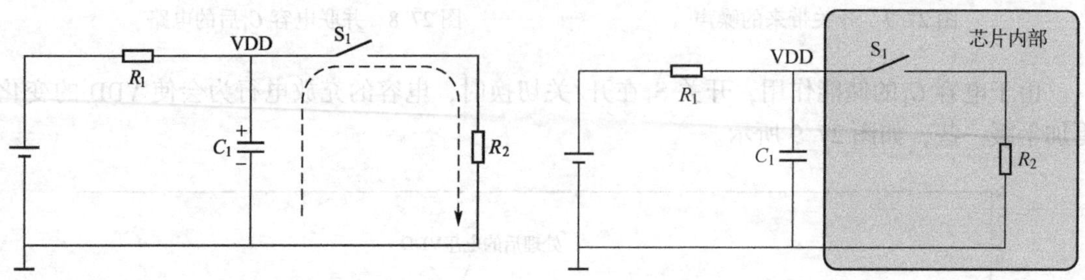

图 27.11　开关位置变换后的电路　　图 27.12　干扰来源等效在芯片内部

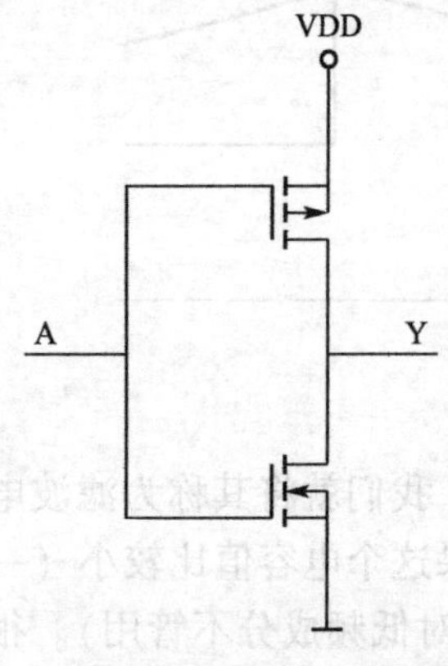

图 27.13　CMOS 反相器的基本结构

下面我们以 74HC04（6 反相器）芯片为例来分析一下。尽管电路规模很小，但其基本工作原理与规模更大的电路系统是完全相同的。CMOS 反相器的基本结构如图 27.13 所示。

图 27.13 中，上侧是 PMOS 晶体管，下侧是 NMOS 晶体管。从开关的角度来看，PMOS 晶体管相当于 PNP 三极管，输入为“1”时截止，输入为“0”时导通；而 NMOS 晶体管则相当于 NPN 三极管，输入为“1”时导通，输入为“0”时截止（这个比喻可能不太合适，但你可以这样去理解这个开关行为。因为相对于 MOS 管，可能更多人对三极管更熟悉，如果不是，可以忽略这个比喻），如图 27.14 所示。

我们将反相器安装到图 27.12 所示的电路中，如图 27.15 所示。

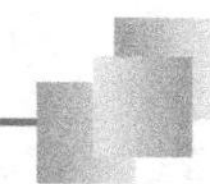

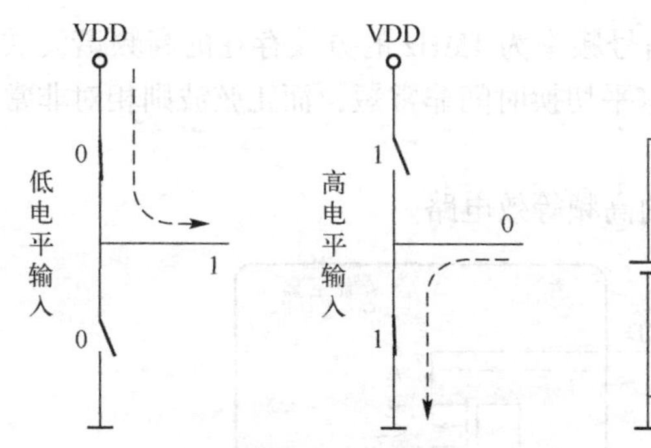

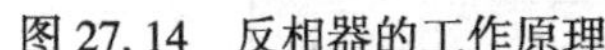
图 27.14　反相器的工作原理

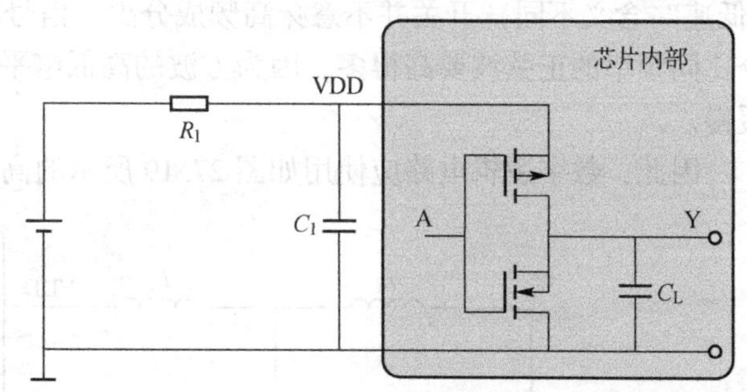

图 27.15　反相器代替开关噪声来源

图 27.15 中，电容 C_L为芯片内部等效负载电容，一般为几皮法，是数字集成电路中客观存在的极间分布电容，就算反相器输出没有连接额外的负载，芯片进行开关动作时也会消耗一定的电能（电荷量）。

假设芯片的逻辑输入电平由高 H 至低 L 变化（由低 L 至高 H 变化也是一样的道理，本书不再赘述），上侧 PMOS 晶体管导通，下侧 NMOS 晶体管截止，此时电源端 VDD 对负载电容 C_L的充电电流通路如图 27.16 所示。

由于负载电容 C_L两端的电压不能突变，因此瞬间的充电电流（电荷）也不小，这个充电电流即来自电源 VDD。如果附近恰好有旁路电容 C_1，则由旁路电容中储存的电荷提供此消耗，如图 27.17 所示。

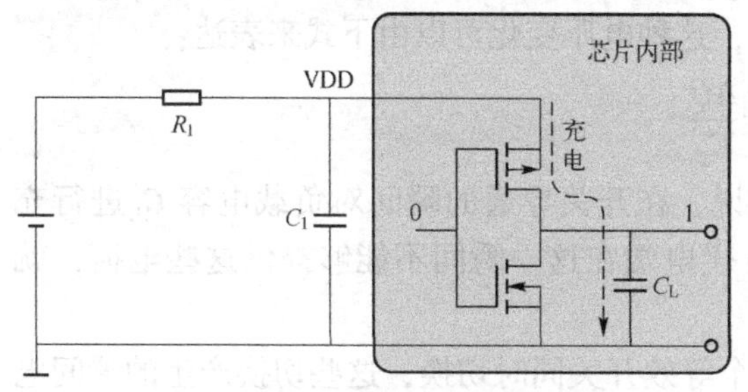

图 27.16　供电端对负载电容充电

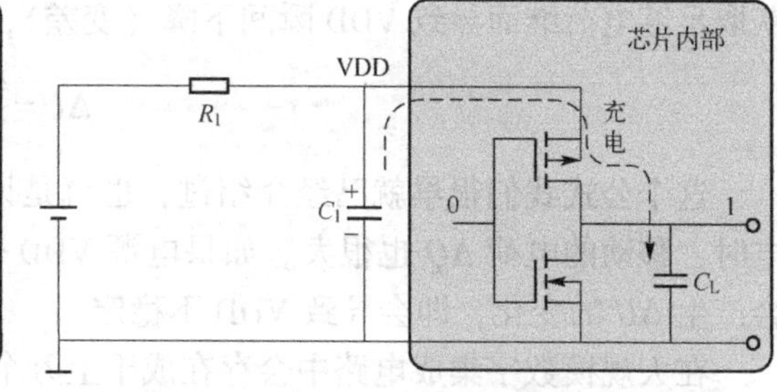

图 27.17　旁路电容为反相器开关提供电荷

有人可能就说：就算旁路电容 C_1离芯片太远或没有，不是还有直流电源提供 VDD 吗？也应该可以承担提供电能的责任呀？没错，芯片产生的噪声成分属于低频是完全可以的，但是数字电路处于高低电平切换时的情况就完全不一样了。因为开关的切换会产生谐波丰富的高频成分。

需要注意的是，这个谐波频率成分的高低不是指信号的切换频率，而是取决于高低电平切换的上升率或下降率，即上升时间 t_r（Rising Time）与下降时间 t_f（Falling Time），如图 27.18 所示。

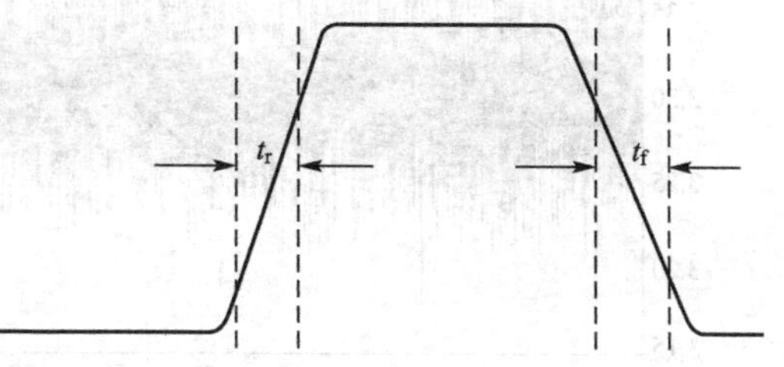

图 27.18　上升时间与下降时间

高低电平切换的时间越短，则产生的谐波（高频）成分越丰富。因此，低频（与

“低速”含义不同）开关并不意味高频成分少。信号频率为1MHz的方波存在的高频谐波成分比同频率的正弦波要高得多，因为方波的高低电平切换时间非常短，而正弦波则相对非常缓慢。

因此，数字逻辑电路应使用如图27.19所示的高频等效电路。

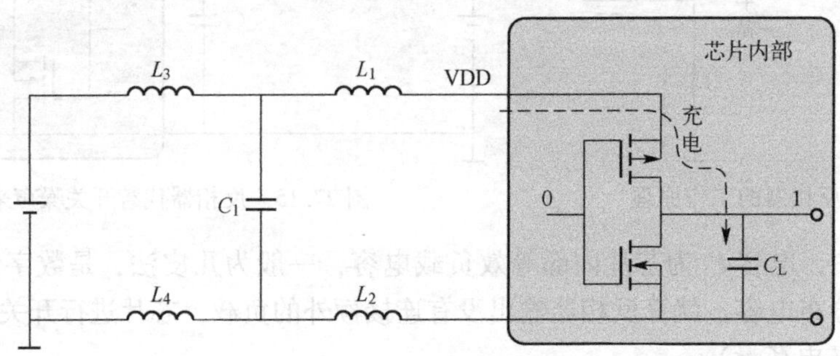

图27.19　高频等效电路

图27.19中，L_1、L_2、L_3、L_4就是线路（包括过孔、引脚和走线）在高频下的等效电感，它们横亘在直流电源、旁路电容C_1及芯片供电端VDD的线路之间。线路越长，则等效电感越大。这些等效电感对高频信号相当于是高阻抗，这对于前级过来的高频干扰的抑制是有好处的，但同时对芯片内部（后级）开关切换带来的干扰也是有抑制作用的。这种抑制作用在旁路电容（或更远的直流电源）与芯片之间形成了阻碍，使得VDD供电端无法及时获取足够电荷继而导致VDD瞬间下降（变差），这种电压变化可以由下式来表达：

$$\Delta U=\frac{\Delta Q}{C_L}$$

这个公式我们很早就已经介绍过，也就是说，在开关导通的瞬间对负载电容C_L进行充电时，移动的电荷ΔQ也很大。如果电源VDD供电端在这一瞬间不能够提供这些电荷，就会产生ΔU的变化，即会导致VDD不稳定。

在大规模数字集成电路中会存在成千上万个等效开关同时切换，这些切换产生的瞬间电流都将使原本看似平稳的电源电压不再“干净”，继而使得芯片的工作不再稳定，如图27.20所示。

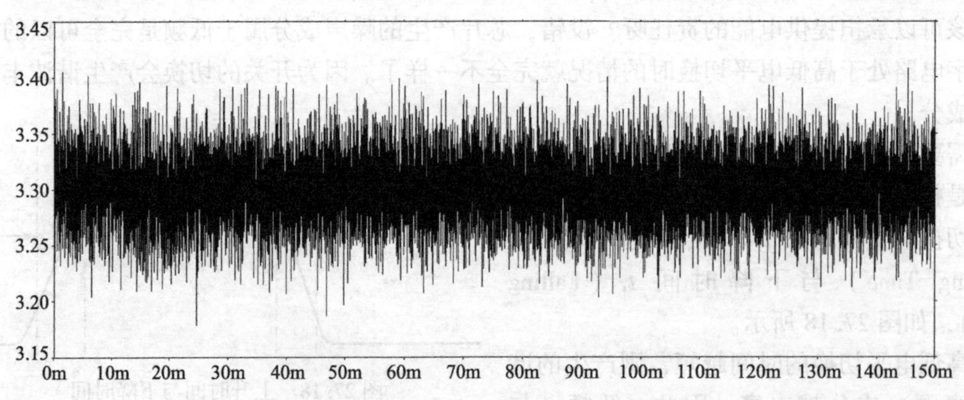

图27.20　不再“干净”的直流电源电压

因此，我们通常会将旁路电容尽量靠近芯片，使得旁路电容与芯片之间的引脚或走线的分布电感更小，从而能够保证芯片可以及时获取足够的电荷量。电路规模越大的芯片（如奔腾处理器），同一时间切换的逻辑会更多，相应也需要更多的电荷量进行消耗电能的补充，外部需要并接的旁路电容自然也更多，如图 27. 21 所示。

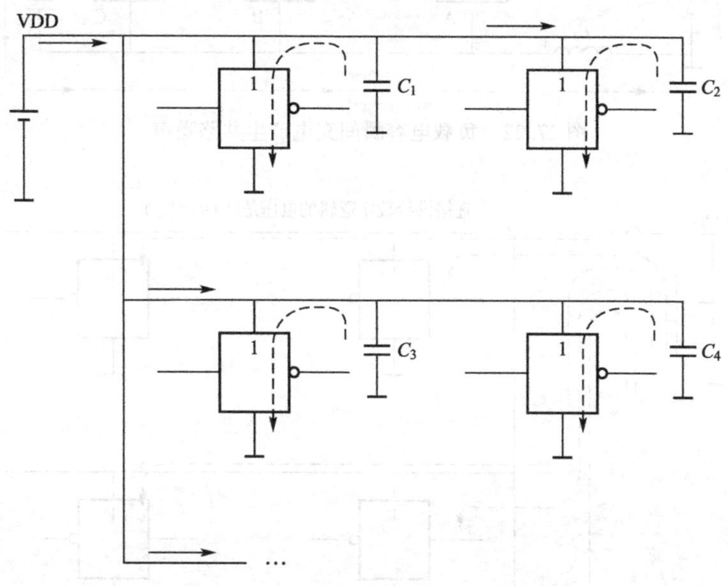

图 27. 21　芯片附近旁路电容的储能作用

旁路电容所起的作用与现实生活中扑灭**小火灾**的水龙头一样：假设家里出现了**小火灾**（相当于高频电源扰动），反应最快的肯定是从家里的水源处（相当于旁路电容）取水来扑灭，而不是第一时间拔打 119 电话。119 火警扑灭火灾的能力（相当于外部电源）肯定是最强的，它对于大火灾（相当于低频电源扰动）是最合适的，但是对于频繁出现的**小火灾**几乎没有什么用处，反应时间跟不上，等你赶过来时什么都烧完了（电路工作出现异常），还是家里的水龙头管用。虽然水源比较小，但对于**小火灾**却是足够用了。

有人可能就会说：搞那么麻烦做什么，为什么要并联这么多小电容？不就是那么些个储能电容，我在附近并联 10μF 或 100μF 的电容不就都解决了吗。以一个抵千百个，PCB 布局布线更简单。理想很丰满，现实很骨感。从单纯的储能角度来讲，是没有什么问题的！但旁路电容还有另外一个重要功能：**为每个高频信号提供良好的低阻抗返回路径，从而控制信号之间的串扰**。

如图 27. 22 所示，当门 C 的输出由低电压切换为高电平时，电源电压 VDD 将对负载电容 C_L充电，这个电流回路将产生瞬间的噪声电压（用电感L_1与L_2等效），如果同一时刻门 A 的输出也由低电压切换为高电平，则门 C 产生的噪声电压将叠加在 VDD 上，从而影响门 A 的输出电平。也就是说，其他门的噪声电压（也称为共路噪声）被传递到门 A 的输出端。同一时刻切换的逻辑越多，则产生的共路噪声越大。一旦叠加在 VDD 上的共路噪声超过芯片的噪声容限，电路因无法有效判断高低电平而导致异常。换言之，此时直接供给数字逻辑芯片的电源不再是 VDD，而是叠加了一个噪声电压 V_{L1}，如图 27. 23 所示。

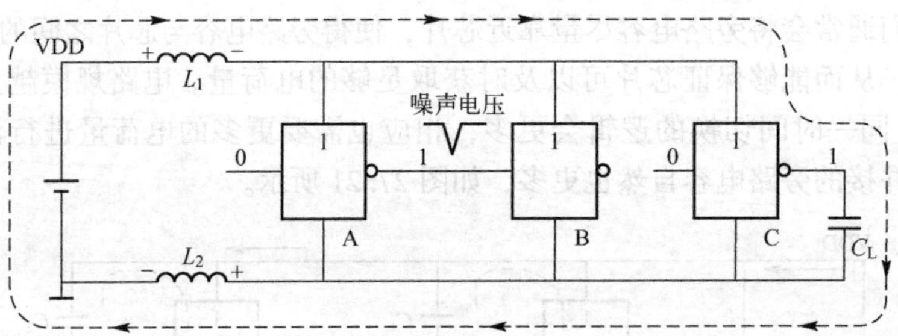

图 27.22　负载电容瞬间充电产生共路噪声

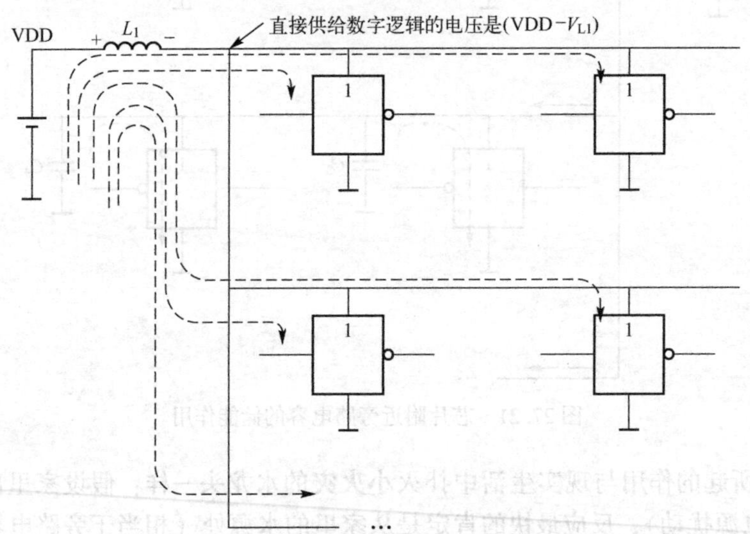

图 27.23　共路噪声的叠加

CMOS电路本质上可以看作比较器，它将输入电压V_{IN}与阈值电压V_T（实际就是V_{IL}与V_{IH}）比较。对于门B来讲，如果这个瞬间噪声电压过大（电压降得非常厉害），原来本是逻辑“1”的输入电平V_{IN}很有可能低于阈值电压V_T而被识别为逻辑“0”，门B输出可能会出现逻辑“1”（原本的逻辑是输入逻辑“1”则输出逻辑“0”），如图27.24所示。

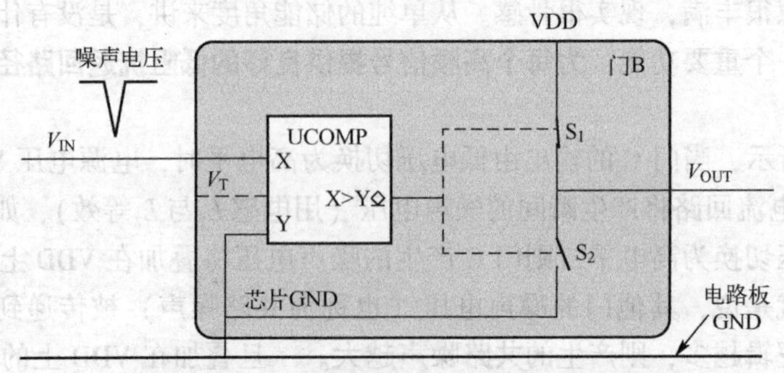

图 27.24　共路噪声对非门B输入的影响

有人可能会庆幸道：还好负载电容 C_L放电时对电路没有什么影响。然而，不得不再次打击你一下了，也是有影响的，如图 27.25 所示。

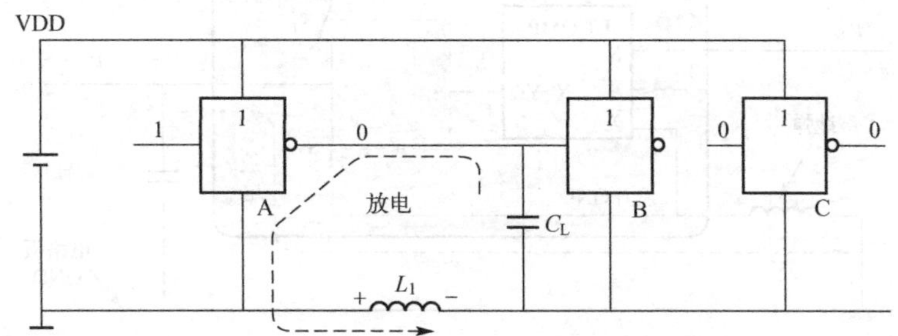

图 27.25　负载电容放电产生的共路噪声

当门 A 输出低电平时，等效负载电容 C_L的放电过程会在地线上瞬间产生共路噪声电压，我们可以用一个电感 L_1来等效。对于门 C 而言，相当于芯片内部的 GND 电位下降了，而它的输入 V_{IN}可能来自其他芯片，参考的公共地电位还是电路板 GND（前者波涛汹涌，后者波澜不惊），如图 27.26 所示。

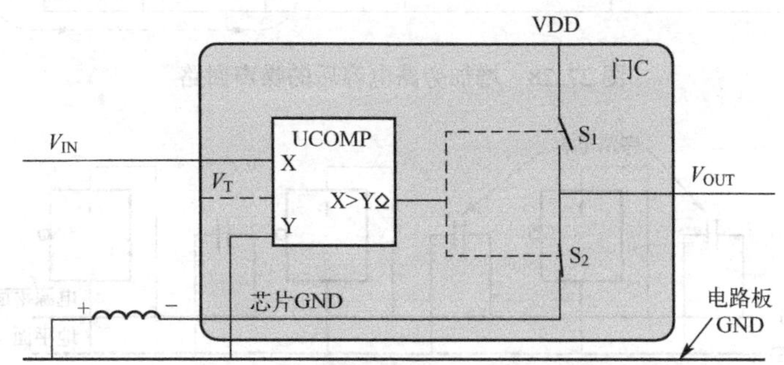

图 27.26　共路噪声对门 C 输入的影响

本来门 C 在输入为逻辑“0”时应该输出逻辑“1”，一旦地线上的共路噪声过大（负压），将会改变原来的比较阈值（下降了），使得门 C 认为输入为逻辑“1”，继而导致门 C 输出仍然是逻辑“0”。很明显，共路噪声已经严重影响了附近数字电路系统逻辑的正确判断。

另外，门 A 负载电容的瞬间放电行为对门 A 本身也是有影响的，基本分析原理也是一样的，如图 27.27 所示。

由于芯片引脚总会存在一定的分布电感，在门 A 负载电容放电的瞬间会产生一定的地弹（Ground Bounce）噪声电压，影响芯片内部 GND 的电位（升高了），原本门 A 输入的逻辑“1”因阈值电压的改变而被识别为逻辑“0”，继而影响最终的逻辑输出。

为了改善这些噪声带来的影响，我们可以在每个芯片附近放置合适容值的旁路电容，由旁路电容建立电源与地之间的低阻抗回路，这样高频噪声就不会影响其他门的正常工作了，如图 27.28 所示。

在实际应用中，我们会使用电源平面与地平面（减小分布电感，属于高速 PCB 设计内容），并配合旁路电容来为每一个芯片提供良好的低阻抗回路，如图 27.29 所示。

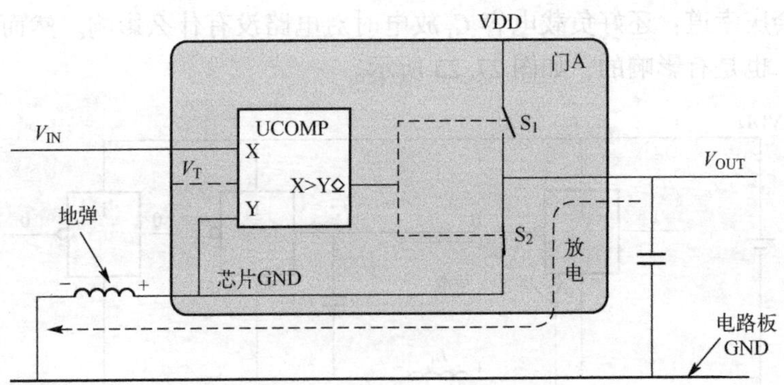

图 27.27　地弹对门 A 本身的影响

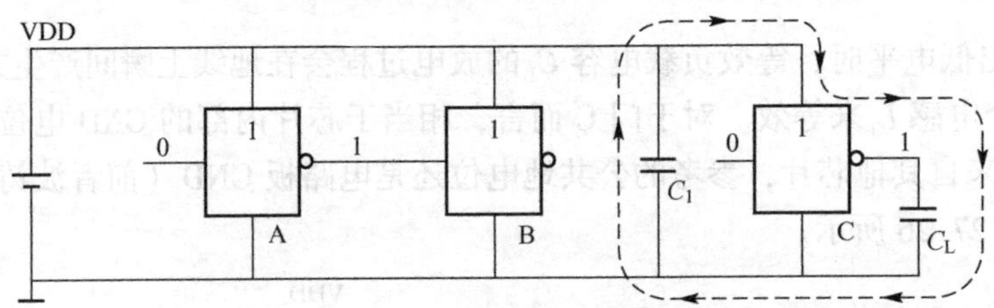

图 27.28　增加旁路电容后的噪声回路

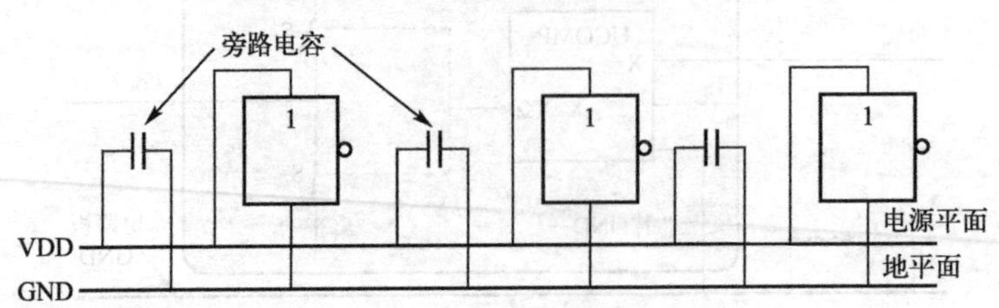

图 27.29　平面层进一步减小分布电感

但我们在第 1 章已经介绍过，实际中电容的自谐振频率都是有限的，当应用频率高于自谐振频率时等效为一个电感，即不再是一个电容了。我们也计算过 10μF 贴片陶瓷电容的自谐振频率约为 1.6MHz，假设我们的芯片工作在 10MHz（谐波频率成分甚至会达到 100MHz 以上），此时并联的 10μF 旁路电容相当于是不存在的（对于高频噪声成分相当于是开路的）。因此，旁路电容的容量过大将起不到高频旁路的作用。另外，并联多个小电容也可以在达到前述两个功能的前提下提升总电容的自谐振频率。

作为旁路电容的容值，一般不会大于 1μF（对于 1nH 的 ESL，其自谐振频率约为 5MHz，同类型电容的容量越小，自谐振频率越高），那旁路电容的容量应该至少需要多少呢？我们会在下一章结合数据手册定量计算一下 0.1μF 容值。

第 28 章　旁路电容 0.1 μF 的由来(1)

前一章我们已经详细阐述了旁路电容在数字电路系统中所承担的两个最基本且重要的功能，即**储能**与**为高频噪声电流提供低阻抗路径**。尽管还并未给旁路电容的这些功能概括一个“高大上”的名字，但旁路电容的最终目标就是为了**电源完整性（Power Integrity，PI）**，它与**信号完整性（Signal Integrity，SI）**均为高速数字 PCB 设计中的重要组成部分，后续有机会我们将会进行详细讲解。

事实上，旁路电容的这两个基本功能在某种意义上来讲是完全统一的：你可以认为旁路电容的**储能**为高频开关切换（充电）提供瞬间电荷，从而避免开关产生的高频噪声向距离芯片更远的方向扩散。因为开关切换需要的电荷已经在靠近芯片的旁路电容中获取到了，而电源供电不足就是噪声的来源之一。当然，你也可以认为旁路电容提供了高频噪声电流的低阻抗路径，从而避免了高频开关时需要向更远的电源索取瞬间电荷能量。

有一定经验的工程师都会发现：旁路电容的电容值大多数为 0.1μF（100nF），这也是数字电路中最常见的，如图 28.1 所示为 FPGA 芯片附近的旁路电容。

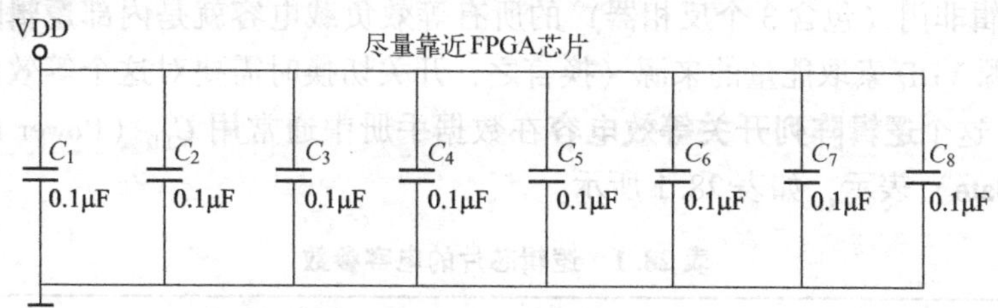

图 28.1　FPGA 芯片附近的旁路电容

那这个值是怎么来的呢？这一章我们就来讨论一下这个问题。

前面已经提到过，实际中的电容都有一定的自谐振频率。考虑到这个因素，作为数字电路旁路电容的容量，一般不超过 1μF。当然，容量太小也不行，因为储存的电荷无法满足开关切换时瞬间要求的电荷。那旁路电容的容量到底应该至少需要多大呢？我们用最简单的反相器逻辑芯片（74HC04）实例计算一下就知道了。

实际芯片中每个逻辑门的逻辑电路组成结构如图 28.2 所示（读者可参考任意厂家对应的数据手册，由 3 个反相器串联实现逻辑非门主要是为了提升速度，在微信公众号“电子制作站”发布的文章“逻辑门”中有详细阐述）。

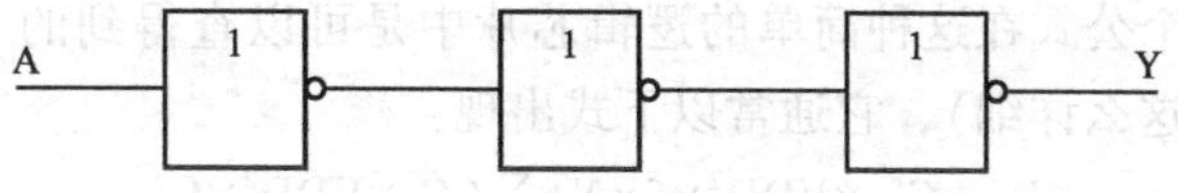

图 28.2　3 个反相器串接组成的逻辑非门

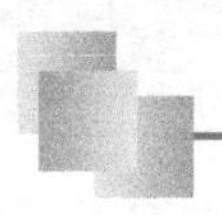

而每个 CMOS 反相器的经典结构如图 28.3 所示。

每个逻辑非门（Gate）由 3 个反相器串联组成，因此 CMOS 电路的结构如图 28.4 所示。

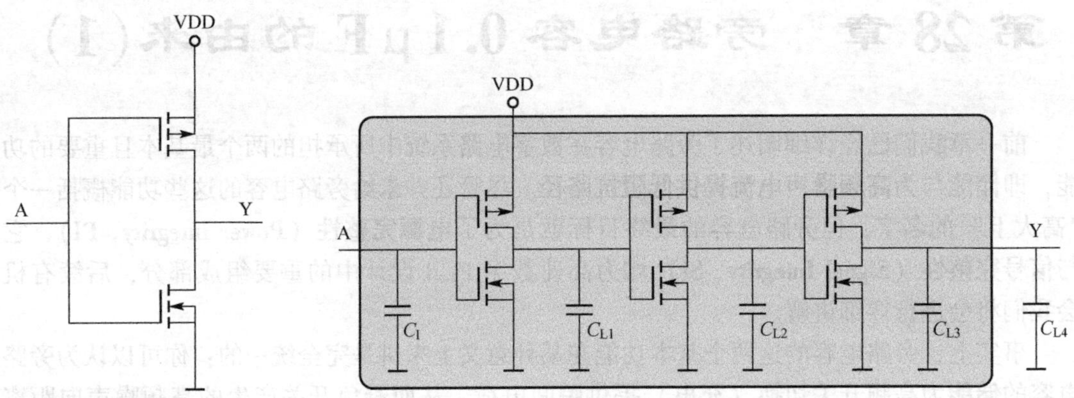

图 28.3　CMOS 反相器的经典结构

图 28.4　CMOS 电路的结构

图 28.4 中，C_I表示芯片信号引脚的**输入电容（Input Capacitance）**；C_{Li}表示**输出负载电容（Output Load Capacitance）**。对于每一级反相器，后一级反相器的输入电容 C_I作为前一级开关的输出负载电容。当然，反相器开关本身也会有一定的输出寄生电容，它们也包含在 C_{Li}内。一个逻辑非门（包含 3 个反相器）的所有等效负载电容就是内部**逻辑阵列开关**在切换时需要向电源 VDD 索取能量的来源（换言之，开关切换时需要对这个等效负载电容进行充放电操作），这个**逻辑阵列开关等效电容**在数据手册中通常用 C_{PD}（Power Dissipation Capacitance **Per Gate**）表示，如表 28.1 所示。

表 28.1　逻辑芯片的电容参数

符　号	参　数	典型值
C_I	最大输入电容	3.5pF
C_{PD}	等效功耗容量（每个逻辑门）	21pF

注意：在这个数据手册中，C_{PD}是一个逻辑非门（**Per Gate**）的开关等效电容。

在 74HC04 芯片中，C_{PD}就相当于是 C_{L1}、C_{L2}、C_{L3}的等效电容（不一定是简单的相加），而 C_{L4}取决于芯片外接的负载，即 C_{L0}。因此，我们也可以将电路等效为如图 28.5 所示的电路。

芯片内部逻辑阵列开关消耗的功率可由下式计算：

$$P_D = C_{PD} \times VDD^2 \times f$$

其中，C_{PD}就是数据手册中的逻辑阵列开关等效电容；VDD 就是逻辑阵列开关的供电电压；f 为逻辑阵列开关切换的时钟频率。

一般情况下，这个公式在这种简单的逻辑芯片中是可以查得到的（当然，并不是所有厂家的数据手册都会这么详细），它通常以下式出现：

$$P_D = C_{PD} \times VDD^2 \times f_i \times N + \sum (C_L \times VDD^2 \times f_o)$$

上式将功耗计算分成了两个部分，但结构是一模一样的。前面一部分与我们给出的公式

是相同的，表示**芯片内部逻辑阵列开关等效负载电容 C_{PD} 的功耗**，有多少个（N）输入信号就将功耗全部加起来。而后一部分与芯片外接负载 C_L 有关（也称为**等效 IO 开关电容**），输出引脚 I/O 连接有多少个负载，就将相应负载电容 C_L 的功耗全部计算起来，如图 28.6 所示。

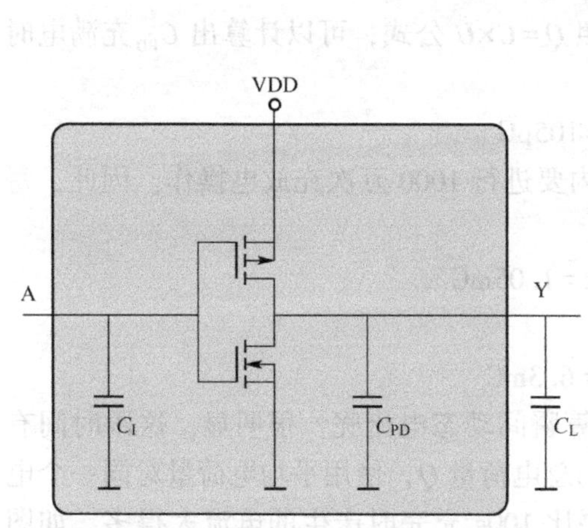

图 28.5　逻辑非门的简化电路图

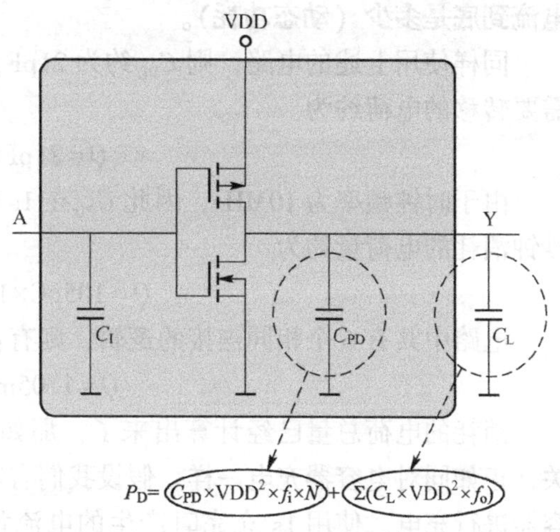

图 28.6　两种电容与公式的对应关系

有人问：输入电容 C_I 不计算进去吗？对于芯片输出引脚连接的负载而言，负载的输入电容 C_I 就是引脚的等效负载电容 C_L。输出连接（并联）的负载越多，则等效负载电容 C_L 就越大，消耗的功率也就越大，如图 28.7 所示。

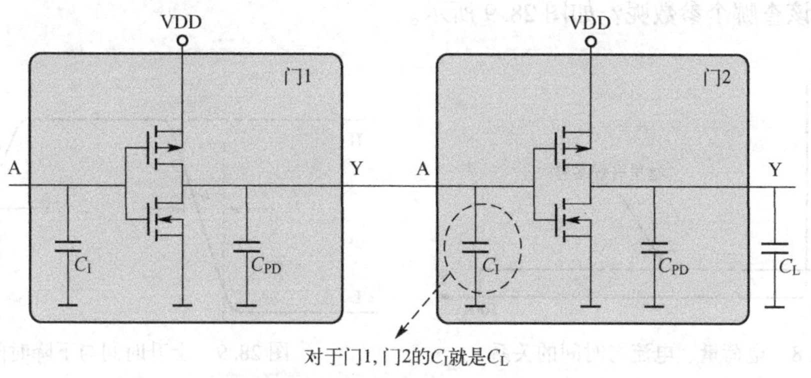

图 28.7　外接的负载输入引脚电容

一般而言，C_L（C_I）总是相对容易找到的，数据手册中通常都会有，因为输出连接什么负载你肯定是知道的，从对应的数据手册中即可找到输入引脚的寄生电容，但 C_{PD} 却不一会给出（特别是芯片的规模比较大时）。因此，我们在计算芯片的功耗时可能会分为芯片内与芯片外两部分。

假设 74HC04 芯片的电源供电电压 VDD＝5V，信号切换频率 f＝10MHz，逻辑阵列开关等效电容 C_{PD}＝21pF（数据手册里中单个逻辑门），在逻辑非门的输出没有连接负载的情况下（C_L＝0），每个逻辑非门（包含 3 个反相器）所消耗的功率为

$$P_D=C_{PD}\times VDD^2\times f=21\text{pF}\times(5\text{V})^2\times 10\text{MHz}=5250\mu\text{W}$$

上式计算的是芯片中一个逻辑门（**Per Gate**）的功耗。一个芯片包含 6 个逻辑门，因此功耗应乘以 6，即 5250μW×6＝31. 5mW。

我们也可以计算一下：**在单位时间（1s）内，74HC04 逻辑芯片消耗的总电荷量与瞬间电流到底是多少（动态功耗）。**

同样使用上述的电路，则 C_{PD}约为 21pF，按照 $Q=C\times U$ 公式，可以计算出 C_{PD}充满电时需要转移的电荷约为

$$Q=21\text{pF}\times 5\text{V}=105\text{pC}$$

由于时钟频率为 10MHz，因此 C_{PD}在 1s 时间内要进行 1000 万次充放电操作。因此，每秒钟消耗的电荷量约为

$$Q=105\text{pC}\times 10\text{MHz}=1.05\text{mC}$$

电路中共有 6 个相同连接的逻辑，则有：

$$Q=1.05\text{mC}\times 6=6.3\text{mC}$$

消耗的电荷总量已经计算出来了，那如何计算瞬间动态电流呢？很明显，这跟时间有关，正如同对电容器充电一样。假设我们有同样的总电荷量 Q，使用平均电荷量对同一个电容器进行充电，使用 1s 充完时产生的电流肯定要比 100s 充完时产生的电流大得多，如图 28. 8 所示。

等等，讲到这里，好像忘了一个重要的内容没提，稍等片刻，年纪大了，记忆力衰退，不好意思……哦，对了，刚才忘了告诉你一个公式了：$I=Q/t$（估计你也快忘了吧），一切尽在不言中，公式已经说明上面一大堆废话了。那如何获取这个时间值呢？只有查数据手册啦，那么应该查哪个参数呢？如图 28. 9 所示。

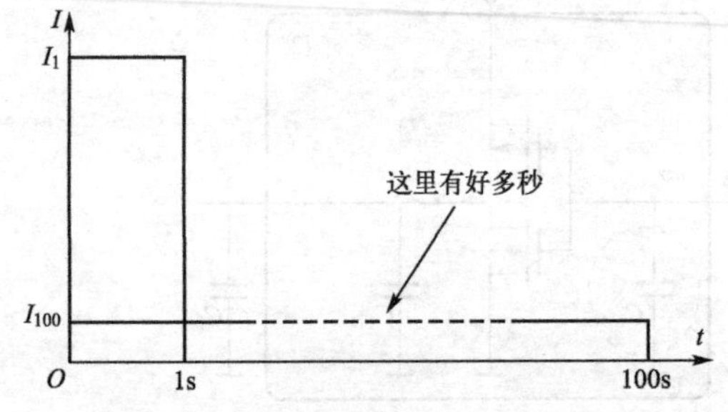

图 28. 8　电荷量、电流与时间的关系

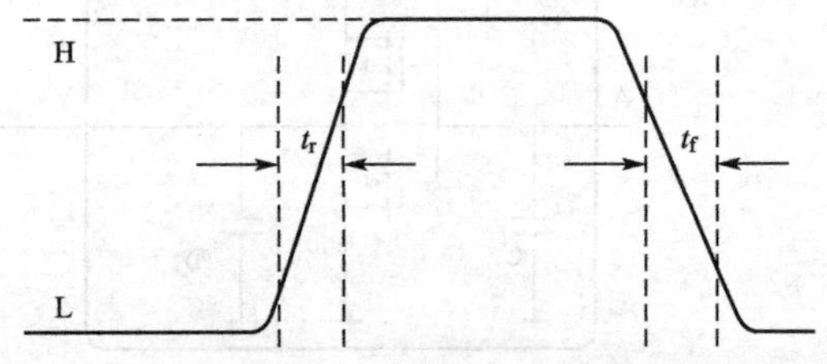

图 28. 9　上升时间与下降时间

当逻辑芯片的输出由低电平 L 切换至高电平 H 时，电源 VDD 对等效电容 C_{PD}进行充电操作，电容两端的电压逐渐上升。当电容两端的电压充满至电源 VDD 时，电容充满不再需要电荷量。当输出由高电平 H 切换至低电平 L 时也是类似的，只不过电容 C_{PD}是放电操作。

因此，我们要找的数据就是输出电平的上升时间或下降时间，也就是数据手册中的参数 t_{PHL}与 t_{PLH}（Propagation Delay Time），如表 28. 2 所示。

表 28. 2　传输延迟与转换时间

符　号	参　数	典　型　值
t_{PHL}/t_{PLH}	输出延迟时间	8ns
t_{THL}/t_{TLH}	输出转换时间	7ns

表 28. 2 中的输出延迟时间是 8ns，因此有：$I=Q/t=105\text{pC}\times6/8\text{ns}=78.75\text{mA}$（电荷量应以一次充电电荷为基准，而不是总电荷量）。也就是说，瞬间电流至少大于 78. 75mA，这个值比静态电流（2μA）高很多，如表 28. 3 所示。

表 28. 3　逻辑芯片静态电流

符　号	参　数	典 型 值
I_{CC}	静态供电电流	2μA

为什么不选择用输出转换时间（Output Transition Time）来计算瞬间电流呢？两者的区别如图 28. 10 所示。

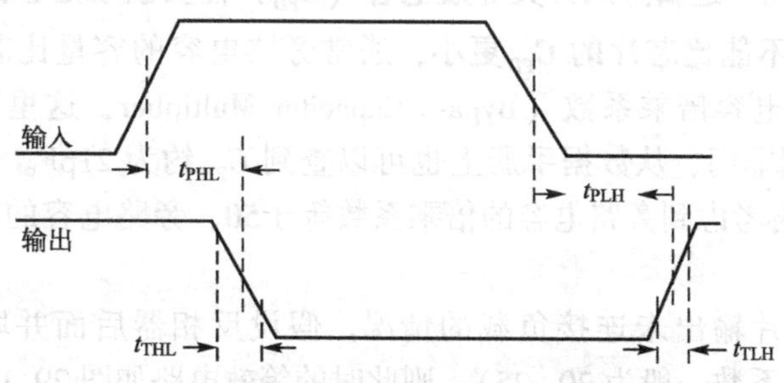

图 28. 10　延迟时间与转换时间

当然，这两个值通常相差并不大，因此计算出来的结果也相差不大，你怎么看？

我觉得您的时间参数选择更有道理一些，因为一个逻辑非门（Per Gate）内部包含了 3 个反相器，当输入电平发生变化时，它是从第一级开始向后面进行信号的传递的，每一级都会经历充电或放电的过程，也都将会消耗一定的电荷量，所以应该选择传输延迟时间，如图 28. 11 所示。

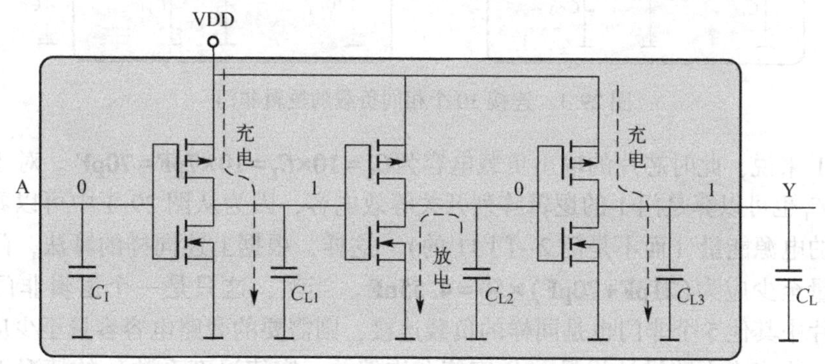

图 28. 11　逻辑非门内部的充放电状态

如果选择输出转换时间来计算，那只是最后一级反相器的电平转换时间，计算结果没有包含前面两个反相器的电荷量消耗。

最基础的数据计算方法我们已经知道了，下一章我们来讨论一下旁路电容的容量估算方法。

第 29 章 旁路电容 0.1 μF 的由来(2)

前面已经介绍了相关的理论基础知识，接下来我们用两种方法估算旁路电容的最小容量。

1. 第 1 种方法

第 1 种方法的思路：**逻辑阵列开关等效电容（C_{PD}）需要获取足够的电荷能量，那芯片旁路电容的容量必定不能比芯片的 C_{PD} 更小**，通常旁路电容的容量比芯片的 C_{PD} 大25~100倍，我们称其为旁路电容倍乘系数（Bypass Capacitor Multiplier，这里取中间数**50**）。由于74HC04 包含 6 个逻辑非门，从数据手册上也可以查到 C_{PD} 约为 21pF。因此，芯片的 C_{PD} 应为 21pF×6＝126pF，再考虑到旁路电容的倍乘系数等于**50**，旁路电容的容量必须大于 126pF ×**50**＝6. 3nF。

以上计算的是芯片输出未连接负载的情况。假设反相器后面并联了 10 个逻辑非门（CMOS 门电路的扇出系数一般为 20~25），则此时的等效电路如图 29. 1 所示。

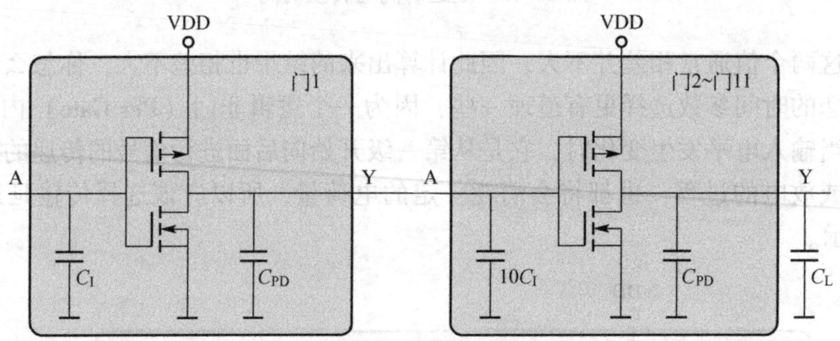

图 29. 1　连接 10 个相同负载的逻辑非门

对于门 1 来说，此时芯片的输出负载电容为 $\mathbf{C_L=10\times C_I=10\times 7pF=70pF}$ 。对于整个系统而言，这个 C_L 也可以算是门 1 的逻辑阵列开关等效电容，因为从图 29. 1 中可以看出，它消耗的是门 1 的电源能量（而不是门 2~门 11 的）。这样，根据上述同样的算法，门 1 外接旁路电容的容量至少应为 **(21pF+70pF)×50＝4. 55nF** 。当然，这只是一个逻辑非门的计算结果。如果芯片中其他 5 个非门也是同样的负载连接，则需要的旁路电容容量至少应为**4. 55nF ×6＝27. 3nF**。在考虑电路设计裕量（如容值允许偏差、容值温度系数）的情况下，我们可以直接选择 100nF 的旁路电容。

那功耗 P_D 计算的意义在哪里？ 前面我们使用的型号为 74HC04 的逻辑芯片够简单，所以数据手册里提供了 C_{PD} 的具体值，但在更多的应用场合下是没有办法**直接获取**这个值的。接下来我们看看更大规模集成芯片的情况。

大规模逻辑芯片的旁路电容容量的计算原理也是大体一致的，逻辑阵列开关每秒转换的次数至少会以百万来计算（MHz）。我们以 ALTERA 公司的 FPGA CYCLONE Ⅳ EP4CE6 芯

片为例计算外接负载时**负载电容**(为什么不包括内部逻辑开关阵列等效电容 C_{PD}？下面会提到）所消耗的功率。

假设IO供电电源电压VCCIO为3.3V，时钟频率为100MHz，负载数量为**30**个（也就是输出外接了负载的IO引脚），输出引脚的平均负载电容为10pF，则旁路电容的容量至少应为10pF×**30**×**50**=15000pF=15nF。

对于FPGA之类的大规模集成芯片，内核电压VCCINT或IO电压VCCIO都会有多个，如果计算某一个电源引脚所需的旁路电容的容量，则还需要除以这些电源引脚的个数，如表29.1所示。

表29.1　CYCLONE IV芯片的电源引脚数量

引　脚　名	F256/U256	E144
VCCINT	8	8
VCCIO1	2	1
VCCIO2	2	1
VCCIO3	3	2
VCCIO4	3	2
VCCIO5	2	1
VCCIO6	2	1
VCCIO7	3	2
VCCIO8	3	2

不同封装芯片的VCCIO数量是不一样的，F256/U256(BGA）封装有20个，而E144(QFP）封装只有12个。但是FPGA的VCCIO是按BANK来供电的（VCCIO后面带的那个数字相同，表示BANK相同，不了解FPGA的读者不必深究），不应该直接除以这个总数。对于E144封装，仅需要除以数量2就行了。因此，单个电源引脚所需要的旁路电容容量应至少为7.5nF。

我们可以借用灭火的**水龙头**来理解电源引脚需要的旁路电容值：**当芯片只有一个电源引脚时，相当于灭火的水龙头只有一个，而芯片有多个电源引脚时，相当于灭火的水龙头有多个，在火灾危害程度相同的情况下，需要灭火的用水量是一定的。因此，对于有多个水龙头的情形而言，单个水龙头需要的用水量需求就少了。当然，总的用水量肯定是一样的，即总的旁路电容值是不会变化的。**

上面只是计算芯片外接负载时需要的旁路电容容量，那如何计算内部逻辑阵列等效电容呢？**没有办法直接计算，除非知道具体的 C_{PD}**，但是这个值通常是不提供的，因为 C_{PD} 会随实际电路逻辑规模的大小与功能而有很大的不同。那就没有办法计算了吗？不！

我们可以用测量仪器实际测量出FPGA芯片在具体逻辑功能应用时所消耗的动态功率 P_D，或使用配套的功耗分析软件进行功耗的计算。总而言之，**芯片逻辑阵列开关等效电容的功耗 P_D 总是可以获取出来的**，再根据之前的功耗计算公式反推出 C_{PD}，如下所示：

$$C_{PD}=\frac{P_D}{\mathrm{VDD}^2\times f}$$

只要得到了 C_{PD}，就可以根据前述方法估算出旁路电容的大小了，简单吧！

假设内核 VCCINT 消耗的动态功率为 4W，内核供电电压 VCCINT 为 1.2V，系统时钟频率为 100MHz，则 C_{PD}的计算如下所示：

$$C_{PD}=\frac{4W}{1.2V^2\times100MHz}=27.8nF$$

27.8nF 已经不小了，再考虑到旁路电容的倍乘系数 50，则旁路电容的总容量至少应为 **27.8nF×50=1390nF=1.39μF**。因此，动态功耗越大的数字逻辑芯片需要在附近放置更多的旁路电容。

2. 第 2 种方法

第 2 种方法是：**假定旁路电容的电荷量能将 VDD 的变化量维持在某一特定范围内（如 VDD 仅变化 0.1V），我们根据逻辑阵列开关等效电容 C_{PD}的电荷消耗需求来估算旁路电容的容值**，如图 29.2 所示。

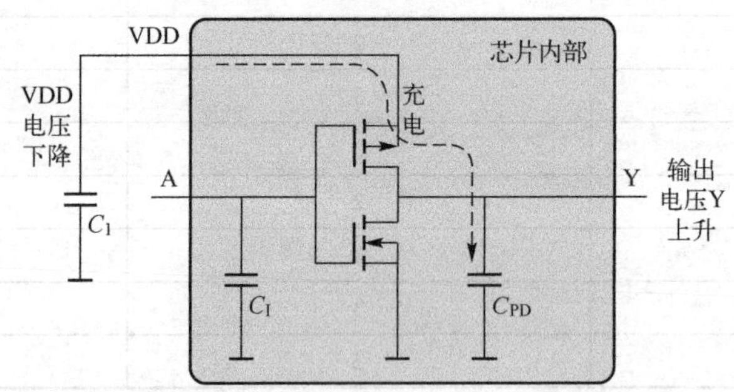

图 29.2　旁路电容中的电荷转移至开关等效电容

当上侧的 PMOS 晶体管开关打开时，VDD 电源对芯片逻辑阵列开关等效电容 C_{PD}充电，电容 C_{PD}两端的电压会上升，旁路电容 C_1两端的电压（VDD）下降，因为旁路电容 C_1的部分电荷已经转移到了 C_{PD}中。为了维持电压 VDD 的变化不超过 0.1V，我们可以根据需要转移的电荷量与 VDD 电压的允许变化量求出旁路电容的最小容量。

我们还是以一个逻辑非门驱动 10 个逻辑非门的情况来计算 C_{PD}，如图 29.3 所示。

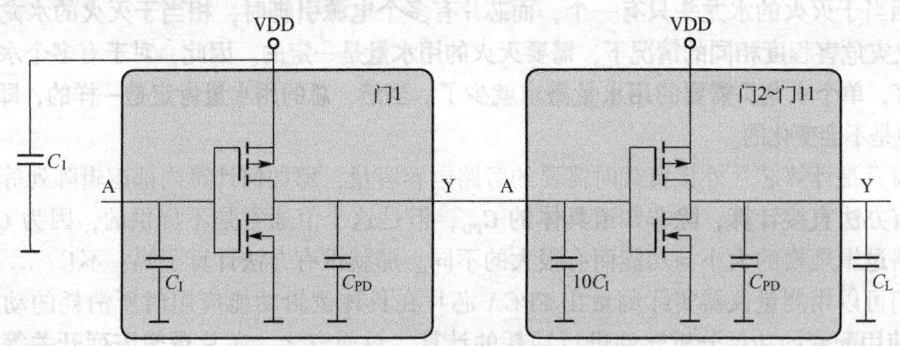

图 29.3　连接 10 个相同负载的逻辑非门

当门 1 的输出 Y 由低电平转换为高电平时，门 1 的芯片内部逻辑阵列开关等效电容 C_{PD}与后级并联的 10 个负载电容（$10\times C_I$）都将充电完毕，这个瞬间由旁路电容 C_1转移出的总

电荷量如下：

$$\Delta Q=(C_{PD}+10\times C_I)\times VDD=(21pF+7pF\times10)\times5V=4.55\times10^{-10}C$$

为了将电源电压 VDD 的变化抑制在 0.1V 以内，我们使用的旁路电容的容量应至少为

$$C_1\geqslant\frac{\Delta Q}{\Delta V}=\frac{4.55\times10^{-10}C}{0.1V}=4.55nF$$

如果芯片中的其他 5 个逻辑非门也是同样的负载连接，则旁路电容的最小容量应为 4.55nF×6=27.3nF。这个计算结果与前一种方法相差无几。在考虑设计裕量的情况下，我们同样也会直接使用 100nF（0.1μF）的旁路电容。

如果你对电子技术非常感兴趣，且喜欢阅读很多相关技术的书籍，还可能会看到另一种估算方法，也就是从旁路时间估算需要的旁路电容容值，表达式如下所示：

$$\Delta t=0.05\times C\times\frac{V^2}{P_D}$$

其中，Δt 表示电压值从电源电压下降到 5%时所花费的时间（单位：s）；C 表示旁路电容的容量（单位：F）；0.05 表示电源电压允许的下降量为 5%；P_D表示芯片的动态功耗（单位：W）；V 表示电源电压（单位：V）。

这个公式认为：旁路电容至少应该提供 5μs 的旁路时间，而在旁路时间过后，距离芯片更远的直流供电电源已经来得及给输出提供稳定的电平。

我们同样以第 1 种方法中的条件来计算一下：内核 VCCINT 消耗的动态功率为 4W，内核供电电压 VCCINT 为 1.2V，旁路时间为 5μs，因此有：

$$C=\frac{\Delta t\times P_D}{0.05\times V^2}=\frac{5\mu s\times4W}{0.05\times1.2^2}\approx278\mu F$$

计算出来的旁路电容值太“不靠谱”了，主要原因还是旁路时间的要求太长了。我们从 74HC04 逻辑芯片的数据手册中可以看到，传输延迟时间大约为 8ns，也就是说，这段时间内高低电平正在切换当中，我们的旁路电容只需要维持 8ns 即可，后续自然会有直流电源过来。同样，为了保证一定的设计裕量，我们最多需要 20ns（而不是 5μs），我们重新计算一下：

$$C=\frac{\Delta t\times P_D}{0.05\times V^2}=\frac{20ns\times4W}{0.05\times1.2^2}\approx1.111\mu F$$

这个结果与之前计算的值（1.39μF）已经很接近了。

事实上，这个公式的本质与我们介绍的第 2 种估算方法是完全一致的，我们可以稍微推导一下：

$$Q=C\times V \tag{1}$$

$$I=\frac{Q}{t}\rightarrow Q=I\times t \tag{2}$$

$$P=V\times I\rightarrow V=\frac{P}{I} \tag{3}$$

将式（2）与式（3）代入式（1），调整后则有：

$$t=\frac{Q}{I}=\frac{C\times V}{\left(\frac{P}{V}\right)}=\frac{C\times V^2}{P}$$

与方法2唯一不同的是电压允许的变化量。方法2使用0.1V的绝对电压下降量，而这个公式取电源电压的5%。如果是5V供电，那么电源电压允许的下降量为0.25V（电压允许下降量越大，则需要的旁路电容容量就相对小一些）。

事实上，以上两者估算的本质是完全相同的。我们同样可以用水龙头的比喻来理解旁路电容容量的计算原理，但同一道菜上得太多就没意思了，我们换另一道菜来吃：

假设芯片逻辑开关总的等效电容 C_{PD}（不仅包括芯片本身的 C_{PD}，也包括负载总电容 C_L）相当于一个取水的杯子，而旁路电容 C_1 相当于储藏水源的地方，我们认为储水之地的水位相当于电源电压VDD，如果储水之地是一个盛满水的小碗，那么 C_{PD} 这只杯子从小碗中取一杯水（也就是 C_{PD} 充满电的总电荷）后，小碗中的水位就会下降（相当于电源VDD下降），因为两者储水的空间相差并不大，而如果储水之地是一大缸水，那么 C_{PD} 这只杯子从中同样取一杯水，这缸水的水位变化会非常小。因此，如果你想要这个水位（VDD）变化越小，则储水之地的容水量（旁路电容的容量）就必须比杯子的容水量（总的等效电容 C_{PD}）要大得多。

看来旁路电容的所有知识已经被你掌握了，然而旁路电容的PCB布局布线会实实在在地影响旁路电容的功能发挥，下一章我们就来详细了解一下这方面的知识。

第 30 章　旁路电容的 PCB 布局布线

前面使用了较多的篇幅介绍旁路电容的工作原理及其选择依据，我们已经能够为电路系统中相应的数字集成芯片选择合适的旁路电容。但在实际的应用过程中，旁路电容的 PCB 布局布线也会影响高频噪声旁路功能的充分发挥。下面我们介绍旁路电容在 PCB 布局布线过程中应该注意的一些事项。

我们已经对旁路电容在高频工作下的等效电路及其原理做了一番介绍，其等效电路如图 30.1 所示。

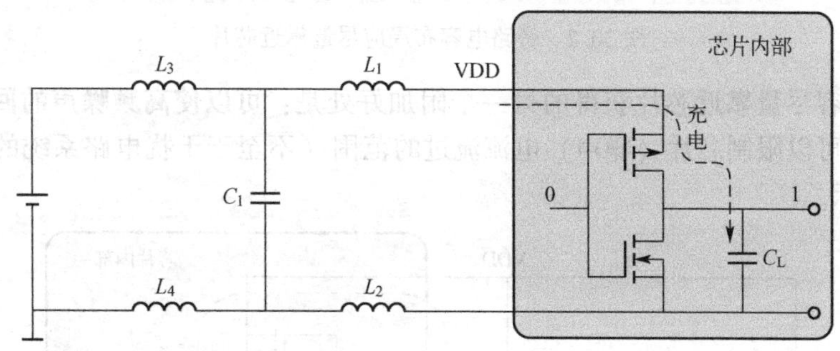

图 30.1　高频等效电路

图 30.1 中，C_1是给芯片配备的旁路电容；L_1、L_2、L_3、L_4是线路（包括过孔、引脚、走线等）在高频状态下的等效分布电感。这些分布电感对高频信号而言相当于是高阻抗，这对于前级过来的高频干扰的抑制是有好处的，但同时对芯片内部（后级）开关切换带来的干扰也是有抑制作用的。这种抑制作用在旁路电容（或更远的直流供电电源）与芯片之间形成了阻碍，使得 VDD 供电端无法及时获取足够电荷，继而导致 VDD 瞬间下降（变差）。

为了使旁路电容能够最大限度地发挥高频噪声旁路的作用，我们在进行 PCB 布局布线时应遵循一个最基本的原则：**使旁路电容与芯片之间的分布电感（L_1与L_2）尽可能小**。

PCB 走线电感的计算公式如下：

$$2\times L\times\left(0.5+\ln\frac{2L}{W}+0.2235\frac{W}{L}\right)\text{nH}$$

其中，L 表示走线长度；W 表示走线宽度。走线宽度 W 越大，长度 L 越小，则 PCB 走线的分布电感越小。从公式中可以看出，PCB 走线的分布电感随走线的长度几乎同比例变化（PCB 走线的长度减少 50%，相应的电感也将减少 50%），但走线宽度必须增加 10 倍才能减少 50%的电感。

因此，减小走线分布电感最直观且最有效的布线措施之一就是：**尽量缩短旁路电容与芯片之间的走线长度**，这也是为什么通常都要求将旁路电容与芯片尽可能靠近的道理，如图 30.2 所示。

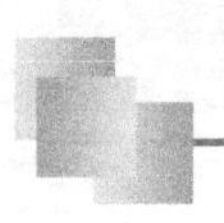

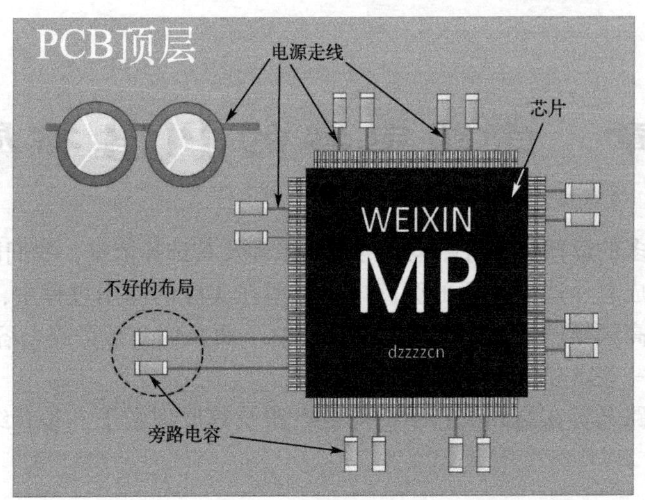

图 30.2　旁路电容布局应尽量靠近芯片

将旁路电容尽量靠近芯片获得的另一个附加好处是：**可以使高频噪声的回流路径最小化**。换言之，可以限制芯片（噪声）电流流过的范围（不至于干扰电路系统的其他部分），如图 30.3 所示。

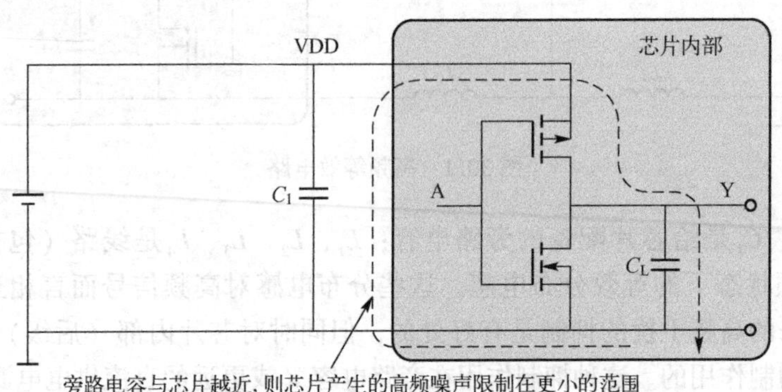

图 30.3　旁路电容限制高频噪声流经的范围

很多场合下，芯片产生出来的高频噪声频率范围比较宽，仅仅使用单一容量的旁路电容将无法有效削弱多种频率的叠加电流噪声。这时，我们可以将多个不同容量的旁路电容并联在一起，以获取较宽频率范围的低阻抗，这样得到的阻抗曲线如图 30.4 所示。

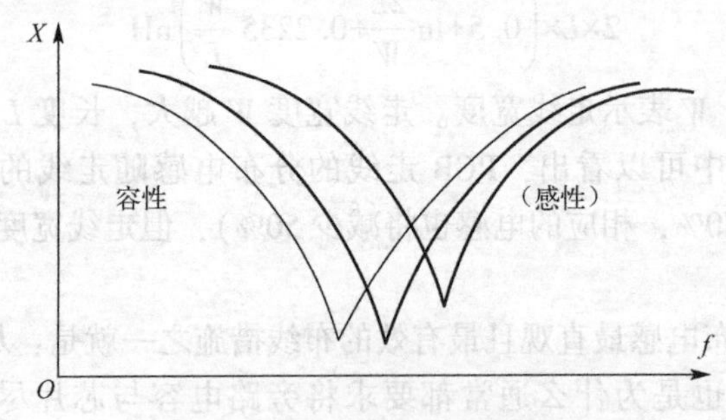

图 30.4　电容并联后的阻抗曲线

由于不同容量的旁路电容有不同的自谐振频率（在同等条件下，容量越小，则自谐振频率越高，前面已经讲解过，此处不再赘述），多个不同容量的旁路电容并联时，可以在更宽的频率范围内表现出对高频噪声的低阻抗。

多个旁路电容并联的方案在 PCB 中布局的基本原则是：**容量越小的旁路电容则越靠近芯片**，其基本布局如图 30.5 所示。

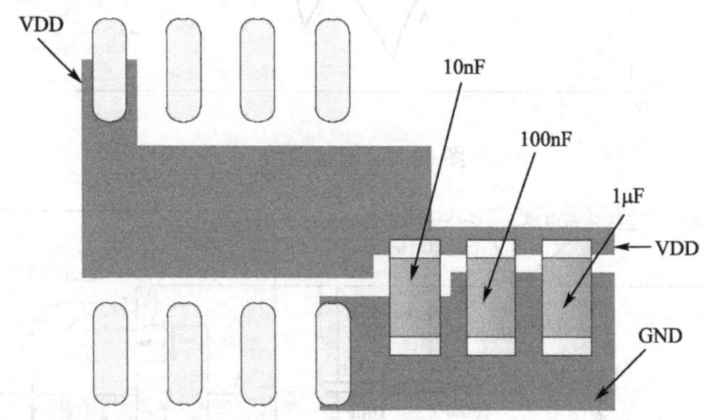

图 30.5　不同容量的电容器并联时的 PCB 布局

通常频率越高的噪声电流成分对电路稳定性的潜在威胁更大，因此我们将容量最小的旁路电容靠近芯片，使得频率最高的噪声回流路径是最小的。这样，多种频率不同的噪声电流环路面积均可通过各自合适的旁路电容而被限制，如图 30.6 所示。

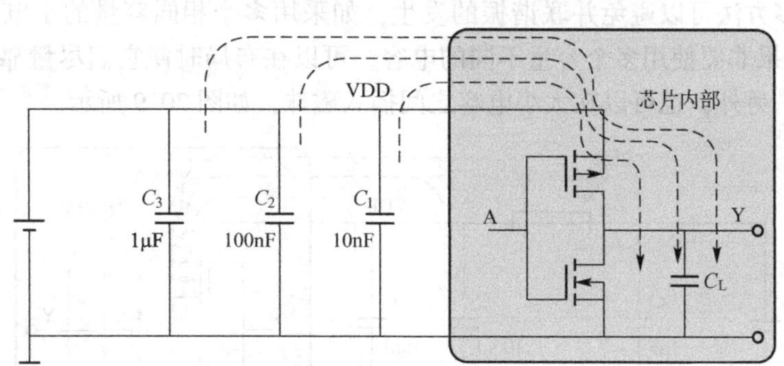

图 30.6　容量不同的旁路电容的不同噪声回路

但是，多个容值不同的电容并联时应该注意防止产生并联谐振（反谐振）现象。我们使用多个容值不相同的电容并联的本意是为了获得频率范围较宽的低阻抗，但很有可能会出现如图 30.7 所示的阻抗曲线。

总的阻抗曲线并不如我们想象中的那样都是低阻抗，而是有一个高阻抗点，它的来源就是并联的电容产生了并联谐振。对于阻抗曲线 A 而言，并联谐振点那一侧已经相当于是一个电感了，对于阻抗曲线 C 而言，它还是一个电容，此时的等效电路如图 30.8 所示。

大容量电容的等效电感与走线分布电感很有可能与相邻的电容发生并联谐振，从而达不到理想中的噪声旁路效果。

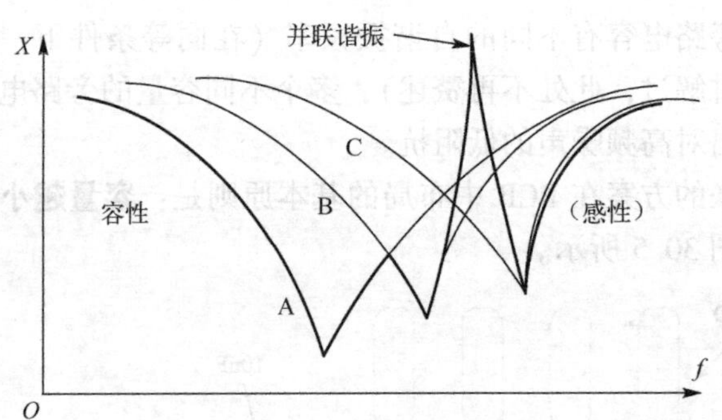

图 30.7　阻抗曲线

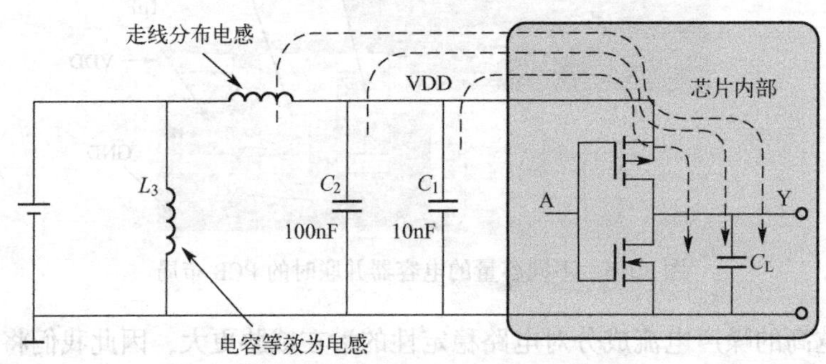

图 30.8　并联谐振的等效电路

我们有很多方法可以避免并联谐振的发生，如采用多个相同容量的小电容（而不是容量不同的），如果非要使用多个容量不同的电容，可以在布局时使它们尽量靠近，这样可以降低走线电感。另外，也可以在大小电容之间插入磁珠，如图 30.9 所示。

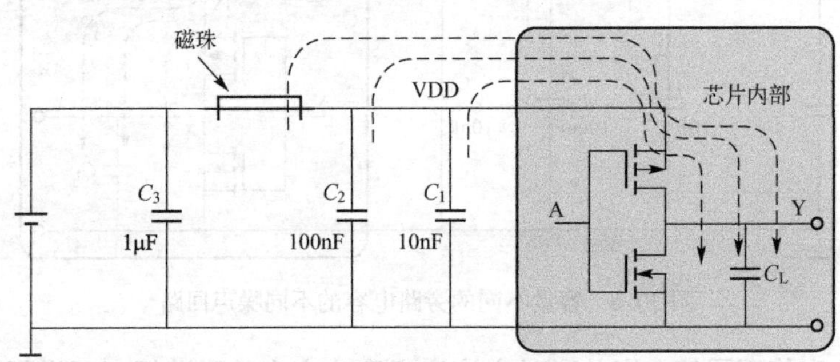

图 30.9　插入磁珠消除并联谐振

其次，**尽量加粗旁路电容与芯片之间电源与地的走线**。虽然从 PCB 走线电感公式中可以看出走线加粗的效果并不如走线长度缩短那么明显，但聊胜于无，饿的时候有块馒头吃也不错呀，其基本示意如图 30.10 所示。

这里我们也存在一个比较模糊的问题：**在进行旁路电容的 PCB 布局布线时，是应该先经过旁路电容再进入芯片引脚，还是先经过芯片引脚再进入旁路电容？**换言之，是旁路电容优先，还是芯片优先？如图 30.11 所示。

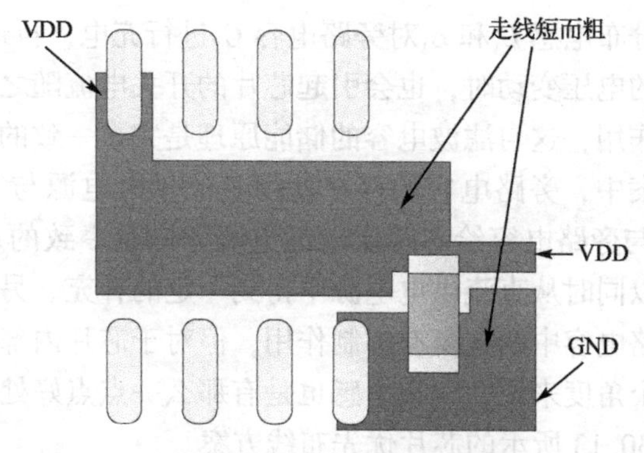

图 30.10　PCB 走线短而粗

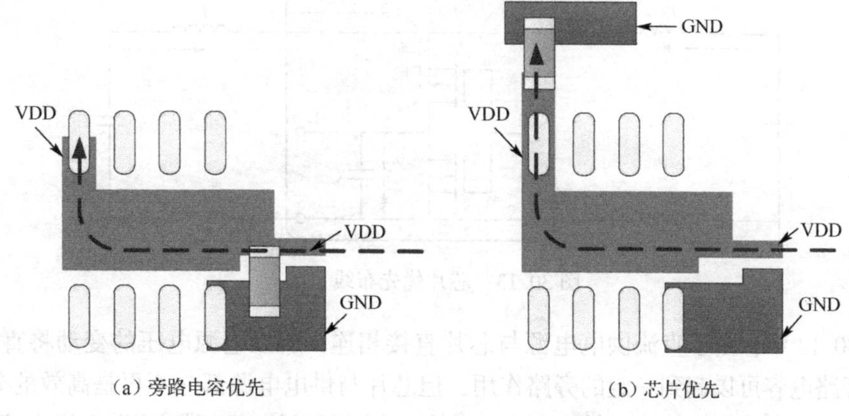

图 30.11　旁路电容优先与芯片优先

有人说：这不明摆着吗，旁路电容优先肯定要好一些，芯片优先那个地网络走线那么长。事实上，对于大多数高速数字 PCB 而言，使用的都是地平面与电源平面，通常都是直接打孔到平面层，两者的差距是不大的。

也有人说：滤波电容与旁路电容在电路中起的作用不一样，滤波电容在布线时应该按滤波电容优先的原则，而旁路电容的作用是提供高频回流路径，两种走法并没有多大的不同。

我们假设两种布线方案都采用最短的走线连接，那两种布线方案中旁路电容功能的发挥是否还有区别呢？我们只要把两者的等效电路画出来就明白了，如图 30.12 所示（旁路电容优先）。

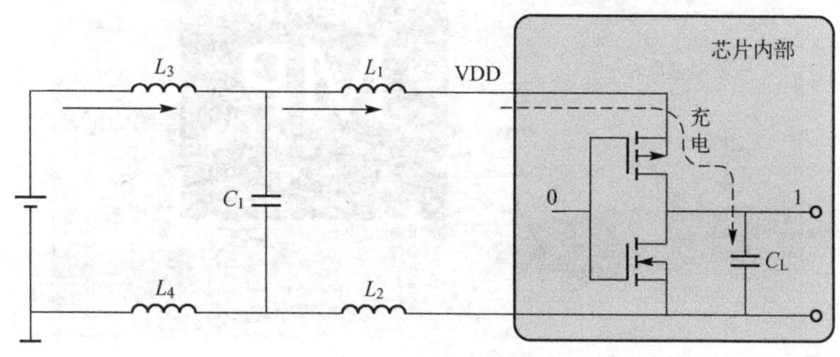

图 30.12　旁路电容优先的布局布线

直流供电电源经过分布电感 L_3 和 L_4 对旁路电容 C_1 进行充电，再通过分布电感 L_1 和 L_2 给芯片供电。当供电电源的电压变动时，也会引起芯片的开关电流随之变化。因此，旁路电容 C_1 能够起到补偿电荷的作用，这与滤波电容的储能原理是完全一致的。

旁路电容优先的方案中，旁路电容的存在使得直流供电电源与芯片实现了高效的分离（去耦），而且供电电源与旁路电容给芯片供电的电流方向是一致的。旁路电容在给芯片提供瞬间电荷期间，也可以同时从直流供电电源中得到一定的补充。另一方面，虽然分布电感 L_1 与 L_2 对于芯片获取旁路电容中的电荷有抑制作用，但对于芯片内部的噪声向外扩散的抑制也有一定的好处，从这个角度来说，分布电感也是有那么一点点好处的。

我们再来看看如图 30.13 所示的芯片优先布线方案。

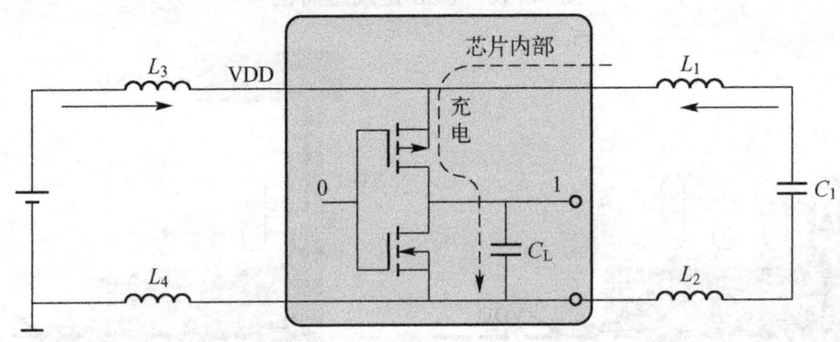

图 30.13　芯片优先布线方案

在图 30.13 中，由于直流供电电源与芯片直接相连，所以电源电压的变动将直接影响芯片。尽管旁路电容可以起到一定的旁路作用，但芯片与供电电源部分不再是高效的分离状态，而且供电电源与旁路电容给芯片供电产生的电流方向是相反的，不利于旁路电容电荷量的快速补充恢复。另一方面，分布电感 L_1 和 L_2 将对电流噪声的抑制没有任何好处（只有坏处）。

可以看到，旁路电容优先的布线方案相对而言更能够发挥旁路功能，然而我们常见的旁路电容的布局位置如图 30.14 所示（芯片优先）。

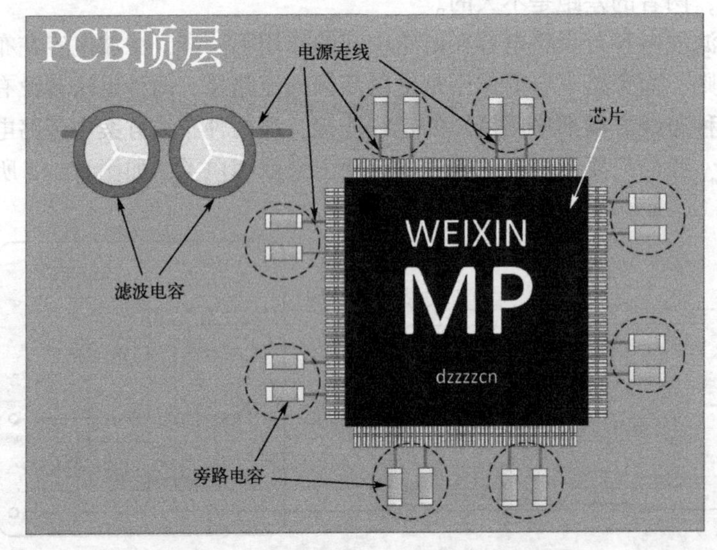

图 30.14　常见的旁路电容的布局位置

如图 30.14 所示，旁路电容放在芯片周围，芯片从电源引脚拉出与旁路电容连接。通常电源走线在芯片下面连接（芯片优先的布线方案），这其实是不得已而为之的，因为实际布线时采用旁路电容优先的布线方案不太现实，走线会复杂得多。

看来该讲的已经讲完了，然而还没完！每一个从事电子技术行业的工程师都知道，电感有自感与互感两种，前面我们讲的是如何降低自感。而事实上，芯片能否快速获取旁路电容的电荷量，不仅与自感有关，而且与整个环路的总电感有关。

假设信号路径与返回路径的自感如图 30.15 所示。

当信号路径与返回路径离得较远时，我们认为两个路径是没有耦合的，因此环路的总电感应为两个路径自感之和（L_1+L_2），这也是我们前面描述的情况。

然而，当两个路径离得较近时，其情况如图 30.16 所示。

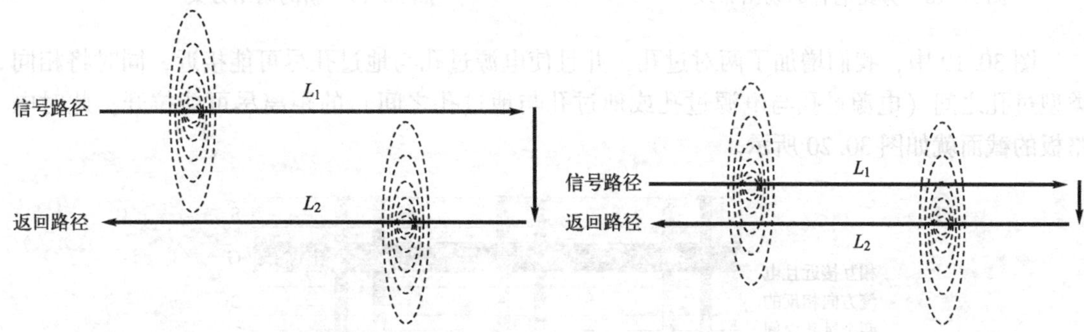

图 30.15　信号路径与返回路径的自感（1）　　图 30.16　信号路径与返回路径的自感（2）

由于信号路径与返回路径的电流是相反的，因此两者产生的磁场会相互抵消。换言之，两个路径之间有一定的互感 $L_{1,2}$。因此，此时的环路总电感量应为 $L_1+L_2-2L_{1,2}$。

这说明了什么呢？在高频条件下，分布电感的等效电路如图 30.17 所示。

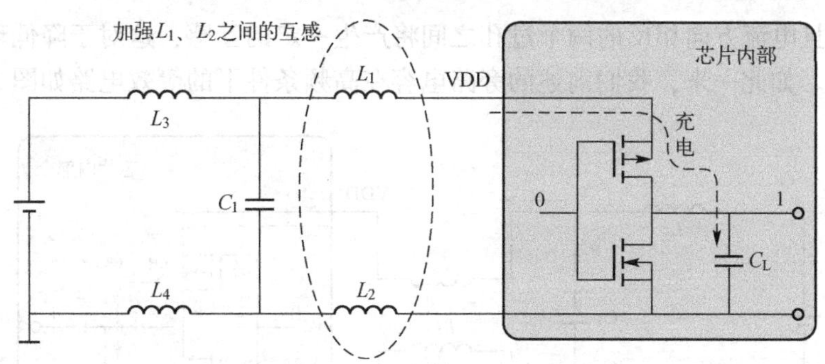

图 30.17　分布电感的等效电路

只要我们能够将分布电感 L_1 与 L_2 之间的互感加强，可以在一定程度上优化旁路电容的功能。在多层 PCB 设计中，我们通常使用过孔将旁路电容的电源和地引脚与相应的平面层连接（特别是很多 BGA 封装的芯片，旁路电容都是放在芯片的背面的），也就是常说的扇出过程，如图 30.18 所示。

为了降低旁路电容与芯片之间的环路总电感，我们可以采用如图 30.19 所示的扇出方案。

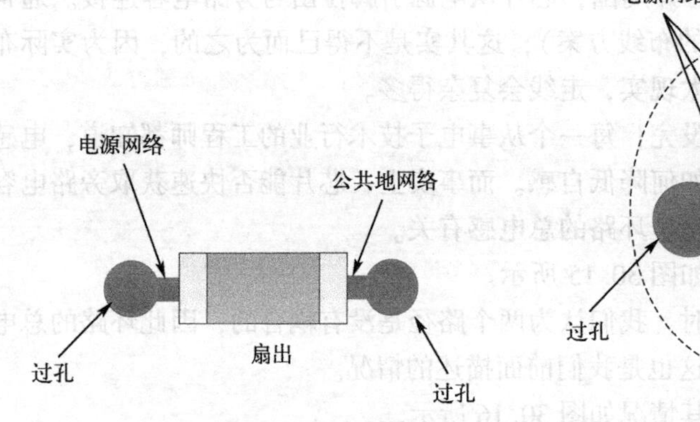

图 30.18　旁路电容的扇出布线

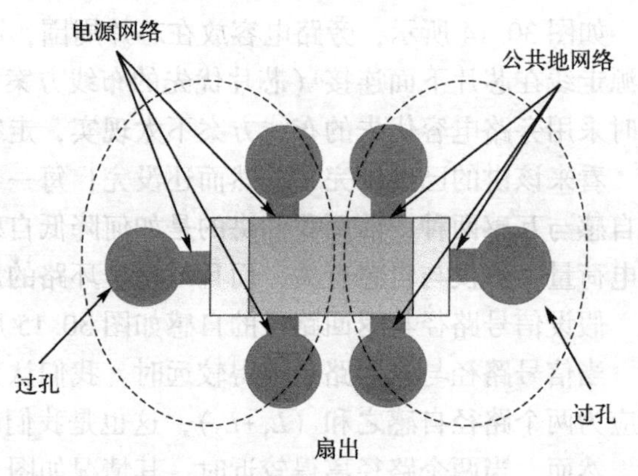

图 30.19　新的扇出方案

图 30.19 中，我们增加了两对过孔，并且使电源过孔与地过孔尽可能接近，同时将相同类型过孔之间（电源过孔与电源过孔或地过孔与地过孔之间）的距离尽可能拉开，此时电路板的截面就如图 30.20 所示。

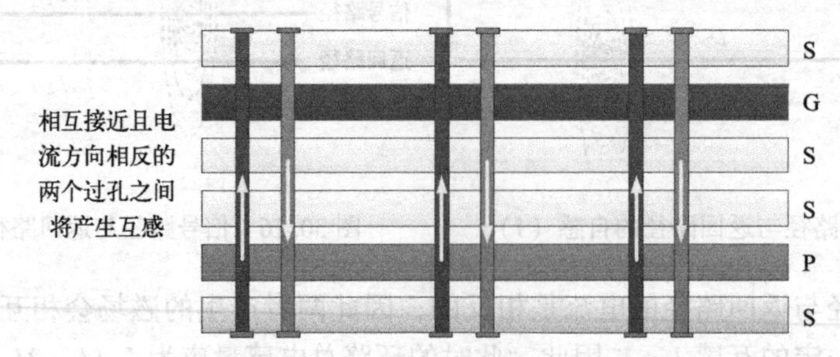

图 30.20　产生互感的相邻过孔

相互接近且电流方向相反的两个过孔之间将产生一定的互感，这对于降低环路总电感是有积极意义的。如此一来，我们前述的旁路电容在高频条件下的等效电路如图 30.21 所示。

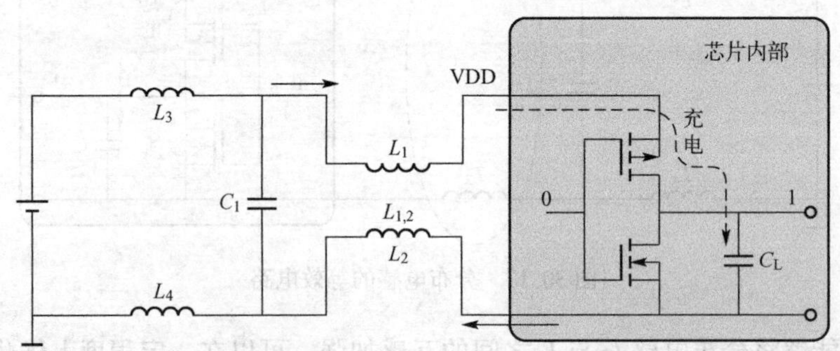

图 30.21　旁路电容在高频条件下的等效电路（分布电感之间的互感）

电源过孔与地过孔中流过的电流方向是相反的。因此，对于旁路电容 C_1 而言，环路总电感应为（$L_1+L_2-2L_{1,2}$），比单独使用两个过孔的方案（L_1+L_2）要小一些，如图 30.22 所示。

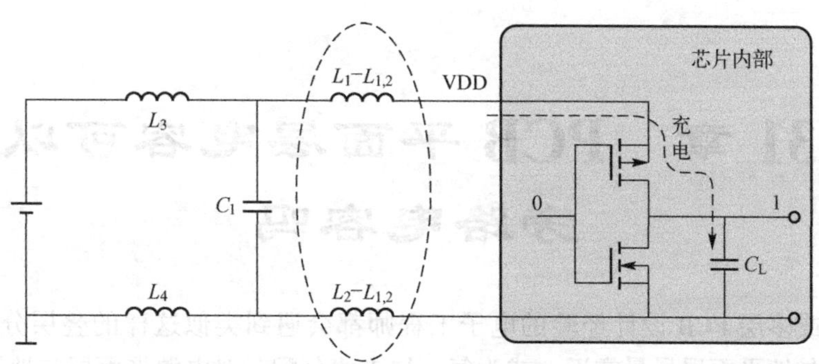

图 30.22　互感进一步降低环路总电感

当然，如果过孔间的中心距大于过孔的长度，那过孔之间的互感将非常小（可以忽略）。需要注意的是：**电流方向相同的过孔不应该靠近**，因为那样反而会增加环路电感，如图 30.23 所示。

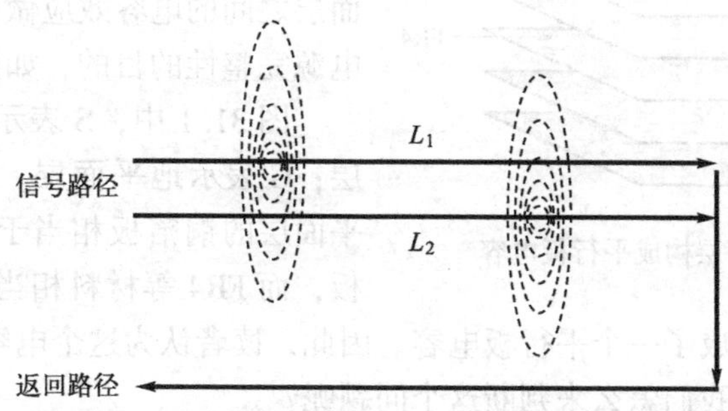

图 30.23　电流方向相同的耦合路径使环路总电感增加

图 30.23 中，由于电流方向相同，因此总的环路等效电感为（$L_1+L_2+2L_{1,2}$），这就是我们之前提到要将同类型电源过孔（或地过孔）之间的距离尽量拉开的原因。

我们很容易可以联想到高速数字设计中的多层电路板，电源平面与地平面之间的间隔越小，两者之间的互感就越大，环路总电感将减小，最终由噪声导致的电压瞬间波动将越小，这也是使用平面层带来的好处之一，如图 30.24 所示。

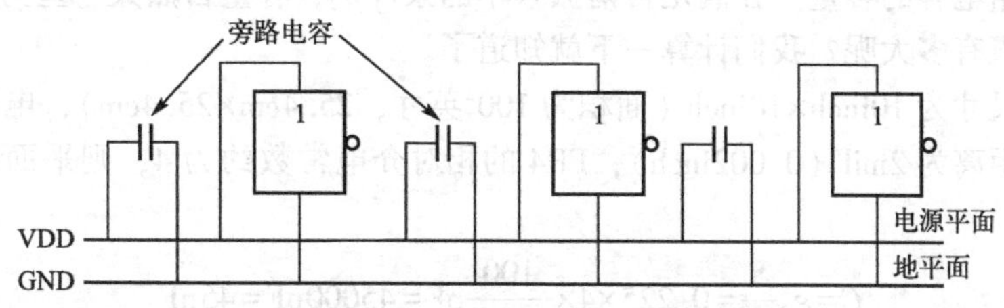

图 30.24　平面层降低分布电感

我们通常还遇到一种叫作去耦电容（Decoupling Capacitor）的器件，它与旁路电容的区别在哪里呢？后续有机会我们来谈谈这个问题。

第 31 章 PCB 平面层电容可以做旁路电容吗

有过高速或多层 PCB 设计经验的电子工程师都会遇到类似这样的叠层分配原则问题：将电源平面层与地平面层尽量靠近，或为每一层走线分配一对电源平面层与地平面层，以便更好地控制 PCB 阻抗或避免可能出现的电磁兼容性（Electromagnetic Compatibility，EMI）问题。

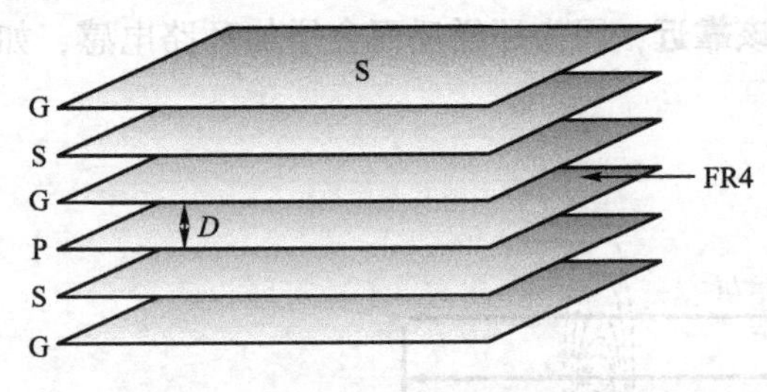

图 31.1　PCB 平面层构成平行板电容

大多数工程师也可能会有这样的理解：将电源层与地层相邻配置，可以利用两个平面层之间的电容效应做旁路（去耦），以达到电源完整性的目的，如图 31.1 所示。

图 31.1 中，S 表示走线层；P 表示电源层；G 表示地平面层。很明显，电源层与地平面层的铜箔板相当于平行板电容的两个极板，而 FR4 等材料相当于填充在平行板之间的电介质材料，它们构成了一个平行板电容。因此，读者认为这个电容可能具有噪声的旁路功能也是很正常的，那我们怎么来判断这个问题呢？

其实很简单，我们只需分析一下这个平行板电容可不可以提供有效的旁路功能就可以了。前面我们已经给出了旁路电容的两个依据：

首先，自谐振频率必须满足要求。很明显，平行板电容的自谐振频率是足够高的，因为平面层的电容就是利用平面层本身来做极板的，分布电感非常小，就算将平面层当成走线来计算分布电感，其他任何走线宽度都比不上平面层。换言之，如果其他旁路电容通过走线可以满足自谐振频率要求，用平面层没有理由不可以！

其次，旁路电容的容量。在满足自谐振频率的条件下，容量自然大一些为好，那平面层之间的容量大概有多大呢？我们计算一下就知道了。

假设板卡尺寸为 10inch×10inch（面积为 100^2 英寸，25.4cm×25.4cm），电源平面层与地平面层之间的距离为 2mil（0.002inch），FR4 的相对介电常数约为 4，则平面层电容的容量如下式：

$$C=\varepsilon_0\frac{S}{D}=0.225\times4\times\frac{100}{0.002}\text{pF}=45000\text{pF}=45\text{nF}$$

其中，0.225 就是自由空间（空气）的介电常数 ε_0，在第 1 章我们就介绍过，其值为 $8.854187817\times10^{-12}$F/m≈0.089pF/cm（公制），换算成英寸（英制）就是 0.225pF/in。45nF 容量与常用的 100nF 旁路电容比较接近。因此，平面层电容理应是可以起到旁路电容的作用的。

然而，我们使用的芯片总不会有 10inch×10inch 这么大的尺寸吧。1inch×1inch 比较常

见，因此平面层电容如图 31.2 所示。

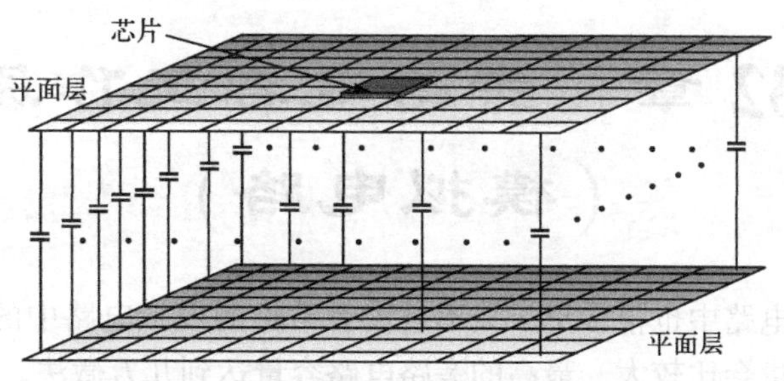

图 31.2　平面层电容（等效为多个小电容）

尺寸为 10inch×10inch 的平面电容相当于 100 个 1inch×1inch 形成的平面电容，但这 100 个平面电容并不能够全部为芯片服务。因为我们之前已经提过：旁路电容应该与相应的芯片尽量靠近，以获得较好的旁路作用。换言之，我们可以认为在这 100 个平面电容中，只有 9 个电容可以比较好地为芯片服务（假设是最好的情况），如图 31.3 所示。

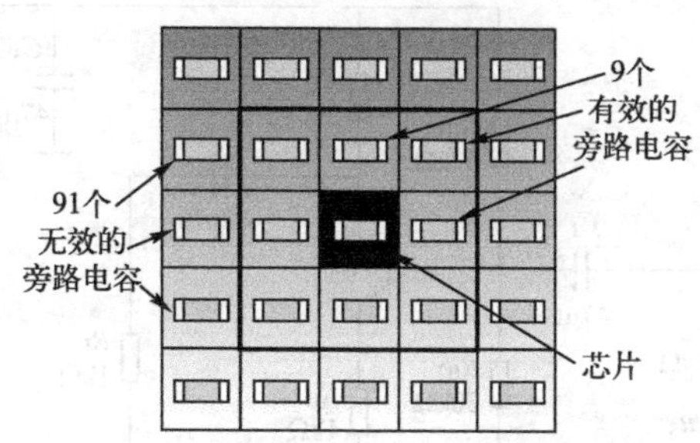

图 31.3　有效与无效的旁路电容

如此一来，平面层之间的有效旁路电容只有总电容的 9/100，即 45×9/100＝4.05nF，每平方英寸的电容量只有 0.45nF。

这个结果已经很糟糕了！然而还有更糟糕的情况！前面我们使用的平面层之间的距离为 2mil，这种厚度几乎要接近 PCB 层压工艺的极限了。换言之，我们平常使用的多层 PCB 是不会有这么薄的。常用的 PCB 设计中，8～10mil 还是比较常用的。我们假设距离为 8mil（给你面子取了个较小值），则有效的旁路电容值进一步下降到原来的 1/4，即 4.05nF/4≈1nF，而每平方英寸的电容量就只有约 0.1nF＝100pF。

1nF 的电容量还是按照最好的情况来计算的（9 个分布电容），实际上有效的分布电容可能只有一个，有效的旁路电容量就是一个平方英寸的电容量 100pF。这个电容量实在是太小了，芯片内部本身集成的电容量通常都比这个值要高得多。因此，对于我们通用的多层 PCB 设计而言，平面层能够起到的旁路作用意义不是太大，主要作用还是提供连续的阻抗路径。

第 32 章　旁路电容工作原理（模拟电路）

旁路电容在模拟电路中也很常见，只不过读者常见的模拟电路中的信号频率都比较低。因此，旁路电容的容量会比较大，最高的旁路电路容量达到几万微法。当然，如果模拟信号的工作频率比较高，则旁路电容的容值也会很小（皮法级，比数字电路中常见的 0.1μF 容量还要小得多），但无论实际中应用电路的具体形式如何，旁路电容基本的工作原理与我们在数字电路中讲解的旁路电容也是一样的，下面我们举几个例子讲解一下。

最经典的应用电路案例莫过于基本共发射极放大电路，如图 32.1 所示。

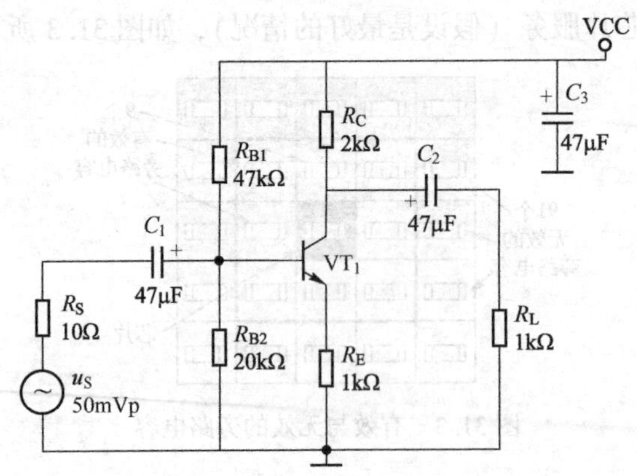

图 32.1　基本共发射极放大电路

发射极电阻 R_E 的作用是交直流负反馈。其中，直流负反馈用来稳定电路的静态工作点，而交流负反馈可以用来提升放大倍数的稳定性、改变输入输出电阻及展宽频带等。但是，这些交流参数的提升是以牺牲电压放大倍数为代价而得到的，该电路的电压放大倍数如下：

$$A_v = -\frac{\beta(R_c \parallel R_L)}{r_{be}+(1+\beta)R_E}$$

你可以去掉发射极电阻 R_E 来提升电路的交流信号放大倍数，但同时你将失去静态工作点的稳定性。常言说得好，鱼与熊掌不可兼得，然而这里我们就要打破这条规则，只需要在发射极电阻旁边并联一个合适的电容就可以了，如图 32.2 所示。

在发射极电阻 R_E 两端并联一个旁路电容 C_4 后，交流信号将从 C_4 旁路而过，而只有直流从 R_E 中通过，不但保留了放大电路静态工作点的稳定性，也获得了较高的电压放大倍数，此时电路的电压放大倍数如下式：

$$A_v = -\frac{\beta(R_c \parallel R_L)}{r_{be}}（有旁路电容C_4时）$$

功放电路中也经常在电源线上增加并联电容的容量，有时容量还非常大（几万微法是

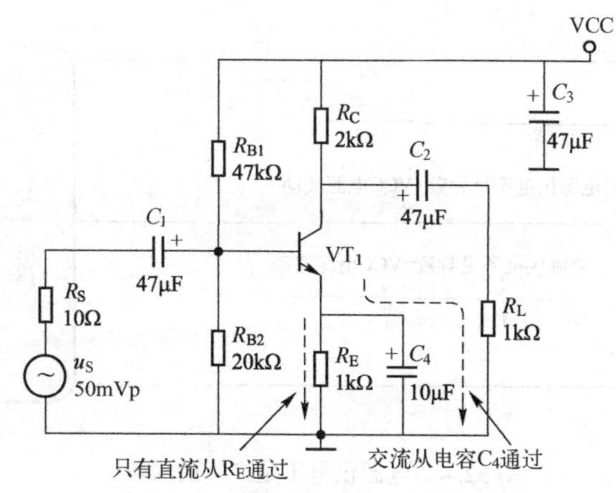

图 32.2 发射极电阻并联的旁路电容

常有的事），它与图 32.2 中的旁路电容 C_3的工作原理是一致的，只不过负载消耗的功率越大，旁路电容的容量需求也就会越大，如图 32.3 所示。

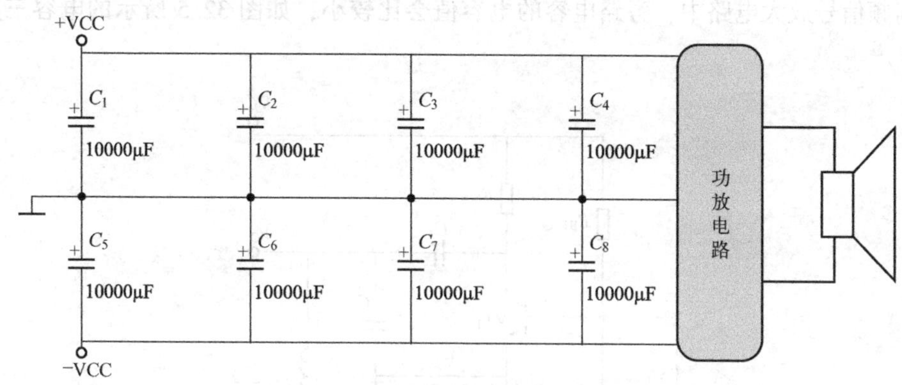

图 32.3 功放电源并联的大容量旁路电容

功放，就是功率放大的意思，其实就是放大带负载的能力，也就是增大能够输出的电流。这与运算放大器不一样，运算放大器大多属于电压放大，能够驱动几十毫安的负载就已经很不错了。而功放电路驱动的负载少则几百毫安，多则几十安培，特别是瞬间需要的电能很大。如果供电电源不能够及时提供负载需要的能源，就会在电源线上产生噪声，如图 32.4 所示。

供电电源都不稳了，何谈功放电路的音质。就如同火车的两条铁轨都在晃动，怎么能够保证安全运输呢。所以很多大功率音响都会在电源线上并联几个大电容，也就是所谓的大水塘电容，平时大水塘电容都在 VCC 电源下充电。当负载对瞬间大电流的需求到来时，由这些大水塘电容承担供电的责任，这些大电容并不是用来对输入电源进行滤波的（后续会有详述）。

有人说：我看你讲的这个旁路原理好像跟数字电路中的旁路原理很相似，它们也是由于信号放大引起瞬间供电电流不足而引起的，这两者有什么区别吗？

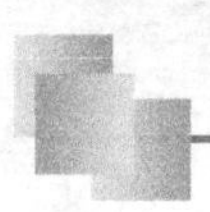

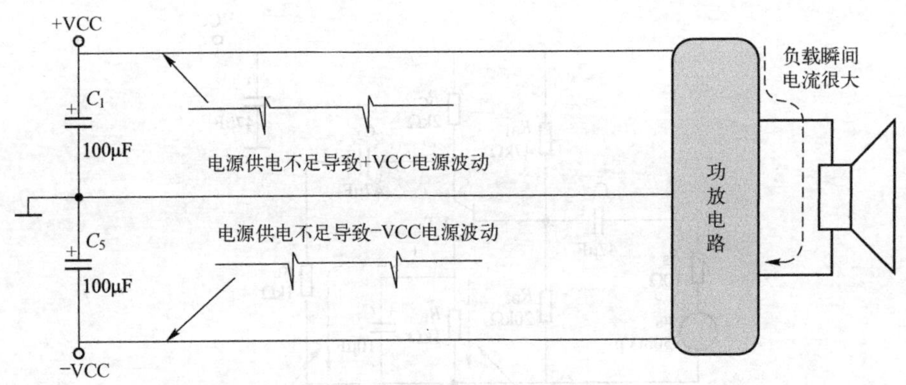

图 32.4　电源供电不足产生的噪声

问得好，说明你边看书边思考了，这里我可以郑重地回答你：没有区别！只不过功放电路的瞬间电流大，而噪声频率成分相对低一些（因为放大的是模拟信号，而不是数字信号）。所以，用的都是大容量旁路电容而已，基本原理都一样。

在高频信号放大电路中，旁路电容的电容值会比较小，如图 32.5 所示的电容三点式振荡电路。

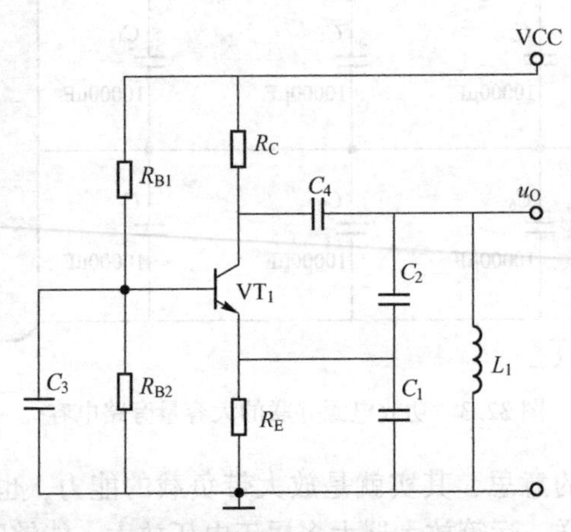

图 32.5　电容三点式振荡电路

图 32.5 中，C_3就是旁路电容。在交流通路下，C_3旁路掉基极电阻 R_{B1}与 R_{B2}（相当于短接），使得电容三点式选频网络分过来的正反馈信号能够直接到达基极进行放大，以满足电容三点式振荡电路的幅度条件。在振荡频率为兆赫兹级别时（很常见），这个电容的大小可能 1nF 都不到，后续我们会详细讲解电容三点式振荡电路。

如果你对电子技术很感兴趣，常常阅读这方面的各种书籍，或经常从网上搜索资料，你肯定会发现有这样一个有趣的问题：网络上有很多讲解去耦电容的应用经验，它们表达的意思与我们讲解的旁路电容的意思完全一样，这到底是什么情况？难道这里讲错了吗？这书买得太冤了！慢着，下一章我们就来断一下这“六月飞雪”冤案。

第33章 旁路电容与去耦电容的联系与区别

摆在你面前的就是这么一个看似简单的问题：**旁路电容与去耦电容有什么联系与区别？**

不客气地说，大多数读者都无法明确地给出清晰答案，连很多所谓的资深工程师也不能幸免。

于是乎，好像早就约定好的一样，一窝蜂地打开浏览器到网上搜索相关资料，试图找出问题的答案，然而不幸的是，网上所谓的经验未必是正确的，而且也不知道这些所谓的经验最开始是谁写的，反正网络上都是大把大把的转载，一点新意都没有。这里可以肯定地说：关于这个问题的信息多种多样，甚至很多好像都是矛盾的。然而，就算你全部浏览完还是不会有什么清晰答案，甚至很多人更糊涂了。

我们看看网络上关于这个问题的主流说法是什么，先来开一次点评大会，再来给出我们的最终答案（一家之言，仅供参考，请勿对号入座）。

（1）在电子电路中，去耦电容和旁路电容都可以起到抗干扰的作用，电容所处的位置不同，称呼就不一样了。对于同一个电路来说，旁路（Bypass）电容把输入信号中的高频噪声作为滤除对象，把前级携带的高频杂波滤除，而去耦（Decoupling）电容也称退耦电容，把输出信号的干扰作为滤除对象。

点评：如果不出意外，还有类似如图33.1所示的电路来对上述文字进行补充说明。

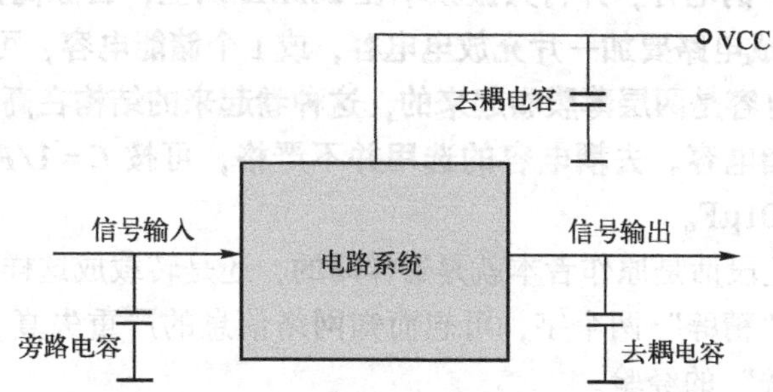

图33.1　按照位置不同而区分旁路电容与去耦电容

真是图文并茂、叙述详尽、鞭辟入里、入木三分，这种说法可能很容易被大多数工程师所接受。然而，从电容所处位置的不同来说明去耦电容与旁路电容的区别还是很勉强的。换言之，不赞同这种说法！

（2）去耦电容和旁路电容没有本质的区别，电源系统的电容本来就有多种用途。从为去除电源耦合噪声干扰的角度看，可以把电容称为去耦电容（Decoupling）；如果从为高频信号提供交流回路的角度考虑，可以称为旁路电容（Bypass）。电源引脚附近的电容主要是为了提供瞬间电流，保证电源与地的稳定。当然，对于高速信号来说，也有可能把它作为低

阻抗回路。例如，对于 CMOS 逻辑电路结构，在低电平到高电平的跳变信号传播时，回流主要从电源引脚流回。如果信号是以地平面作为参考层的，则在电源引脚的附近需要经过这个电容流入电源引脚。因此，对于 PDS（电源分布系统）的电容来说，称为去耦电容和旁路电容都没有关系。

点评：这个信息应该还是比较中肯的，与第 27 章“旁路电容工作原理（数字电路）”中表达的意思相当接近，但仍然没有明确指出两者的区别。那旁路电容与去耦电容有区别吗？当然有！区别大了！

（3）去耦和旁路都可以看作滤波。去耦电容相当于电池，避免由于电流的突变而使电压下降，相当于滤波。具体容值可以根据电流的大小、期望的纹波大小、作用时间的大小来计算。去耦电容一般都很大，对更高频率的噪声基本无效。旁路电容就是针对高频来的，也就是利用了电容的频率阻抗特性。电容一般都可以看成一个 RLC 串联模型，在某个频率会发生谐振，此时电容的阻抗就等于其 ESR。如果看电容的频率阻抗曲线图，就会发现一般都是一个 V 形的曲线。具体曲线与电容的介质有关，所以选择旁路电容还要考虑电容的介质，一个比较保险的方法就是多并联几个电容。

点评：不知道谁说去耦电容一般都很大的，100nF 的去耦电容不是很常用的吗？既然去耦和旁路都可以看作滤波，那旁路电容在工作时不也有储能作用吗？也应该相当于一个电池！那两者的区别到底是什么？

（4）去耦电容在集成电路电源和地之间有两个作用：一方面是集成电路的储能电容，另一方面旁路掉该器件的高频噪声。数字电路中典型的去耦电容值是 0.1μF，这个电容的分布电感的典型值是 5μH。0.1μF 的去耦电容有 5μH 的分布电感，它的并行共振频率大约为 7MHz，也就是说，对于 10MHz 以下的噪声有较好的去耦效果，对于 40MHz 以上的噪声几乎不起作用。1μF、10μF 的电容，并行共振频率在 20MHz 以上，去除高频噪声的效果要好一些。每 10 片左右的集成电路要加一片充放电电容，或 1 个储能电容，可选 10μF 左右。最好不用电解电容，电解电容是两层薄膜卷起来的，这种卷起来的结构在高频时表现为电感，要使用钽电容或聚碳酸酯电容。去耦电容的选用并不严格，可按 $C=1/F$ 计算，即 10MHz 取 0.1μF、100MHz 取 0.01μF。

点评：我不知道这段话是原作者本就是这样写的，还是转载成这样的，还被成千上万的人转载，甚至被冠以“精辟”两个字，可想而知网络信息的严重失真，转载者也从来没有认真看过他认为“精辟”的经验。

你见过分布电感达到 5μH 的电容吗？如果电感有 5μH，那还叫**分布**电感吗？5nH 是正解！既然 0.1μF 去耦电容的共振频率为 7MHz，为什么 1μF 和 10μF 电容的共振频率在 20MHz 以上，比 0.1μF 电容的共振频率还高？1nF 和 10nF 才是正解！

然而，这里我想说的是：如果你把这段话中的所有“去耦电容”换成“旁路电容”再读一遍的话，你认为哪种意思是正确的？因为我们在“旁路电容工作原理”中表达旁路电容的作用也大概是这个意思，那是文章中说错了，还是网上的信息错了？

是不是头都快晕了！别卖关子了，把答案给亮出来，赶紧的！

其实，两者的区别与联系很简单，就一句话：**去耦就是旁路，旁路不一定是去耦！**

我们经常提到去耦、耦合和滤波等说法，是从电容在电路中所发挥的具体功能的角度称

呼的，这些称呼属于同一个概念层次，而旁路只是一种途径，一种手段，一种方法。

例如，我们可以这么说：电容通过将高频信号**旁路到地**而实现**去耦作用**。因此，数字芯片电源引脚旁边 100nF 的小电容你可以称它为去耦电容，也可以称它为旁路电容，都是没有错的。如果你要强调的是去耦作用，则应该称其为去耦电容，有些日本厂家的数据手册比较讲究，文中如果讲的是去耦作用，就会以“旁路（去耦）电容”来表示。

旁路与去耦并不是同一个层面的概念，相当于外皮与香蕉的区别，如图 33.2 所示。

香蕉有外皮，但有外皮的不一定是香蕉。爸爸是光头，但光头的不一定都是爸爸。

如果上面这些对比还不能使你信服，我们换种方式：

不要再废话了，哎呀，这个人的手要举起来了，他想干什么？

可能他要投降，可能要行礼，可能要做超人开始飞向太空，当然，也有可能要揍小编。

这个剧情里面，“举起手来”是一种手段（相当于旁路概念层面），而这种手段要达到的目的可能是投降、行礼、飞行、“揍编”（自创的）或其他什么的（相当于去耦、耦合、滤波等），如图 33.3 所示。

手段	功能
旁路	去耦、滤波、耦合
有皮	香蕉、橘子、菠萝
光头	和尚、尼姑、爸爸

图 33.2　旁路与去耦的概念层次比较

手段	功能
旁路	去耦、滤波、耦合
举手	投降、飞行、揍编

图 33.3　旁路与去耦另一种概念层次的比较

因此，由于概念层次的不同，在实际称呼中有交叉使用的现象也是正常的。当然，也有一些约定俗成或传统的称呼方法。

我们举几个例子来看看，如图 33.4 所示的 FPGA 芯片附近的 0.1μF（104）小电容。

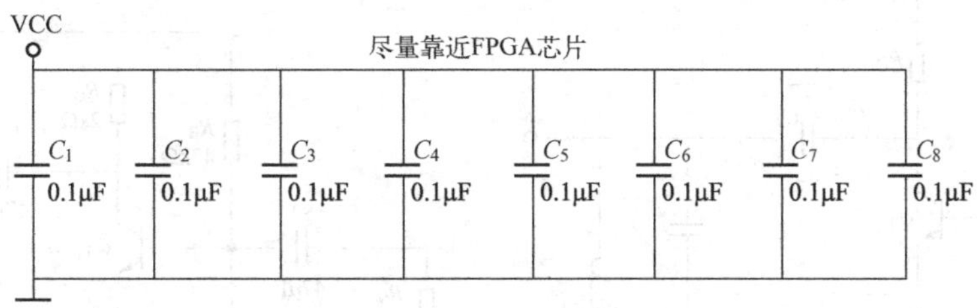

图 33.4　FPGA 芯片附近的旁路电容

对于数字电路中 0.1μF 的小电容，你可以认为它是旁路电容，也可以认为它是去耦电容，甚至可以认为是耦合电容（将噪声耦合到地了），只不过很少有人这么称呼，因为耦合的称呼更多地适用于两级电路之间。

电源滤波电路如图 33.5 所示。**对于 1000μF 的大电容 C_2，你可以认为它是滤波电容，也可以认为它是旁路电容，它通过将低频扰动旁路到地而达到滤波的目的。**

电容三点式振荡电路如图 33.6 所示。

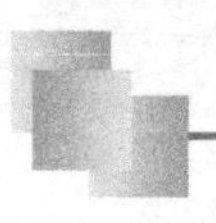

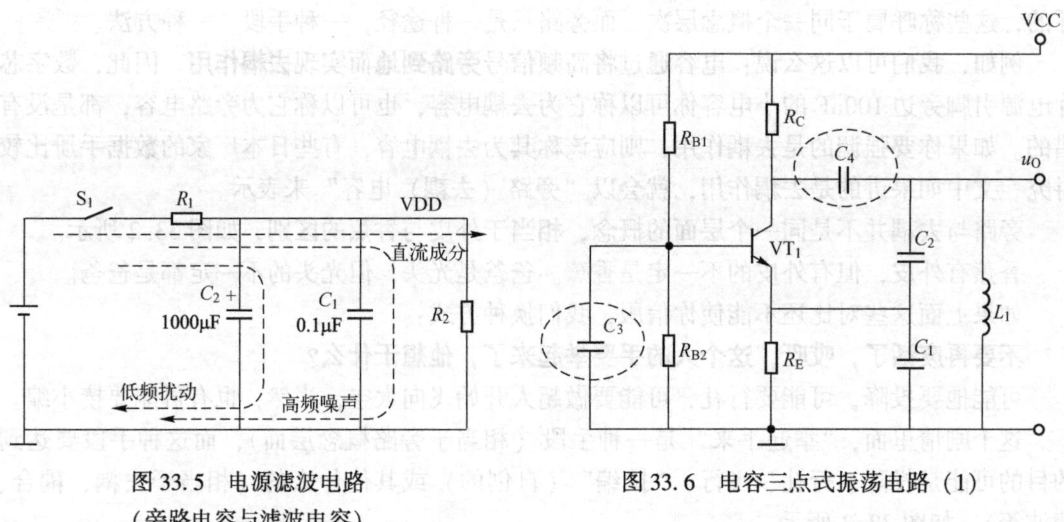

图 33.5　电源滤波电路（旁路电容与滤波电容）

图 33.6　电容三点式振荡电路（1）

一般认为图 33.6 中的 C_3是旁路电路，而 C_4是耦合电容，但你也可以认为 C_3是耦合电容，它利用电容“隔直通交”的特性将三点式网络正反馈信号耦合到 VT_1的基极，只不过更多人将其称为旁路电容。

什么？你说我在胡说八道？那你看看如图 33.7 所示的电容三点式振荡电路。

这两个三点式振荡电路的正反馈信号通路是完全一样的，都是施加在 VT_1的发射结，但你肯定会把电容 C_3叫作耦合电容，不是吗？但你不会说 C_4是旁路电容。既然是旁路，肯定需要有旁路的对象。C_4只能称为耦合电容。

基本共发射极放大电路如图 33.8 所示。

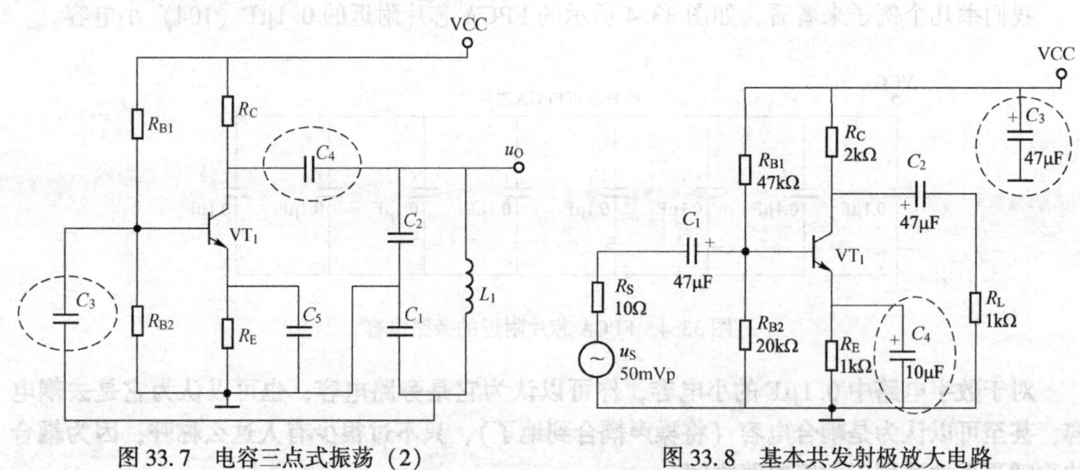

图 33.7　电容三点式振荡（2）

图 33.8　基本共发射极放大电路

图 33.8 中，C_4一般就称为旁路电容，这个几乎“地球人”都不会有什么意见。但你也可以认为 C_4是耦合电容（将交流信号耦合到地了），只不过很少这样称呼。

但是 C_3这个电容的叫法就有很多争议了。

有人说，因为 VCC 是从整流滤波电路过来的，C_3也算是滤波电容。从功能上来讲，挂

在 VCC 电源线上的电容总会有一定的滤波作用，这是客观存在的事实，无论其容量是大还是小、布局离电源输入是远还是近。但从放大电路来讲，这个电容所起的作用主要是去耦，因此也可以说是旁路（前面已经说过，**去耦就是旁路**），它将电路中可能出现的扰动或噪声旁路到地。很多人在功放电路的正负电源附近并联了几个 10000μF（1 万微法）或容量更大的电容就是同样的道理，如图 33.9 所示。

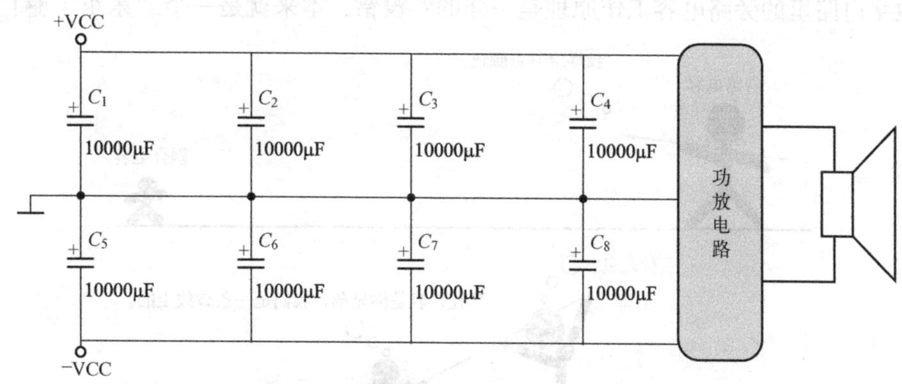

图 33.9　功放电源并联的大容量旁路电容

有人站起来说：我加了这些大电容是为了储能，你不懂就不要乱说话！

你可以理解 C_3的作用为储能（也就是所谓的大水塘）。扰动（低频）或噪声（高频）的来源之一是电源供电不足，储能足够自然可以降低扰动或噪声，其实与旁路、去耦是一个意思。你的理解是“平民化”理解，我的理解是“高逼格”理解，没什么任何区别。

但你不能认为 C_3是滤波电容，这与前面讨论的 FPGA 旁边 100nF 的小电容一样，你不能认为它们是滤波电容，尽管客观来讲这些小电容也有一定（可以忽略不计）的滤波作用。因为你添加电容 C_3的目的是为了旁路（去耦），而不是为了滤波。

你在设计放大电路时可能是这么想的：放大电路工作的时候可能会产生一些噪声，因为电路工作总是需要电流的，为了防止这些噪声影响电路系统中的其他模块，或给电路工作提供足够的能量以削弱可能产生的噪声（避免引起电源波动），应该在放大电路的电源出口附近添加一个去耦电容 C_3。而不会这样考虑：添加一个滤波电容 C_3给电源滤一下波（那样，你应该在设计一个滤波电路），如图 33.10 所示。

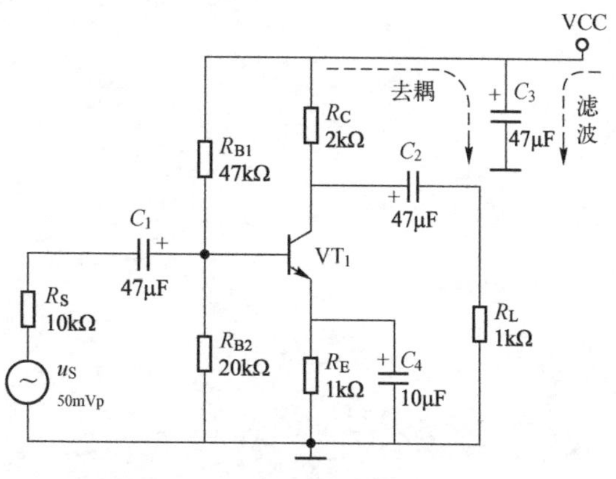

图 33.10　放大电路中的旁路电容

电源滤波更多的是针对前级来的信号，而去耦更多的是针对后级的信号。然而，大家都是同一根绳子上的蚂蚱（挂在同一根电源线上），难道电源滤波电容对后面来的扰动起不到稳定作用吗？同样，去耦电容对前面来的噪声没有滤波作用吗？肯定都是有的！

但是，电源滤波的主要作用是为了提供“干净”的电源。然而，电源“干净”并不意味着带负载能力强（火牛不给力），只能说静态时很稳定，一旦负载是个大功率的功放电路时，电源又会变得不稳定起来，这是无法避免的。所以，我们会在功放电路的供电电源附近添加大容量的旁路（去耦）电容，当电路需要瞬间大电流时，由这些旁路（去耦）电容来承担提供能量的任务，因为一般 VCC 电源入口离得较远，C_3可作为缓冲承担瞬间电能，是不是跟数字电路里的旁路电容工作原理是一样的？没错，本来就是一个“东东”嘛！

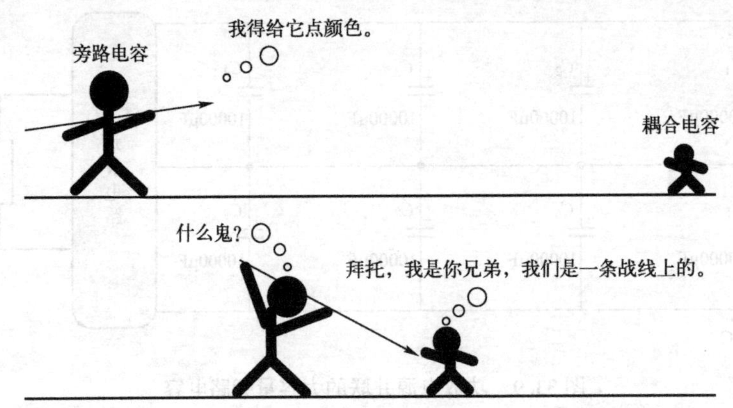

第34章　旁路电容中的战斗机：陶瓷电容

前面我们已经分析得出了数字电路中旁路（去耦）电容应该具备的条件：

（1）容量范围为0.01~1μF（0.1μF最常用），没有大容量的要求。

（2）自谐振频率要高（高频特性要好）。

（3）由于旁路电容的使用数量很大，如果能够兼顾小型化与低成本，那将是更好的选择。

高介电常数系列和半导体系列的陶瓷电容就满足这3个条件，而且旁路电容对电容容量允差及变动大的问题不会有太严格的要求。

陶瓷电容在结构上有圆盘型（插件）与叠层型（贴片），如图34.1所示。

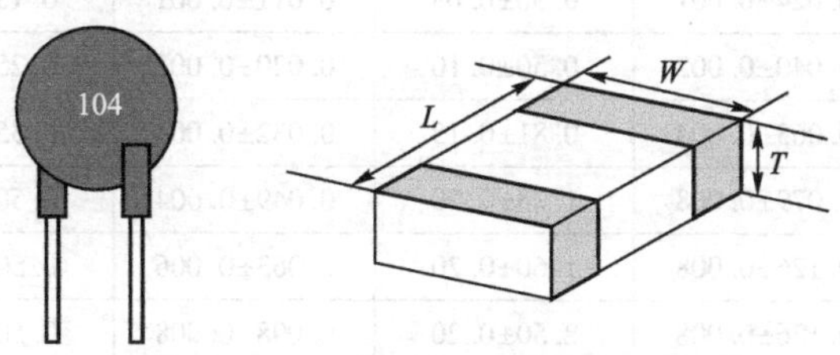

图34.1　圆盘型与叠层型陶瓷电容

圆盘型陶瓷电容的基本结构就是：在圆盘状的陶瓷薄片的两面附上圆形电极，再从圆形电极引出导线后涂上绝缘层，如图34.2所示。

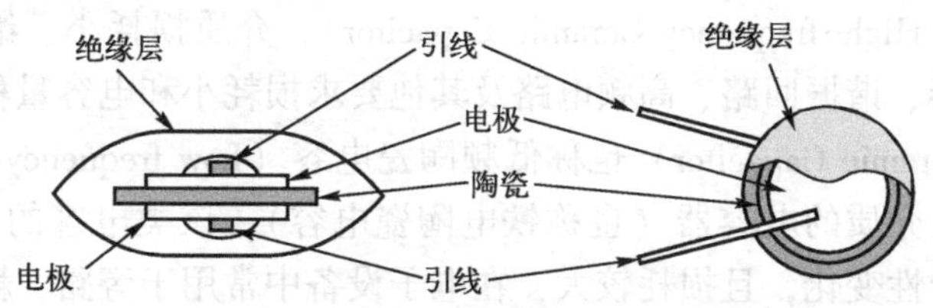

图34.2　圆盘型陶瓷电容的基本结构

圆盘型结构也称单板型，它的缺点是容量不能做得太大。因为从结构上很明显可以看出其就是一个平行板电容。而叠层型陶瓷电容很好地解决了该问题。

叠层型陶瓷贴片电容全称为多层（积层、叠层）片式陶瓷电容，常简称为贴片电容或片容。多层陶瓷电容（MLCC）因尺寸小、成本低、等效串联电阻（ESR）低、可靠性高和纹波电流大等优点在电子产品中的应用极为广泛，其基本结构如图34.3所示。

叠层型就是把电极层相互叠起来，并在电极层之间填充陶瓷电介质材料，这样可以增加相对面积。它在烧成前的片状材料的面上印刷电极材料，然后叠在一起一体化煅烧，具有易于小型化的优点，因而被大量使用。

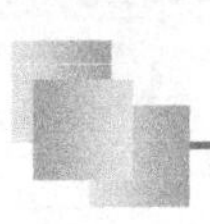

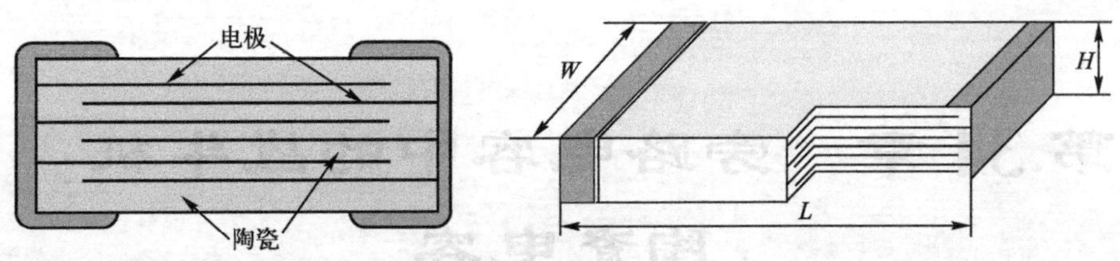

图 34.3　叠层型陶瓷贴片电容的基本结构

贴片电容的封装尺寸有两种表示方法：英寸单位和毫米单位。在实际工作中，我们常说的 0402 和 0603 封装就是指英寸单位，前半部分表示长度 L，后半部分表示宽度 W，如 0805 封装，表示该封装的长度为 0.08inch、宽度为 0.05inch。表 34.1 为常用贴片电容的封装尺寸（仅供参考）。

表 34.1　常用贴片电容的封装尺寸

封装	L		W		H	
	公制/mm	英制/inch	公制/mm	英制/inch	公制/mm	英制/inch
0201	0.60±0.03	0.024±0.001	0.30±0.03	0.011±0.001	0.15±0.05	0.006±0.002
0402	1.00±0.10	0.040±0.002	0.50±0.10	0.020±0.002	0.25±0.15	0.010±0.006
0603	1.60±0.15	0.063±0.004	0.81±0.15	0.032±0.004	0.35±0.15	0.014±0.006
0805	2.01±0.20	0.079±0.008	1.25±0.20	0.049±0.004	0.50±0.25	0.020±0.010
1206	3.20±0.20	0.126±0.008	1.60±0.20	0.063±0.006	0.50±0.25	0.020±0.010
1210	3.20±0.20	0.126±0.008	2.50±0.20	0.098±0.008	0.50±0.25	0.020±0.010
1812	4.50±0.30	0.177±0.012	3.20±0.20	0.126±0.008	0.61±0.36	0.024±0.014
1825	4.50±0.30	0.177±0.012	6.40±0.40	0.252±0.016	0.61±0.36	0.024±0.014

MLCC 陶瓷电容可分为Ⅰ、Ⅱ、Ⅲ三大类：Ⅰ类陶瓷电容（ClassⅠ Ceramic Capacitor），也称高频陶瓷电容（High-frequency Ceramic Capacitor），介质损耗小、绝缘电阻高、温度特性好，适用于振荡器、谐振回路、高频电路及其他要求损耗小和电容量稳定的电路；Ⅱ类陶瓷电容（Class Ⅱ Ceramic Capacitor）也称低频陶瓷电容（Low frequency Ceramic Capacitor），指用铁电陶瓷作为电介质的电容器（也称铁电陶瓷电容），该类电容的电容量虽然比较大，但也会随温度呈非线性变化，且损耗较大，在电子设备中常用于旁路、耦合或用于其他对损耗和电容量稳定性要求不高的电路中；Ⅲ类用得比较少，本文不再赘述。

电容按其用途和性能分为3类，其名称和牌号的全名方法见GB 5595

类别	名称
1	高频电容
2	低频电容
3	半导体电容

图 34.4　国家标准中瓷介电容的分类

有人问：你是怎么知道这个分类的？不会是瞎编的吧？很简单！这也是有国家标准的，在行业标准 SJ/T 1076（原 GB/T 5596）《电容器用陶瓷介质材料的分类及名称和牌号的全名方法》（Classification and designation of name and model of ceramic dielectric materials used for capacitors）中的描述如图 34.4 所示。

如果你足够仔细，则会发现 MLCC 贴片电容数据手册中有一项电介质材料（DIELECTRIC）的信息，如 C0G、NP0、X8R、X7R、Y5V、Z5U 等，有些电容生产厂家甚至会把这项信息的代码放到物料

编码中，这到底是什么意思呢？

其实很简单，这个分类也是有国家标准的，可以参考 SJ/T 1076。

首先我们来看看 X8R、Y5V、Z5U 等这些名称是怎么来的。它采用“字母-数字-字母”代码形式，是Ⅱ类陶瓷介质温度特性的表示方法，已广泛使用并被美国电子工业协会（EIA）标准 ANSI/EIA-198-1-F 所采用，如表 34.2 所示。

表 34.2　温度系数代码与允许容量偏差（对于Ⅱ、Ⅲ、Ⅳ类陶瓷电介质）

字母符号	最低温度/℃	数字符号	最高温度/℃	字母符号	温度范围内最大容量偏差/%
Z	+10	2	+45	A	±1.0
Y	-30	4	+65	B	±1.5
X	-55	5	+85	C	±2.2
		6	+105	D	±3.3
		7	+125	E	±4.7
		8	+150	F	±7.5
		9	+200	P	±10
				R	±15
				S	±22
				T	+22～-33
				U	+22～-56
				V	+22～-82

例如，X8R 陶瓷电容在工作温度-55～+150℃范围内，其容量变化为±15%，Z5U 也是同样的道理。Ⅱ类陶瓷电容分为稳定级和可用级，我们常听说的“X5R、X7R 属于稳定级，而 Y5V 和 Z5U 属于可用级”就是以这里的温度系数分类的。很明显，R 比 U、V 对应的温度范围内的最大容量偏差要小一些（也就是更好）。

注意看表 34.2 的表头：这是用来给Ⅱ类、Ⅲ类、Ⅳ类陶瓷介质标记用的，还有一种用来标记Ⅰ类的温度系数的符号表，如表 34.3 所示。

表 34.3　温度系数代码（对于Ⅰ类陶瓷电介质）

字母符号	容量温度系数/ppm/℃	数字符号	倍乘数	字母符号	温度系数允许偏差/ppm/℃
C	0	0	-1	G	±30
B	0.3	1	-10	H	±60
U	0.8	2	-100	J	±120
A	0.9	3	-1000	K	±250
M	1.0	4	-10000	L	±500
P	1.5	5	+1	M	±1000
R	2.2	6	+10	N	±2500
S	3.3	7	+100		
T	4.7	8	+1000		
U	7.5	9	+10000		

之前你不是问 C0G 是什么意思吗？看表 34.3，前缀符号“C”表示电容温度系数的有效数字为 0ppm/℃（容值几乎不随温度变化，温度特性最好），中间的数字“0”表示有效数字的倍乘因数为-1，后缀符号“G”表示随温度变化的容差为±30ppm/℃。

Ⅰ类陶瓷电容的温度容量系数（TCC）非常小，所以单位采用 ppm/℃，容量较基准值

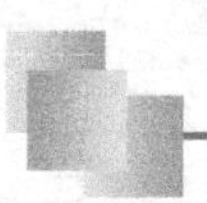

的变化通常远小于 1pF。

那 NPO 又是什么意思呢？NPO 本应该是 NP0，只不过一般大家习惯写成 NPO，它与 C0G 可以认为是相同的，是采用 JIS 标准（日本工业协会）的命名方法，引用的标准不一样而已，有些规格书直接以“C0G（NP0）”来表示。

贴片陶瓷电容最常见的失效模式就是断裂，这是由贴片陶瓷电容自身介质的脆性决定的（这还不容易理解，谁还没摔破过几个瓷碗）。贴片陶瓷电容直接焊接在电路板上时，会直接承受来自于电路板的各种机械应力（引线式陶瓷电容则可以通过引脚吸收），如图 34.5 所示。

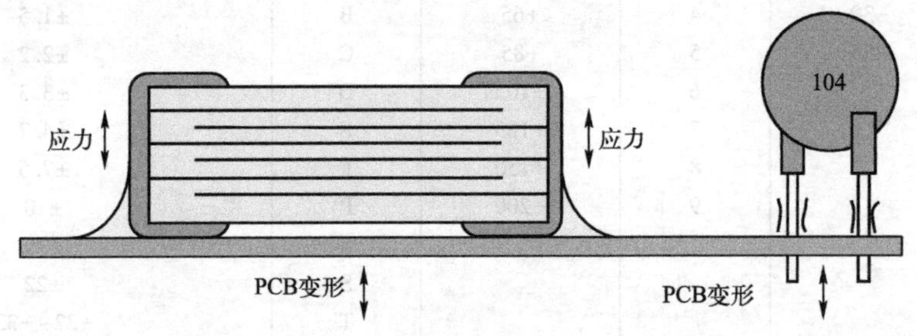

图 34.5　陶瓷电容承受 PCB 变形带来的应力

因此，在进行 PCB 布局布线时，也应该适当考虑应力的影响，特别是容易使 PCB 变形的地方，如 PCB 尺寸较狭长时将电容的长轴方向与板的长轴方向垂直。在 PCB 容易变形的内侧角或插件连接器附近不宜放置贴片陶瓷电容，如图 34.6 所示。

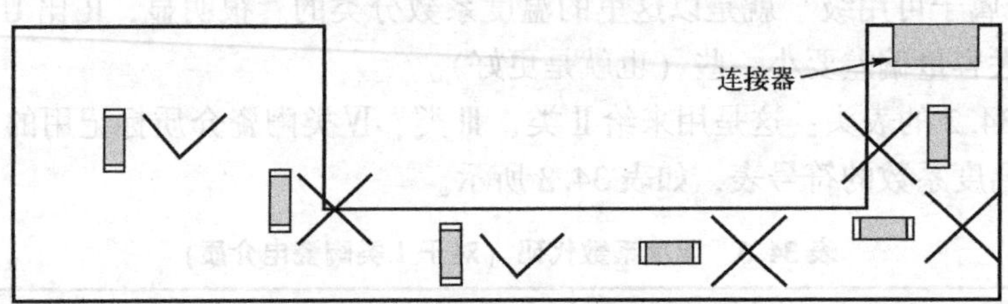

图 34.6　合理的陶瓷电容布局

在封装的选用上也尽量避免选择大于 1206 的封装，因为封装尺寸越大，则导致电容的机械失效率将会陡增。

另外，由于制造陶瓷电容的不同材料的热膨胀系数和导热率不同，当温度转变率过大时就可能会出现因热击而破裂的现象。

第 35 章　交流信号是如何通过耦合电容的

什么是信号耦合？通俗来讲，耦合的意思就是：通过某种方式把信号运送或传递到其他地方！如那个“其他地方”就是下一级放大电路或负载。这跟大家去旅游一样，你可以坐大巴、火车或高铁，也可以坐飞机。总之，就是要把人送到另一个地方去。

在多级放大电路当中，信号都是被逐级放大的，这跟人们去旅行一样，总是会从这里到那里。在电子电路中，使用电容对交流信号进行耦合是最常见、最简单的一种方式。

大多数读者首次接触电容作为信号耦合目的而应用在电路中，可能就是三极管基本共发射极放大电路，如图 35. 1 所示。

在多级放大电路中，也常常会使用耦合电容隔离前后级放大电路，并将前级放大后的交流信号耦合至后级，如图 35. 2 所示。

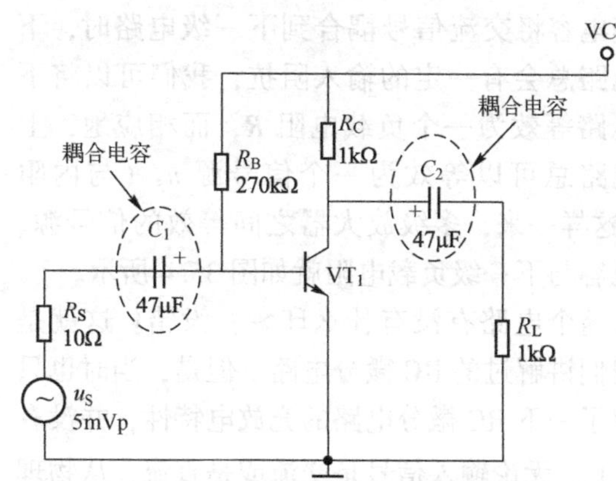

图 35. 1　三极管基本共发射极放大电路

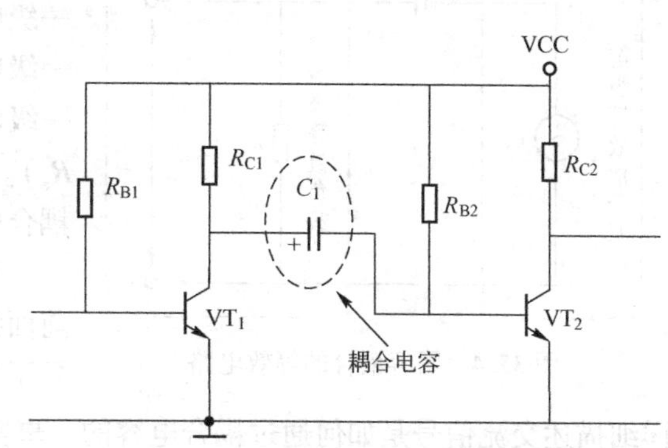

图 35. 2　多级放大电路中的耦合电容

从本质上来讲，单独一级的共发射极放大电路的耦合方式与多级放大电路是完全一致的，因为对于任何一级放大电路，前一级放大电路的输出总可以等效为信号源 u_S 与内阻 R_S 的串联，而后一级放大电路也总可以等效为一个负载 R_L，而电容的功能就是对交流信号进行耦合，如图 35. 3 所示。

这里我们有几个问题需要确定一下：

（1）为什么交流信号可以通过耦合电容？

（2）为什么使用电容耦合，而不是直接耦合的方式？

（3）耦合电容的容量多大才合适？

对于第（1）个问题，有些读者可能马上回答道：因为电容有“隔直通交”的特性呀。那我再问你一句：为什么电容可以“隔直通交”呢？

恐怕大多数读者回答不上来。电容的“隔直”特性还是很好理解的，它的基本结构就

是两个相互绝缘的平行板。换言之，两个电极之间是开路的，因而稳定的直流信号自然是无法通过的。那“通交”的特性又应该如何理解呢？难道是平行板上吸附的电荷穿过去了？我们从头来看看吧！

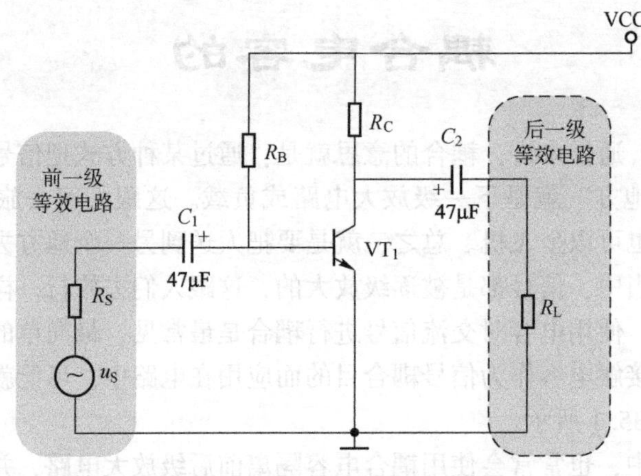

图 35.3　前级与后级的等效电路

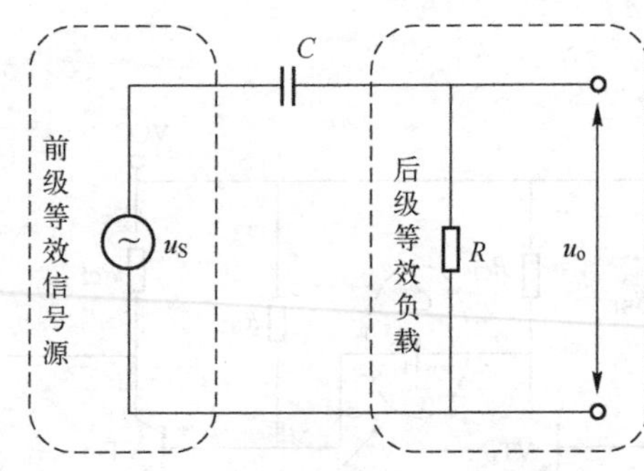

图 35.4　阻容耦合的等效电路

当电容将交流信号耦合到下一级电路时，下一级电路总会有一定的输入阻抗，我们可以将下一级电路等效为一个负载电阻 R，而相应地，上一级电路总可以等效为一个信号源 u_S（与内阻 R_S）。这样一来，多级放大器之间等效的信号源、耦合电容与下一级负载电阻就如图 35.4 所示。

对这个电路有没有什么印象？没错！这就是前面我们讲解过的 RC 微分电路。但是，当时也只是了解了一下 RC 微分电路的充放电特性，并没有详细描述交流信号是如何通过耦合电容的。事实上，无论输入信号是交流或是直流，从物理角度来看，电容对它们的处理方式都是一样的，是不会有任何偏颇的。因此，我们自然也可以从充放电的角度来理解交流信号是如何通过耦合电容的。

从这个等效电路图也可以理解：为什么我们不将这种耦合方式称为“电容耦合”而是“阻容耦合”，因为纯粹的“电容耦合”是不存在的。

下面详细讲解一下交流信号是如何“穿过”耦合电容的（假设 u_S为正弦波输入交流电压，电容器两端的初始电压为 0V）。

当输入交流电压 u_S从零开始上升时（$t_0 \sim t_1$），由于电容 C 两端的电压不能突变，u_S通过电阻 R 对电容 C 进行充电，电阻 R 两端的电压即为输出电压 u_o（刚开始还比较小）。随着 u_S不断上升，电容 C 因充电而两端的电压不断上升，电阻 R 两端的电压 u_o也会慢慢上升，当 u_S达到峰值时，电容器 C 与电阻 R 两端的电压均为最大值，如图 35.5 所示。

这里需要注意的是：当 u_S上升时，输出（电阻 R 两端）电压 u_o的大小取决于电路的充电时间常数。如果充电时间常数小，u_S上升时，电容 C 两端的电压也随之很快上升，如此一

来，任何时刻输出（电阻 R 两端）电压都会非常低，因为 u_S 的大部分电压总是施加在电容 C 的两端，这与前述章节从充放电角度理解低通滤波器的分析原理是一致的，只不过这里恰好是相反的，输入信号的频率越高，则 RC 微分电路的损耗越低，因此也称为高通滤波器，后续我们还会进一步讨论。

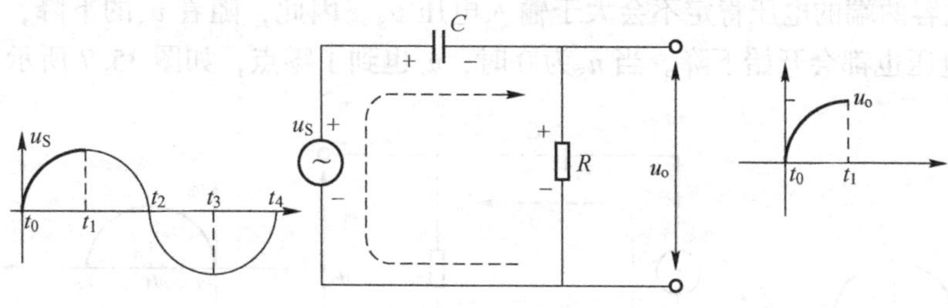

图 35.5　$t_0 \sim t_1$ 时期的波形

相反，如果充电时间常数很大，则 u_S 逐渐上升时，电容 C 两端的电压上升得更慢，当 u_S 达到峰值时，电容 C 两端的电压仍然很小，而这两个电压的差值就是输出电压 u_o。换言之，充电时间常数越大，输出电压 u_o 就越大。

这跟我们搬砖一样（不是你理解的那个，真的是搬砖）：一个非常强壮的人可以一次轻松搬运很多砖块，办事效率高（相当于时间常数小，电容很容易充电，两端的电压上升很快），那剩下来的砖块就很少了（相当于输出电压很小）；相反，一个体质比较差的人一次只能搬少量的砖块，办事效率低（相当于时间常数大，电容很不容易充电，两端的电压上升很慢）。因此，在相同的时间内，剩下来的砖块自然就更多了（相当于输出电压很大），如图 35.6 所示。

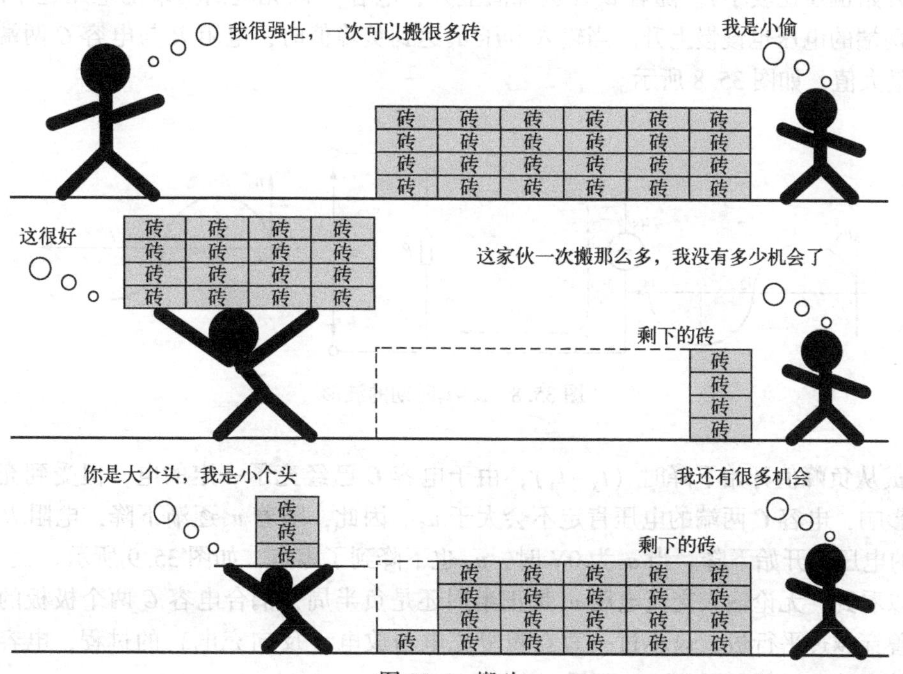

图 35.6　搬砖

另外，串联回路中流过电容与电阻的电流是一样的，而流过电容的电流会超前其两端的电压，所以实际的u_o会超前u_S。通俗地说，u_o的变化会比u_S快一个节拍，但我们只是为了观察交流信号是如何通过耦合电容的，这里假设u_o与u_S是同相关系可以简化分析过程。

当u_S从峰值开始下降时（$t_1\sim t_2$），由于电容C已经充了一定的电，但受到充电时间常数的影响，电容两端的电压肯定不会大于输入电压u_S。因此，随着u_S的下降，电阻R与电容C两端的电压也都会开始下降。当u_S为0时，u_o也到了零点，如图35.7所示。

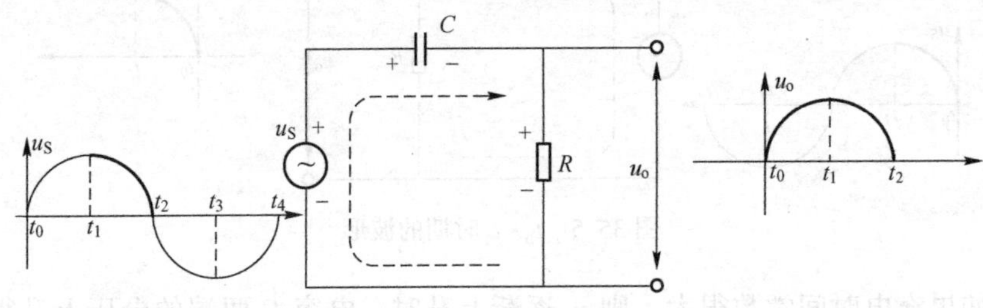

图35.7　$t_1\sim t_2$时期的波形

这里我们还是简化了分析过程，认为电容两端的电压与输入电压同时到达零点。实际上，在输入电压u_S还没有下降到零点前，电容两端的电压就会大于输入电压。也就是说，电阻两端的电压已经是负电压（输出电压超前输入电压）。当然，这并不影响我们理解交流信号是如何通过耦合电容的。

当u_S从0V开始往负峰值方向上升时（$t_2\sim t_3$），同样由于电容C两端的电压不能突变，u_S（极性为上负下正）通过电阻R对电容C反向充电，此时电阻R两端的电压即为输出电压（刚开始也还比较小）。随着u_S往负峰值上升，电容C因充电而两端的电压也不断上升，电阻R两端的电压也慢慢上升。当输入电压u_S达到负峰值时，电阻R与电容C两端的电压均达到最大值，如图35.8所示。

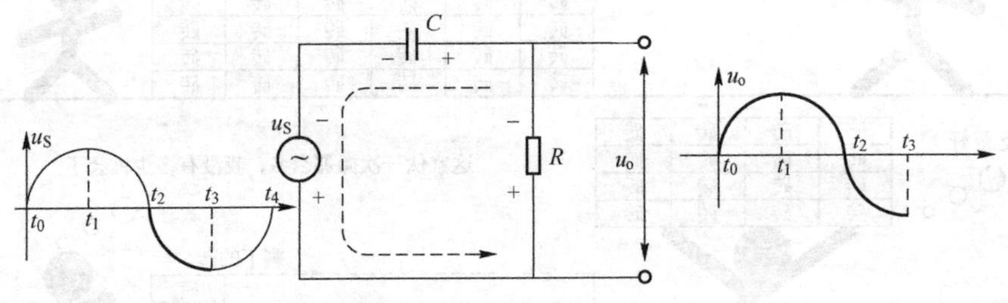

图35.8　$t_2\sim t_3$时期的波形

当u_S从负峰值开始下降时（$t_3\sim t_4$），由于电容C已经充了一定的电，但受到充电时间常数的影响，电容C两端的电压肯定不会大于u_S。因此，随着u_S逐渐下降，电阻R与电容C两端的电压也开始下降。当u_S为0V时，u_o也下降到了零点，如图35.9所示。

可以看到，无论输入交流电压u_S是正半周还是负半周，耦合电容C两个极板的电荷从来都不曾穿越过平行板，只不过一直在重复充电与放电（反向充电）的过程，电容一个完整周期的充放电过程如图35.10所示。

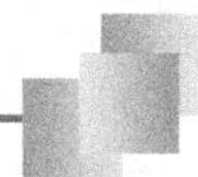

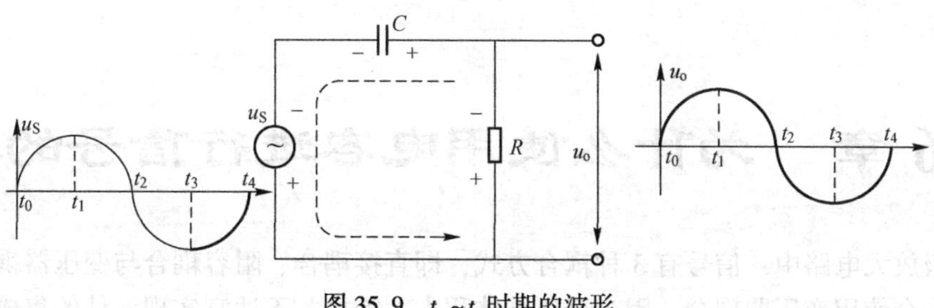

图 35.9　$t_3 \sim t_4$时期的波形

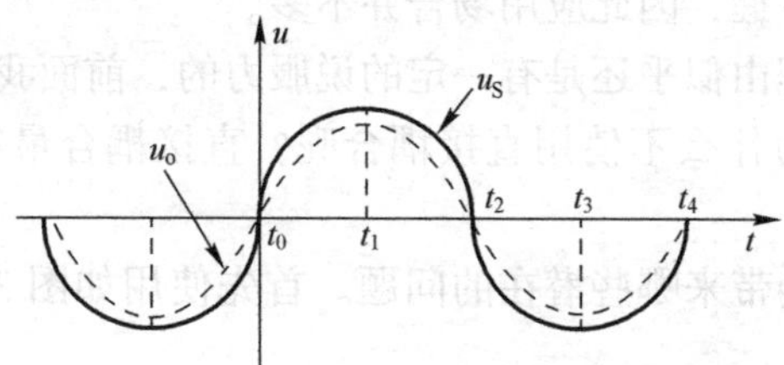

图 35.10　电容一个完整周期的充放电过程

上述充放电分析过程中，我们假定输出电压与输入电压是同相位的，然而实际中的情况是怎么样的呢？我们把剩下的两个问题讲解完之后再来讨论一下。

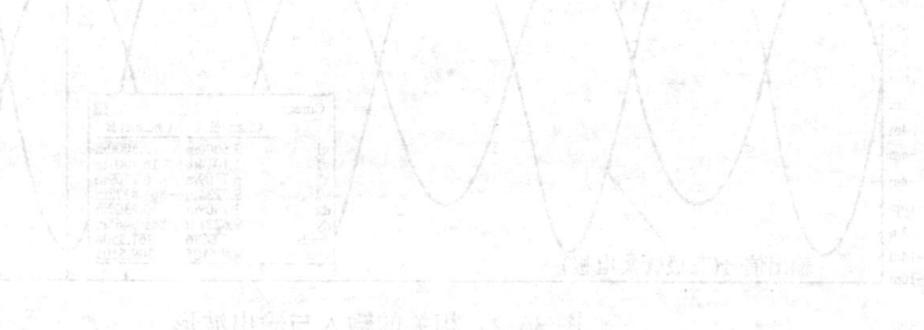

第 36 章　为什么使用电容进行信号的耦合

在多级放大电路中，信号有 3 种耦合方式，即直接耦合、阻容耦合与变压器耦合。大多数读者很少会使用变压器耦合，因为变压器体积大、笨重，不适宜实现元件的集成，而且磁性元件相对而言比较难以掌握，因此应用场合并不多。

不使用变压器耦合的理由似乎还是有一定的说服力的，前面我们也讲解了一些阻容耦合的例子，那我想问一下：为什么不使用直接耦合呢？直接耦合最简单，还可以省一个电容器，这就是钱呀。

我们来看看直接耦合会带来哪些潜在的问题。首先使用如图 36.1 所示的基本共发射极放大电路仿真一下。

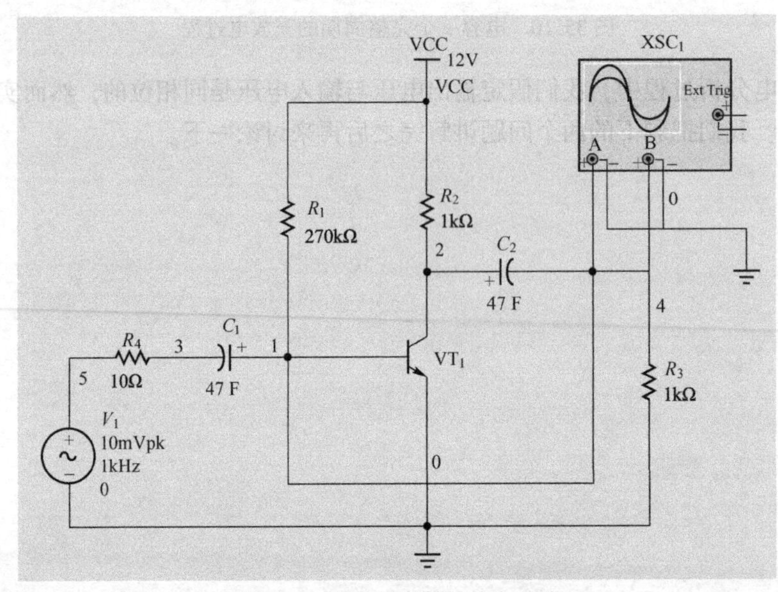

图 36.1　基本共发射极放大电路

其相关的输入与输出波形如图 36.2 所示（注意左右侧电压刻度不同）。

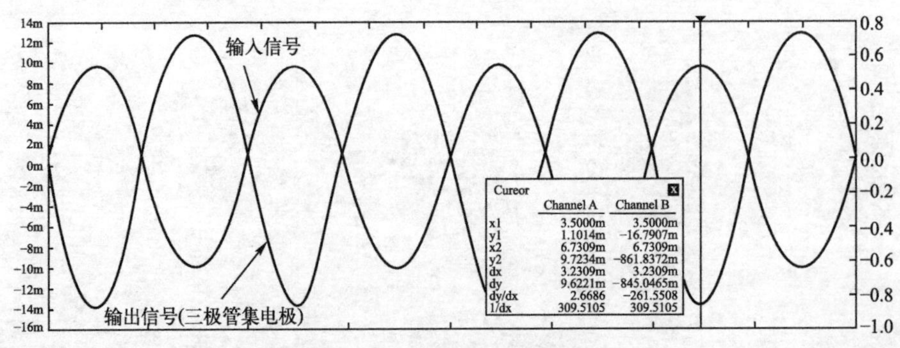

图 36.2　相关的输入与输出波形

前级与后级放大电路之间不经过电抗元件（电容或电感）而直接相连的方式称为直接耦合，那我们把基本共发射极放大电路用直接耦合的方法重新仿真一下，如图 36.3 所示。

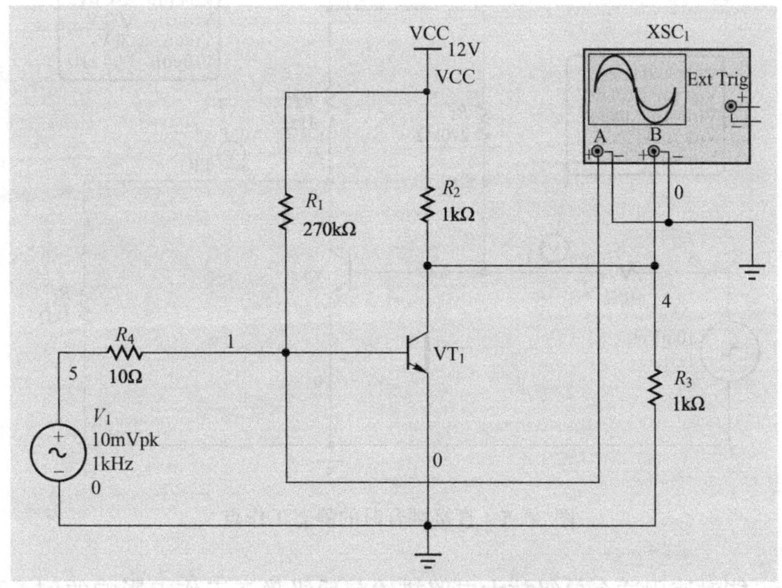

图 36.3　直接耦合的基本共发射极放大电路

这里我们去掉了耦合电容 C_1 与 C_2，其相关的输入与输出波形如图 36.4 所示。

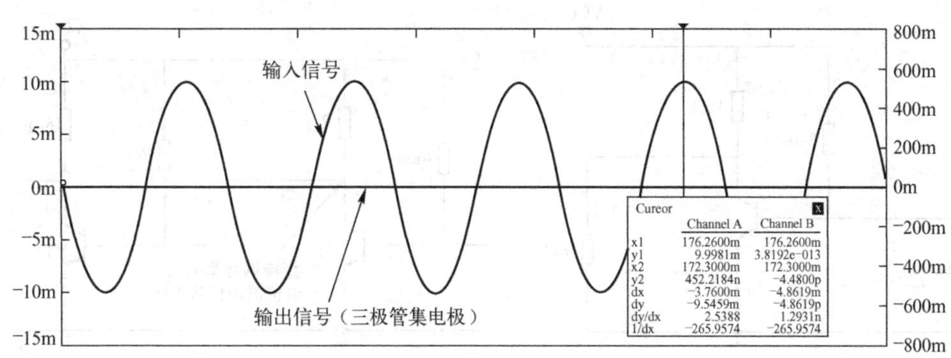

图 36.4　直接耦合时相关的输入与输出波形

此时的电路没有输出信号，看来三极管没有处于放大状态，这是怎么回事？其实很简单，没有耦合电容隔离时，前级的信号电压会影响后级电路的静态工作点。我们观察一下电路的静态工作点情况，如图 36.5 所示。

当信号有耦合电容隔离的时候，VT_1基极的电位约为 0.7V，你甚至都不需要去计算，而直接耦合时 VT_1基极的电位约为 0.445mV，相当于 10Ω 的信号源内阻与三极管发射结电阻并联之后再跟 270kΩ 的基极偏置电阻串联对 12V 分压直流通路，如图 36.6 所示。

换言之，如果我们采用直接耦合的方式，前级电路的输出阻抗（这里就是信号源对地的内阻 R_S）与后级电路的输入阻抗（这里就是负载电阻 R_L）都可能会影响本应该处于放大状态的三极管的静态工作点，继而使得电路不再处于正常的放大状态。

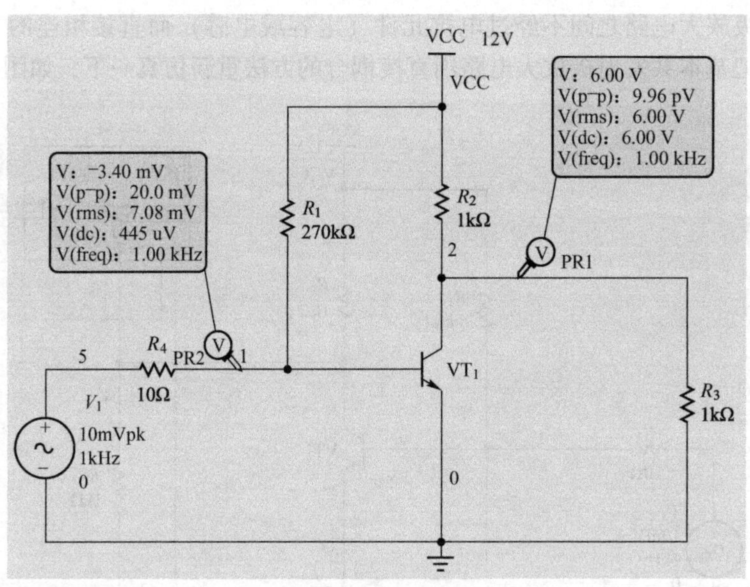

图 36.5　直接耦合时的静态工作点

有些读者可能对使用这个单级放大电路描述前后级静态工作点影响的例子不是很满意，那我们再换个多级放大电路的例子，如图 36.7 所示。

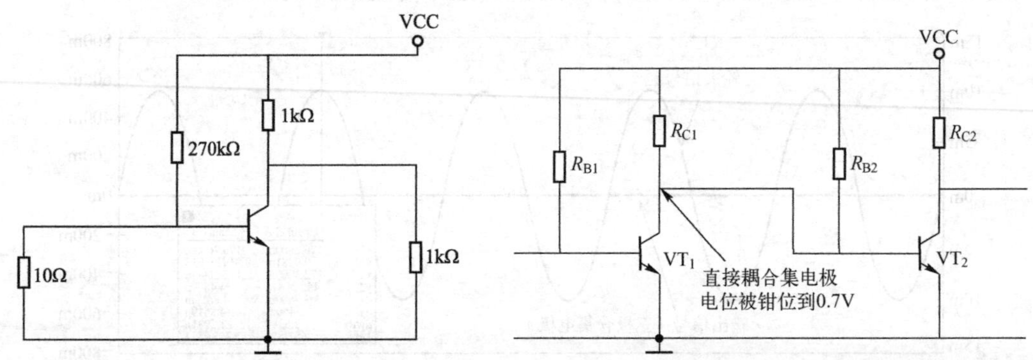

图 36.6　直接耦合时的直流通路　　　　图 36.7　多级放大电路中的直接耦合

三极管 VT_1 的集电极输出直接与三极管 VT_2 的基极输入相连接，乍看起来似乎没什么问题，然而 VT_2 的发射结相当于一个二极管并联在 VT_1 的输出，这使得 VT_1 的集电极电位不可能高于二极管的正向压降（被强制钳位到约 0.7V），这样的静态工作点无法让 VT_1 进入放大状态，自然也就不可能对输入信号进行正常放大（输出信号会失真），相当于如图 36.8 所示的电路。

当然，我们还是有办法解决的。例如，可以把 VT_2 换成 PNP 三极管，如图 36.9 所示。

虽说直接耦合中前后级电位牵制的问题可以通过优化电路结构或器件参数来解决，但如果让你设计一个多级放大电路，多级电路间还要考虑那么多事情，你是不是也会觉得很抓狂？

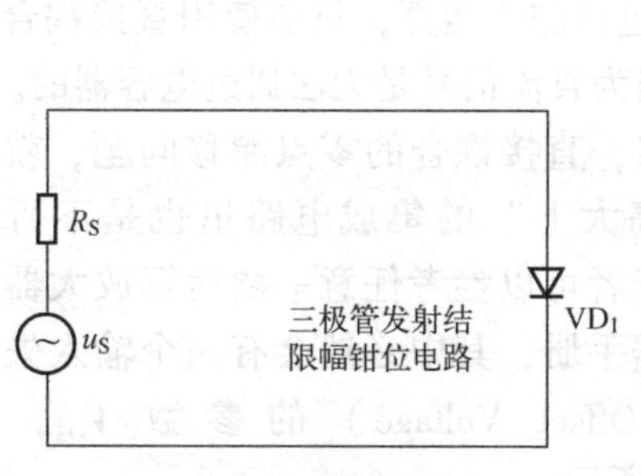

图 36.8　限幅钳位电路

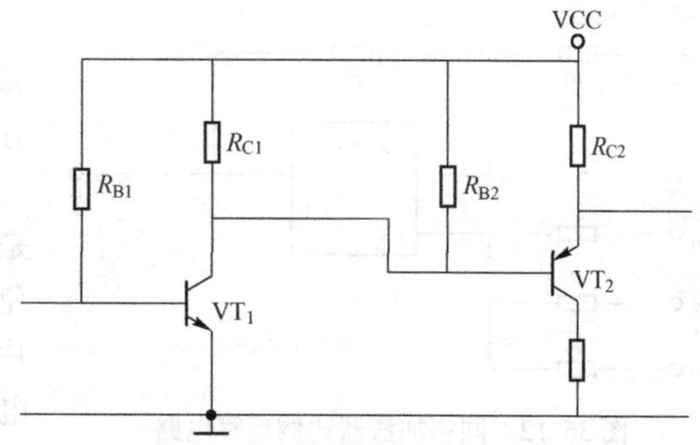

图 36.9　修改后的放大电路

如果说前后级静态工作点牵制的问题还不是最严重的（细心调理电路还是可以解决的），那么零点漂移恐怕是更严重的（没法解决，只能尽最大可能削弱）。所谓零点漂移，就是当三极管的工作温度、电源供电等因素发生变化时，前一级静态工作点发生的缓慢变化（表现出来的就是电压变化）将直接被后级电路放大并逐级传输。因此，即使输入信号为零，输出电压也会一直晃荡，这种变化的信号通常是比较缓慢的，但是对有用信号的危害非常大，相当于汽车（有用信号）行驶在颠簸的路上，如图 36.10 所示。

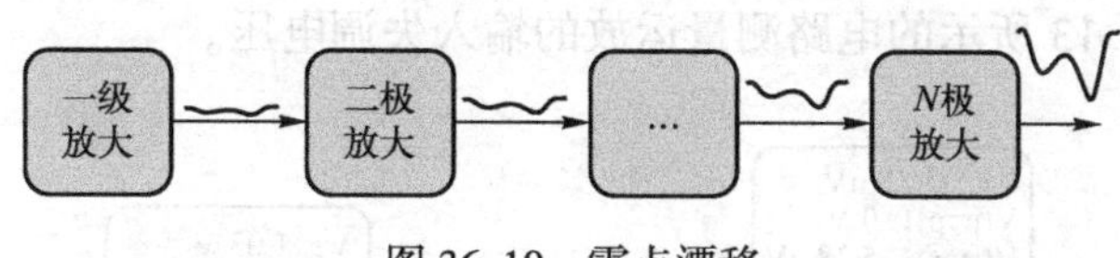

图 36.10　零点漂移

那直接耦合就没有用武之地了吗？当然不是！在集成电路中，直接耦合是一种主流的耦合方式，优点也有很多：结构简单，易于集成化，而且可以放大变化十分缓慢的直流信号，也能放大交流信号，因而在集成电路中获得了广泛的应用。

我们通常都会使用运放电路对传感器采集过来的微弱信号进行放大或阻抗变换，大多数情况下信号的变化都是非常缓慢的，如果用电容耦合就相当于开路一样，放大电路将获取不到输入信号直接耦合的方式就可以轻松解决低频甚至直流信号的处理，如图 36.11 所示为一个电流转换电压电路（I/V）。其中，i_i表示电流源，它可以是电流输出型的温度传感器，输入电流与输出电压的关系如下式：

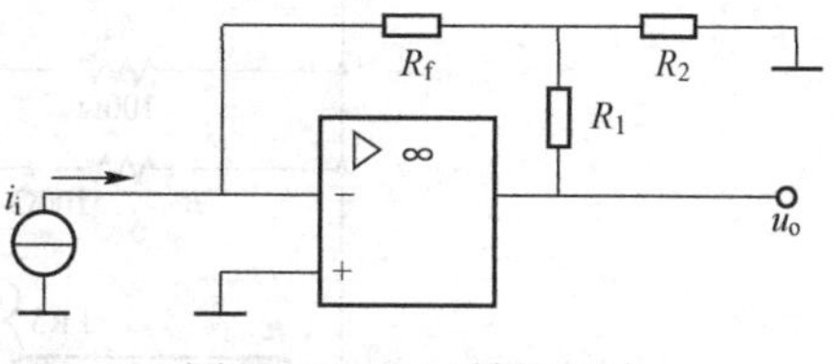

图 36.11　I/V 转换电路

$$u_o = -\left(1+\frac{R_1}{R_2}+\frac{R_1}{R_f}\right)\times R_f \times i_i$$

什么？上面这个 I/V 转换电路对你来说太陌生了？我们就举个“地球人”都知道的例子吧，如图 36.12 所示。

这个同相加法器比例运算电路你不会不熟悉吧，输入与输出的关系如下式：

$$A_V = \frac{u_o}{u_i} = \left(1+\frac{R_f}{R_1}\right)(u_{i1}+u_{i2}+u_{i3})$$

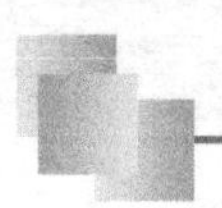

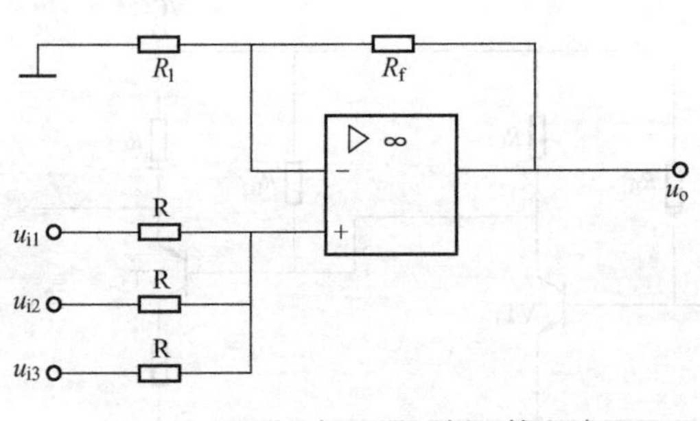

图 36.12　同相加法器比例运算电路

如果要对 3 个直流信号（10mV、20mV、40mV）进行加法运算，只能使用直接耦合的方式，因为直流信号是无法通过电容器的。

当然，直接耦合的零点漂移问题，就算是在“高大上”的集成电路里也是不可避免的。读者可以参考任意一款运算放大器芯片的数据手册，其中必然会有一个输入失调电压（Offset Voltage）的参数 V_{OS}，如表 36.1 所示。

表 36.1　运放的输入失调电压与失调电流

参　数	符　号	典 型 值	最 大 值	单　位
输入失调电压	V_{OS}	2.0	5.0	mV
输入失调电流	I_{OS}	3.0	30	nA

其中，失调电压就是衡量当运放输入信号为零时输出信号大小的参数，实际为折合到输入电压的值。简单点讲，就是零输入状态时的输出信号值除以电压放大倍数。

我们可以用图 36.13 所示的电路测量运放的输入失调电压。

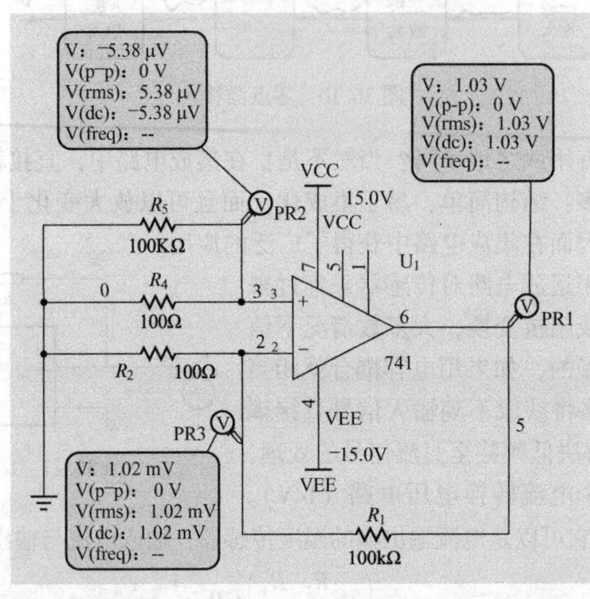

图 36.13　运放失调电压测量电路

理想的运算放大器，当两个输入端加上相同的直流电压（或直接接地）时，其输出端的电压理应等于零。但由于输入差分级两部分存在固有的失配，导致输出电压并不为零，这种现象称为运算放大器的零点偏离或失调。

为了使放大器的输出端电压等于零，必须在放大器的两个输入端加上一个合适的小电压来补偿，而所加电压即为运算放大器的失调电压，用 V_{IO} 或 V_{OS} 来表征。很明显，V_{OS} 越小，

说明运算放大器参数的对称性越好，其值一般为 0.5 ~5mV，而精密型运放的失调电压会更小一些。当运算放大器的输入外接电阻比较小时，输入失调电压与温漂通常是引起误差的主要因素。

在 V_{OS}测量电路中，输入失调电压 V_{OS}可由下式计算：

$$V_{OS}=\frac{R_2}{R_1+R_2}\times V_0$$

其中，V_0 表示输出电压。公式的原理也很简单，就是一个电阻分压公式。换言之，输出电压 V_0 除以同相比例运算放大器的电压放大倍数 $(R_1+R_2)/R_2$，就是折合至输入端的失调电压 V_{OS}。

如果使用电容器进行信号的耦合，则上述两个问题都能够轻松解决。利用电容器“隔直流，通交流”的基本特性，把前后两级的静态工作点隔离开来，而零点漂移实质上也是缓慢变化的直流信号，同样可以将其限制在某一级放大电路中而不扩散开来，如图 36.14 所示。

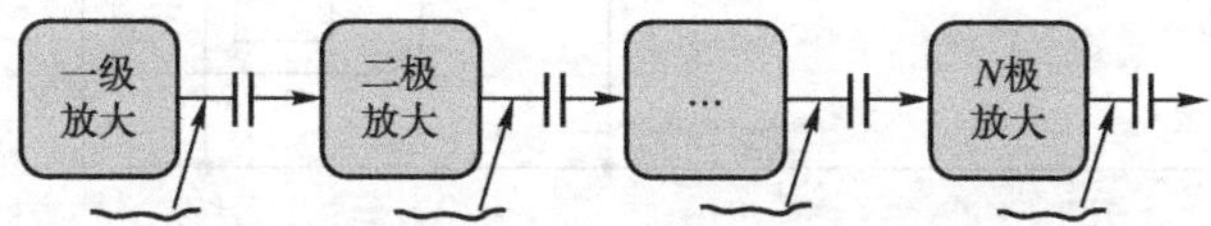

图 36.14　电容耦合解决静态工作点牵制与零点漂移问题

电容耦合不改变温度引起的静态工作点稳定状态，但却可以阻止这种缓慢变化的信号耦合（漂移）到下一级，以防止进一步被放大。因此，零点漂移的问题用一个电容器“弹指间”就解决了。只能这么说：有电容耦合的世界真是太美好了。

正如同一个人从坡上跳下来（信号经放大器放大后输出），陡坡与缓坡的高度都是一样的（相当于电压放大倍数是一样的），直接耦合相当于非常陡的坡，人跳下来的速度越来越快（相当于零漂被逐级放大），最后摔得“半死不活”（相当于信号已经失真），而交流耦合相当于有台阶的坡，每一次跳下来还是会承受一定的冲力（电压放大倍数还是一样的）的，但这个冲力不会持续叠加导致人员的伤亡（相当于零漂被电容隔离了），如图 36.15 所示。

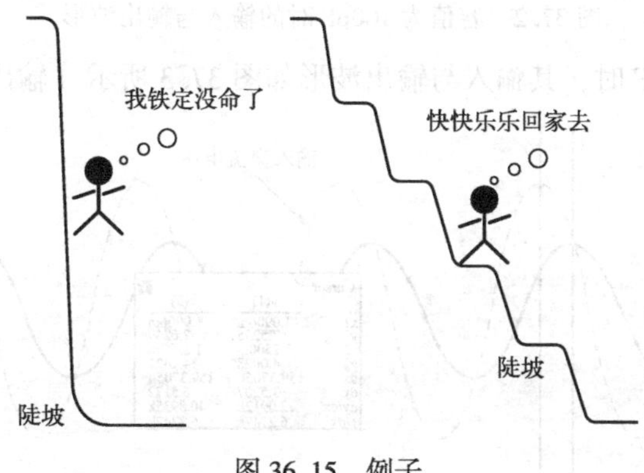

图 36.15　例子

第 37 章 耦合电容的容量多大才合适

阻容耦合电路（RC 微分电路）实际上就是一个高通滤波器，也就是信号频率越高，越容易“穿过”电容器到达输出端。我们用图 37.1 所示的 RC 微分电路观察一下不同的电路参数对同频率信号的响应特性。

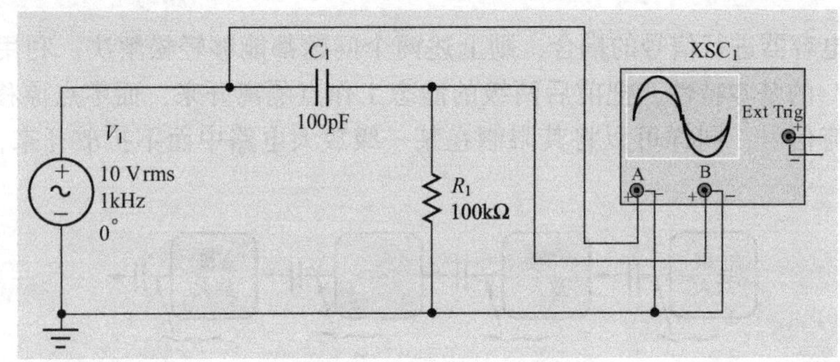

图 37.1 RC 微分电路

当电容的容值为 100pF 时，其输入与输出波形如图 37.2 所示（输出电压约为 1.15V）。

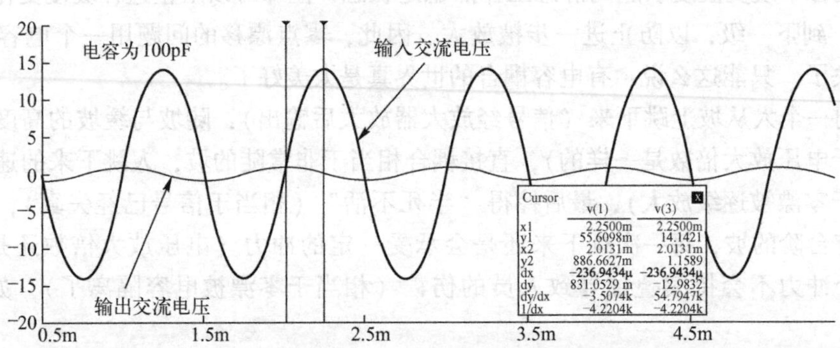

图 37.2 容值为 100pF 时的输入与输出波形

当电容的容值为 1nF 时，其输入与输出波形如图 37.3 所示（输出电压约为 7.62V）。

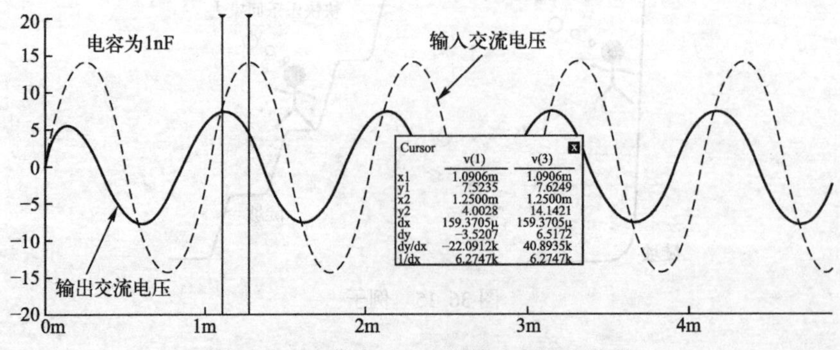

图 37.3 容值为 1nF 时的输入与输出波形

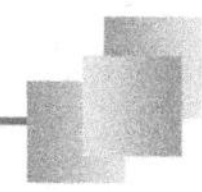

当电容的容值为 10nF 时，其输入与输出波形如图 37.4 所示（输出电压约为 13.98V）。

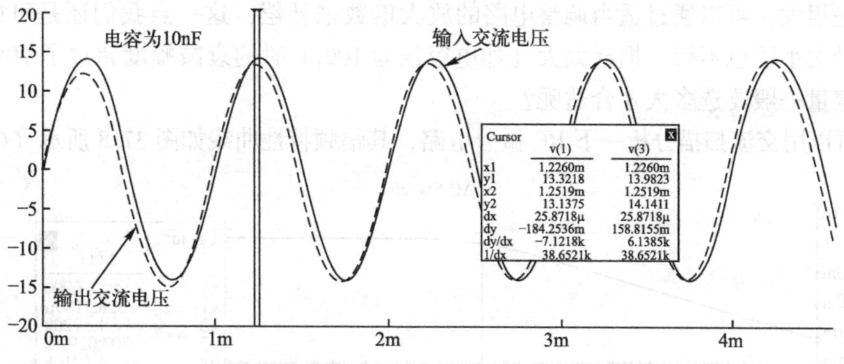

图 37.4　容值为 10nF 时的输入与输出波形

当电容的容值为 100nF 时，其输入与输出波形如图 37.5 所示（输出电压约为 14.01V）。

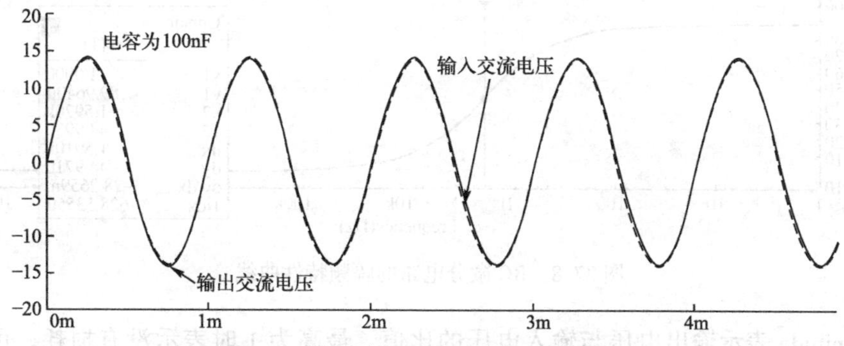

图 37.5　容值为 100nF 时的输入输出波形

从上述仿真波形可以看到，对于既定的信号频率与电阻值，电容的容量越高（本文改变的是电容值参数，实际上改变电阻值的结果也是相似的，实质就是改变 RC 微分电路的充放电常数），则输出电压的幅度越接近输入电压的幅度。换言之，RC 微分电路的损耗越小。这一点我们也可以从电容器容抗的公式 $X_C = 1/2\pi fC$ 看出，如图 37.6 所示。

信号频率越高，耦合电容的容抗越小，相当于一个较小的电阻与负载 R_L 串联，因此负载 R_L 上的分压就越大。反之，如果频率越低，容抗越大，负载 R_L 上的分压就越小。

多级放大电路的主要目的是为了将输入信号进行逐级放大，我们自然是希望信号在耦合过程中的损耗越小越好，因为损耗就是衰减，这与信号放大的功能是背道而驰的。从上述可以看出，电容的容量越大，输出电压的幅度就越大（损耗越小），但是电容的容量增大到一定程度的时候，输出电压的上升幅度就有限了，如图 37.7 所示。

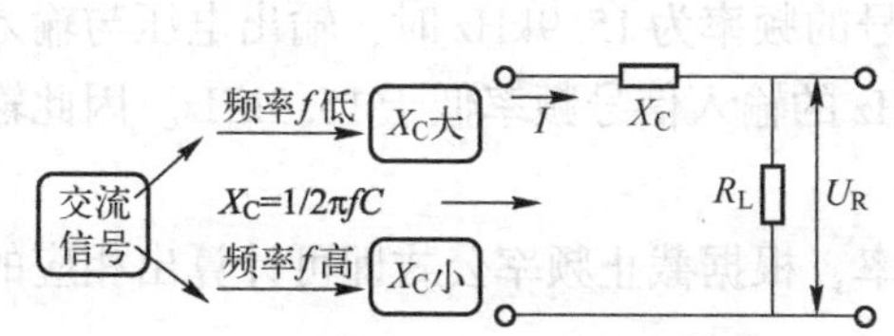

图 37.6　容抗角度理解高通滤波器

容值	输出幅值	增幅
100pF	1.15V	—
1nF	7.62V	6.47V
10nF	13.98V	6.63V
100nF	14.01V	0.03V

图 37.7　容值的付出与收获

因此，容量过大也是没有必要的（而且实际中的电容都有一定的自谐振频率限制），只要损耗不是很大，可以通过适当调整电路的放大倍数来补偿，这一点我们还是可以接受的。当然，容量太小了也不行，损耗太大（如电容值为 100pF 时的衰减幅度超过了 90%）。那耦合电容的容量一般要选多大才合适呢？

我们可以用交流扫描分析一下 RC 微分电路，其幅频特性曲线如图 37.8 所示（C=1nF）。

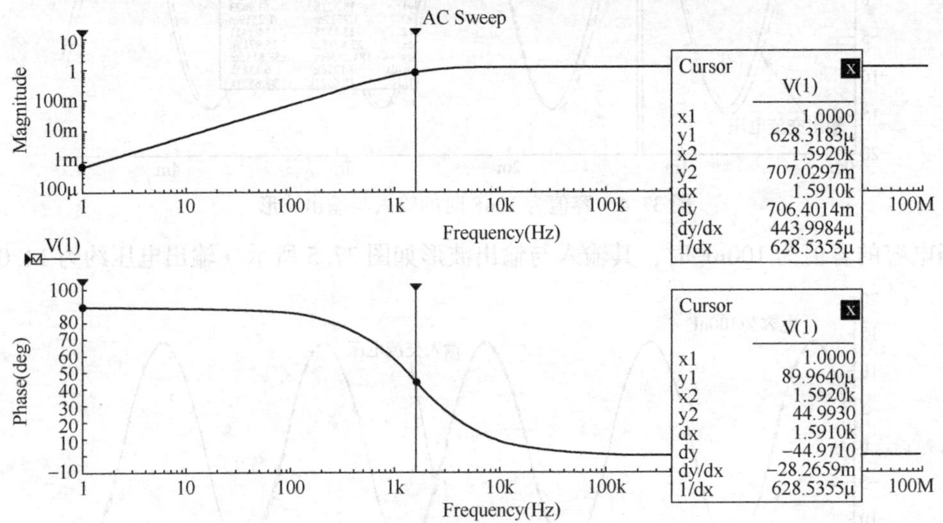

图 37.8　RC 微分电路的幅频特性曲线

其中，Magnitude 表示输出电压与输入电压的比值，最高为 1 时表示没有损耗。可以看到，当输入信号的频率比较低时，比值是远小于 1 的；而信号频率越高，比值越接近 1。我们将比值为 0.707 时的频率点称为高通滤波器的截止频率 f_c，也就是我们所说的 −3dB 点（20lg0.707），表示仅允许高于该截止频率的信号频率成分通过。当然，这并不是（也没有）理想的高通滤波器频响曲线，与低通滤波器一样，高通滤波器的频响曲线也比较缓。

高通滤波器的截止频率 f_c 可由以下公式计算（与低通滤波器一样）：

$$f_c = \frac{1}{2\pi RC}$$

这里 R=100kΩ、C=1nF，则有 f_c=1/(2×3.14×100kΩ×1nF)≈1.59kHz，与仿真的结果是非常接近的。也就是说，如果你需要某个信号通过这个参数的 RC 微分电路（高通滤波器）的损耗不超过−3dB，输入信号的频率必须高于下限截止频率 1.59kHz。

我们也可以计算一下 R = 100kΩ、C = 100pF 时的截止频率，则有：f_c = 1/(2×3.14×100kΩ×100pF) = 15.9kHz。也就是说，当输入信号的频率为 15.9kHz 时，输出电压与输入电压的比值约为 0.707 倍。同样的电路参数下，1kHz 的输入信号频率低于 15.9kHz。因此输出电压要衰减很多。

因此，我们只要知道通过耦合电容的信号频率，根据截止频率公式即可计算出相应的耦合电容容量的最小值。

在很多的实际应用电路中，输入信号的频率范围是很宽的，如音频范围低至几赫兹、高至十几千赫兹，最高频率与最低频率相差几个数量级。如果按照最高频率计算容值，则耦合电容的容量将比较小，那样对频率比较低的信号衰减会非常大。而如果按照最低频率选择容值，则耦合电容的容量将比较大，这样高频特性不会很理想。因此，在对信号频率要求非常高的场合中，我们也可以使用大小电容并联的方式来扩展优化通频带。

以 $R=8\Omega$ 计算，则 10Hz 截止频率时的耦合电容的容值约为 1.989mF，我们可以选择 2.2mF=2200μF 的电容；而 10kHz 截止频率时的耦合电容的容值为 1.989μF，我们可以选择 2.2μF，如图 37.9 所示。

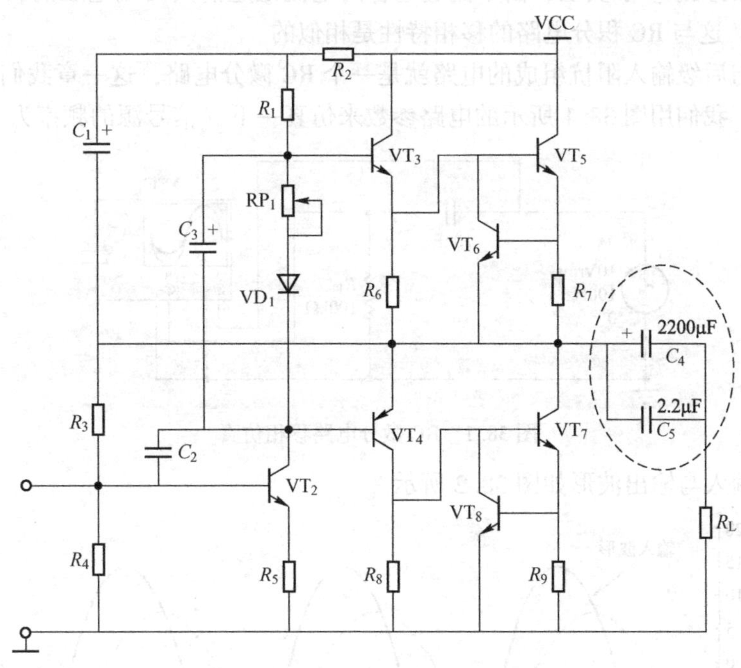

图 37.9　功放电路中的耦合电容

第 38 章　RC 超前型移相式振荡电路

前面为了更方便描述“交流信号如何通过耦合电容”，我们假定输入电压 u_S 与输出电压 u_o 是同相位的关系。事实上，由于流过电容的电流是超前其两端电压的，u_o 总是会超前 u_S 一定的相位，这与 RC 积分电路的移相特性是相似的。

耦合电容与后级输入阻抗组成的电路就是一个 RC 微分电路，这一章我们就来讨论一下它的相移特性，我们用图 38.1 所示的电路参数来仿真一下（信号源的频率为 100Hz）。

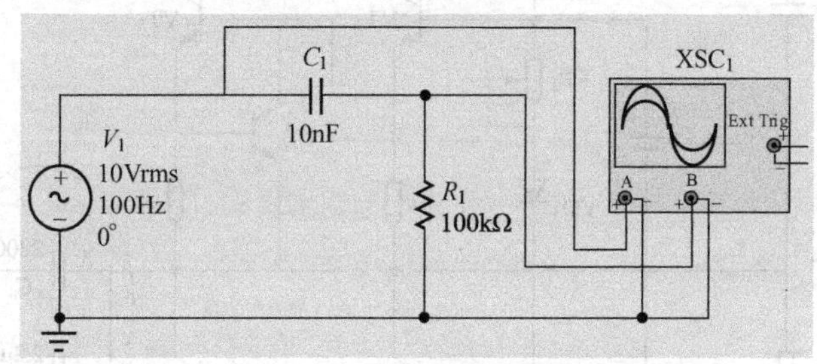

图 38.1　RC 微分电路移相仿真

其相关的输入与输出波形如图 38.2 所示。

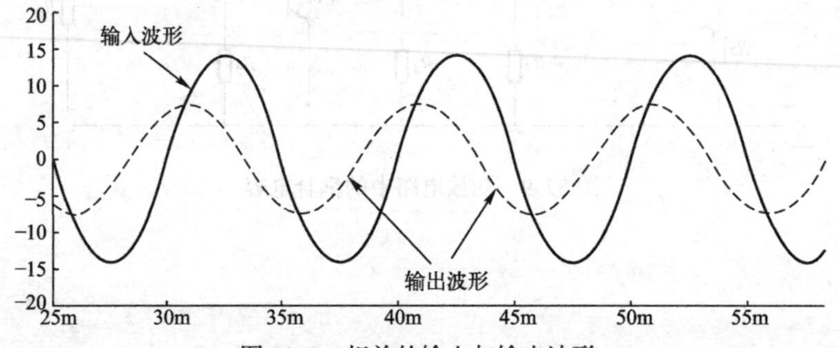

图 38.2　相关的输入与输出波形

从波形中可以看到，输出波形超前输入波形一定的角度，这就是 RC 微分电路的移相功能。相同参数的 RC 微分电路对不同频率信号的移相角度都会有所不同，如图 38.3 所示为信号频率为 1kHz 时的输入与输出波形。

我们也可以这样理解“相位超前”的概念：串联电路中的电流是一样的，由于流过电容的电流相位是超前其两端的电压的，而电阻两端的电压与电流是同相位的。因此，（电阻两端）输出电压是超前输入电压的。

调整不同的 RC 参数也可以对输入交流电压的移相角度进行调整，但一级 RC 微分电路的移相最多不大于 90°，如果需要更大的相移角，可以将多个 RC 微分电路串联起来，利用这个超前移相特点可以构成正反馈振荡电路，如图 38.4 所示，此电路就是 RC 移相（超前）式振荡器电路。

图 38.4 中显示的数字代表相应的节点，集电极信号（节点 4）为振荡输出，其工作原理如下。

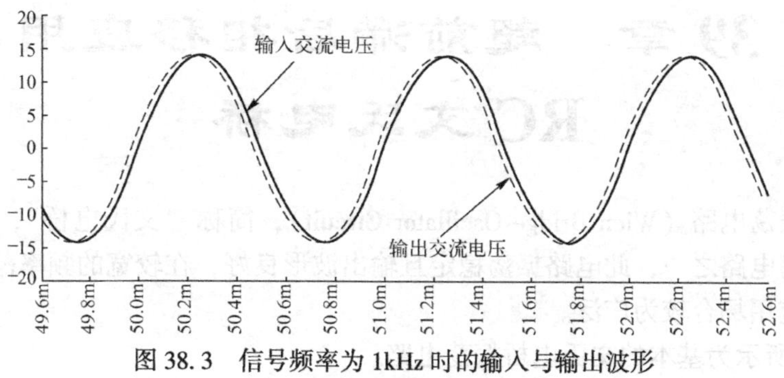

图 38.3　信号频率为 1kHz 时的输入与输出波形

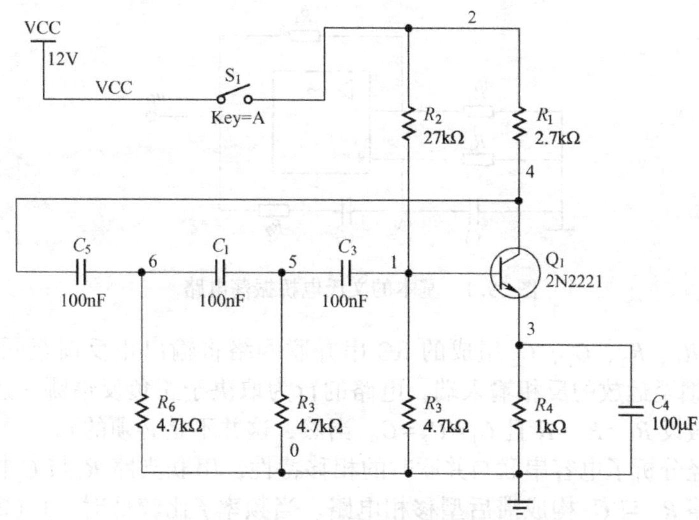

图 38.4　RC 超前式移相式振荡器电路

三极管构成一个共发射极放大电路，因此基极的输入信号与集电极的输出信号是反相的（相位相差 180°），集电极的信号经过 3 级 RC 微分移相电路后将其再超前 180°，反馈到基极的信号与基极的原输入信号是同相位（正反馈）的，只要调整合适的 RC 参数即可满足振荡的幅度条件，从而形成正反馈振荡电路。

其相关的波形如图 38.5 所示。

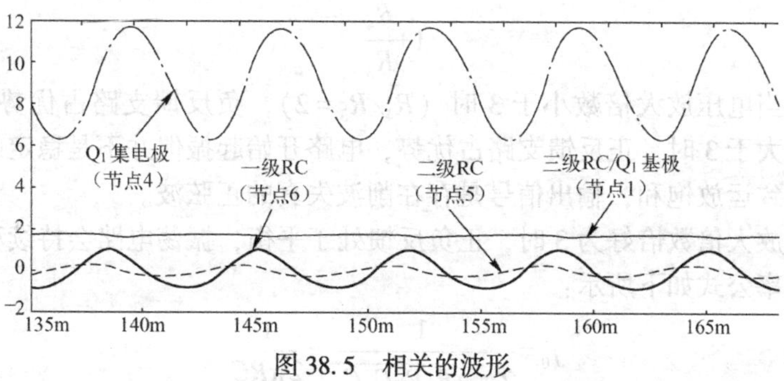

图 38.5　相关的波形

第 39 章　超前滞后相移应用：RC 文氏电桥

文氏电桥振荡电路（Wien Bridge Oscillator Circuit），简称“文氏电桥”，是适于产生正弦波信号的振荡电路之一，此电路振荡稳定且输出波形良好，在较宽的频率范围内也能够容易调节，因此应用场合较为广泛。

如图 39.1 所示为基本的文氏电桥振荡电路。

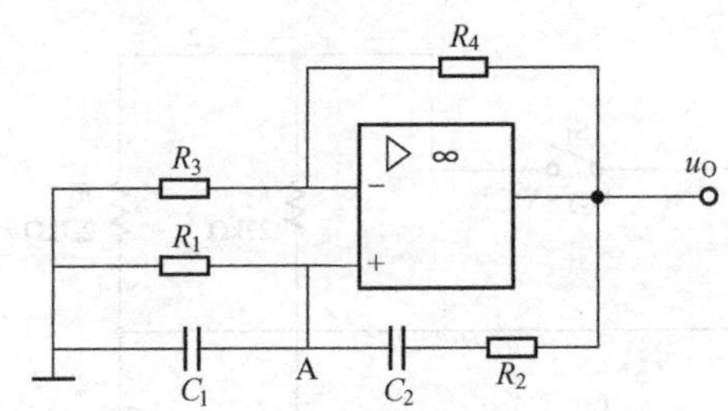

图 39.1　基本的文氏电桥振荡电路

图 39.1 中，R_1、R_2、C_1、C_2 组成的 RC 串并联网络将输出正反馈至同相输入端，R_3、R_4 则将输出负反馈至运放的反相输入端，电路的行为取决于正负反馈哪一边占优势（为便于分析，通常都假设 $R_1=R_2=R$ 且 $C_1=C_2=C$。当然，这并不是必须的）。

前面我们已经分析了电容串联与并联时的相移特性，串联支路 R_1 与 C_2 构成超前型移相电路，而并联支路 R_2 与 C_1 构成滞后型移相电路。当频率 f 比较低时，$1/(2\pi fC)>R$，超前移相特性占优势；当频率 f 较高时，$1/(2\pi fC)<R$，滞后移相特性占优势。

很明显，在频率 f 从低到高连续变化的过程中，电压的相移也将会从 90°到-90°连续变化，这其中必然存在一个频率点 f_0，使 RC 串并联网络的相移为零，此时输出电压正反馈到运算放大器的同相端，满足了振荡电路所需要的相位条件。

可以将该电路看作对 A 点输入（同相端电压）的同相放大器，因此该电路的电压放大倍数如下：

$$1+\frac{R_4}{R_3}$$

可以证明，当电压放大倍数小于 3 时（$R_4/R_3=2$），负反馈支路占优势，电路不起振；当电压放大倍数大于 3 时，正反馈支路占优势，电路开始起振但并不是稳定的，振荡会不断增大从而最终导致运放饱和，输出信号是存在削波失真的正弦波。

只有当电压放大倍数恰好为 3 时，正负反馈处于平衡，振荡电路会持续稳定地工作，此时输出波形的频率公式如下所示：

$$f_0=\frac{1}{2\pi\sqrt{R_1R_2C_1C_2}}=\frac{1}{2\pi RC}$$

也可以这样理解：电路刚上电时会包含频率丰富的扰动成分，这些扰动频率都将会被放大，随后再缩小，以此循环。只有扰动成分的频率等于 f_0 时，电路对其的电压放大倍数为 3，而缩小倍数也为 3，电路将一直不停地振荡下去。换言之，频率为 f_0 的成分既不会因衰减而最终消失，也不会因一直放大导致运放饱和而产生失真，相当于此时形成了一个平衡电桥。

但是这个电路的实际应用几乎没有，因为它对器件的要求非常高，即 R_4/R_3 必须严格等于 2（也就是电压放大倍数必须为 3），只要有一点点的偏差，电路就不可能稳定地振荡下去。因为元件不可能十分精确，就算可以做到，受到温度、老化等因素的影响，电路也可能会出现停振（电压放大倍数小于 3）或失真（电压放大倍数大于 3）的情况。

我们用如图 39.2 所示的电路参数进行仿真。

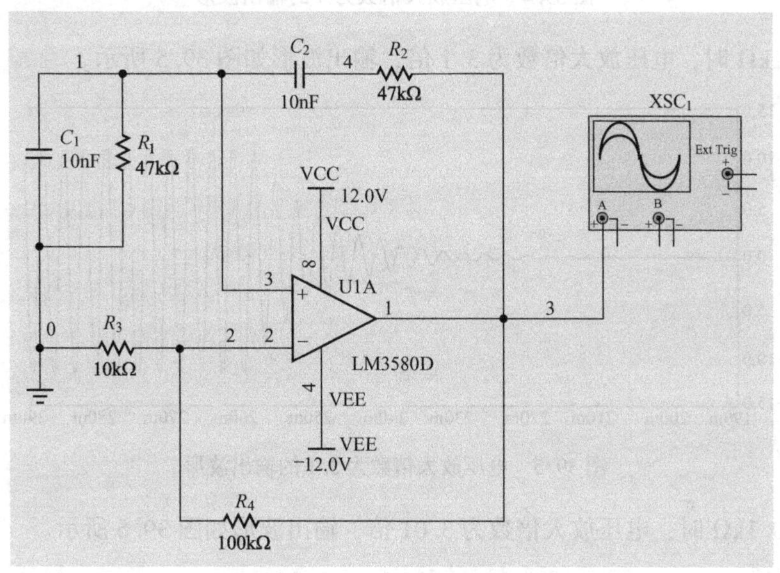

图 39.2　文氏电桥仿真电路

当 $R_4 = 100\text{k}\Omega$ 时，电压放大倍数为 11，输出波形如图 39.3 所示。

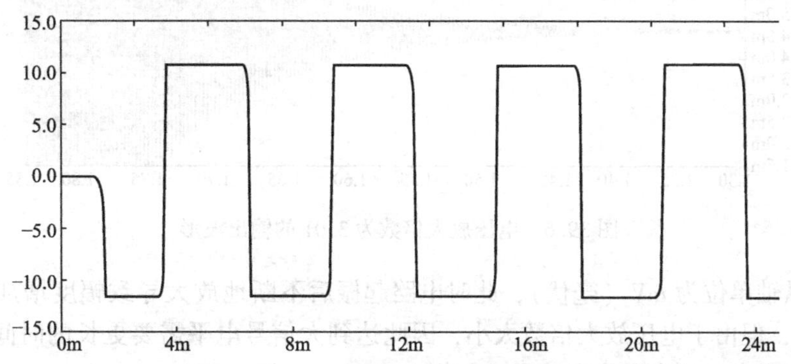

图 39.3　电压放大倍数为 11 的输出波形

当 $R_4 = 30\text{k}\Omega$ 时，电压放大倍数为 4，输出波形如图 39.4 所示。

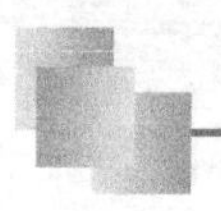

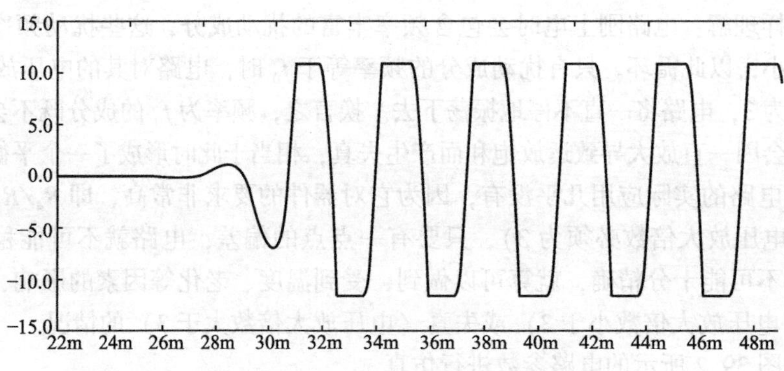

图 39.4　电压放大倍数为 4 的输出波形

当 $R_4 = 21\text{k}\Omega$ 时，电压放大倍数为 3.1 倍，输出波形如图 39.5 所示。

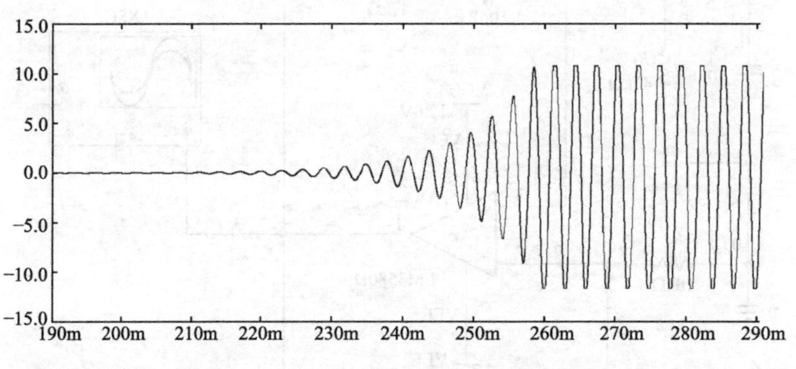

图 39.5　电压放大倍数为 3.1 的输出波形

当 $R_4 = 20.1\text{k}\Omega$ 时，电压放大倍数为 3.01 倍，输出波形如图 39.6 所示。

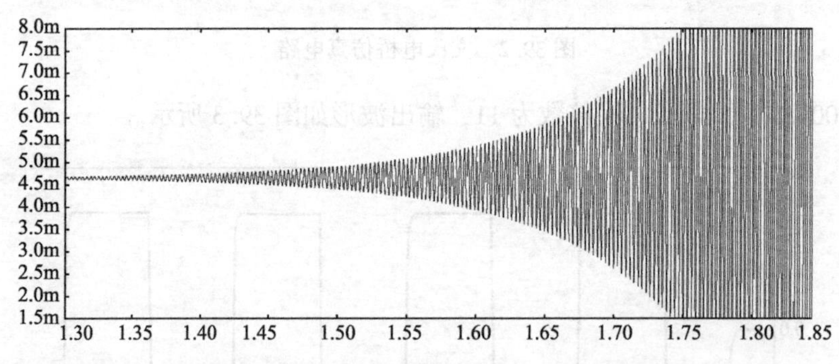

图 39.6　电压放大倍数为 3.01 的输出波形

注意：纵轴单位为 mV（毫伏），此时电路起振后不断地放大导致幅度增加（此图只是截取一部分），但由于电压放大倍数太小，因此达到大信号电平需要更长的时间，如果不进行长时间仿真观察，还会以为电路没有起振。

当 $R_4 = 20\text{k}\Omega$ 时，电压放大倍数为 3 倍，输出波形如图 39.7 所示。峰峰值约为 0.00000007mV = 70pV，由于放大倍数太小，一直都处在小信号状态，什么时候达到大信号状态也无从得知。

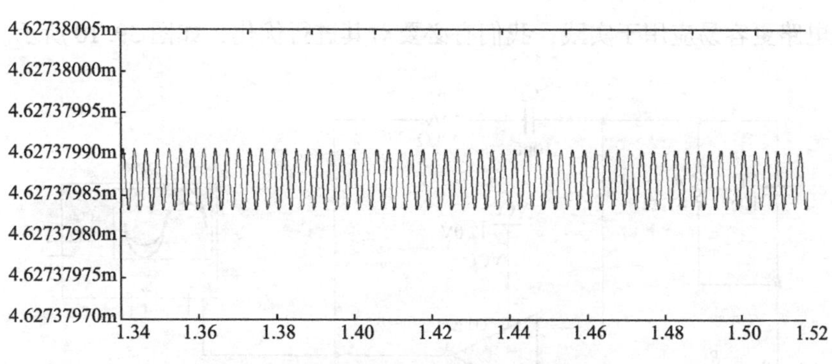

图 39.7　电压放大倍数为 3 的输出波形

当 $R_4 = 15\text{k}\Omega$ 时，电压放大倍数为 2.5 倍（负反馈占优势），输出波形如图 39.8 所示。

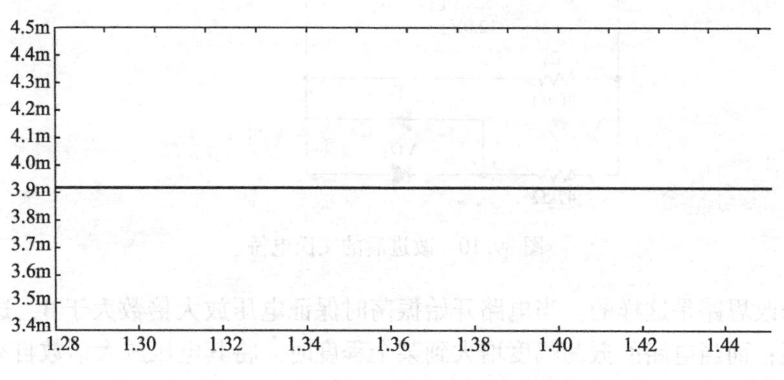

图 39.8　电压放大倍数为 2.5 的输出波形

把图 39.8 局部放大后如图 39.9 所示。

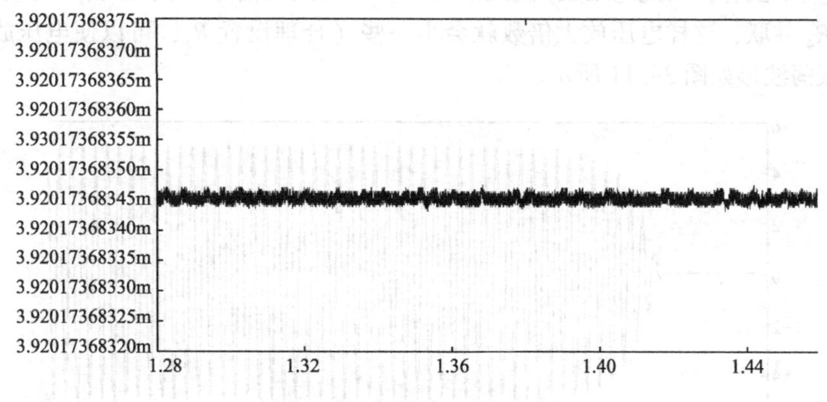

图 39.9　局部放大后的波形

可以看到，电路的电压放大倍数越大，电路越容易起振，但只要电压放大倍数超过 3，则输出波形都将出现削波失真。如果电压放大倍数恰好为 3，则仿真时间要等很久才会有结果。实际使用元器件搭建电路时，要精确做到电压放大倍数为 3.00000…可真不是件容易的事。

为了让电路更容易应用于实践，我们有必要对其进行优化，如图 39.10 所示。

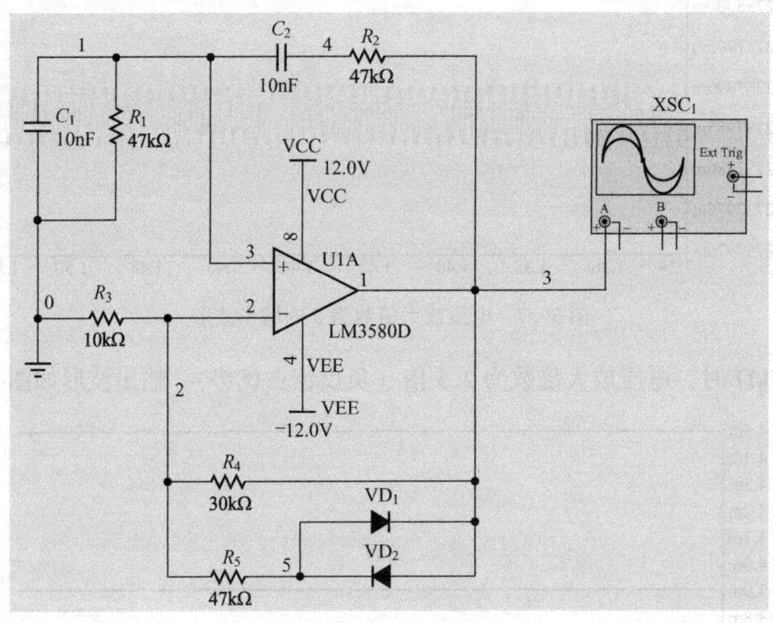

图 39.10　改进后的文氏电桥

我们的修改思路是这样的：当电路开始振荡时保证电压放大倍数大于 3，这样可以使得电路容易起振；而当电路的振荡幅度增大到某个程度时，将其电压放大倍数自动切换为小于 3，这样就能够限制振荡的最大幅度，从而避免振荡波形出现削波失真。

这里增加了 R_5、VD_1、VD_2，当振荡信号比较小时，二极管没有导通，因此 R_5、VD_1、VD_2 支路相当于没有，因此电压放大倍数大于 3。而当振荡信号比较大时，二极管导通，相当于 R_5 与 R_4 并联，这样电压放大倍数就会小一些（合理设置 R_5，可以使电压放大倍数小于 3），其振荡波形如图 39.11 所示。

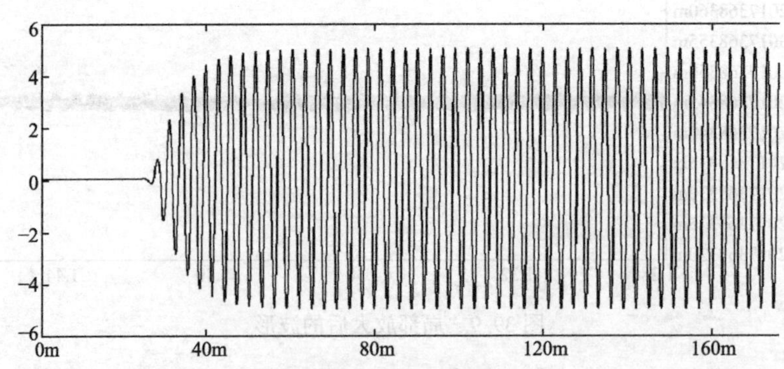

图 39.11　振荡波形

第 40 章　单电源运放电路中的隔直耦合电容

就算你从未亲手设计或调试过以运算放大器（Operational Amplifier，OPA）为核心的放大电路，那你也肯定在学校分析过一些运算放大电路，“虚短”和“虚断”特性应该很熟悉吧。反相与同相比例运算放大器电路是运放入门学习时最常用的经典分析案例，如图 40.1 所示。

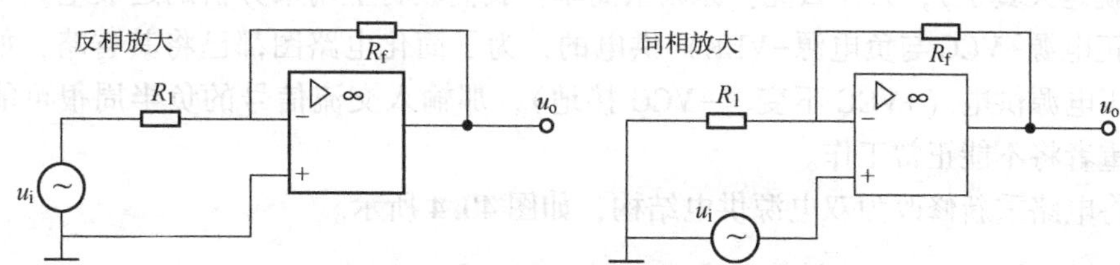

图 40.1　反相与同相比例的运算放大电路

然而，教材上的知识未必能够帮助你在实际的工作中搭建一个可以正常工作的电路，我们用图 40.2 所示的反相比例运算放大电路仿真一下。

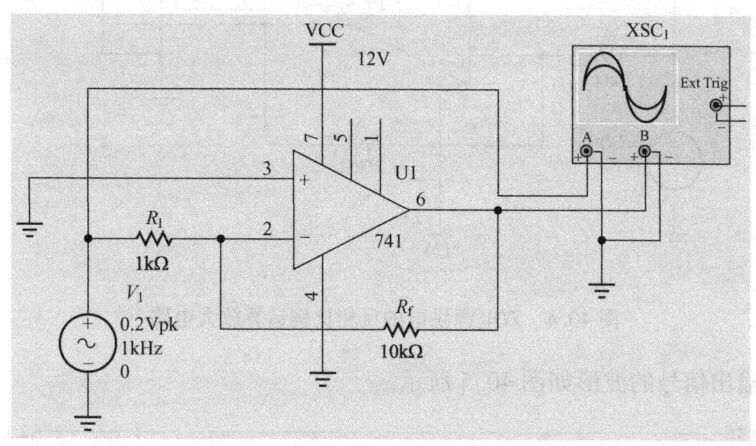

图 40.2　反相比例运算放大仿真电路

运放 741 的同相端与地连接，反相端一方面通过电阻 R_1 与信号源连接，另一方面通过反馈电阻与输出连接形成负反馈电路，此时电路的放大倍数如下式（其中负号表示输出与输入反相）：

$$A_V = \frac{u_o}{u_i} = -\left(\frac{R_f}{R_1}\right) = -10$$

我们来看看此电路输入与输出信号的波形，如图 40.3 所示。

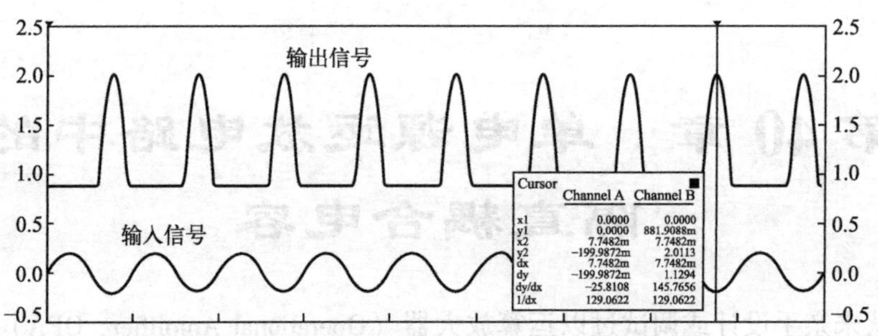

图 40.3　输入与输出信号的波形（1）

可以看到，输入信号确实被放大了约 10 倍，输出电压峰值约为 2V，但是输出波形只有一半（也就是失真了），为什么呢？原因很简单！我们教材上用来分析的运放电路都是默认双电源（正电源+VCC 与负电源-VEE）供电的，为了简化电路图都已将其省略，如果直接使用单个正电源供电（+VCC 不变、-VCC 接地），那输入交流信号的负半周很可能会引起失真，严重者将不能正常工作。

我们将电路重新修改为双电源供电结构，如图 40.4 所示。

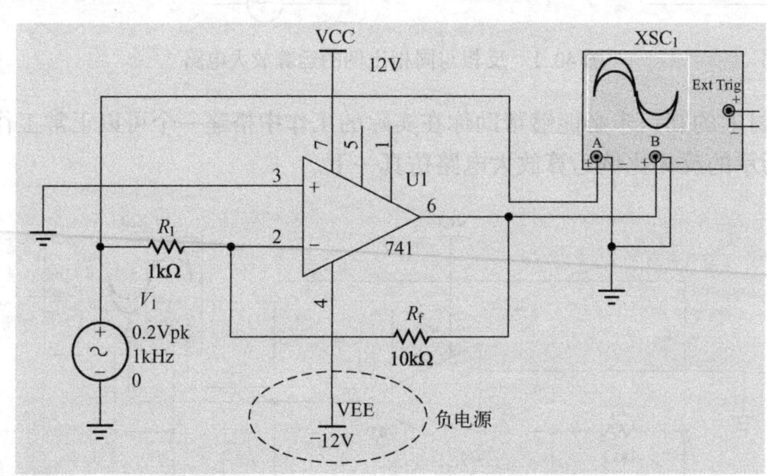

图 40.4　双电源供电的反相比例运算放大电路

其输入与输出信号的波形如图 40.5 所示。

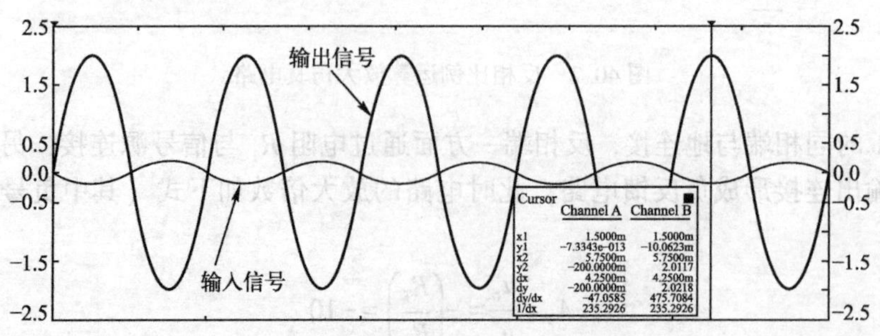

图 40.5　输入与输出信号的波形（2）

恭喜！信号完全正常了。然而，在实际应用中，很多系统都是单电源供电的（如平板电脑、VCD、多媒体播放器中的音频放大电路），典型的供电电压为 5~12V，不可能因为一个音频放大电路而多增加一个负电源，系统变得复杂的同时成本也提高了。因此，单电源供电的运算放大电路应用也很广泛。

我们修改好的单电源供电的反相比例运算放大电路如图 40.6 所示。

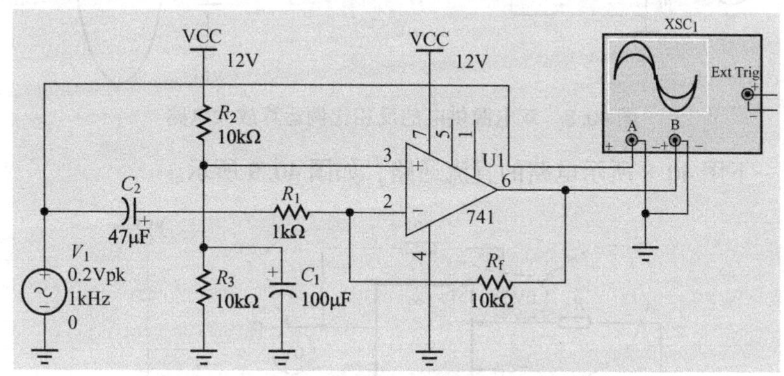

图 40.6　单电源供电的反相比例运算放大电路

增加了电阻 R_2、R_3 及电容 C_1、C_2，其输入与输出信号的波形如图 40.7 所示。

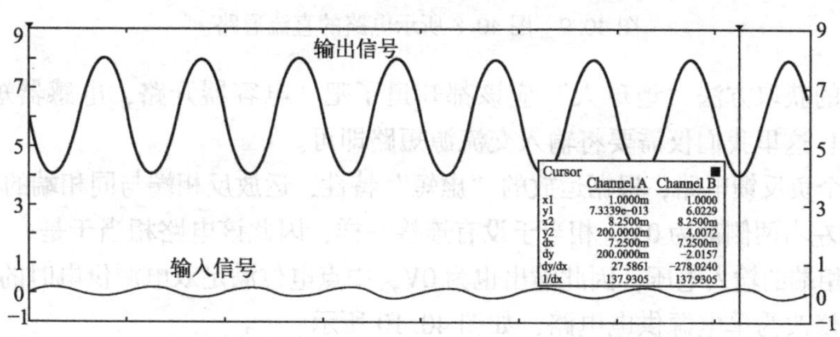

图 40.7　单电源供电时的输入与输出信号的波形

好像跟之前信号的波形没什么区别，但是输入电压与输出电压都是正电压，这就是单电源供电运放电路时输出信号的波形。

哦，原来运放的单电源供电反相比例运算放大电路是这样的，我记得了，下次我知道怎么画了！但是，你有没有想过为什么要进行这样的修改呢？为什么增加两个电阻分一半的电源电压赋给同相端，而且电容器 C_1 与电阻 R_1 并联，为什么需要串联一个耦合电容器 C_2 呢？如果给你一个双电源供电的同相比例运算放大（或其他）电路，要求你改为单电源运算放大电路怎么办？有人说：我上网搜，这种电路肯定一大把！好吧，你赢了！

当我们使用双电源供电的运算放大电路时，其参考电压点为（VCC+VEE）/2＝0V，也就是我们常说的接地点，这样将交流信号放大时，无论是正半周还是负半周，都能够正常放大，如图 40.8 所示。

同样，如果我们使用单电源供电时，也必须首先保证有一个参考电压点（通常称为“虚地”），以这个参考电压点放大输入信号时的动态范围最大，这个参考电压通常是 VCC/2。当

然，这个参考点并非一定得 VCC/2，只不过大多数情况下可以简化电路设计而已。

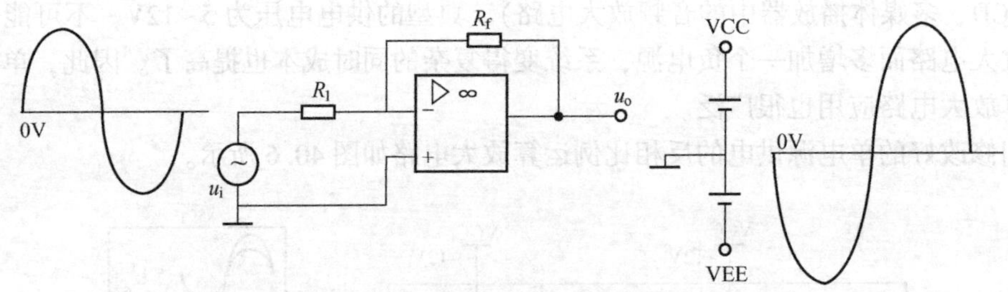

图 40.8　双电源供电的反相比例运算放大电路

我们分析一下图 40.8 所示电路的直流通路，如图 40.9 所示。

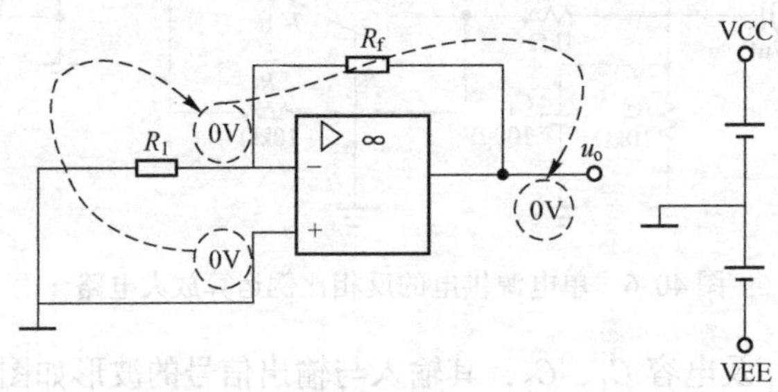

图 40.9　图 40.8 所示电路的直流通路

直流通路的获取方法"地球人"应该都知道了吧。电容器开路，电感器短路，输入交流电压源短路！这里我们仅需要将输入交流源短路即可。

这还是一个负反馈电路，根据运放的"虚短"特性，运放反相端与同相端的电位都为 0V，由于电阻 R_1 的左右两侧都为 0V，相当于没有连接一样，因此该电路相当于是一个跟随器，输出电压跟随同相端的输入电压，因此输出也为 0V，中点电位满足双电源供电时的条件。

我们把它修改为单电源供电电路，如图 40.10 所示。

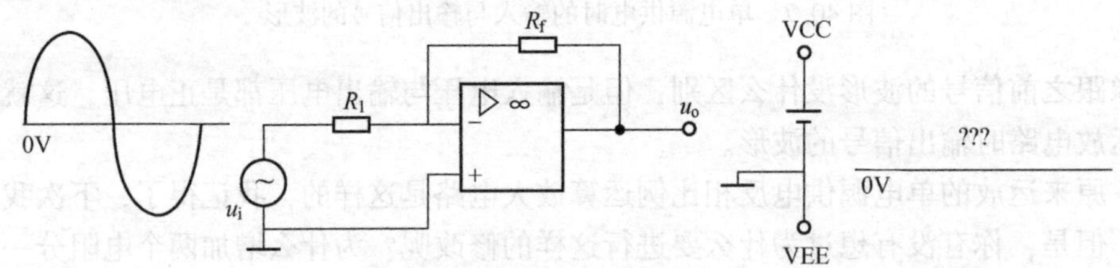

图 40.10　单电源供电电路

只是把负电源接地了，因此直流通路是不变的。也就是说，输出还是 0V。但很显然，这并不能够满足对交流信号放大的需求，我们需要的静态直流输出电压应该是 VCC/2。

之前我们已经提过，这个直流通路就是一个跟随器，那是不是可以通过设置同相端为中点电压 VCC/2 来实现呢？答案是肯定的！如图 40.11 所示。

我们增加了两个电阻 R_2 和 R_3，通常这两个电阻是等值的，因此两者的分压点为 VCC/2，这样直流通路的输出也是 VCC/2，中点电位（虚地）这一关算是过了。

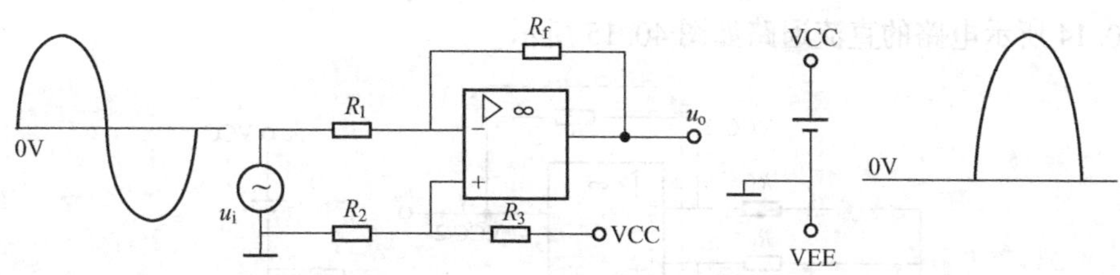

图 40.11　同相端增加中点电压

然而，这还不足以使我们的电路正常放大交流信号，如果直接将交流信号源与输入端连接，肯定会有直流偏移现象。也就是说，虽然你已经设置了中点虚地，但对于运放本身而言，输入信号还是以地（0V）为参考点的。那该怎么办呢？

想一想我们学习过的三极管基本放大电路，它们也都是单电源供电，但仍然能够放大交流信号，原因就是在信号源与放大单元之间使用电容进行交流耦合，这里的运放电路也可以参考一下，如图 40.12 所示。

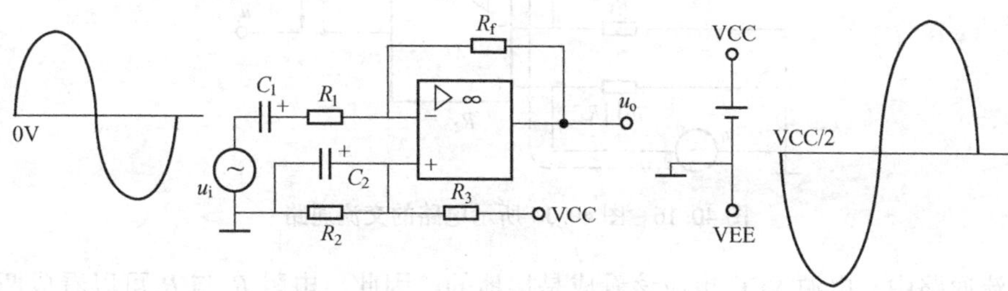

图 40.12　修改后的单电源供电电路

我们还增加了一个滤波电容 C_2，可以进一步保证“虚地”的干净，双电源改为单电源供电的过程圆满完成。

有人说：输出电压与输入电压能不能不反相，我不喜欢！行，我们来看看由运放构成的同相比例运算放大电路，如图 40.13 所示。

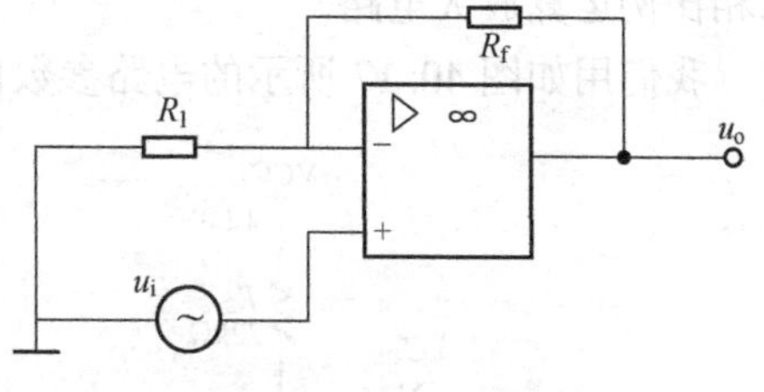

图 40.13　双电源供电的同相比例运算放大电路

与反相比例运算放大电路不同的是：同相比例运算放大电路的输入信号在同相端，而反相端一方面通过电阻 R_1 接地，另一方面通过反馈电阻 R_f 连接输出形成负反馈。

同样，我们将双电源改为如图 40.14 所示的单电源供电的交流同相放大电路。

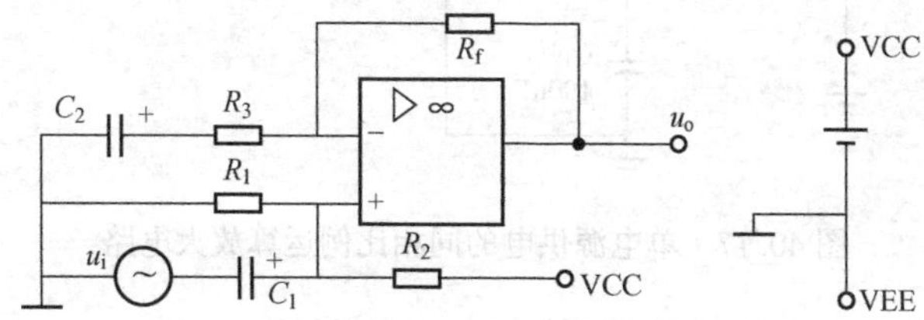

图 40.14　单电源供电的交流同相放大电路

图 40.14 所示电路的直流通路如图 40.15 所示。

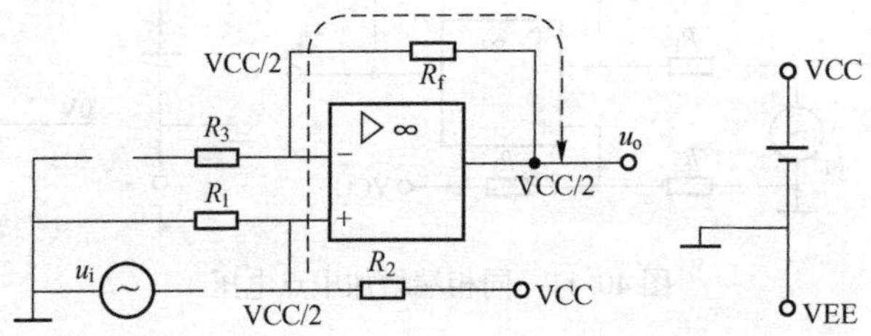

图 40.15　图 40.14 所示电路的直流通路

这也是一个电压跟随器，即输出电压 u_o = 输入电压（VCC/2）。同样，图 40.14 所示电路的交流通路如图 40.16 所示。

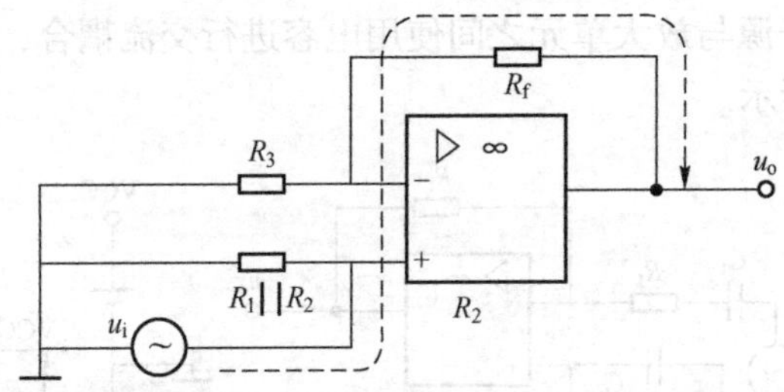

图 40.16　图 40.14 所示电路的交流通路

在交流通路中，电源 VCC 也应该看成是接地的。因此，电阻 R_1 与 R_2 可以看成两者并联再与信号源并联，对输入信号是没有影响的（可以将它们去掉），此电路就变成了最开始的同相比例运算放大电路。

我们用如图 40.17 所示的电路参数仿真一下。

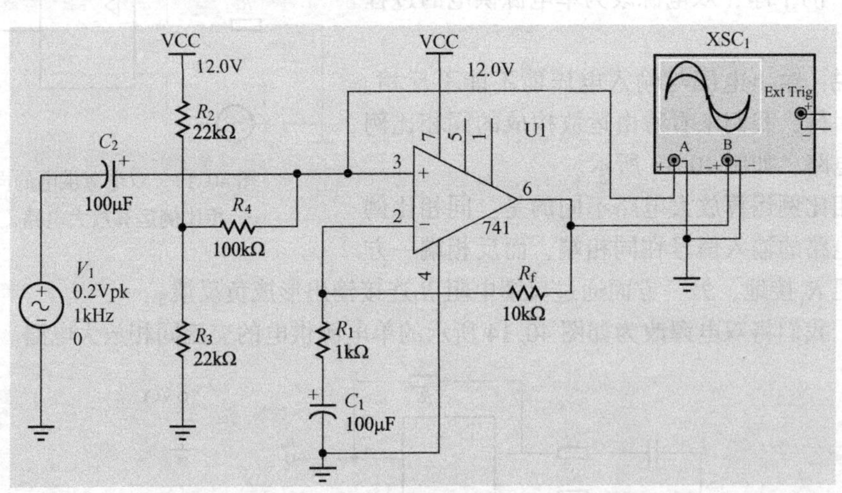

图 40.17　单电源供电的同相比例运算放大电路

图 40.17 所示电路仿真后的相关波形如图 40.18 所示。

如图 40.19 所示是一个更复杂的双电源供电的二阶多重反馈低通滤波器，你怎么看？

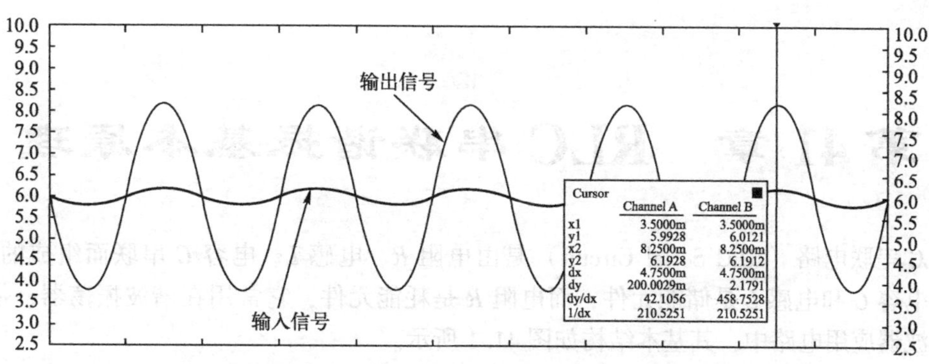

图 40.18　图 40.17 所示电路仿真后的波形

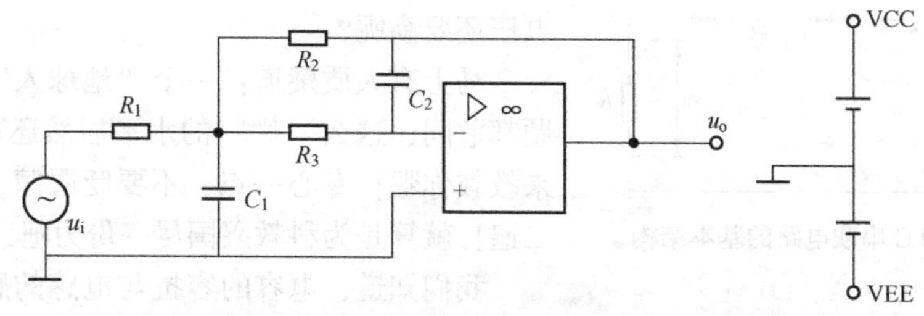

图 40.19　双电源供电的二阶多重反馈低通滤波器

“阎老”，我看还是用您教的那一套的断案推理手法吧！我这边修改的电路如图 40.20 所示。

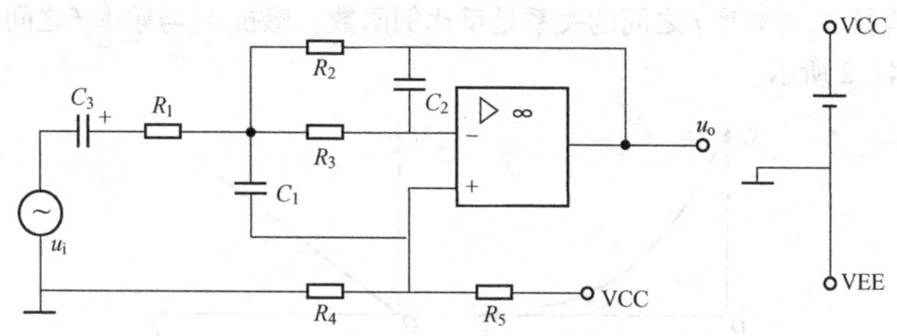

图 40.20　单电源供电的二阶多重反馈低通滤波器

按照“阎老”您刚才的修改思路，首先通过两个等值的电阻 R_4、R_5 获取 VCC/2 的参考电压点，然后再使用隔直耦合电容器 C_3将信号源与滤波器输入相连接。“阎老”，你看我这个推理有没有什么问题？

你做得非常好，头脑清晰，遇事冷静，意志坚强，武艺高强，沉鱼落雁，闭月羞花……果然是我的左膀右臂，下一堂课你代我一下。

第 41 章　RLC 串联谐振基本原理

RLC 串联电路（RLC Serial Circuit）是由电阻 R、电感 L、电容 C 串联而组成的电路，其中，电容 C 和电感 L 是储能元件，而电阻 R 是耗能元件，它常用在谐波振荡器、带阻或带通滤波器应用电路中，其基本结构如图 41.1 所示。

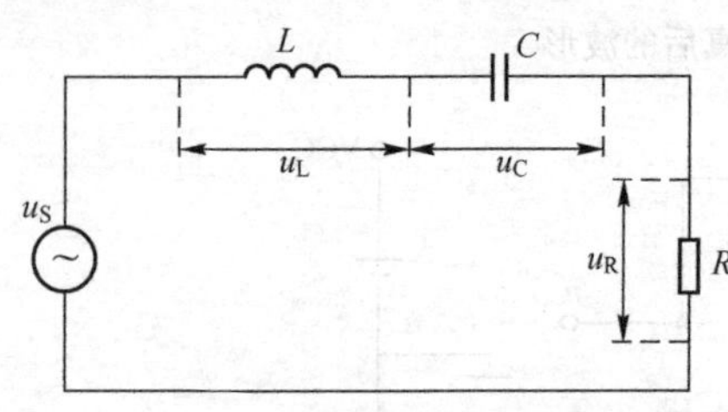

图 41.1　RLC 串联电路的基本结构

这里我想请教大家一个问题：为什么 RLC 串联电路谐振时，电容 C 或电感 L 两端的电压会比输入电压还要高呢？

马上有人质疑道：一个"地球人"都知道的问题都敢问，这么"烂"的水平居然还写书出来！我来教教你吧！专心一点，不要眨眼睛，不会教你第二遍！就算是为科教兴国尽一份力吧，唉！

我们知道，电容的容抗与电感的感抗会随着输入信号源的频率变化而变化。其中，电容的容抗随频率上升而减小，而电感的感抗随频率上升而增大，分别可以表达为下式：

$$X_C = \frac{1}{2\pi fC} \qquad X_L = 2\pi fL$$

很明显，容抗 X_C 与频率 f 之间的关系是反比例函数，感抗 X_L 与频率 f 之间的关系是正比例函数，如图 41.2 所示。

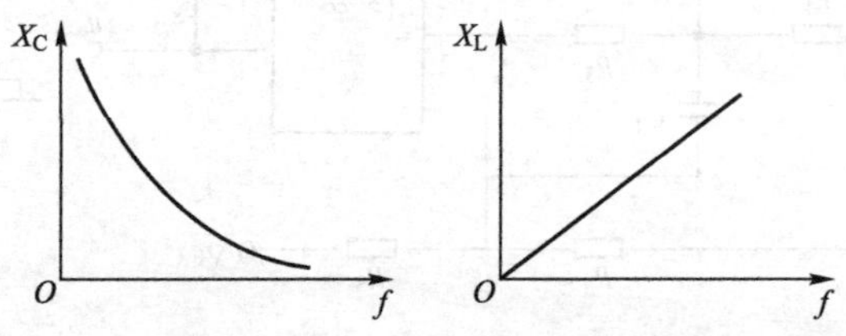

图 41.2　容抗、感抗与频率的关系

当输入信号源 u_S 的频率 f 由低至高变化时，在 RLC 串联电路中总会存在一个频率点 f_0，此时电容器呈现的容抗 X_C 与电感器呈现的感抗 X_L 是相同的，如图 41.3 所示。

因此有下式：

$$X_C = X_L = \frac{1}{2\pi f_0 C} = 2\pi f_0 L$$

简单变换后有：

$$\frac{1}{2\pi f_0 C} = 2\pi f_0 L \rightarrow f_0 = \frac{1}{2\pi\sqrt{LC}}$$

又由于电容两端的电压滞后流过的电流 90°，而电感两端的电压超前流过的电流 90°。

因此，在 RLC 串联电路中，电容两端的电压与电感两端的电压是反相的，也就是容抗值与感抗值相等，方向相反相互抵消，此时 RLC 串联电路就相当于一个纯电阻，如图 41.4 所示。

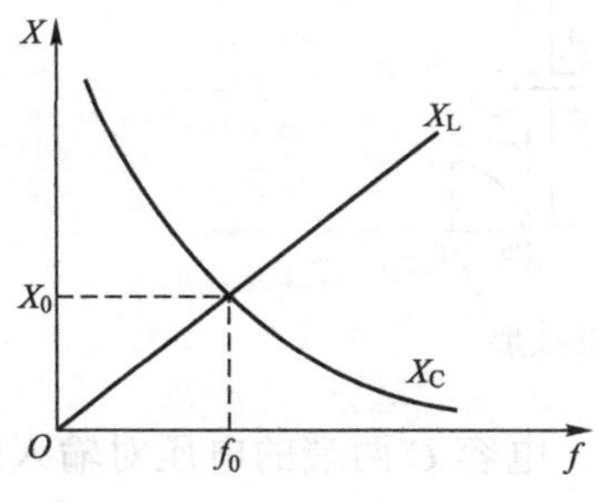

图 41.3　容抗与感抗相同点

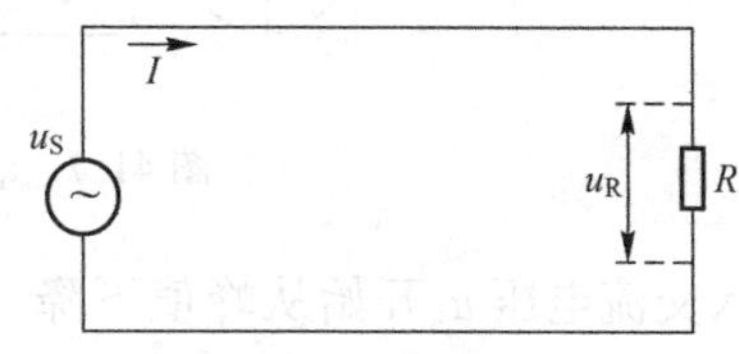

图 41.4　容抗与感抗相互抵消

RLC 串联电路在整个频率范围内的阻抗曲线如图 41.5 所示（注意：X_C与 X_L是反相的）。

当输入信号源的频率为f_0时，RLC 串联电路发生谐振，此时电容两端的电压与电感两端的电压相互抵消，但都不为零。我们将电容（或电感器）两端的电压与电阻两端的电压（谐振时就是输入电压源 u_S）的比值定义为谐振电路的品质因素 Q（简称 Q 值），如下所示：

$$Q=\frac{1}{2\pi f_0 CR}=\frac{2\pi f_0 L}{R}=\frac{1}{R}\sqrt{\frac{L}{C}}$$

当 $Q>1$ 时，电容与电感两端将会出现比输入电压源 u_S高 Q 倍的电压。工程上将电路的这一特殊状态定义为谐振状态，在 RLC 串联电路中也称为串联谐振，串联谐振也称电压谐振。

“虾米？”小编你不懂数学？那我就救人救到底，送佛送到西，从电容与电感充放电的角度来谈谈这个问题。为了让你能够更容易看懂，这里假设 u_S信号源是正弦波，且频率就是 RLC 串联谐振频率，电容与电感的储能均为 0，并且电阻 R 为 0，我们从头开始进行分析，如图 41.6 所示。

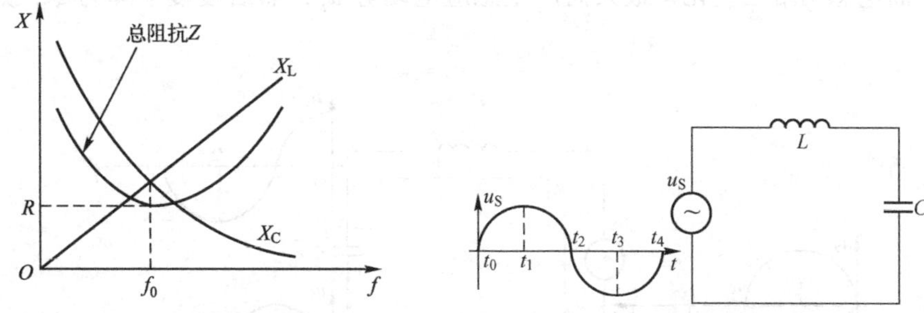

图 41.5　RLC 串联电路在整个频率范围内的阻抗曲线　　图 41.6　简化的 LC 串联电路

这是为了照顾小编你，可以理解吧？哦，明白，多谢了，你开讲吧！

当输入交流电压 u_S从零开始上升时（$t_0 \sim t_1$），由于电容 C 两端的电压不能突变，输入电压 u_S均施加在电感 L 两端，因输入电压 u_S由 0 变为非 0，电流的变化率也非常大，因此电感两端产生较大的感应电动势（极性为左正右负），同时开始对电容 C 充电，其两端的电压也慢慢上升。随着输入电压 u_S升高至峰值电压，电容已经充电至最大电压，而电感两端的电压则为0（因为正弦波电压在峰值处的变化率为0），如图41.7所示。

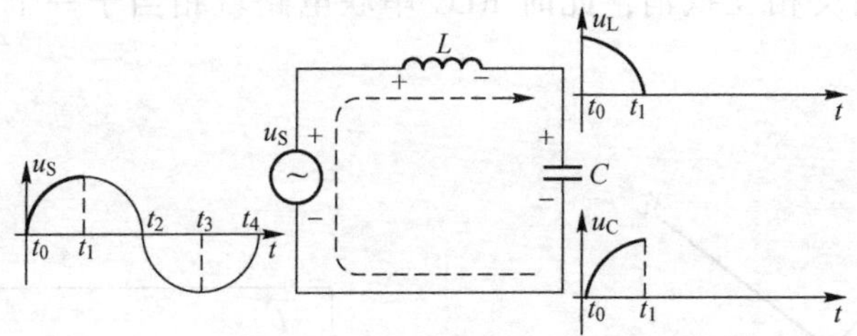

图41.7　$t_0 \sim t_1$时期的波形

然后输入交流电压u_S开始从峰值下降（$t_1 \sim t_2$），电容C两端的电压对输入源u_S放电，因而电压逐渐下降，而电感两端感应出左负右正的感应电动势，输入源u_S为0时变化率是最快的，因此电感两端的电压u_L也变成最大值，此时电容两端的电压u_C为0V，如图41.8所示。

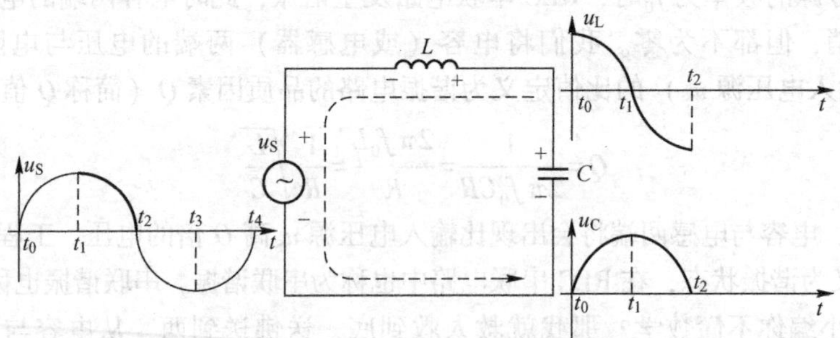

图41.8　$t_1 \sim t_2$时期的波形

当输入电压源反向开始升高时（$t_2 \sim t_3$），开始对电容反向充电，因此电容两端的电压u_C慢慢升高，而电感两端因变化率最大而产生感应电动势u_L，然后慢慢下降为零，如图41.9所示。

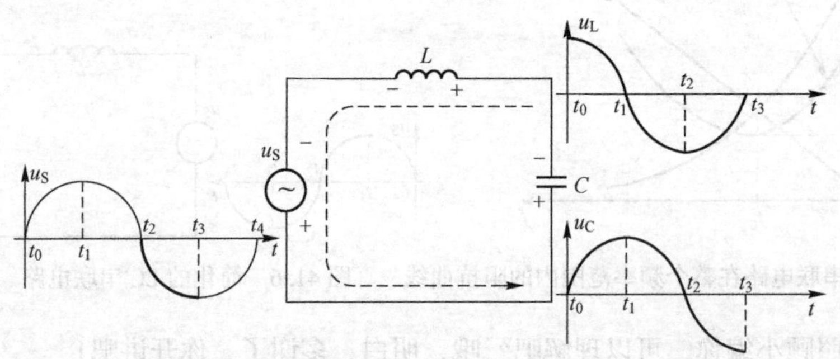

图41.9　$t_2 \sim t_3$时期的波形

当输入交流电压从负峰值下降时（$t_3 \sim t_4$），电容C开始放电，电感两端感应出左正右负的电动势，由于输入电压的变化率越来越快（达到零值时为最大），因此电感两端的值也因

此达到最大值，而电容则因放电完毕而电压归零，一个完整的谐振周期就这样完成了，如图 41.10 所示。

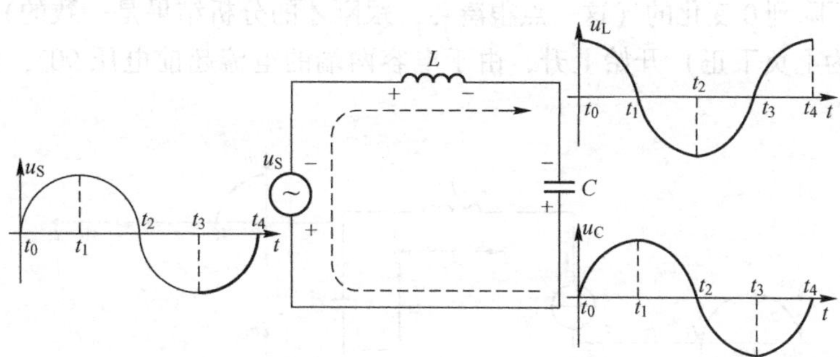

图 41.10　$t_3 \sim t_4$时期的波形

你真厉害！令人击节赞赏，连我都忍不住给你鼓掌了，嗯，配图不错！然而，我的问题是：为什么 RLC 串联谐振时电容或电感会比输入电压还要高呢？好像你并没有跟我讲，你只是根据“某些人”通过实验或书上的电路理论分析总结出来的公式或现象，再来给我证明串联谐振时的电压状态，但你并没有从根本上讲出来这是为什么。就如同跟我讲：跟我混吧，包你月入百万。并拿出别人月入百万的例子，但你始终对怎么赚钱守口如瓶一样，那我肯定不踏实呀。

而且你那个充放电的过程有点诡异，输入电压源 u_S 的变化率不代表流过电感的电流变化率，怎么能因此而简单判断电容与电感两端的电压状态呢？按你的方法分析出来的波形如图 41.11 所示。

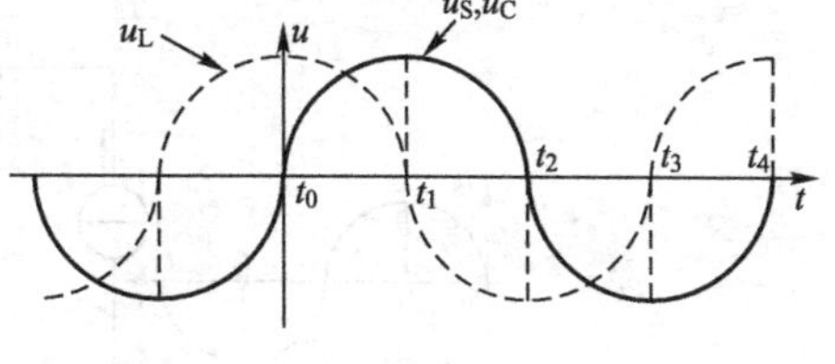

图 41.11　相关的输入与输出波形

也就是电容两端的电压与电感两端的电压相差 90°，这与你之前的理论（反相关系）也不符合呀。

这个嘛，我再琢磨琢磨，你稍等一下……

咱们让他想一想，我们先来分析一下。其实，按他刚才用的充放电来分析 RLC 串联谐振波形也是可行的，但是用电压源做驱动分析起来实在是太复杂了，因此这里用电流源来代替，如图 41.12 所示。

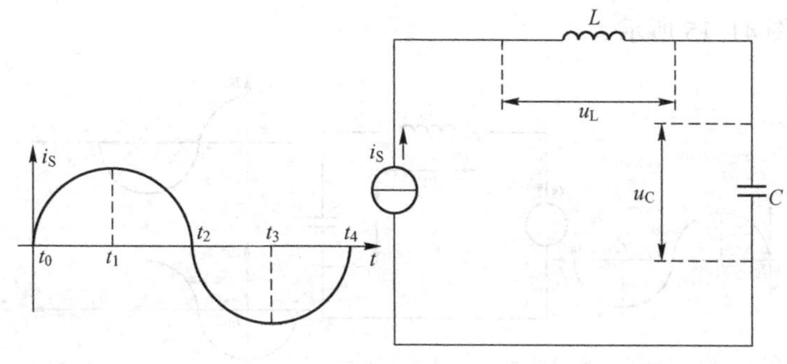

图 41.12　用电流源代替电压源进行分析

当输入电流源 i_S 开始上升时（$t_0 \sim t_1$），由于电感两端的电压公式为 $u = L\mathrm{d}i/\mathrm{d}t$，而此时电流的变化率是由最大到最小的（由 1 到 0 变化，因为正弦求导后就是余弦），电感两端的电压是从最大值下降到 0 变化的（这一点很凑巧，跟刚才的分析结果是一致的），而电容两端的电压（极性为上负下正）开始上升，由于电容两端的电流超前电压 90°，此时的状态如图 41.13 所示。

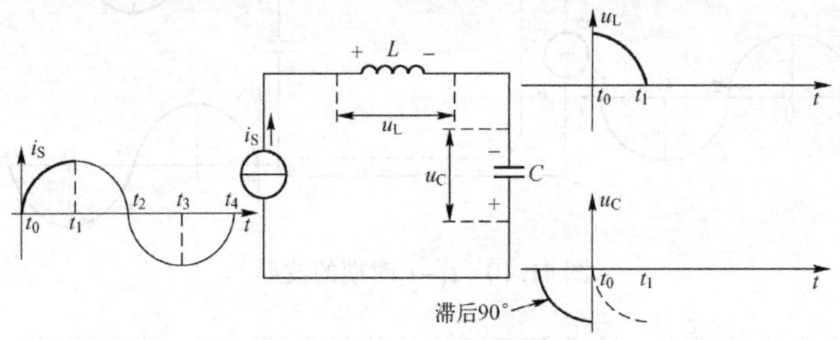

图 41.13　$t_0 \sim t_1$ 时期的波形

有人可能会有疑问：为什么电容两端电压的极性是上负下正呢？不应该是上正下负吗？LC 串联谐振分析时电容的电压极性是最容易弄错的，我们在后续章节中再讨论这个问题。

当输入电流源 i_S 开始下降时（$t_1 \sim t_2$），电流的变化率由最小值 0 到最大值 1 变化，而电感器的电流不能突变，因此感应出极性为左负右正的电压，同时电容两端的电压也会慢慢下降至 0，只不过电压滞后电流 90°，如图 41.14 所示。

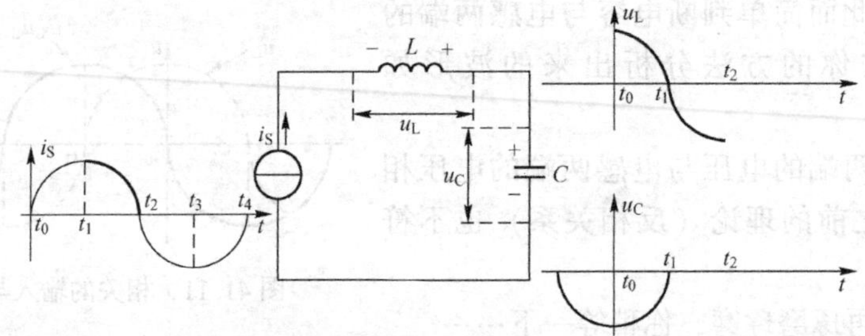

图 41.14　$t_1 \sim t_2$ 时期的波形

当输入电流源 i_S 负向开始上升时（$t_2 \sim t_3$），电流变化率由最大值 1 到最小值 0 变化，由于电感中的电流不能突变，因此感应出极性为左负右正的电压，同时电容中的电压也会慢慢上升至最大，如图 41.15 所示。

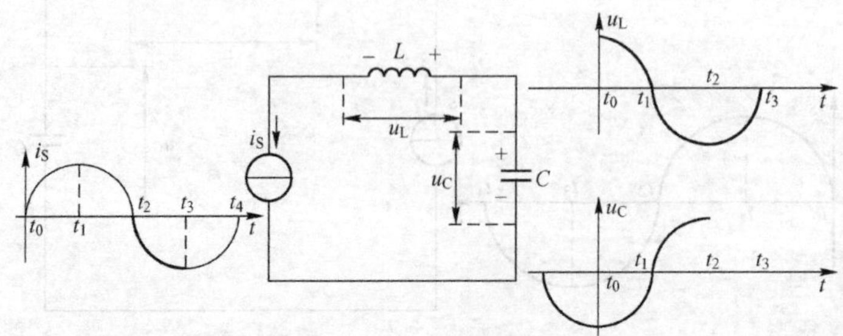

图 41.15　$t_2 \sim t_3$ 时期的波形

最后一个周期（$t_3 \sim t_4$）如图 41.16 所示。

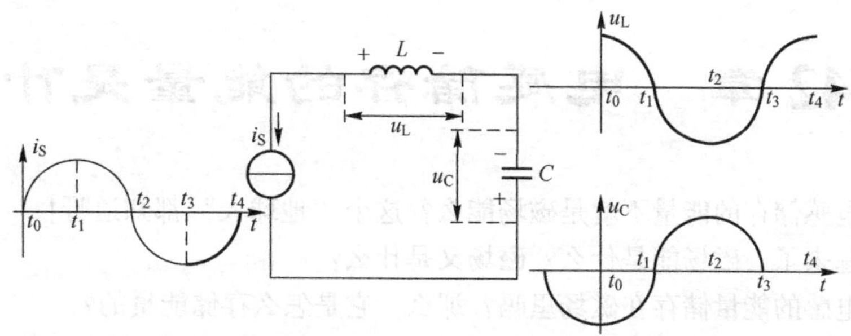

图 41.16　$t_3 \sim t_4$时期的波形

以上分析合起来如图 41.17 所示。

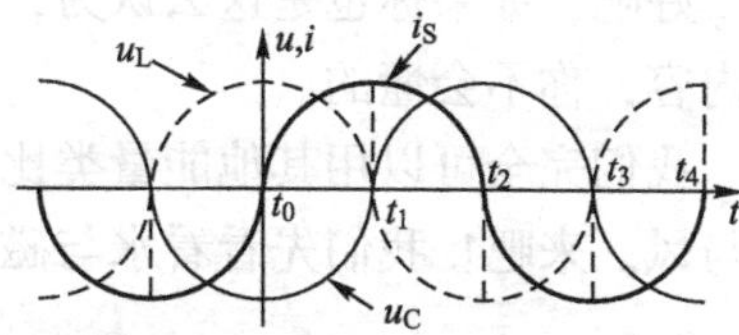

图 41.17　相关波形

我们也可以从数字的角度分析一下，电感两端的电压可如下式：

$$u_L = L\frac{di}{dt} = L\frac{d\sin\omega t}{dt} = \omega L\cos\omega t = X_L\cos\omega t$$

而流过电容的电流如下式：

$$I_C = C\frac{du_C}{dt}$$

对两边求积分，则如下所示：

$$\int \sin\omega t dt = \int \frac{C du_C}{dt} dt \rightarrow u_C = -\frac{\cos\omega t}{\omega C} = -X_C\cos\omega t$$

因此，从 u_L与 u_C的表达式可以看出：当感抗 X_L与容抗 X_C相等时，其两端的电压是完全反相的。

那为什么串联谐振可以升压呢？很明显，如果串联 LC 电路需要升压，关键还在于电感器，从 u_L的公式可以看出，电感两端的电压由感抗 X_L决定（余弦函数最大值为 1，对电压的抬升没有什么建树），而感抗由电感 L 与频率 f 共同决定。换言之，电感 L 越大，电感电流的变化率越大，则抬升的电压就可能越大。当然，电容量 C 也得同时下降，因为前提条件是在谐振频率下 X_C与 X_L相等，这也从侧面说明了 Q 值为什么与 L 成正比，而与 C 成反比。

那究竟 RLC 串联谐振电路是如何产生高于输入电压的电压呢？我们首先来理解一个问题：电感器储存的能量究竟是什么。

第 42 章　电感储存的能量是什么

有人说：电感储存的能量不就是磁场能么？这个“地球人”都知道呀！

那么，问题来了，磁场能是什么？磁场又是什么？

有人说：电感的能量储存在磁场里吗？那么，它是怎么存储能量的？

有人辩驳道：这个问题已经超出人类的认知（即更多维空间），我怎么跟你解释？你只需要知道“电感的能量储存在磁场里”就行了！

既然是这样，那你又是怎么知道的？

好吧，如果你也是这么认为，后面的内容可以不用看了，因为那些都是“更多维空间”的内容，你不会懂的。

我们完全可以用其他能量类比的方式来理解磁场的能量和相关的概念，最常见的莫过于水与风。来吧！我们先看看水与磁场的对比情况，如图 42.1 所示。

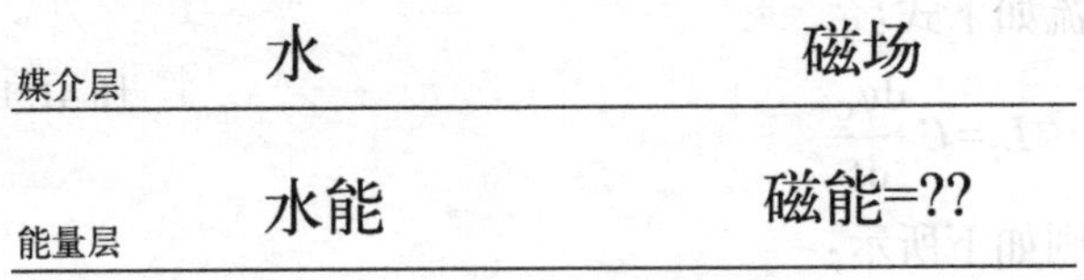

图 42.1　水与磁场

你可以把磁场比作水（你现在可能很难接受，但到最后你会屈服的），至于磁能的本质是什么我们暂时不揭晓，我们继续往下层挖掘。

水能之所以为能量，是因为水有势能差，能够对外做功，所以水电站才可以用水能来驱动转轮旋转并带动转子上的线圈切割磁力线从而产生感应电动势，这样我们就有电了。

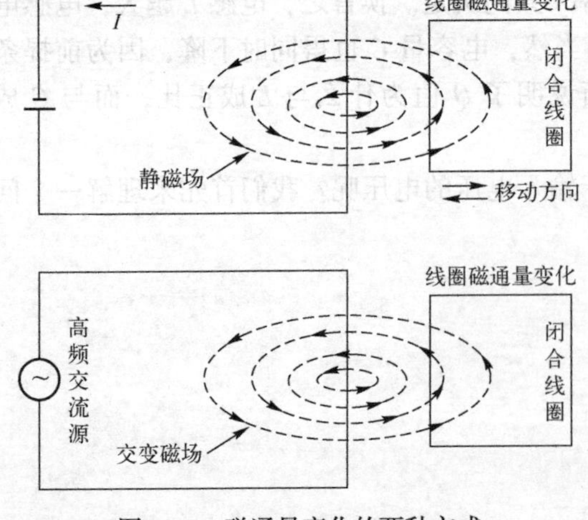

图 42.2　磁通量变化的两种方式

相应地，磁场之所以有能量，是因为有磁通的变化量（这就是著名的法拉第定律），所以我们也可以用它进行发电（**看见没有，“磁能到电能”的过程其实就存在“水能到电能”的过程中间，不管是由于动能（水能）带动线圈切割磁力线，还是磁感应强度 B 的变化，只要存在磁通的变化量，其本质都是一样的**），如图 42.2 所示。

那么，这个层次应该如图 42.3 所示。

如果到这一层你觉得很合理，那么我们继续往下看。水之所以有势能，是因为水有一定的质量，有物理公式为证：$m=\rho\times v$。其中，m 为质量，v 为体积，ρ 为物质的密度。

媒介层	水	磁场
能量层	水能	磁能=??
直接能量	水势差	磁通变化量$\Delta\phi$

图 42.3　水势差与磁通变化量

相应地，磁场有磁通变化量是因为磁场有磁通量，有物理公式为证：$\phi=B\times S$。其中，ϕ 为磁通量，B 为磁感应强度，S 为磁芯的截面积。我想这个层次的说法你肯定不会有什么反对意见，如图 42.4 所示。

媒介层	水	磁场
能量层	水能	磁能=??
直接能量	水势差	磁通变化量$\Delta\phi$
直接原因	质量	磁通量ϕ

图 42.4　质量与磁通量

加把劲，吃完饭继续！水的质量 m 主要由水的密度 ρ 来决定，而相应磁场的 ϕ 磁通量由磁感应强度 B 决定（水的体积 v 与磁通量的截面积 S 相对应），如图 42.5 所示。

媒介层	水	磁场
能量层	水能	磁能=??
直接能量	水势差	磁通变化量$\Delta\phi$
直接原因	质量	磁通量ϕ
间接因素	密度	磁感应强度B

图 42.5　密度与磁感应强度

旧观点认为磁通量越大表示磁力线的密度越大，也有磁力线的根数越多的说法，更容易与水的密度来做比较。

再往下一层，在相同的条件下，一种物质（无论气体、液体、固体）的密度与周围的压强成正比，而磁感应强度 B 则主要由周围的磁场强度 H 决定（也成正比），即 $B=\mu\times H$。其中，常数磁导率 μ 也与压强公式中的常数对应（**你也可以借此层次图理解磁感应强度 B 与磁场强度 H 的物理意义的区别**），如图 42.6 所示。

媒介层	水	磁场
能量层	水能	磁能=??
直接能量	水势差	磁通变化量 $\Delta\phi$
直接原因	质量	磁通量 ϕ
间接因素	密度	磁感应强度 B
间接本质	压强	磁场强度 H

图 42.6　压强与磁场强度

而大气压强的本质是分子的动能，即气体由大量无规则运动的分子组成，分子动能的存在使得物体在空气中不断发生碰撞产生冲击。

而磁场强度 H 的本质也是分子能量：从分子电流的观点来说，磁分子都相当于一个环形电流，在外加磁场的作用下，分子环流的磁矩沿着磁场排列起来才形成了磁场强度 H，如图 42.7 所示。

媒介层	水	磁场
能量层	水能	磁能=??
直接能量	水势差	磁通变化量 $\Delta\phi$
直接原因	质量	磁通量 ϕ
间接因素	密度	磁感应强度 B
间接本质	压强	磁场强度 H
根本原因	分子能量	分子能量

图 42.7　分子能量

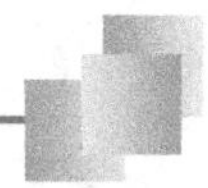

这样，整个概念层的对应关系就建立起来了。如果你还觉得可以理解，我们返回来看看能量层。

很明显，水能的大小不仅与势能差有关，还与势能差的变化速度有关，即势能的变化率。同样的水从 100m 高处流下，1m 的距离（A 点到 B 点）与 1000m 的距离（A 点到 C 点）所能转化的能量是完全不同的，如图 42.8 所示。

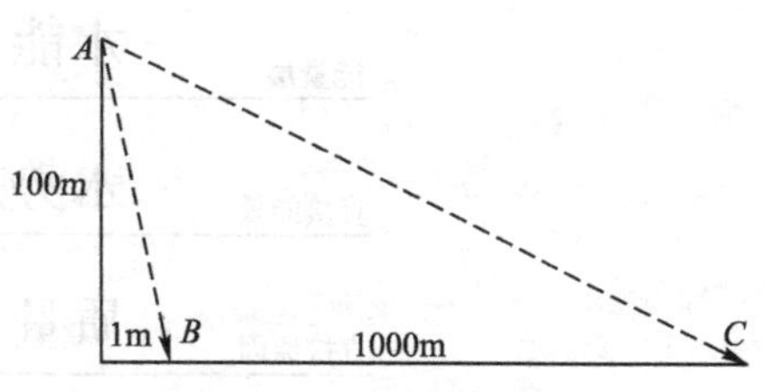

图 42.8　水势的变化率

相应地，磁能的大小不仅与磁通量有关，也与磁通量的变化率有关，这一点我想不会有人有疑义，这样也就解释了“电感储存的能量是什么”：

磁能就是磁通变化率，电感储存的就是磁通量（好像）。

这样，我们的概念层次图应如图 42.9 所示。

媒介层	水	磁场
能量层	水能	磁通变化率
直接能量	水势差	磁通变化量$\Delta\phi$
直接原因	质量	磁通量ϕ
间接因素	密度	磁感应强度B
间接本质	压强	磁场强度H
根本原因	分子能量	分子能量

图 42.9　水能与磁通变化率

严格来说，与“水的势能差”同层次的概念应该是“磁场的势能差”，即磁势差。但可能很多人不好理解，所以先换成了“磁通变化量”。因为磁芯的磁通量不可能无缘无故地变化，变化的原因是存在磁势差，否则你怎么以为存在“磁动势”的说法（对应于电学中的电动势）。

因此，我们的概念层次图应修正，如图 42.10 所示。

这还不够？把磁场比作水不好理解？那我们再拿风来做类比。风无形云无相，九霄龙吟惊天变，风云际会浅水游。哦！不好意思，跑题了！风之所以有能量是因为有气压差，气压差的变化率越大，则风能越大，这与势能变化率（水能）、磁通变化率（磁场）是类似的，如图 42.11 所示。

媒介层	水	磁场
能量层	水能	磁势变化率
直接能量	水势差	磁势差
直接原因	质量	磁通量ϕ
间接因素	密度	磁感应强度B
间接本质	压强	磁场强度H
根本原因	分子能量	分子能量

图 42.10　水势差与磁势差

表现层	水	磁场	风
能量层	水能	磁势变化率	风能
直接能量	水势差	磁势差	气压差
直接能量	质量	磁通量ϕ	
间接因素	密度	磁感应强度B	
间接本质	压强	磁场强度H	
根本原因	分子能量	分子能量	

图 42.11　风能与气压差

气压的本质是由空气的密度造成的，与水的密度、磁场的密度（磁感应强度，旧观点就是磁场的密度）是对应的，如图 42.12 所示。

表现层	水	磁场	风
能量层	水能	磁势变化率	风能
直接能量	水势差	磁势差	气压差
直接原因	质量	磁通量ϕ	气压
间接因素	密度	磁感应强度B	空气密度
间接本质	压强	磁场强度H	
根本原因	分子能量	分子能量	

图 42.12　气压与空气密度

空气的密度是由于不同的温度（当然还有其他因素，但不影响层次概念划分）所造成的，而温度的本质就是分子热运动导致的，如图42.13所示。

表现层	水	磁场	风
能量层	水能	磁势变化率	风能
直接能量	水势差	磁势差	气压差
直接原因	质量	磁通量ϕ	气压
间接因素	密度	磁感应强度B	空气密度
间接本质	压强	磁场强度H	温度
根本原因	分子能量	分子能量	分子能量

图42.13 温度与分子能量

可以看到，无论是哪种能量，从微观上我们都可以将其归为**分子能量**。如果这个层次图大家都觉得比较认可，我们就来谈谈刚开始的问题：**电感的能量（磁能）储存在哪里？**

水只是一种势能的载体之一。换句话说，**势能并非一定要在水里**，这一点恐怕没有人会反对，因为很好理解。如果思路开阔一点，沙子、木头、手机、人类、汽车、房子、飞机、星球都可以用来发电，只要有合适的工具将它们的势能转化为动能来发电（把一个个的人丢进人类发电机里发电，虽然很残忍，但你将就理解一下，么么哒），这就相当于"给我一个支点，我能支起整个地球"。

所以说，"水能"与"势能"应该是两种不同的概念，"水能"只能存在于"流动的水里"，因为水有势能差才能表现出可以转换的能量。因此，准确的说法是：**势能储存在水里，水能储存在流动的水里**。

我们用水坝将水围起来是为了"储存水的势能（差）"，而不是直接为了"储存水的水能"！水从高往低处流动的过程中才产生了水能。换句话说，水能只是势能转换为其他能量的一种途径。

相应地，"磁能储存在磁场里"或"磁能储存在气隙的磁场里"的观点表面好像没有什么问题，也是一种比较讨巧的说法。然而，严格来讲是不确切的。因为"**静磁场没有磁能"，但不是说静磁场没有能量，它储存的是磁势能，这与静态水有一定势能的道理是相同的！**准确的说法是：**磁能储存在变化的磁场里**。

如果"电感存储的能量"不是专指"磁能"，我们还是可以认为"**电感的能量储存在磁场里**"是正确的。综上所述，即**电感存储的能量是磁势，磁势储存在磁场里，而磁能储存在于变化的磁场里。**

我们用图42.14来概括上面"稀里哗啦"的一大段话。

有人可能在嘀咕：你弄这么清楚干什么？钻牛角尖呀！

然而，这并不是无的放矢，因为这与后续清晰讲述"电感的能量储存在哪里"有莫大的关系，如果你讲不清楚"电感储存的能量是什么"，那就算被你侥幸蒙出"磁能储存在磁场里"这种大多数人无法辨别的观点，也说明你本身没有理解这个问题的本质，你也绝对

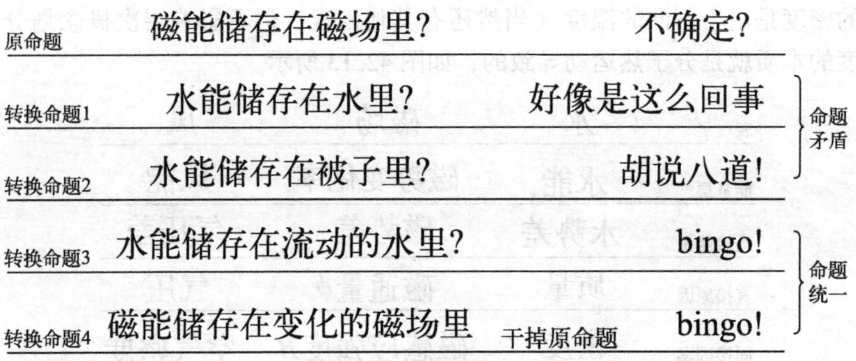

图 42.14　命题转换

无法清晰地说出“磁能是**如何**储存在电感里的”。

总结一下：从实质上来讲，水之所以有水能可供转换，是因为有势能（差）。相应地，磁场之所以有磁能可供转换，是因为存在磁势（差），而电感储存的能量就是磁势！磁势差的结果就是磁通量的差（磁通变化量）。

只要能够理解到“磁势”这个层面，以后的问题就很好解决了。下面我们就来为大家解答一下：为什么 RLC 串联谐振时会出现高压现象（更多关于磁性元器件方面的内容，我们将在“电感应用分析精粹”中详细讨论）。

这里留一个问题给大家思考：为什么电感的磁芯饱和后，磁感应强度 B 是最大的，而电感量却是最小的？

第 43 章　谐振状态中磁与电是如何转化的

1849 年，在法国西部昂热市的曼恩河上，当列队的士兵走过河上大桥时桥身突然发生断裂。

1906 年，一支沙皇俄国的军队迈着整齐的步伐通过彼得堡封塔河上的爱纪毕特桥时，桥身突然断裂。

初中物理课本已经为我们解释过这种现象：由于士兵踩踏桥梁的步伐与桥梁的固有频率接近，导致桥梁因共振而坍塌，这里的共振现象就相当于电路中的谐振现象，为什么要引用这段历史呢？我们最后再揭晓。

前面在讨论 RLC 串联电路时还存在很关键的问题没有解释清楚：为什么 RLC 串联电路谐振时，电感或电容都必须要先将各自的所有能量放完呢？不是应该有个能量平衡吗？为什么谐振时电感与电容两端的电压比输入的电压还要高呢？

为了解答这些问题，我们首先用图 43.1 所示的电路参数仿真一下，这个 LC 电路对于 RLC 串联谐振的模拟也是同样有效的。

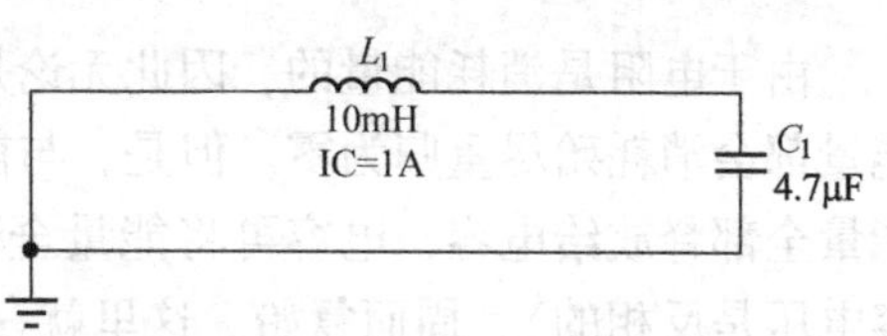

图 43.1　LC 谐振仿真电路

注意：电路中的电感 L_1 标记有 IC = 1A，表示初始条件（Initial Condition），即电感的初始电流为 1A，LC 谐振电路的相关波形如图 43.2 所示（为了方便截图显示，电压已经缩小 100 倍）。

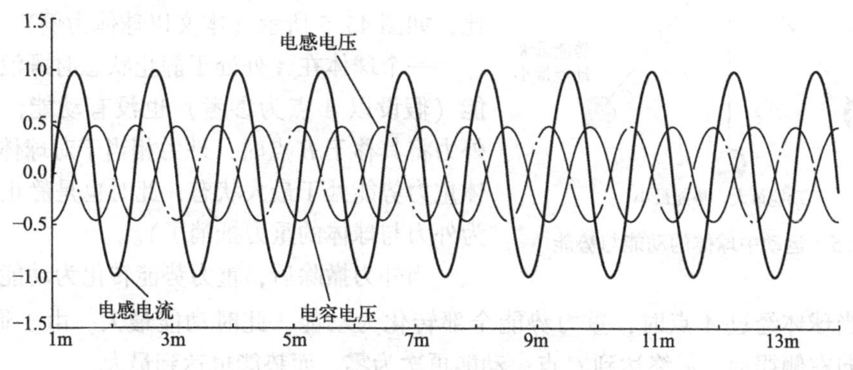

图 43.2　LC 谐振电路的相关波形

可以看到，上述波形总是周而复始永不停歇地进行能量的相互转换，因为电容与电感都是单纯的储能元器件，没有消耗能源的电阻器。

我们在电路中插入一个 2Ω 的电阻再来仿真一下，如图 43.3 所示。

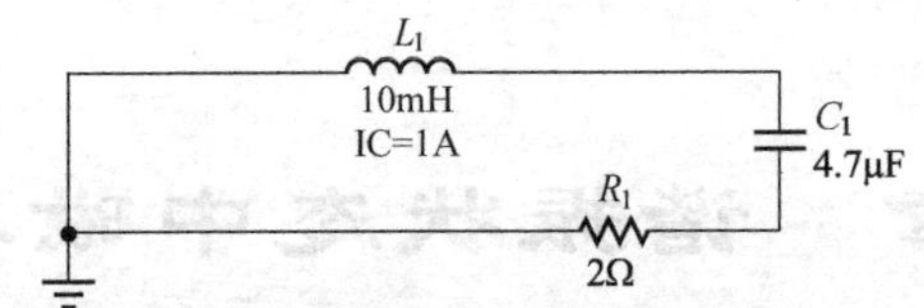

图 43.3　RLC 串联谐振仿真电路

RLC 串联谐振电路的相关波形如图 43.4 所示。

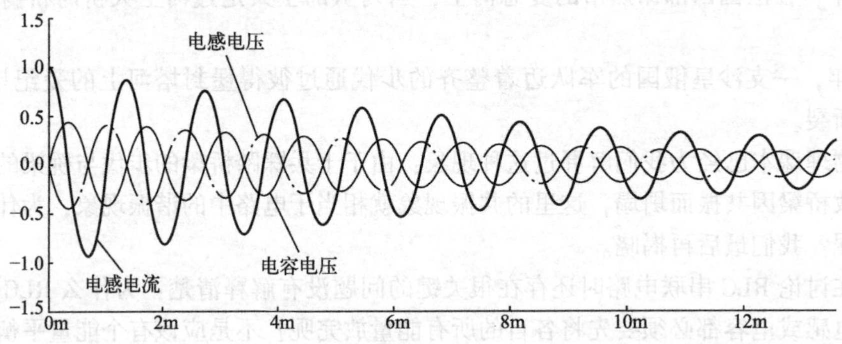

图 43.4　RLC 串联谐振电路的相关波形

由于电阻是消耗能量的，因此无论是电压还是电流，它们的幅度都是慢慢下降的，最终能量都会消耗殆尽重归为零。但是，与前面的波形相同的是：在每个周期中，电感都是先将能量全部释放给电容，电容再将能量全部释放给电感（从波形图上看，就是电感电压与电容电压是反相的），周而复始。这里就存在一个问题了：为什么它们不会释放到一半就停下来呢？

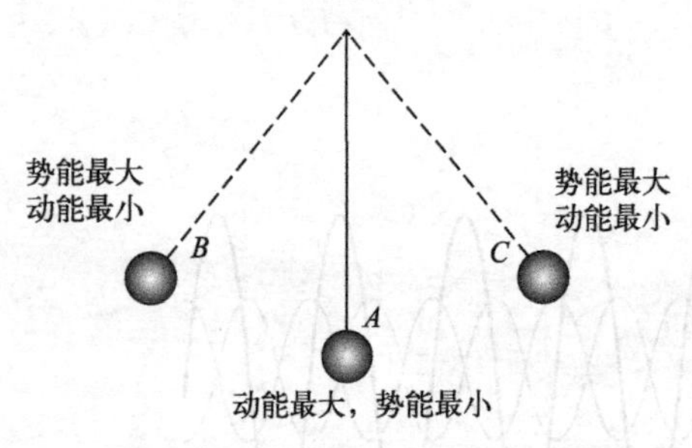

图 43.5　运动中球体的动能与势能

我们可以用球体、钟摆或弹簧的动能与势能的转化过程与 RLC 串联谐振时的能量交换过程做对比，如图 43.5 所示（本文以球体为例）。

一个球体在 *A* 处处于静止状态时既没有重力势能（假设以 *A* 点为参考）也没有动能，当有一个外力将其移于 *B* 点时，外力相当于对球体做功，球体重力势能处于最大状态，此时也是静止状态（因为外力与球体的重力抵消了）。

当外力撤除后，重力势能转化为动能开始向右侧摆动，当球体经过 *A* 点时，重力势能全部转化为动能，此时动能最大。由于惯性作用，球体继续向右侧摆动，最终达到 *C* 点，动能再次为零，而势能也达到最大。

如果仍然没有外力影响，球体开始向左侧摆动，其状态与之前是完全相似的，不考虑空气的摩擦力，这个摆动的过程将永远持续下去，周而复始。

我们前面说过：电感储存的能量就是磁势，如果你要维持电感中的磁势不变，必须有外部的恒定电流（而不是电压）维持住，这样线圈中有电流才能产生磁场，如图 43.6 所示。

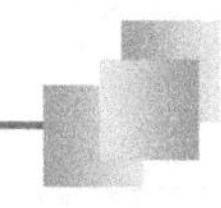

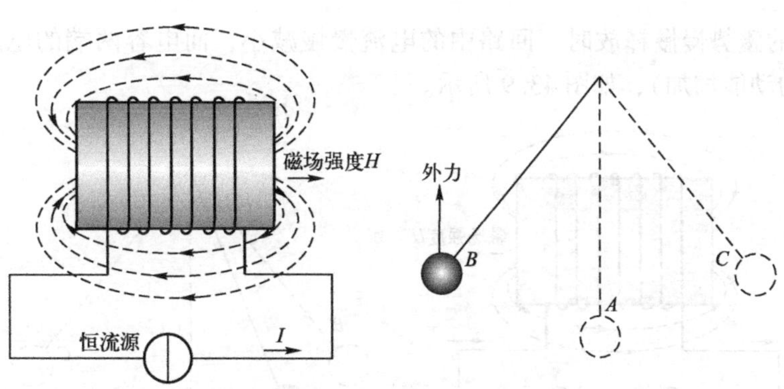

图 43.6　电感流过恒定电流状态

图 43.6 中的恒流源（不是恒压源）相当于外力，它将球体举起一个高度，球体的重力势能相当于电感储存的磁势，恒流源的电流值越大，则电感中储存的磁势就越大（像一个绷得紧紧的发条，机械闹钟里那个螺旋片状钢条），相当于外力越大，将球体举得越高，重力势能越大。换言之，如果没有外部恒流源，则电感必然会向外部释放能量（相当于球体失去支撑力开始晃动）。

在将恒流源替换为电容（未存储电荷量）的瞬间，由于电容两端的电压为 0V（相当于将电感短路），且电感中的电流不能突变，其储存的最大的磁势开始释放（相当于球体开始向右晃动，此时球体的势能最大）。电流从最大到最小慢慢下降，而电感产生的自感电动势的极性为左正右负，此时回路的电流变化率比较小，因此电感两端的电压也比较小，如图 43.7 所示。

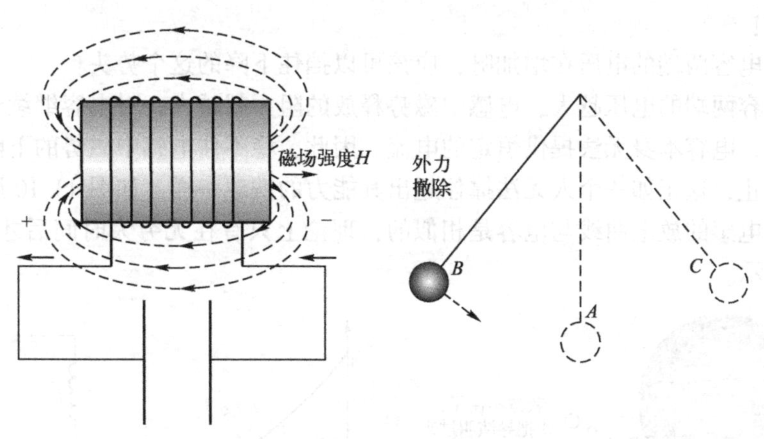

图 43.7　电容替换恒流源瞬间

你也可以理解为：电感作为一个恒流源对电容充电，电容两端的电压从小到大开始上升，因为电感与电容是并联的，所以两者的电压值必然是相等的，只不过方向是相反的，如图 43.8 所示。

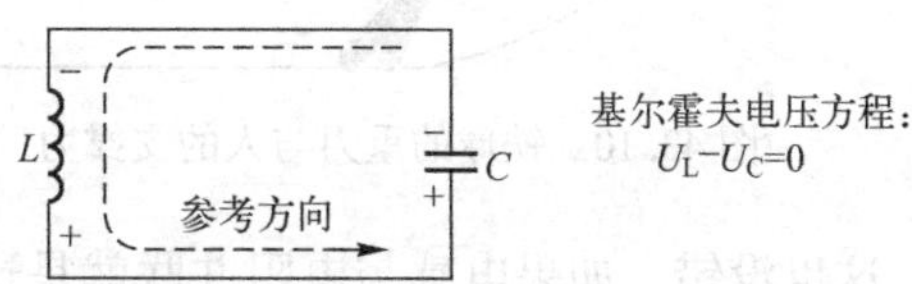

图 43.8　回路中电感与电容两端的电压

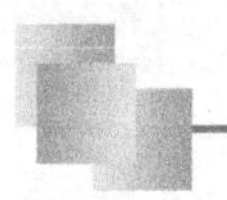

当电感中的磁势慢慢释放时，回路中的电流慢慢减小，而电容两端的电压则慢慢上升（相当于球体的动能增加），如图 43.9 所示。

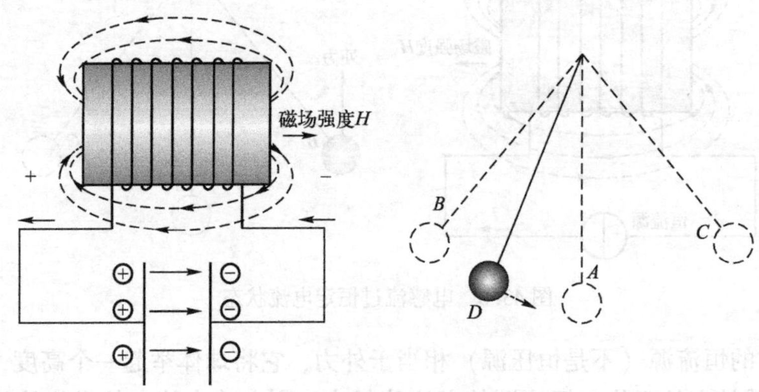

图 43.9　磁势释放与电容器充电

最终肯定会存在一个点：此时电容的能量与电感中的能量是相等的！

到这里，你不能简单地说：球体由于惯性不可能停下来，所以磁势同样需要继续释放！事实上，要看磁势在这个平衡点是不是继续释放，还是上面讲的那个道理，即线圈外施加的电流情况。如果有一个恒定的电流源阻止电流继续下降（相当于球体的外力将其拖起），电感释放能量的过程就会停下来。

然而，很明显，磁势释放到一半，电流也慢慢降下来。如果电流不再往下降而停止，则磁势也不会释放。但是，我们的外力已经撤除，电流还需一往无前地下降，因此磁势也必然会进一步释放！

有人说：电容两端的电压在增加呀，应该可以挡住下降的这个势头！

没错，电容两端的电压越大，电感中磁势释放的阻力就越大，对电容继续充电的阻力也就越大。但是，电容本身无法提供恒定的电流。因此，稳不住电感中磁势的下降，只能进行一定程度的阻止，这正如一个人无法撑住超出其能力的铁球一样，如图 43.10 所示。

有人说：电感的放电曲线与电容是相似的，理论上只有在无穷大时间后才能放电完毕，如图 43.11 所示。

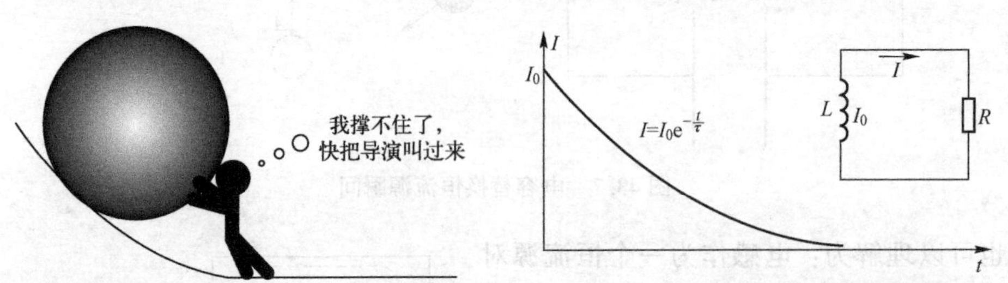

图 43.10　铁球的重力与人的支撑力　　　图 43.11　电感对电阻释放能量

这也没错，如果电感与电阻并联就是这么回事。然而，与电容并联就完全不同了。

前面我们提到过，RLC 串联谐振电路的品质因素（Q 值）是电容（电感器）两端电压与输入（或电阻两端）电压的比值，它与电感量 L 成正比，而与电容量 C 成反比，为什么

呢？因为电感量 L 越大，则能量储存也越大；电容量 C 越小，则充满电的速度越快。换言之，当电感释放能量时，电容器的容量 C 越小，则两端的电压上升越快，阻挡电感能量释放的能力上升也就越快。也就是说，回路电流的下降速度会越来越快，而电感两端的电压公式为 $U_L=L(di/dt)$。因此，电感量与电容量的比值越大，则产生的电压就会越高，这就是电感器升压的原理。

“虾米”？说服不了你？或者是没有理解？那我在这里问大家一个问题：如果把存有能量的电感的两端突然断开，会出现什么情况？如图 43.12 所示。

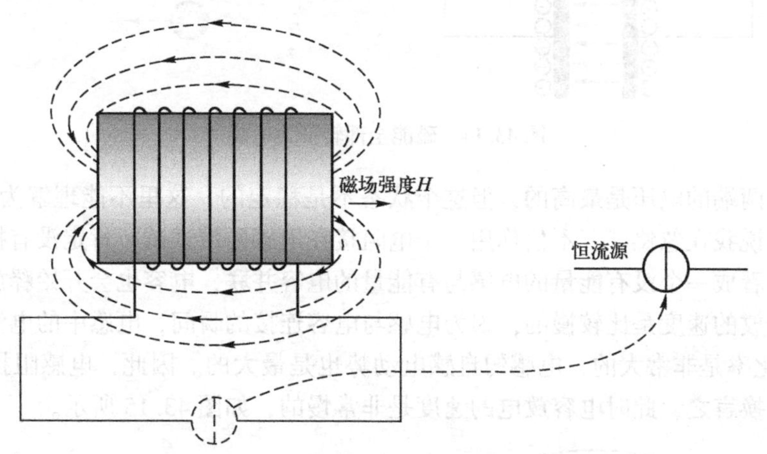

图 43.12　有能量的电感瞬间断开回路

有人抢答道：这个我知道，因为电感中的电流不能突变，所以在恒流源撤掉的一瞬间会感应出很高的电压。

那为什么会感应出很高的电压呢？因为电流的变化率很高，本来恒流源是有一定电流值的（非 0），一旦断开电流回路，电流就会立刻变为 0，由于 $U_L=L(di/dt)$，所以感应出的电动势很高呀！

哦，原来是这样呀，但我可以从另外一个角度来解答为什么电感两端会感应出很高的电压。我们可以把电流断开回路等效为一个有初始能量的电感与一个无穷小容量的电容的串联，如图 43.13 所示，其实就相当于一个 LC 串（并）联谐振电路，这里的电容值是无穷小的（耐压假设无穷大）。根据我们之前分析的方法，当电感释放磁势的一瞬间，由于电容容量非常小，电容两端的电压瞬间上升得非常快（就相当于你之前提到过的高压）。也就是说，阻止回路电流继续流动的力量也在那一瞬间变得最大，因此电流的下降变化率也是最大的，所以才会在电感两端感应出非常大的自感电动势。

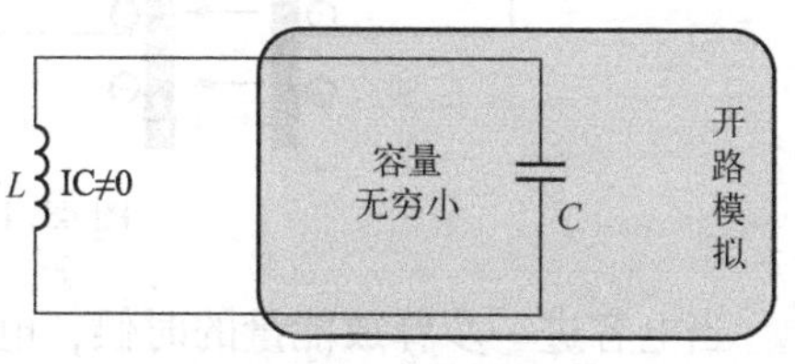

图 43.13　开路模拟

如此一来，一方面电感中的磁势越来越小，另一方面对电容充电的阻力越来越大，此消彼涨必然会导致回路电流的下降变化率越来越快。电感的磁势快速释放为 0（相当于球体的重力势能为 0），回路电流也为 0，电容两端的电压达到最大值（相当于球体的动能为最大

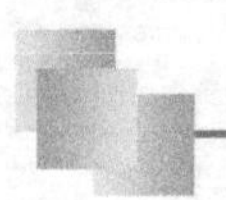

值)，如图 43.14 所示。

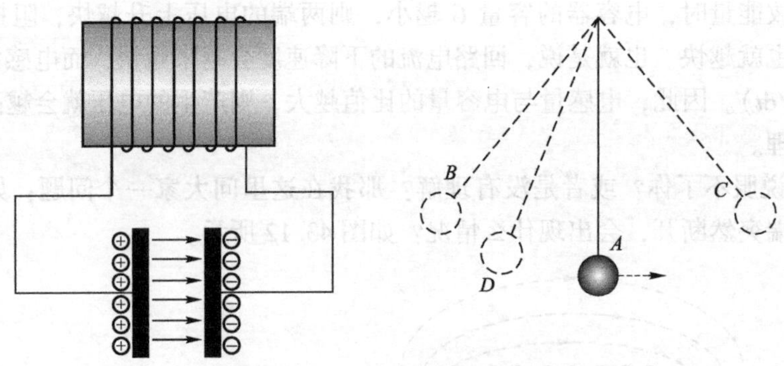

图 43.14　磁能全部转换为电能

此时电容两端的电压是最高的，但这个状态不是稳定的，这里不能理解为球体的惯性，不然有人就会说我在忽悠了，不信你用一个电阻接在电感两端试试，肯定没有振荡现象。

我们可以看成一个没有能量的电感与有能量的电容并联，电容也会开始释放能量，只不过刚开始时释放的速度是比较慢的，因为电感与电容连接的瞬间，电感中的电流由 0 变为非 0，电流的变化率是非常大的，电感的自感电动势也是最大的。因此，电感阻挡电容放电的能力也越大。换言之，此时电容放电的速度是非常慢的，如图 43.15 所示。

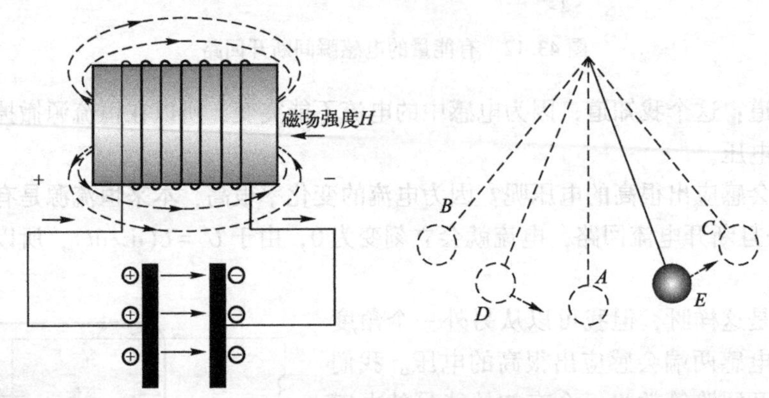

图 43.15　电容对电感释放能量

当电容进一步释放能量的时候，电感也会储存相应的能量（磁势）。随着电感存储的能量越大，能够阻止电容放电的能力也就越小（与电感释放能量时恰好相反，相当于越来越像一根导体将电容短接，而不是一个电感），因为电感储存磁势的过程就是电流增加的过程，一方面是电流越大导致电容放电的速度越来越快，另一方面电感产生的自感电动势也会越来越小（阻止电容放电的能力也越来越小），此涨彼消必然会导致电容两端电压的下降速率越来越快，由于 $i=C(\mathrm{d}u/\mathrm{d}t)$，当电容的能量完全释放时，回路电流也是最大的。也就是说，此时电感中的电流值是最大的，如图 43.16 所示。

当电感与电容完成第一轮的能量交换后，电感中的电流方向与最初的电流方向是相反的。因此，会再次重复开始时的磁势释放过程，只不过对电容充电的方向是反的。

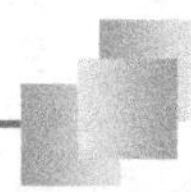

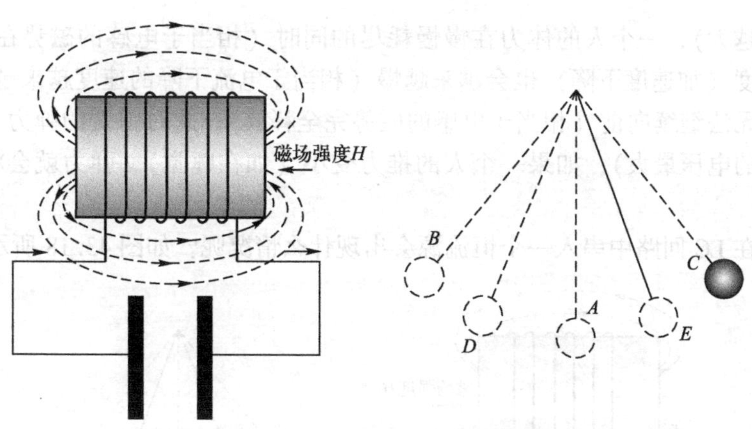

图 43.16　电能完全转化为磁能

我们可以看到，并不是电感或电容“心甘情愿”地先把自身能量全部奉献给对方然后再等待对方的“施舍”，而是由于电路的结构导致自身无法稳定自身的能量，在能量释放时受对方的影响只有先消耗完自身能量这一条路可以走，是“被逼上梁山的”，这与一个人挤压弹簧的现象是完全一样的，如图 43.17 所示。

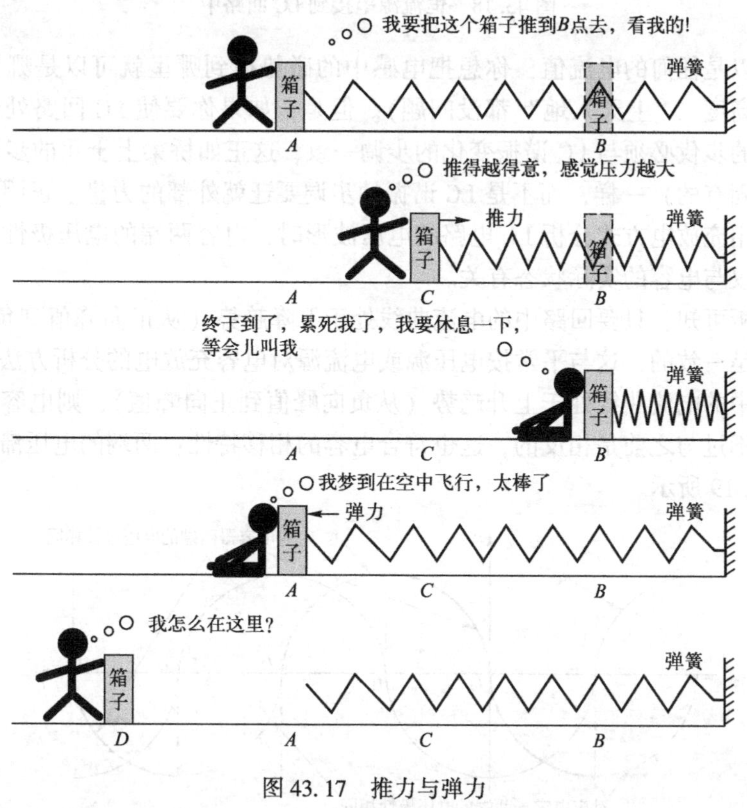

图 43.17　推力与弹力

当我们刚刚推动箱体时，体力比较充沛因而比较轻松（相当于电感开始释放能量），移动的速度也比较快（相当于回路电流比较大），但随着弹簧的弹力越来越大（相当于电容两端的电压越来越大），一个人的体力在慢慢耗尽的同时（相当于电感的磁势在下降），箱体向前推进的速度（加速度下降）也会越来越慢（相当于电流下降的速度越来越快），最终由于体力耗尽而无法继续向前（相当于电感的磁势完全释放）。此时弹簧的弹力是最大的（相当于电容两端的电压最大），如果一个人的推力变小（如在睡觉），弹力就会将箱体与人体同时推回来。

如果我们在 LC 回路中串入一个恒流源会出现什么情况呢？如图 43.18 所示。

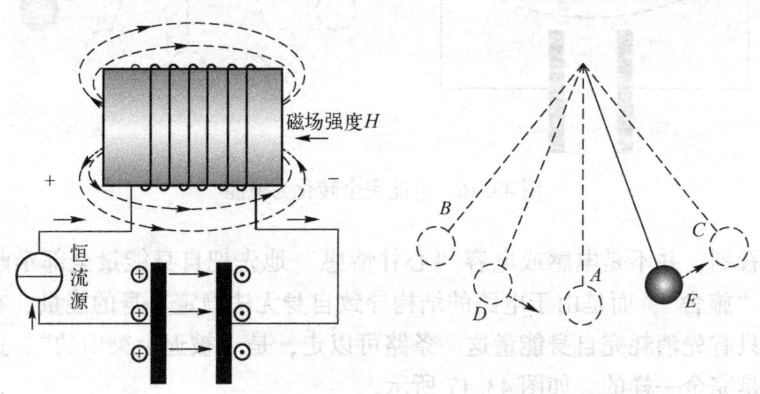

图 43.18　恒流源串接到 LC 回路中

恒流源可以是任何的电流值，你想把电感中的磁势撑到哪里就可以是哪里（相当于把球体撑起一个高度，"上天入地"都没问题）。但是，如果你要使 LC 回路处于电路谐振状态，那恒流源的步伐必须与 LC 谐振变化的步调一致，这正如桥梁上士兵的步调（桥梁的共振频率是自身固有的）一样，而不是 LC 谐振的步调要迁就外部的力量。正因为如此，我们前面的章节使用充放电方式分析 LC 电路的电压波形时，电容两端的电压极性与恒流源的方向是无关的，仅与电容的实际状态有关。

从前述分析可知，只要回路中的电流曲线处于下降趋势（从正向峰值到负向峰值），电容两端的电压是一致的，这与平常按电压源或电流源对电容充放电的分析方法是不同的。同样，只要回路中的电流曲线处于上升趋势（从负向峰值到正向峰值），则电容两端的电压也是一致的，只不过与之前是相反的，这也符合电容的相移特性：两端的电压滞后流过其中的电流，如图 43.19 所示。

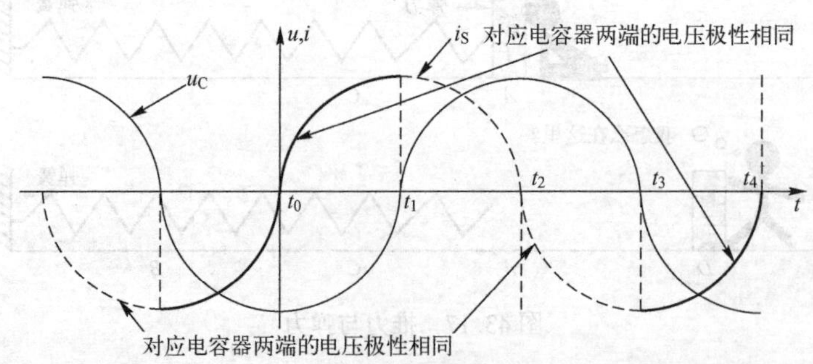

图 43.19　电容两端的电压极性

第44章　RLC并联谐振应用：电容三点式振荡

RLC并联电路（RLC Parallel Circuit），顾名思义，是由电阻R、电感L、电容C并联而成的电路。其中，电容C和电感L是储能元件，而电阻是耗能元件。

RLC并联电路常用在谐波振荡器、带通或带阻滤波器的应用电路中，其基本结构如图44.1所示。

RLC并联谐振电路的很多特性与串联谐振电路恰好是相反的，但其中重要的是：串联谐振时总阻抗是最小的，而并联谐振时总阻抗是最大的。在很多实际的应用电路中，就是利用并联谐振时总阻抗最大的特性来做LC选频回路的，电容三点式振荡器就是其中之一。

电容三点式振荡器也称考毕兹（Colpitts，也叫科耳皮兹）振荡器，是三极管自激LC振荡器的一种，因振荡回路中两个串联电容的3个端分别与三极管的3个极相接而得名，适合于高频振荡输出的电路形式之一。

电容三点式振荡电路有多种具体形式，但其最核心且最基本的原理都是一样的，如图44.2所示。

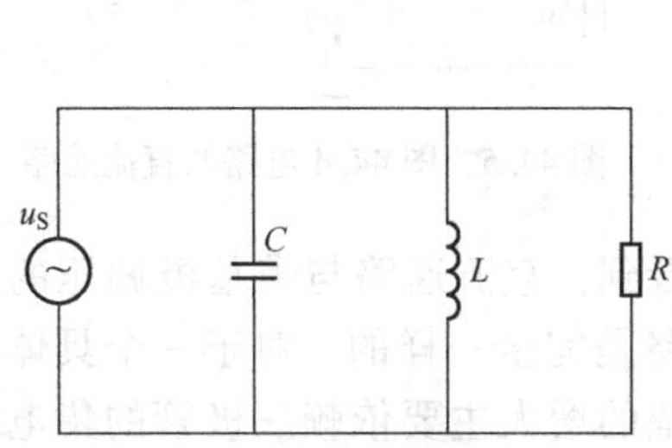

图44.1　RLC并联谐振电路

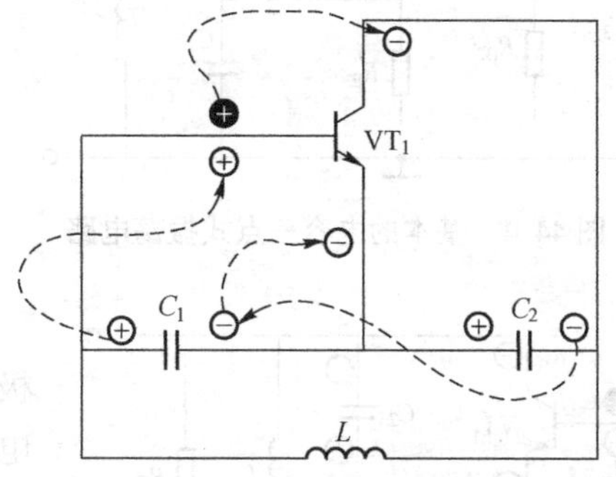

图44.2　电容三点式LC正弦波振荡电路

从图44.2中可以看出，电容三点式LC正弦波振荡电路的重要特性是：**与三极管发射极相连的两个电抗元件为相同性质的电抗元件，而与三极管集电极（或基极）相连接的电抗元件是相反性质的**。如果合理设置电路参数使其满足起振条件，则电路将开始振荡。如果忽略分布电容和三极管参数等因素，此电路的振荡频率f_0为：

$$f_0=\frac{1}{2\pi\sqrt{L\times C_X}}$$

其中，C_X约等于C_1与C_2的串联值：

$$C_X\approx\frac{C_1\times C_2}{C_1+C_2}$$

之所以是约等于，是因为忽略了三极管的寄生极间电容（这一点后面会提到），此电路

的 LC 谐振回路中的电容 C_1与 C_2是串联的，如图 44.3 所示。

如图 44.4 所示为基本的电容三点式振荡电路。

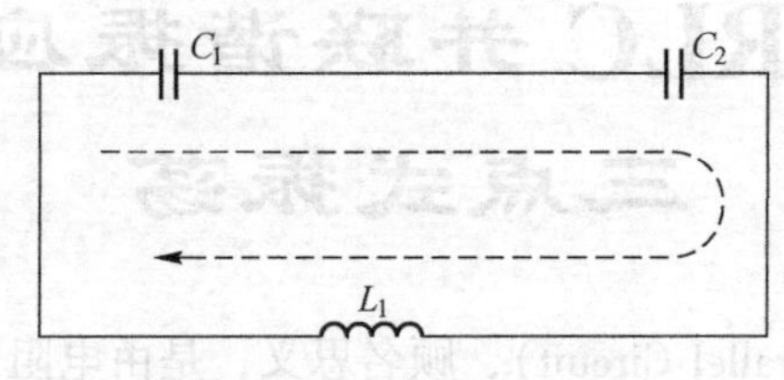

图 44.3　电容 C_1与 C_2串联

图 44.4 中的电容 C_1、C_2与电感 L_1组成并联谐振回路，作为三极管放大器的负载，电容 C_3为旁路电路，C_4为耦合电容，其直流通路如图 44.5 所示。

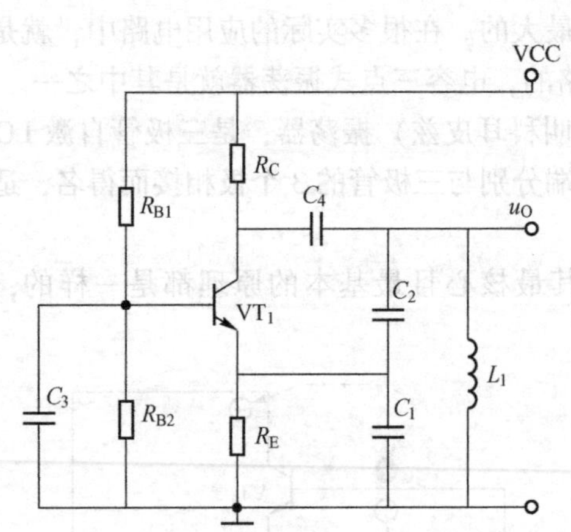

图 44.4　基本的电容三点式振荡电路

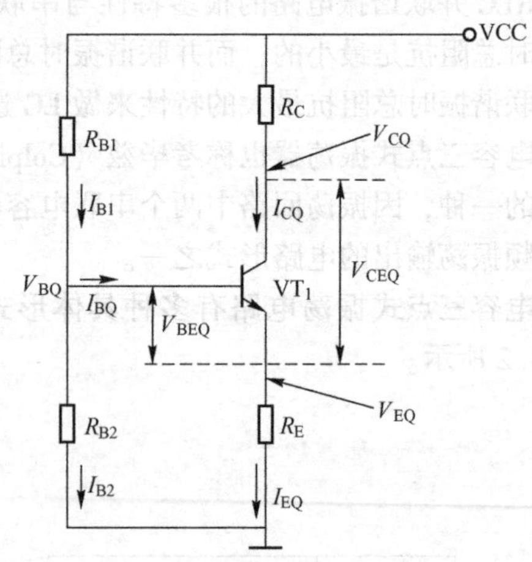

图 44.5　图 44.4 电路的直流通路

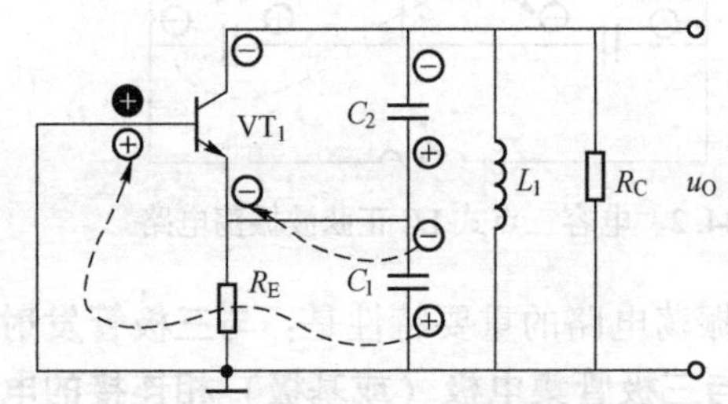

图 44.6　图 44.4 电路的交流通路

可以看到，直流通路与带基极偏压的共发射极放大电路是完全一样的。对于一个具体的振荡电路，振幅的增大主要依赖三极管的集电极静态电流，如果设置太大，则三极管容易进入饱和导致振荡波形失真，甚至振荡电路停振，一般的取值范围为 1~4mA。

图 44.4 电路的交流通路如图 44.6 所示。

从图 44.6 中可以看出，基极的输入（假设有输入）经过三极管放大后输出电压 u_O，再经过电容 C_2与 C_1分压后施加在三极管 VT$_1$的发射结之间，形成正反馈，因此其反馈系数为：

$$F \approx \frac{C_2}{C_1 + C_2}$$

反馈系数一般的取值为 0.1~0.5，太小不容易起振，太大则容易使电路的放大倍数与回路有载 Q 值下降，这样容易使振荡波形产生失真，输出频率的稳定度也会相应降低。

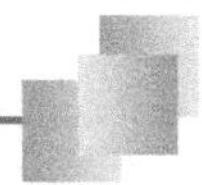

我们用如图 44.7 所示的电路参数进行仿真。

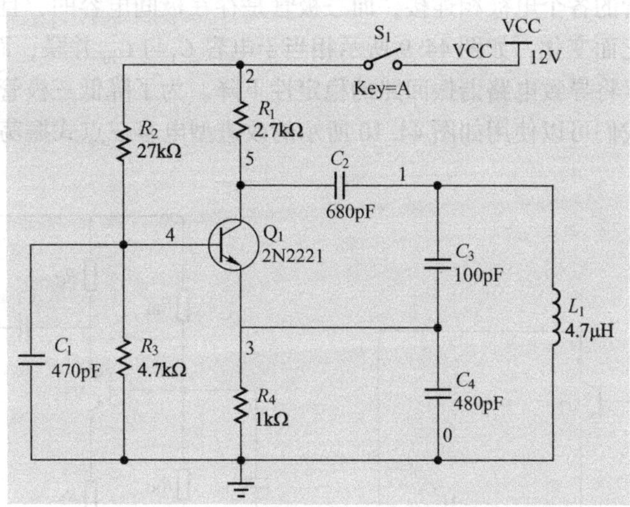

图 44.7　基本的电容三点式振荡仿真电路

电路中我们加了一个电源开关，主要在仿真运行开始后再闭合，这样可以让电路产生扰动从而更容易起振。有很多读者可能会遇到这样的情况：明明电路是按照某本书上的实验例子按部就班地做的，却偏偏不能起振，这时可以尝试添加一个这样的开关。

当然，电路是否容易起振与电路参数也是息息相关的。参数合理，则一次开合就可起振，差一点，则需要多次开合才行，但如果参数不合理，“N”次开合也是不行的，不能来硬的呀。

我们手工计算一下该电路振荡的输出频率，如下式：

$$f_0=\frac{1}{2\pi\sqrt{4.7\times10^{-6}\times\frac{100\times480}{100+480}\times10^{-12}}}\approx8.069\text{MHz}$$

电路仿真后的输出波形如图 44.8 所示（仿真频率为 7.8740MHz）。

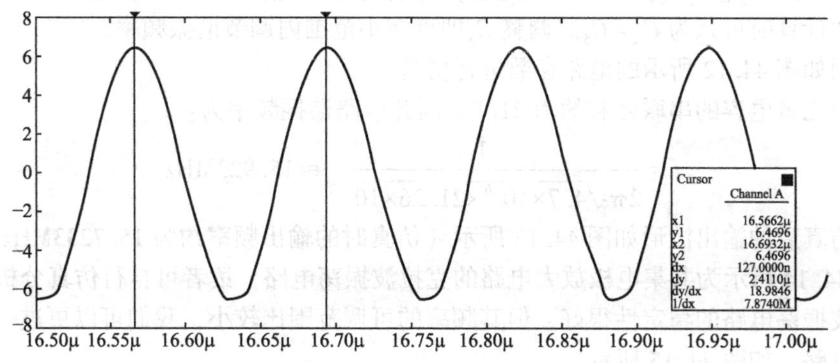

图 44.8　电路仿真后的输出波形

基本的电容三点式振荡电路的谐振频率由谐振电感 L_1 与串联电容 C_1 和 C_2 决定，而这两个电容直接与三极管的各个电极相连接，而三极管是存在极间电容的，且这些电容值随温度和电流等因素的变化而变化，如图 44.9 所示相当于电容 C_1 与 C_{BE} 并联，而 C_{BC} 与串联的总电容并联，即多种因素将导致电路谐振回路的稳定性下降。为了降低三极管极间电容对振荡电路稳定度的影响，我们可以使用如图 44.10 所示的改进型电容三点式振荡电路。

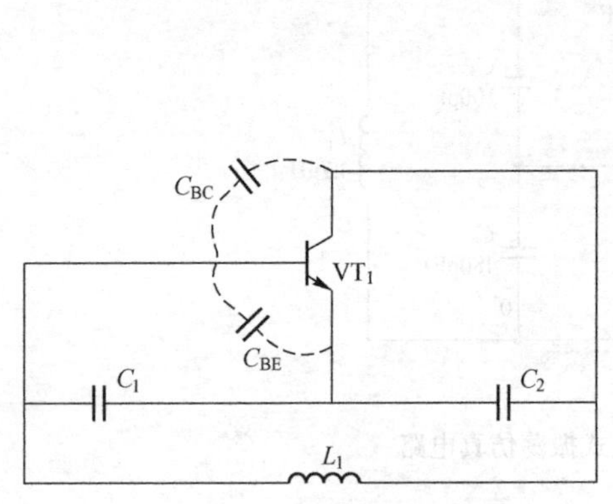

图 44.9　三极管极间电容

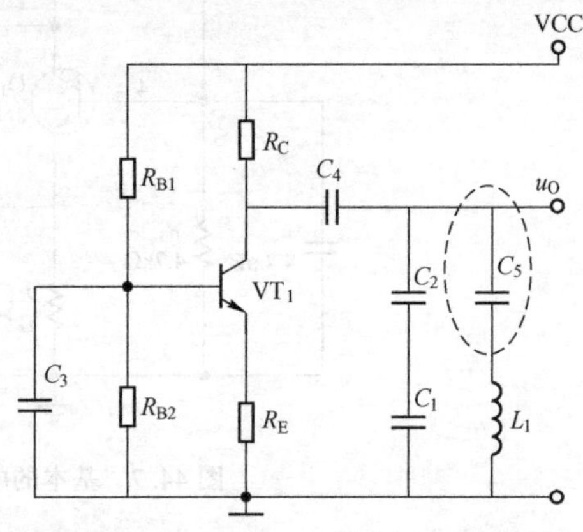

图 44.10　改进型电容三点式振荡电路

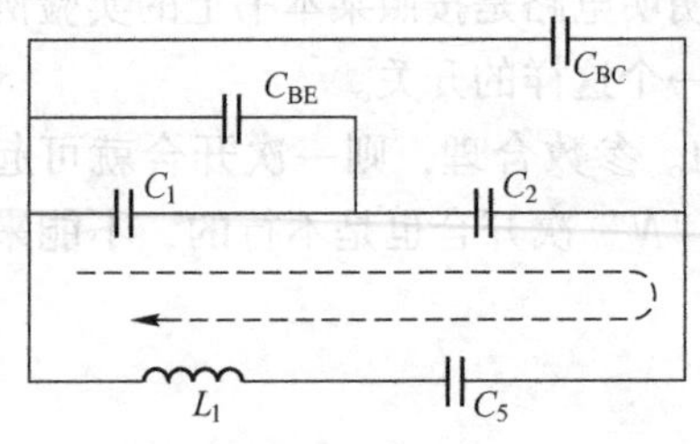

图 44.11　改进型电容三点式的 LC 谐振回路

图 44.10 所示的电路也叫克拉波电路，在基本的电容三点式振荡电路的基础上增加了一个电容 C_5，此电容的值一般远小于 C_1 与 C_2，这样谐振回路的电容如图 44.11 所示。

谐振总电容即 C_1、C_2、C_5 三者的串联，极间寄生电容对总电容其实还是有影响的，但是它们对总电容的影响相对于基本的电容三点式电路已经有所减少，因此该电路的谐振频率如下所示：

$$f_0=\frac{1}{2\pi\sqrt{L\times C_X}}\approx\frac{1}{2\pi\sqrt{L\times C_5}}$$

其中，C_X 为 C_1、C_2、C_5（及极间寄生电容）电容的串联之和，因为 C_5 一般远小于 C_1 与 C_2，因此在近似计算时可认为 $C_X=C_5$。调整 C_5 即可在小范围内调节谐振频率。

我们用如图 44.12 所示的电路参数进行仿真。

电路中三者电容的串联之和约为 21pF，因此电路谐振频率为：

$$f_0=\frac{1}{2\pi\sqrt{4.7\times10^{-6}\times21.26\times10^{-12}}}\approx15.923\text{MHz}$$

电路仿真后的输出波形如图 44.13 所示（仿真时的输出频率约为 15.7233MHz）。

如图 44.14 所示为共集电极放大电路的克拉波振荡电路，读者可自行仿真分析。

克拉波振荡电路的稳定性很好，但其频率的可调范围比较小，我们可以更进一步改进克拉波振荡电路，如图 44.15 所示。

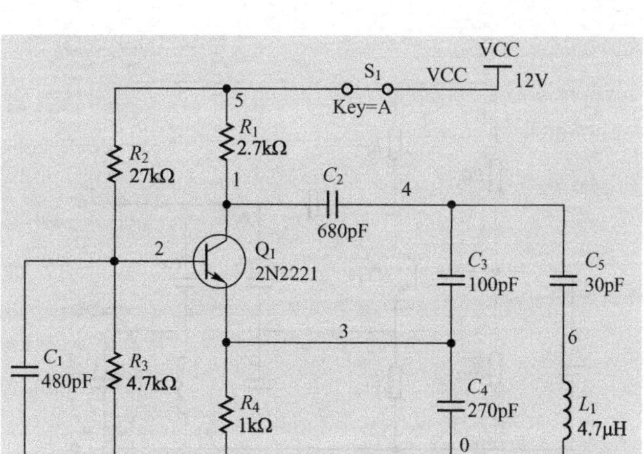

图 44.12　改进型电容三点式振荡仿真电路

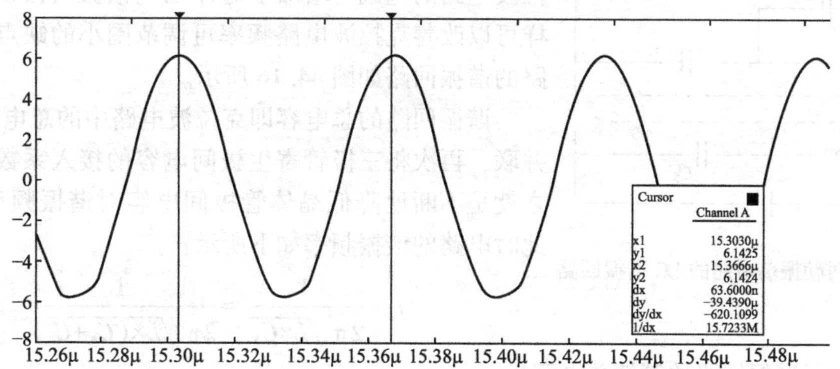

图 44.13　改进型电容三点式振荡仿真后的输出波形

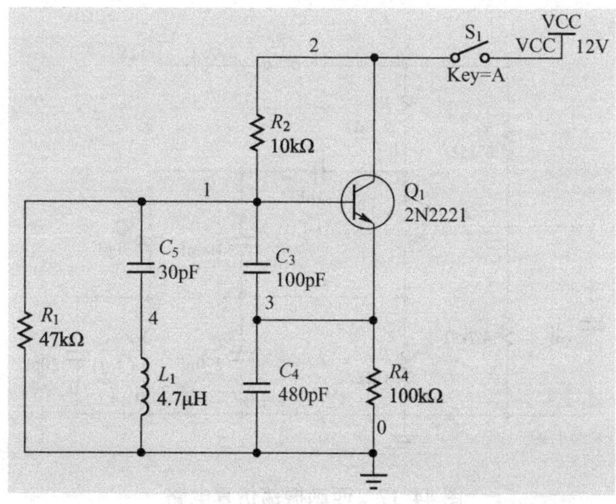

图 44.14　共集电极放大电路的克拉波振荡电路

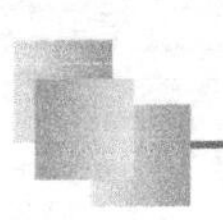

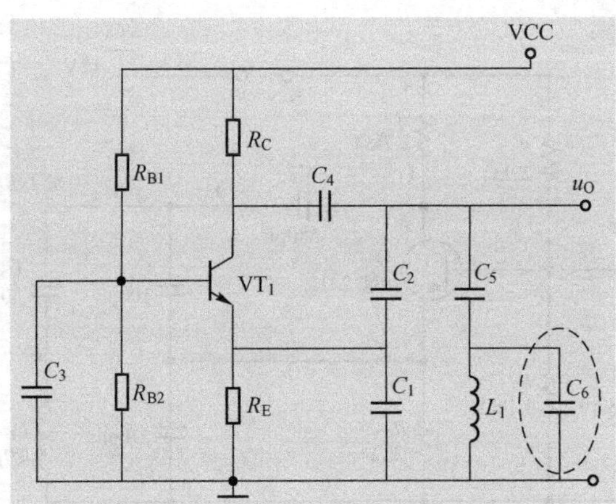

图 44.15　改进后的克拉波振荡电路（西勒振荡电路）

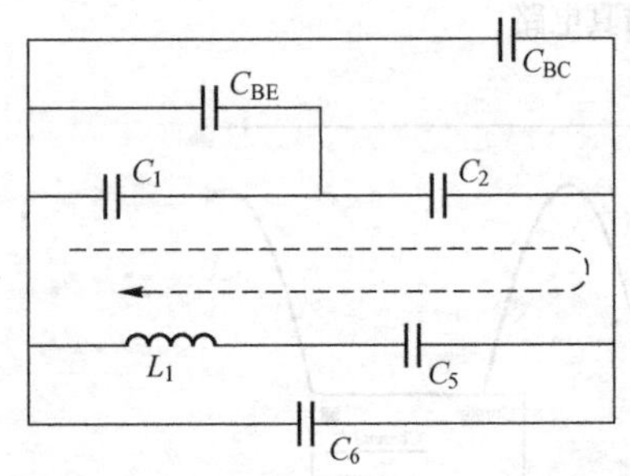

图 44.16　西勒振荡电路的 LC 谐振回路

图 44.15 所示的电路也称“西勒振荡电路”，在克拉波电路的基础上增加了电容 C_6与谐振电感 L_1并联，这样可以改善克拉波电路频率可调范围小的缺点，此时电路的谐振回路如图 44.16 所示。

谐振回路的总电容即克拉波电路中的总电容与 C_6的并联，再次将三极管寄生极间电容的接入系数降低。总之就是不断地降低晶体管极间电容对谐振频率的影响，此时电路的谐振频率如下所示：

$$f_0=\frac{1}{2\pi\sqrt{L\times C_X}}\approx\frac{1}{2\pi\sqrt{L\times(C_5+C_6)}}$$

其中，C_X表示谐振回路的等效总电容量。

我们用如图 44.17 所示的电路参数仿真。

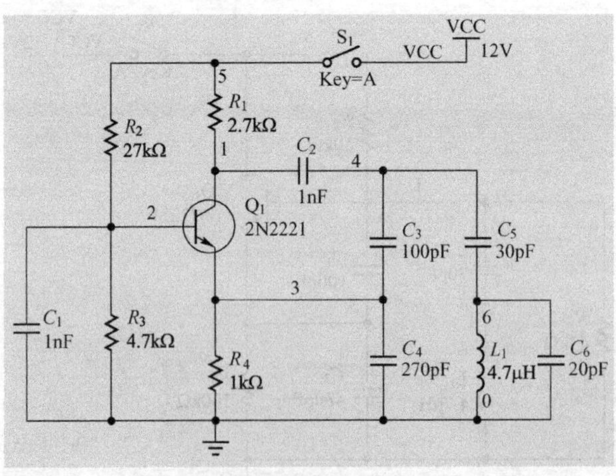

图 44.17　西勒振荡仿真电路

我们手工计算一下该电路的谐振频率：

$$f_0=\frac{1}{2\pi\sqrt{4.7\times10^{-6}\times(30+20)\times10^{-12}}}\approx10.382\text{MHz}$$

仿真后的输出波形如图 44.18 所示（仿真频率约为 11.3636MHz）。

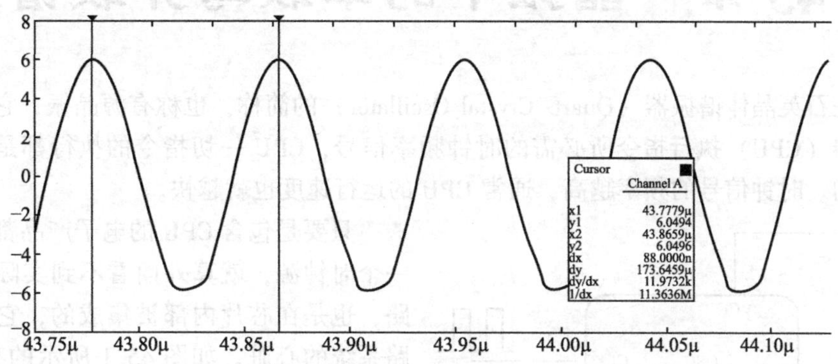

图 44.18　仿真后的输出波形

三极管极间寄生电容也并非完全没有用武之地，当谐振频率超过吉赫兹时，寄生电容可以代替谐振电容，如 C_{BE} 可以代替 C_1（可以不用外接电容 C_1）。

第 45 章　晶振中的串联与并联谐振

晶振是石英晶体谐振器（Quartz Crystal Oscillator）的简称，也称有源晶振，它能够产生中央处理器（CPU）执行指令所必需的时钟频率信号，CPU 一切指令的执行都是建立在这个基础上的。时钟信号的频率越高，通常 CPU 的运行速度也就越快。

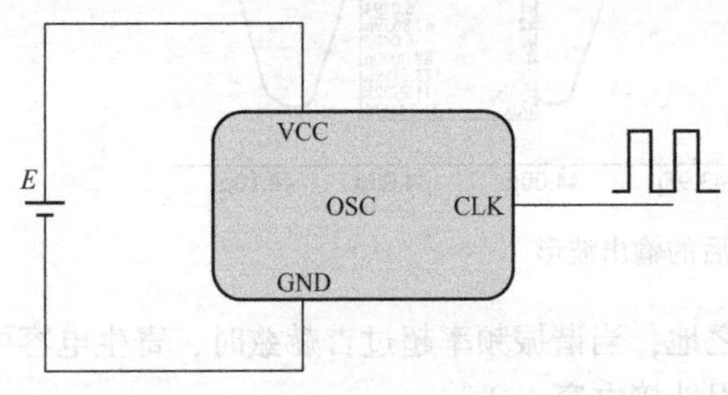

图 45.1　施加电压的有源晶振

只要是包含 CPU 的电子产品都至少包含一个时钟源，就算外面看不到实际的振荡电路，也是在芯片内部被集成的，它被称为电路系统的心脏。如图 45.1 所示的有源晶振，在外部施加适当的电压后就可以输出预先设置好的周期性时钟信号，这个周期性时钟信号的**标称频率（Normal Frequency）**就是晶体元件规格书中所指定的频率，也是工程师在电路设计和元件选购时首要关注的参数。晶振常用标称频率在 1～200MHz 之间，如 32768Hz、8MHz、12MHz、24MHz、125MHz 等，更高的输出频率也常用 PLL（锁相环）将低频进行倍频至 1GHz 以上。

输出信号的频率不可避免地会有一定的偏差，我们一般用**频率误差（Frequency Tolerance）**或**频率稳定度（Frequency Stability）**表示，单位为 ppm，即百万分之一（parts per million，$1/10^6$），是相对标称频率的变化量。此值越小，表示精度越高。

例如，12MHz 的晶振的偏差为±20ppm，表示它的频率偏差为 12×(±20Hz)=±240Hz，即频率范围是 11999760～12000240Hz。

另外，还有一个**温度频差（Frequency Stability vs Temp）**，表示在特定温度范围内工作频率相对基准温度时工作频率的允许偏离，它的单位也是 ppm。

我们经常还看到其他的一些参数，如负载电容、谐振电阻、静电容等参数，这些与晶体的物理特性有关。我们先了解一下晶体，如图 45.2 所示。

石英晶体有一种特性，如果在晶体的某个轴向上施加压力而变形时，内部会产生极化现象，相应表面也会产生一定的电荷，如图 45.3 所示。

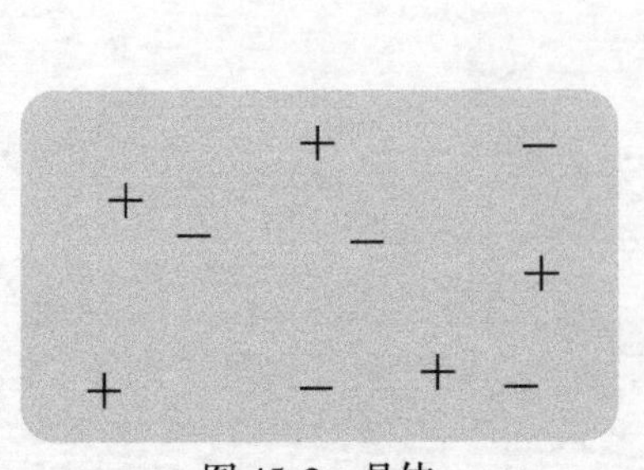
图 45.2　晶体

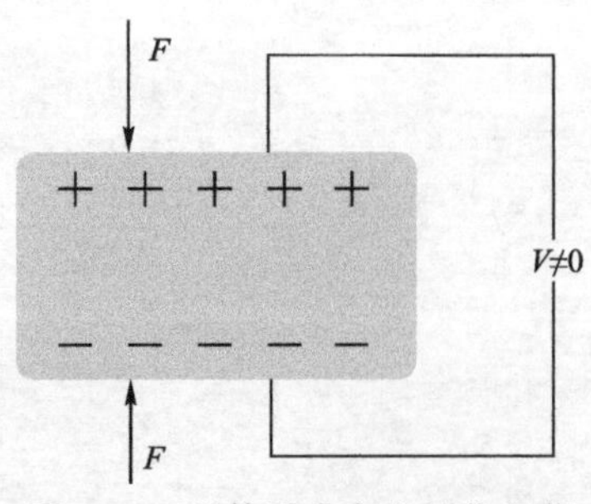

图 45.3　晶体受力产生极化电荷

相反，在晶体的某个轴向施加电场时会使晶体产生机械形变，如图 45.4 所示。

如果在石英晶体上加上交变电压，晶体就会产生机械振动，而机械振动又会产生交变电场。尽管这种交变电场的电压极其微弱，但其振动频率是十分稳定的。当外加交变电压的频率与晶体的固有频率（与切割后的晶体尺寸有关，晶体越薄，切割难度越大，谐振频率越高）相等时，机械振动的幅度将急剧增加，这种现象称为"压电谐振"。

将石英晶体按一定的形状进行切割后，用两个电极板夹住就形成了无源晶振，其符号如图 45.5 所示。

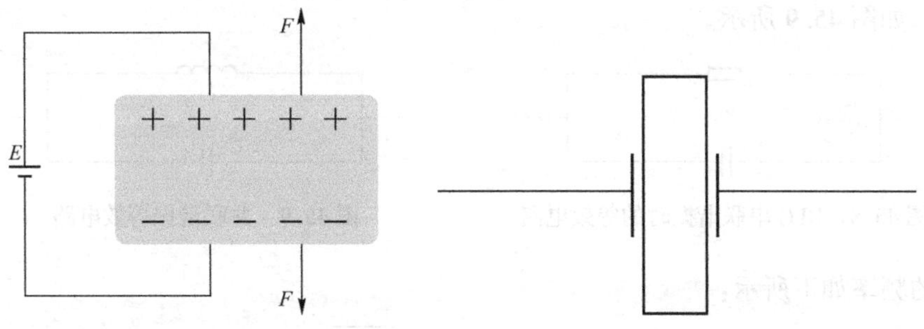

图 45.4　晶体产生机械形变　　　　图 45.5　无源晶振的符号

我们通常使用在谐振频率附近与晶体谐振器具有相同阻抗特性的简化电路，如图 45.6 所示。

图 45.6 中，C_1为动态等效串联电容；L_1为动态等效串联电感；R_1为动态等效串联电阻，它是晶体内部摩擦性当量；C_0为静态电容，相当于两个电极板之间的电容量。

图 45.6 所示的等效电路有如图 45.7 所示的阻抗特性曲线。

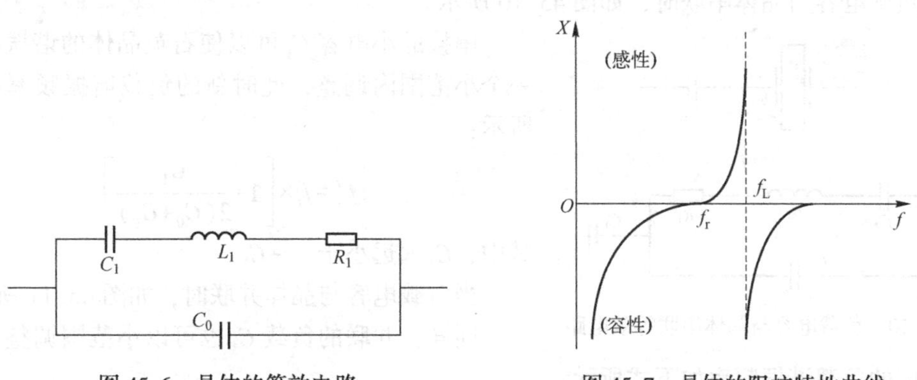

图 45.6　晶体的等效电路　　　　图 45.7　晶体的阻抗特性曲线

当 R_1、L_1、C_1串联支路发生谐振的频率（串联谐振频率（f_r））时，此阻抗相互抵消。因此，支路相当于只有等效串联电阻 R_1，如图 45.8 所示。

这个频率是晶体的自然谐振频率，在高稳晶振的设计中，是作为使晶振稳定工作于标称频率、确定频率调整范围、设置频率微调装置等要求时的设计参数（但不是标称频率），其表达式如下：

$$f_r = \frac{1}{2\pi\sqrt{L_1 C_1}}$$

等效串联电阻R_1决定晶体元件的品质因素，品质因素又称机械Q值，它是反映谐振器性能好坏的重要参数，它与L_1和C_1有如下关系：

$$Q=\frac{\omega L_1}{R_1}=\frac{1}{\omega C_1 R_1}$$

R_1越大，Q值越小，会导致频率不稳定。反之，Q值越高，频率越稳定，晶体的特点在于它具有很高的品质因素。

等效电路还有一个反谐振频率f_L（并联谐振频率），此时串联支路呈现为感抗，相当于一个电感，如图45.9所示。

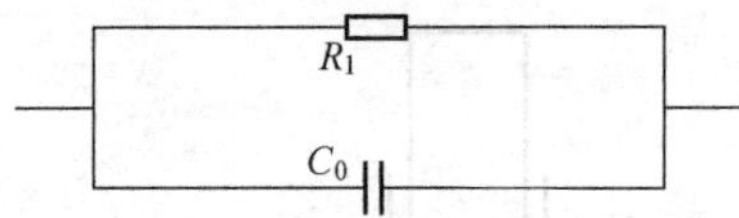

图45.8　RLC串联谐振时的等效电路

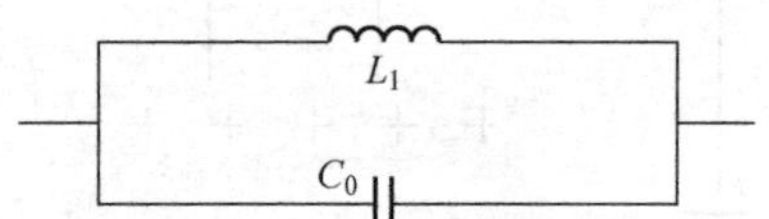

图45.9　并联谐振等效电路

此时的频率如下所示：

$$f_L=\frac{1}{2\pi\sqrt{L_1C_1}}\times\sqrt{1+\frac{C_1}{C_0}}$$

通常厂家的晶振元件数据手册给出的标称频率不是f_r或f_L，实际的晶体元件应用于振荡电路中时，它一般还会与负载电容相连接，共同作用使晶体工作于f_r和f_L之间的某个频率，这个频率由振荡电路的相位和有效电抗确定，通过改变电路的电抗条件，就可以在有限的范围内调节晶体频率。

当负载电容与晶体串联时，如图45.10所示。

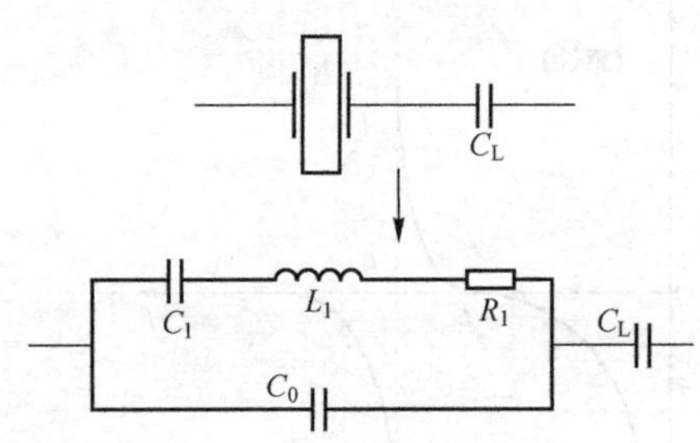

图45.10　负载电容与晶体串联等效电路

串接的小电容C_L可以使石英晶体的谐振频率在一个小范围内调整，此时新的负载谐振频率如下式所示：

$$f'_r=f_r\times\left[1+\frac{C_1}{2(C_0+C_L)}\right]$$

其中，C_1远远小于C_0+C_L。

当负载电容与晶体并联时，如图45.11所示。

同样，并联的负载C_L也可以小范围调整谐振频率，相应的负载谐振频率如下式所示：

$$f'_L=\frac{1}{2\pi\sqrt{\frac{L_1C_1(C_0+C_L)}{C_1+C_0+C_L}}}$$

从实际效果上看，对于给定的负载电容值，f'_r与f'_L两个频率是相同的，这个频率是晶体绝大多数应用时所表现的实际频率，也是制造厂商为满足用户对产品符合标称频率要求的测试指标参数，也就是本文最开头介绍的晶振标称频率。

当晶体元件与外部电容相连接时（并联或串联），负载谐振频率时的电阻即为负载谐振

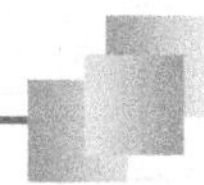

电阻 R_L，它总是大于晶体元件本身的谐振电阻。

晶体本身是不能产生振荡信号的，必须借助相应的外部振荡器电路才能实现，如图 45.12 所示是一个**串联型振荡器电路**。其中，晶体管 VT_1 和 VT_2 构成的两级放大器，石英晶体与电容 C_L 构成 LC 电路。在这个电路中，石英晶体相当于一个电感，C_L 为可变电容器，调节其容量即可使电路进入谐振状态，输出波形为方波。

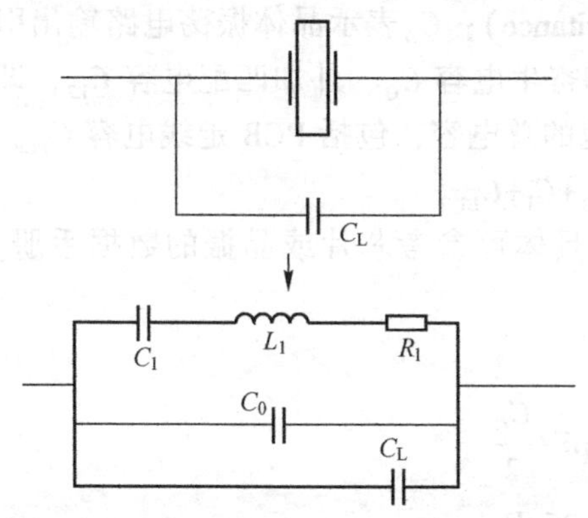

图 45.11　负载电容与晶体并联等效电路

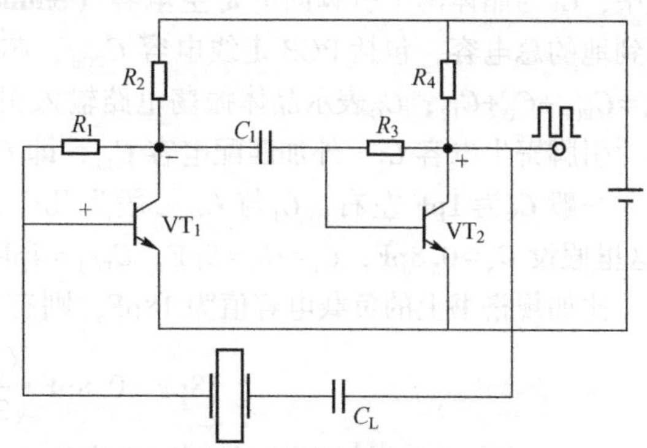

图 45.12　串联型振荡器电路

并联型振荡器电路如图 45.13 所示，这种形式读者可能见得更多些，一般单片机都会有这样的电路。晶振的两个引脚与芯片（如单片机）内部的反相器相连接，再结合外部的匹配电容 C_{L1}、C_{L2}、R_1、R_2，组成一个皮尔斯振荡器（Pierce oscillator）。

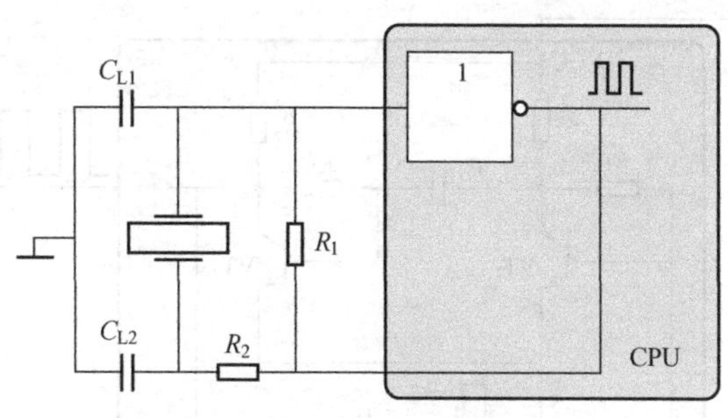

图 45.13　并联型振荡器电路

图 45.13 中，CPU 内部有一个增益很大的反相放大器。C_{L1}、C_{L2} 为匹配电容，是电容三点式电路的分压电容，接地点是分压点。以接地点为参考点，输入和输出是反相的，但从并联谐振回路（石英晶体）两端来看，形成一个正反馈以保证电路持续振荡，它们会稍微影响振荡频率，主要用于微调频率和波形，并影响振荡幅度，而晶体相当于三点式电路里面的电感。

R_1 是反馈电阻（一般其阻值大于或等于 1MΩ），它使反相器在振荡初始时处于线性工作区，R_2 与匹配电容组成网络，提供 180°相移，同时起到限制振荡幅度，防止反相器输出对晶体过驱动将其损坏的作用。

这里涉及晶振一个非常重要的参数，即**负载电容 C_L**（**Load Capacitance**），它是电路中跨接晶体两端的总的有效电容（不是晶振外接的匹配电容），主要影响负载谐振频率和等效负

载谐振电阻，与晶体一起决定振荡器电路的工作频率。通过调整负载电容，可以将振荡器的工作频率微调到标称值。

负载电容的公式如下所示：

$$C_L = C_S + \frac{C_D \times C_G}{C_D + C_G}$$

其中，C_S为晶体两个引脚间的**寄生电容（Shunt Capacitance）**；C_D表示晶体振荡电路输出引脚到地的总电容，包括 PCB 走线电容 C_{PCB}、芯片引脚寄生电容 C_O、外加匹配电容 C_{L2}，即 $C_D = C_{PCB} + C_O + C_{L2}$；$C_G$表示晶体振荡电路输入引脚到地的总电容，包括 PCB 走线电容 C_{PCB}、芯片引脚寄生电容 C_I、外加匹配电容 C_{L1}，即 $C_G = C_{PCB} + C_I + C_{L1}$。

一般 C_S为 1pF 左右，C_I与 C_O一般为几个皮法，具体可参考芯片或晶振的数据手册。（这里假设 $C_S = 0.8\text{pF}$，$C_I = C_O = 5\text{pF}$，$C_{PCB} = 4\text{pF}$）。

比如规格书上的负载电容值为 18pF，则有：

$$18\text{pF} = 0.8\text{pF} + \frac{C_D}{2} = 0.8\text{pF} + \frac{C_G}{2}$$

则 $C_D = C_G = 34.4\text{pF}$，计算出来的匹配电容值 $C_{L1} = C_{L2} = 25\text{pF}$。

这么复杂，我看不懂，我想用更简单、更稳定、更精确的器件，有“木”有？有！

有源晶振将无源晶体及相关的振荡电路封装在一个“盒子”里，不必手动精确匹配外围电路，需要不同的输出频率应用时，只需要采购一个相应频率的“盒子”即可，不再使用复杂的公式计算，可以节省很多“脑细胞”做其他更有意义的工作，如图 45.14 所示。

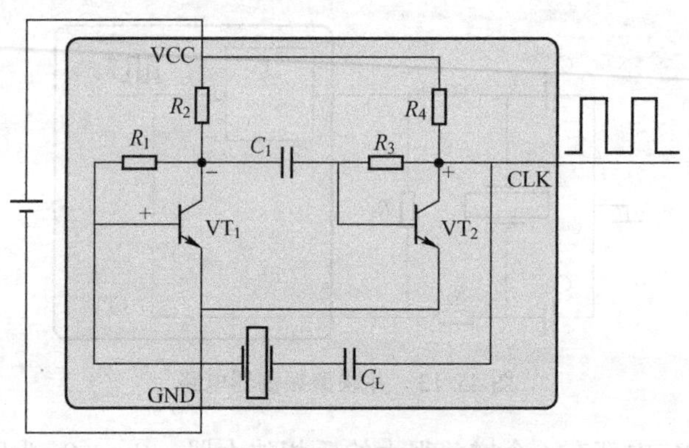

图 45.14　封装好的有源晶振

第 46 章　PN 结电容的实际应用与影响

我们都知道二极管的 PN 结有寄生电容，那 PN 结电容的基本形成原理是什么呢？有人说：这还不简单，P 型半导体与 N 型半导体相当于平板电容的两个极板，其中 PN 结的空间电荷区也称为势垒区或耗尽区，如图 46.1 所示。

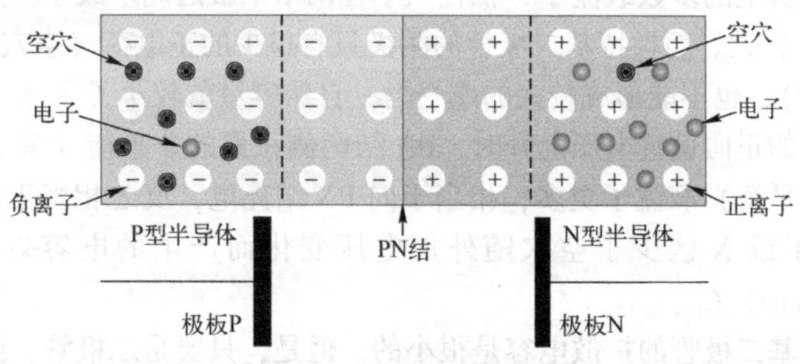

图 46.1　二极管的 PN 结

那为什么都说肖特基二极管的寄生电容比普通二极管要小呢？肖特基二极管使用金属作为阳极，阴极仍然使用 N 型半导体。当金属与 N 型半导体结合时，由于金属的自由电子比较少，电子由 N 型半导体向金属扩散（浓度差）。由于金属是没有空穴的，所以 N 型半导体得不到空穴补充而带正电。金属多了自由电子，所以带负电，这样就形成了一个由 N 型半导体指向金属侧的内电场，我们称为势垒（不能称为 PN 结），肖特基二极管也因此称为肖特基势垒二极管（Schottky Barrier Diode，SBD），如图 46.2 所示。

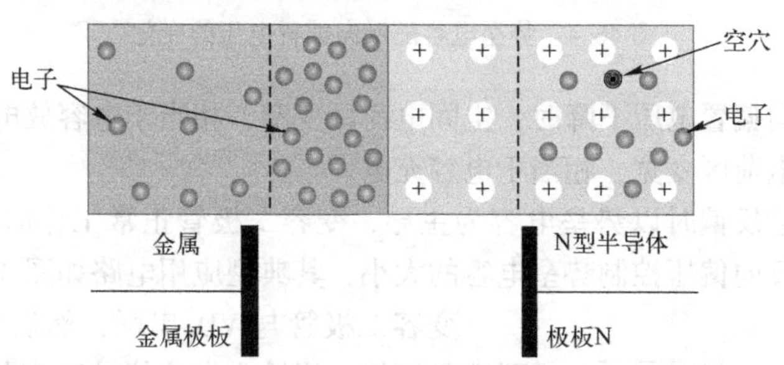

图 46.2　肖特基的势垒区

从平行板电容的角度来看，似乎两者并没有什么差别，那为什么高速开关场合会倾向于选择肖特基二极管呢？我们可以用电容储存电荷的基本原理来解释这个问题。

如果给上述两种二极管分别施加正向电压，会发现两者存在很大的区别：普通二极管的 P 区多数载流子（多子）空穴将扩散到 N 区，N 区越靠近 PN 结，则空穴浓度越大；而 N 区电子（多子）将扩散到 P 区，P 区越靠近 PN 结，则电子浓度越大，肖特基二极管也是类似的情况，只不过阳极没有空穴，而 N 区仅有的空穴来自于少子，如图 46.3 所示。

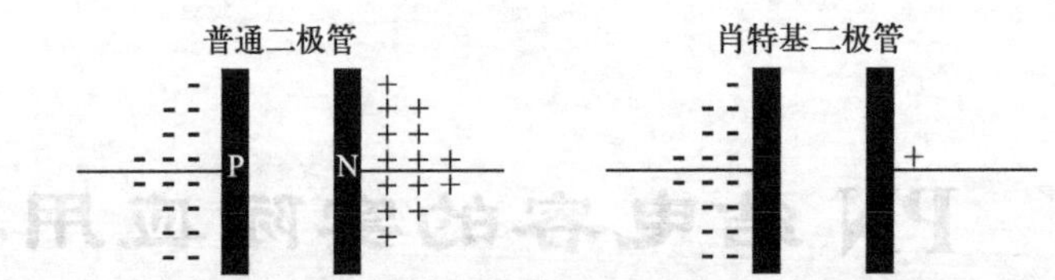

图 46.3　正向偏置的普通二极管与肖特基二极管

这说明了什么呢？我们很早就提过：电容是衡量平行板上电荷之间库仑力的大小的，其储存电荷时，正负电荷的数量必然是相等的！处于正向偏置的普通二极管，由于两个极板存在大量的带正电与负电的多数载流子，就相当于在两个平板之间形成了一定的库仑力，因此容量（寄生电容）较大。而肖特基二极管的阴极只有很少的正电荷（空穴），尽管阳极有大量的负电荷（电子），也不能形成较大的库仑力，自然容量就较小了。

当普通二极管的正向偏置电压上升时，PN 结两侧积累的非平衡（多子跑到少子那边就被少子那边叫作非平衡）载流子更多，相当于向 PN 结充电，反之相当于向 PN 结放电。我们将 P 区少子电子或 N 区少子空穴随外加电压变化而产生的电容效应称为扩散电容（Diffusion Capacitance）C_D。

很明显，肖特基二极管的扩散电容是很小的。但是，只要是二极管，就都会有一个势垒电容（Barrier Capacitance）C_B。当二极管两端施加的反向偏置电压变化时，空间电荷区的宽度也会随之发生变化，相当于两个电极板上的电荷量随之变化（充电与放电），如图 46.4 所示。

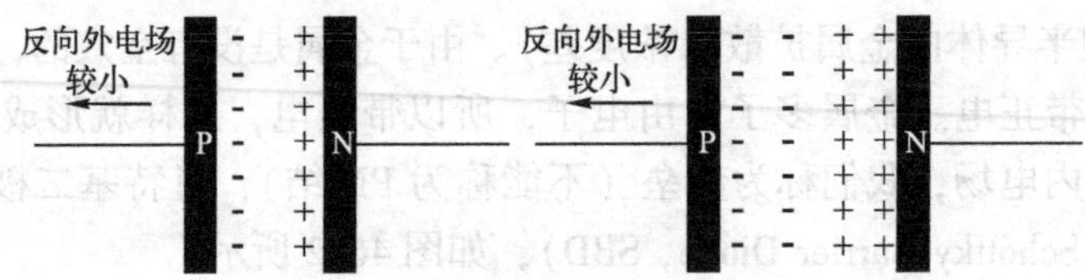

图 46.4　势垒电容随反向偏置电压的变化

当二极管的反向偏置电压下降时，空间电荷区变窄，相当于电容放电。反之，反向偏置电压上升时，空间电荷区变宽，相当于电容充电。

很明显，二极管反偏时以势垒电容为主导，变容二极管正常工作时就处于反向偏置状态，它利用二极管反向偏压控制势垒电容的大小，其典型应用电路如图 46.5 所示。

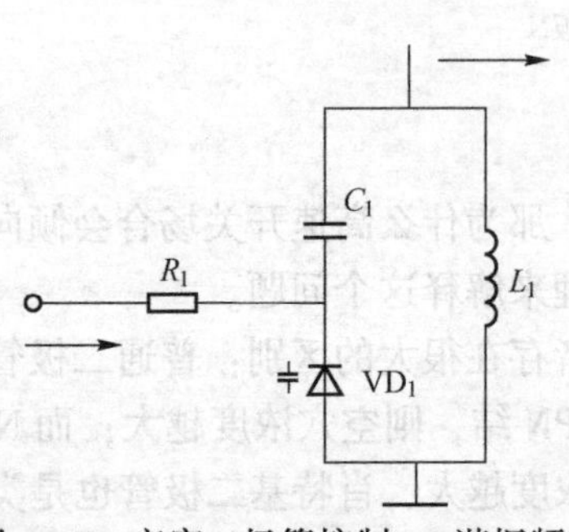

图 46.5　变容二极管控制 LC 谐振频率

变容二极管与 VD_1 串联，然后再与电感 L_1 组成并联选频网络。当输入交流信号频率与 LC 选频网络的谐振频率相同时，LC 网络的阻抗是最大的。如果需要改变 LC 谐振频率，可以通过电阻 R_1 给变容二极管 C_1 施加反向直流偏置电压。偏置电压越大，则电容量越大，继而达到改变 LC 谐振回路谐振频率的目的。

PN 结电容在数字逻辑电路中主要影响二极管状态切换的速度，下面我们举几个例子，如标准 TTL 逻辑电路的输出结构如图 46.6 所示（以非门为例）。

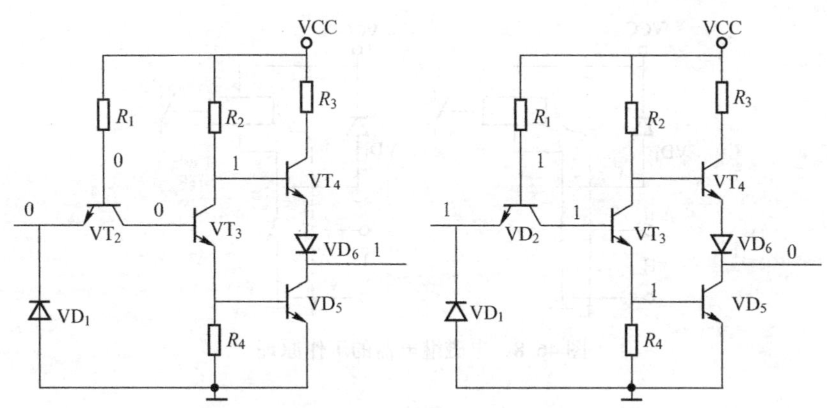

图 46.6　标准 TTL 逻辑电路的输出结构

当输出端从低电平 L 转变为高电平 H 的瞬间，由电源 VCC 经 R_3、VD_4、VD_6至 VD_5有瞬间大电流通过，由于二极管 VD_6结电容储存有大量的电荷，而电路上没有释放回路，这些电荷只能靠二极管 VD_6本身的电子与空穴复合而逐渐消失，必然会影响电路的开关速度，我们可以增加电荷释放电阻，如图 46.7 所示。

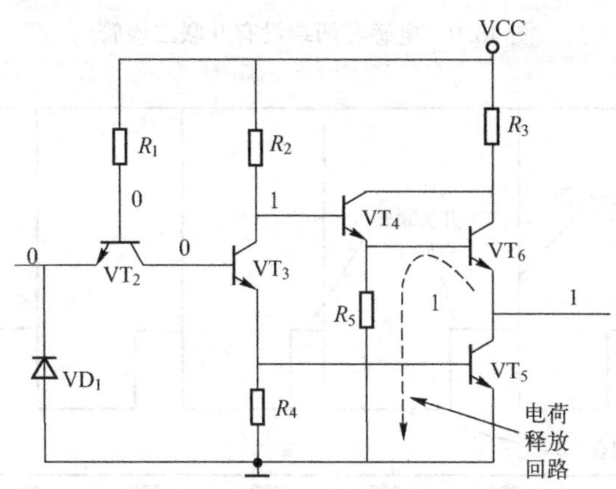

图 46.7　电荷释放回路优化开关速度

增加电阻 R_5并将二极管 VD_6更改为三极管，三极管 VT_6的发射结代替原来的二极管 VD_6，当输出由低电平 L 变为高电平 H 时，VT_6发射结存储的电荷会通过电阻 R_5快速释放掉，从而提高逻辑电路的开关速度。

电磁继电器在实际应用中通常都会使用三极管或 MOS 管来控制，以达到控制用电器负载的自动化。当输入电压为高电平时，三极管饱和导通使继电器动作；当输入电压为低电平时，三极管截止断开，线圈中没有电流而返回空闲状态，如图 46.8 所示。

那为什么要在继电器控制线圈两端并联一个二极管呢？我们可以看看没有并联二极管时电路会出现什么情况，用 Multisim 软件仿真一下如图 46.9 所示的电路，其中 L_1 表示电磁继电器的控制线圈。

当开关 S_1 进行闭合与断开时，其相关波形如图 46.10 所示。

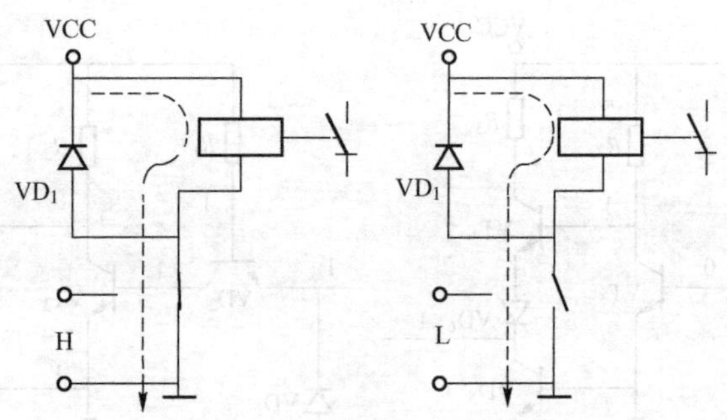

图 46.8 电磁继电器的工作原理

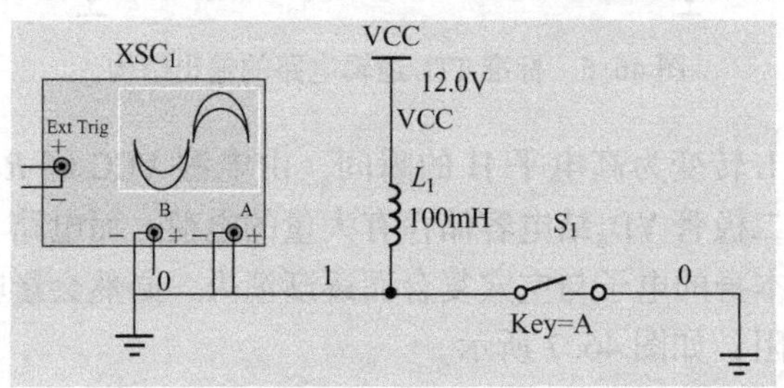

图 46.9 电感器两端没有并联二极管

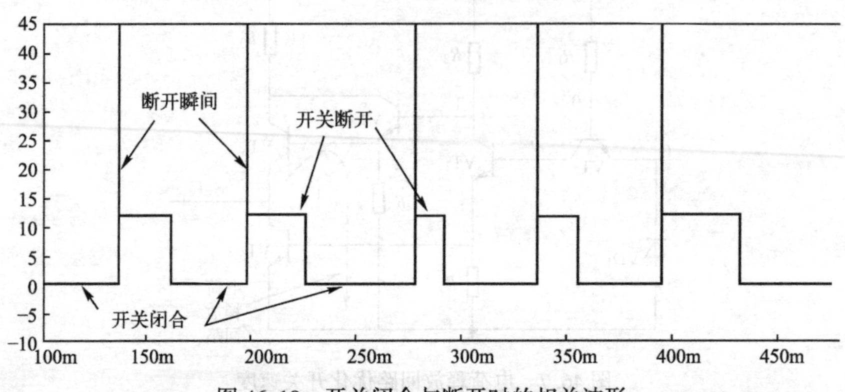

图 46.10 开关闭合与断开时的相关波形

当开关 S_1 闭合时，电压波形还是正常的，但是当开关 S_2 断开的一瞬间，电感将产生很高的电压，远远超过了电源电压值（图中的峰值未完全显示），对于普通电磁继电器我们使用 3904 或 8050 之类的三极管就完全可以驱动了，其集电极-发射极最高耐压值 V_{CEO} 也就几十伏，类似如表 46.1 所示参数。

表 46.1 三极管极限参数（部分）

符　号	参　数	值	单　位
V_{CBO}	集电极-基极电压	60	V
V_{CEO}	集电极-发射极电压	40	V
V_{EBO}	发射极-基极电压	6.0	V
I_C	连续集电极电流	200	mA

控制开关断开的瞬间，由于电感中的电流不能突变，电感两端将会产生极性为上负下正的感应电动势，如图 46.11 所示。

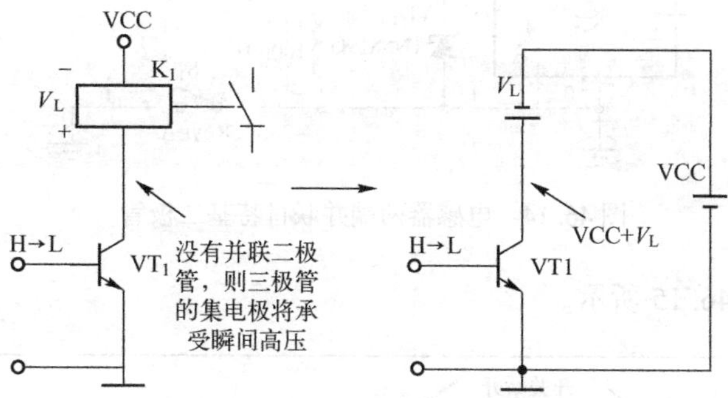

图 46.11 三极管承受的瞬间高压

此时三极管集电极承受的电压为 VCC+V_L，很有可能超过三极管的 V_{CEO} 而被击穿。我们可以并联一个二极管，如图 46.12 所示再仿真一下。

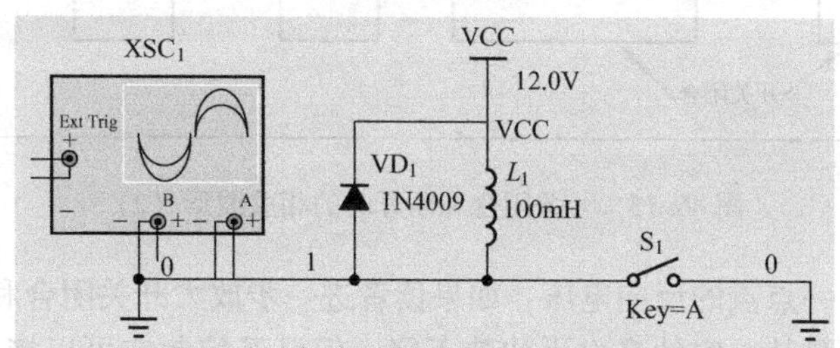

图 46.12 电感两端并联一个二极管

其相关波形如图 46.13 所示。

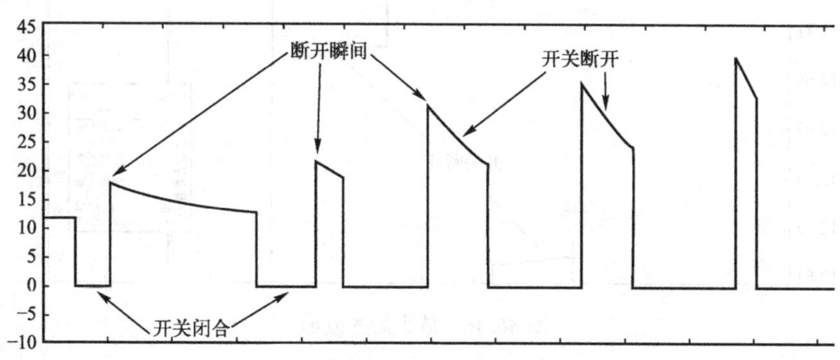

图 46.13 开关闭合和断开时的相关波形（1）

没有多大的改善，反向电动势还是非常高，什么情况？其实二极管并联是没有错的，只不过型号不是最好的。普通二极管的反应时间并不太短，换言之，开关断开的瞬间，二极管还来不及导通，相当于没有接二极管一样。

而肖特基二极管不一样（“酒家”可是出了名的速度快呀），我们用如图 46.14 所示的电路重新仿真一下。

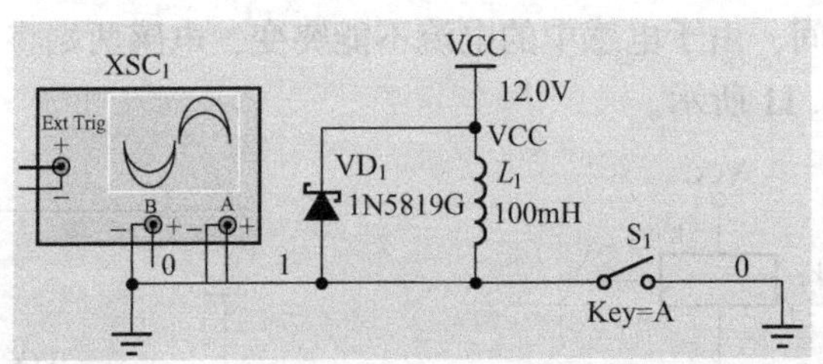

图 46.14　电感器两端并联肖特基二极管

其相关波形如图 46.15 所示。

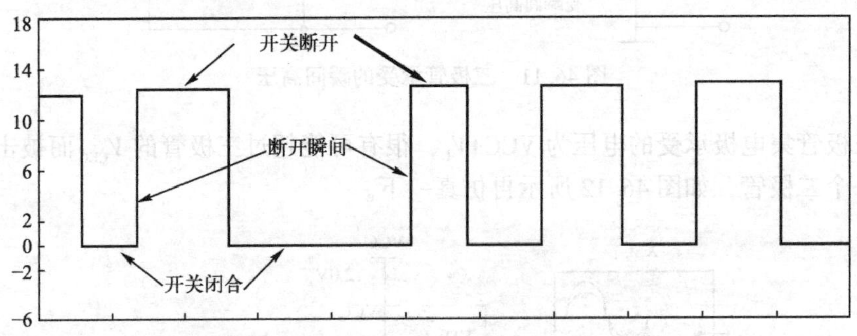

图 46.15　开关闭合和断开时的相关波形（2）

其实瞬间还是有一点点的反向电压，如果读者进一步放大开关闭合和断开时的波形，会发现不是平坦的，而是从一定的高电平快速下降，但已经控制在可以接受的范围内了（1V 以内），如图 46.16 所示。

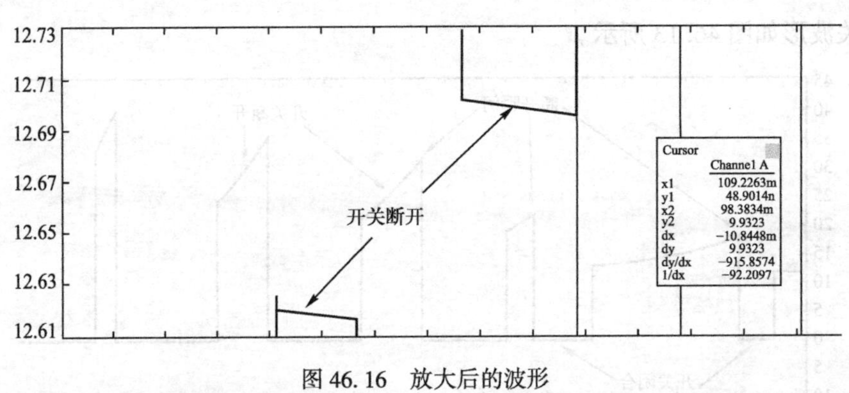

图 46.16　放大后的波形

由于继电器控制线圈两端并联的二极管是为线圈开路时提供回路电流的，因此也称为续流二极管。

第 47 章　使用加速电容优化开关电路的速度

加速电容通常是在驱动电路的电阻两端并联的一个小电容，主要作用是为了加快输出（负载）端电压的变化率。根据负载应用的不同，加速电容主要用于阻容负载驱动电路和晶体管驱动电路三极管。用于三极管开关电路加速最为常见，下面我们详解介绍一下。

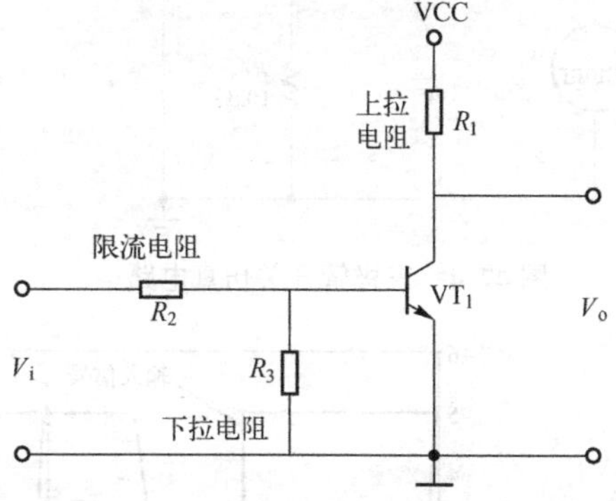

图 47.1　三极管开关电路的基本结构

三极管除了可以放大模拟信号，也可以利用截止与饱和状态作为开关电路使用，其基本结构如图 47.1 所示。

其中，集电极电阻 R_1 为上拉电阻，当三极管 VT_1 截止时，将输出电压上拉至电源 VCC（高电平），可以理解为开集（Open Collector，OC）输出结构的上拉电阻；基极串联电阻 R_2 为限流电阻，防止输入电压 V_i 幅值过高导致基极电流超额而损坏三极管；下拉电阻 R_3 用来确保无输入信号（悬空）时三极管处于截止状态。

此开关电路的基本原理很简单！当输入信号 V_i 为低电平“L”时，三极管 VT_1 处于截止状态。输出电压 V_o 由集电极电阻 R_1 上拉为电源 VCC（高电平），此时三极管 VT_1 相当于一个处于断开状态的开关，如图 47.2 所示。

当输入信号 V_i 为高电平“H”时，三极管 VT_1 处于饱和状态，输出电压 V_o 为三极管饱和压降（低电平），此时三极管 VT_1 相当于一个处于闭合状态的开关，如图 47.3 所示。

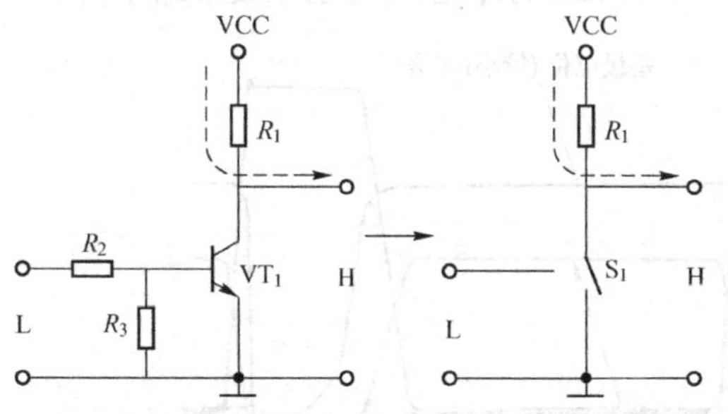

图 47.2　三极管处于截止状态

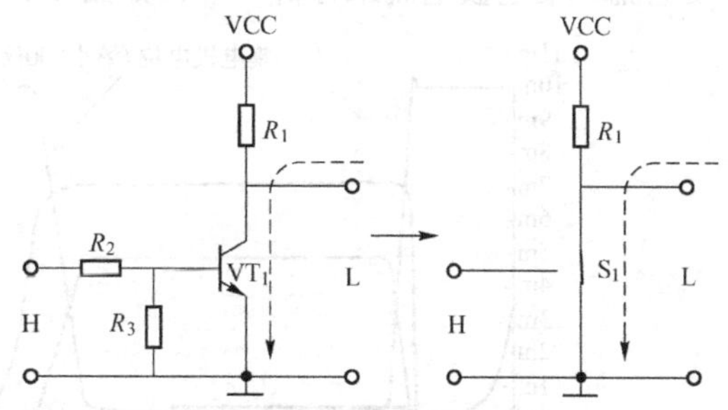

图 47.3　三极管处于饱和状态

我们用如图 47.4 所示的开关电路参数仿真一下（注意：输入信号的频率是 1kHz），其相关波形如图 47.5 所示。

波形貌似还可以！对于一个理想的开关，我们希望开关的闭合/断开状态可以实时响应控制信号。换言之，开关的响应速度越快越好。但是，如果我们把信号频率提高再仿真一次，就会看出其中的问题了，如图 47.6 所示为信号频率为 1MHz 时的相关波形。

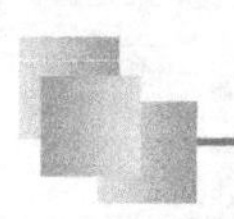

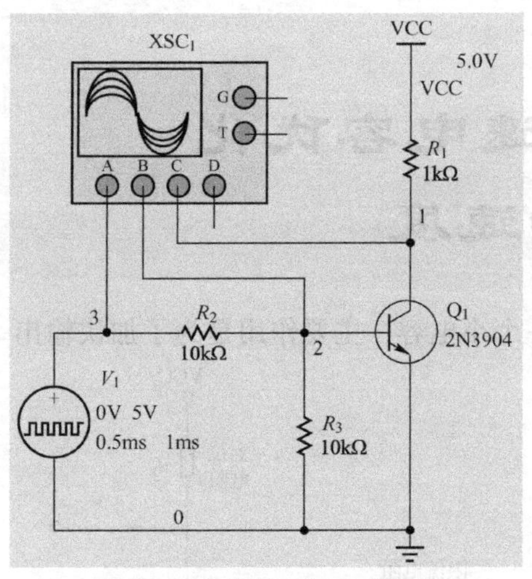

图 47.4　三极管开关仿真电路

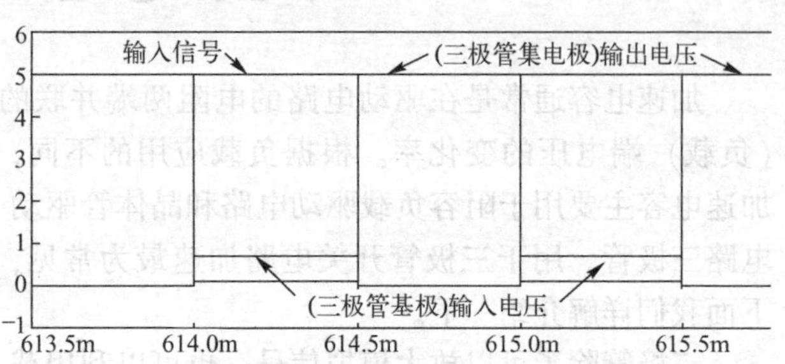

图 47.5　开关电路的相关波形

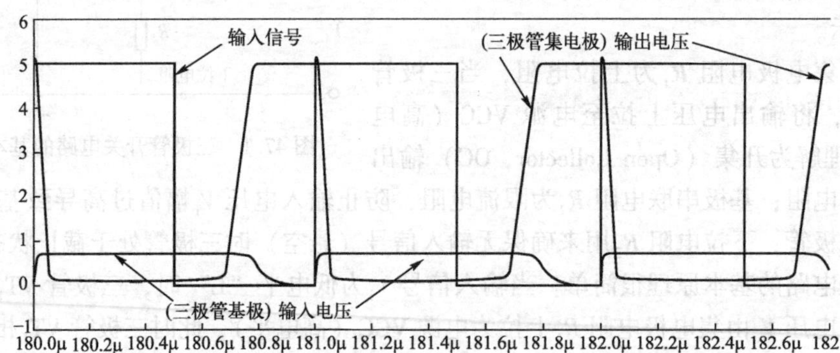

图 47.6　信号频率为 1MHz 时的相关波形

输出（三极管集电极）电压已经完全不再是方波了，我们通过三极管的基极电压、基极电流、集电极电流来分析一下，如图 47.7 所示（为方便显示，已经将电压波形缩小）。

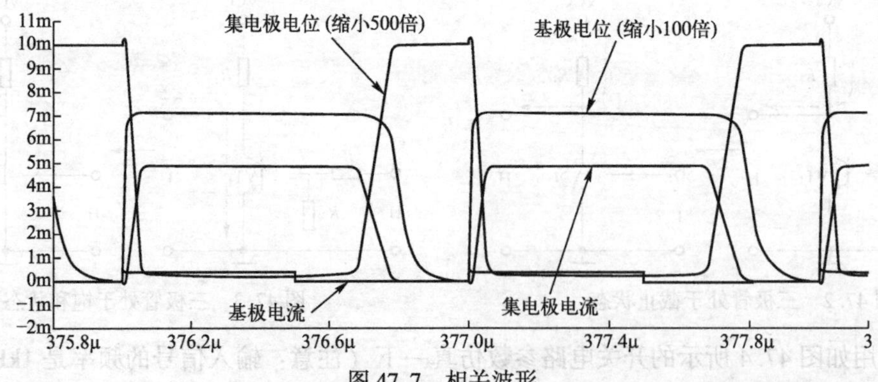

图 47.7　相关波形

从波形中可以看到，无论是三极管从饱和状态退出返回截止状态（输出电压由低变高），或由截止状态进入饱和状态（输出电压由高变低），输出电压的上升率或下降率都会下降。然而，很明显，输出电压的上升率损失更大（也就是饱和状态到截止状态）。换言

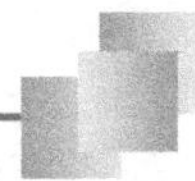

之，基极电流在慢慢放电。

导致输出电压上升率损失的主要原因是：当三极管处于饱和导通状态时，基区内储存有一定的电荷（相当于一个充满电的电容 C_{BE}），如果输入信号 V_i 由高电平切换为低电平，电容中的电荷必须先通过如图 47.8 所示的回路进行电荷释放，这就相当于一个 RC 放电回路。其中，阻值 R 为 R_2 与 R_3 的并联值。基区中储存的电荷越多，放电时间常数越大，则三极管由饱和状态切换至截止状态需要的延迟时间越长。

类似地，导致输出电压下降率损失的主要原因是：三极管存在发射结电容 C_{BE} 与集电结电容 C_{BC}，如果输入信号 V_i 由低电平切换高低电平，输入信号必须先通过如图 47.9 所示的回路进行充电操作（这与密勒电容原理是相似的）。

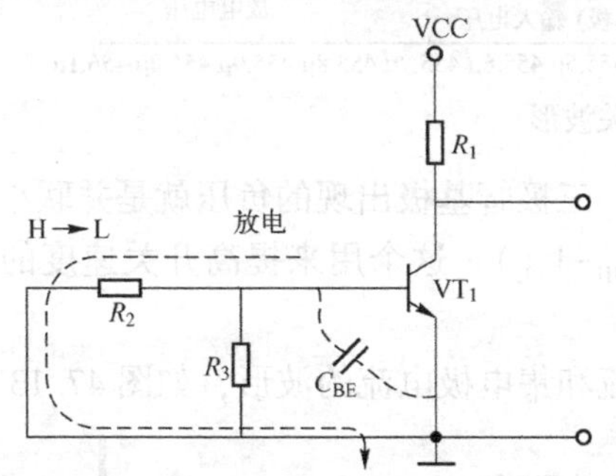

图 47.8　结电容的电荷释放回路

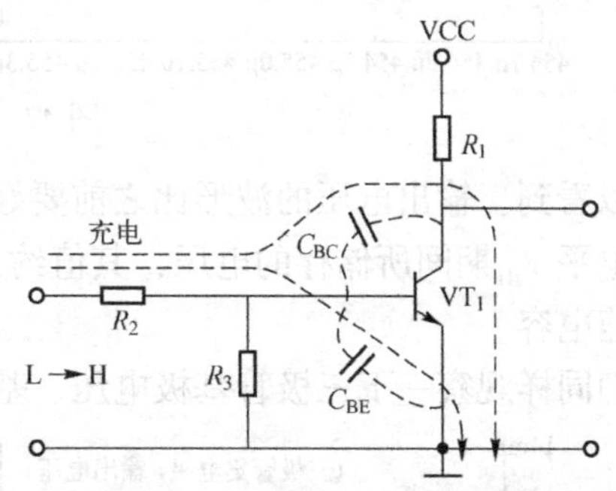

图 47.9　结电容的充电回路

结电容的存在对于高速开关电路是非常不利的，无论是上述哪种状态，都需要尽快对结电容进行充电或放电。因此，我们需要想办法降低充放电时间常数。

我们可以在基极串联电阻 R_2 两端并联一个小电容 C_1，当输入为高电平“H”时，该电容充电，极性为左正右负，而当输入切换为低电平“L”时，相当于基极施加了一个负电压至三极管的发射结（可以加速抵消基区电荷），同时可以将基极串联电阻旁路（相当于减小了放电常数），如图 47.10 所示。

我们用 200pF 的小电容重新仿真一下，如图 47.11 所示。

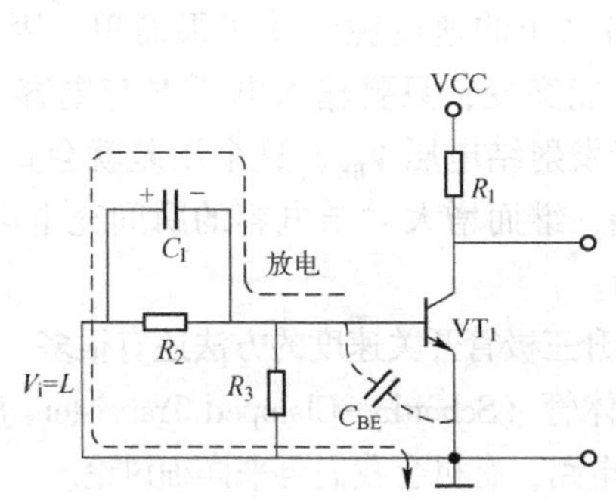

图 47.10　基极电阻并联加速电容

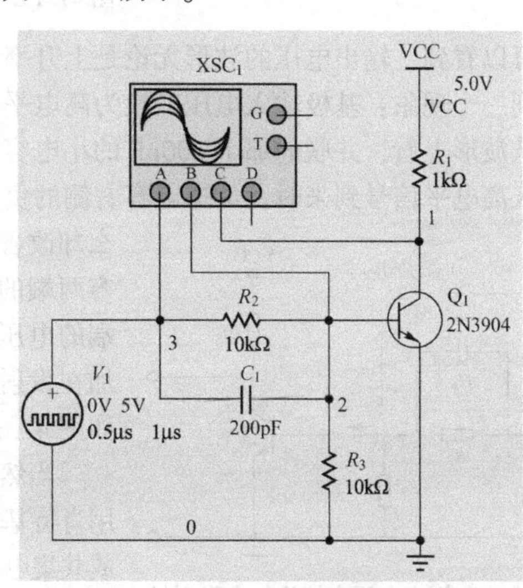

图 47.11　并联加速电容的开关仿真电路

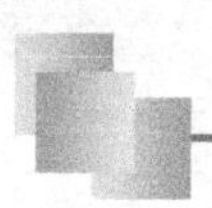

其相关波形如图 47.12 所示。

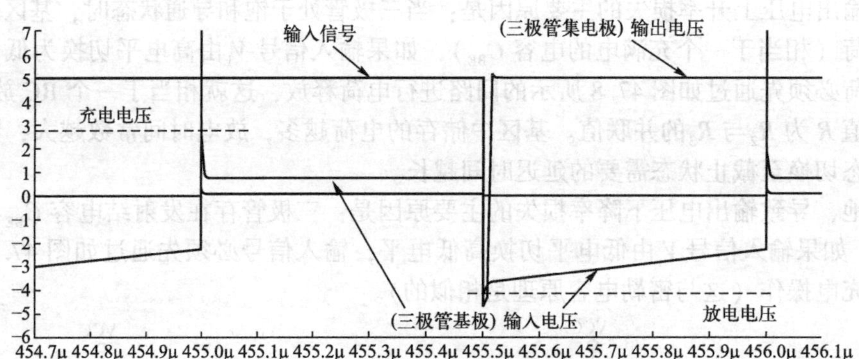

图 47.12　相关波形

可以看到，输出电压的波形比之前要好很多，三极管基极出现的负压就是并联小电容在输入高电平 V_{IH}期间所储存的电压，其值约为-(V_{IH}-V_{BE})，这个用来提高开关速度的电容也称为加速电容。

我们同样观察一下三极管基极电压、基极电流和集电极电流的波形，如图 47.13 所示。

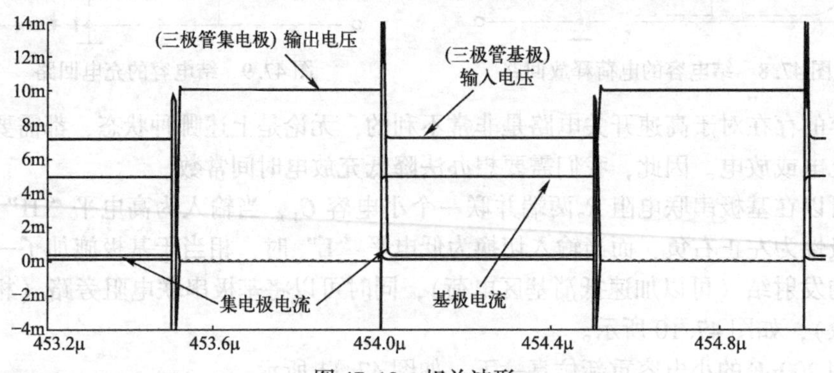

图 47.13　相关波形

可以看到，输出电压的波形无论是上升率还是下降率都有很大的改善，但是大家有没有观察到一个现象：基极输入电压变换为高电平的瞬间出现了一个高窄脉冲。

从波形上看，并联的那个 200pF 的小电容在输入为低电平阶段还没有放电完毕。因此，当输入高电平信号到来时，加速电容右侧的负性电压对于开关的导通应该是不利的，那为什么却改善了输出电压的速度呢？其实很简单，因为电容两端的电压不能突变，只要输入电压 V_i与电容 C_1两端的电压差大于发射结电压 V_{BE}，这个压差就会直接施加在发射结两端，继而增大对结电容的瞬间充电电流，如图 47.14 所示。

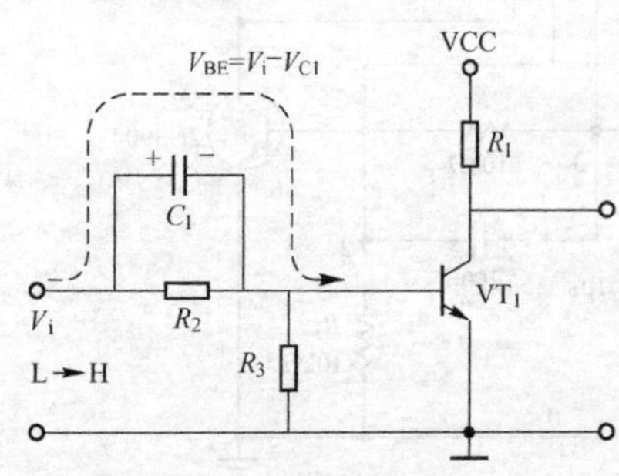

图 47.14　输入电压直接施加在发射结

当然，要提升三极管开关速度的方法还有很多，如使用肖特基箝位晶体管（Schottky-Clamped Transistor，SCT）或共集电极开关电路，有机会我们再来详细讨论。

第48章　密勒电容对电路高频特性的影响

密勒电容（Miller Capacitance）也翻译为“米勒电容”，它是跨接在放大器（放大工作的元器件或者电路）的输出端与输入端之间的电容，而它对于器件或者电路频率特性的影响称为密勒效应。

前面在讲解加速电容应用电路的工作原理时，我们在开关三极管的基极限流电阻两端并联一个小电容就可以达到优化开关速度的目的。事实上，还有其他办法同样可以达到这个目标，如共集电极（射随）组态的开关电路就是其中之一。

我们保留共发射极电路的参数不变，将其更改为三极管共集电极（射随）放大电路先仿真一下，如图48.1所示，其仿真后的相关波形如图48.2所示。

读者可以放心大胆地将其与前面使用加速电容优化的共发射极开关电路的输出波形进行对比，可以看到，尽管我们并没有对电路进行加速优化，但输出波形也比较理想，而且输出与输入的相位是相同的。

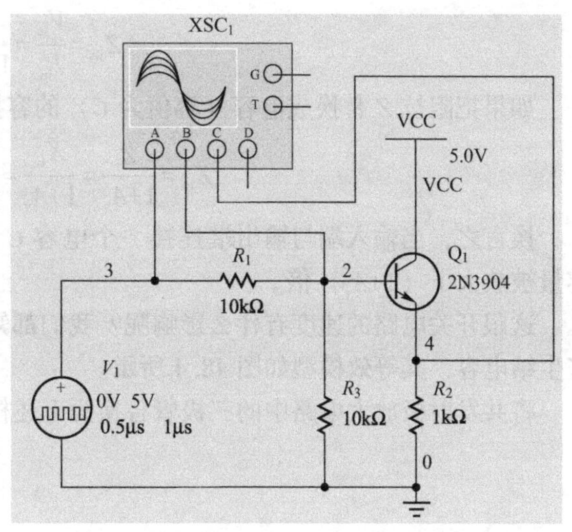

图48.1　三极管共集电极（射随）放大仿真电路

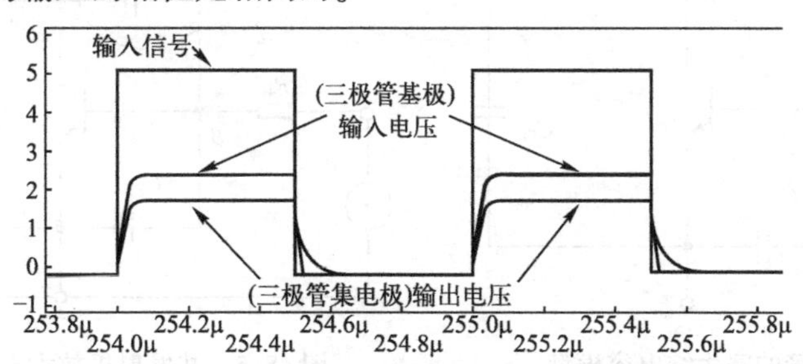

图48.2　图48.1所示电路仿真后的相关波形

为什么射随（共集电极）开关电路会比共射开关电路的响应速度快呢？要讲明白这个问题，我们不得不先谈谈密勒效应（Miller Effect）！

密勒效应最早由 John Milton Miller 发现并发表在他1920的著作中，它描述的内容是：

在反相放大电路中，由于放大器的放大作用，输入端与输出端之间存在的分布电容（或寄生电容）等效到输入端的电容值会扩大（$1+A_V$）倍，其中A_V为放大电路的电压放大倍数。

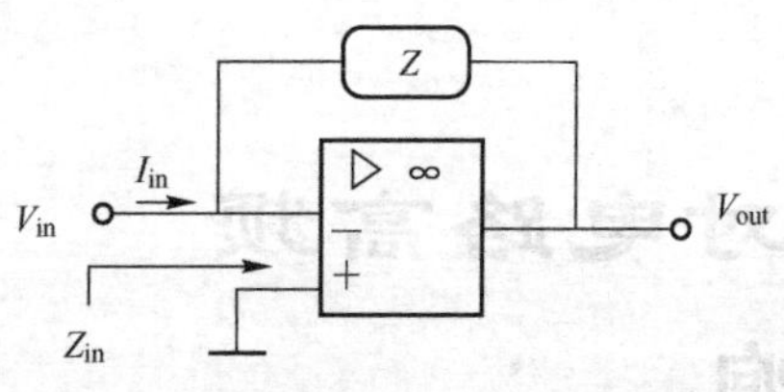

图 48.3　反相运算放大器电路

假设有一个增益为 A_v 的理想反相运算放大器电路，如图 48.3 所示。

在放大器的输出端和输入端之间存在一定的阻抗 Z，并定义输入电流为 I_{in}（假设放大器的输入电流为 0），输入阻抗为 Z_{in}，那么根据运放的“虚短”与“虚断”特性，即有如下等式关系：

$$I_{in}=\frac{V_{in}-V_{out}}{Z}=\frac{V_{in}-(-A_vV_{in})}{Z}=\frac{V_{in}(1+A_v)}{Z}$$

则输入阻抗为

$$Z_{in}=\frac{V_{in}}{I_{in}}=\frac{Z}{1+A_v}$$

如果把阻抗 Z 替换成电容（容值为 C）的容抗，则有：

$$Z_{in}=\frac{Z}{1+A_v}=\frac{X_C}{1+A_v}=\frac{1}{j\omega C(1+A_v)}$$

换言之，当输入端与输出端连接一个电容 C 时，从放大器的输入端来看，该电容的电容量被放大了（$1+A_v$）倍。

这跟开关电路的速度有什么影响呢？我们都知道，三极管的三个电极之间都会有一定的寄生结电容，其等效模型如图 48.4 所示。

将共发射极放大电路中的三极管替换为上述模型，则如图 48.5 所示。

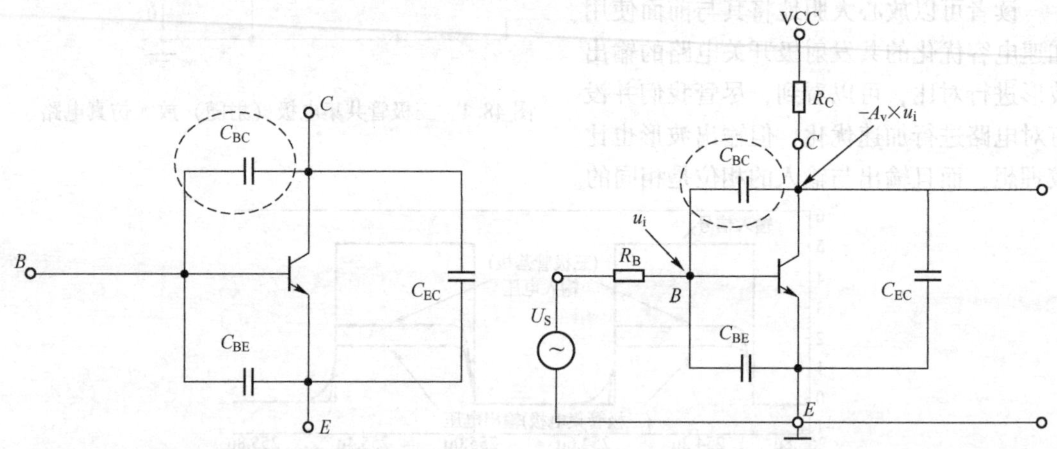

图 48.4　三极管的寄生结电容模型　　图 48.5　共发射极放大电路中的结电容

当信号源 U_S 施加到基极时，假设基极电压为 u_i，因此基-射电容 C_{BE} 两端的电压约为 u_i，而对应的集电极电压为 $-A_v\times u_i$。因此，基-集电容 C_{BC} 两端的电压为 $u_i-(-A_v\times u_i)=(1+A_v)\times u_i$。换言之，流过基-射电容 C_{BE} 中的电流比流过基-集等效电容 C_{BC} 中的电流小（$1+A_v$）倍，因为这两个电容是并联的，容量越小则电流越小。我们原本的意思就是驱动基-射电容 C_{BE}，但由于基-集等效电容 C_{BC} 的存在，我们还需多驱动一个（$1+A_v$）的电流。从基极的角度来看，反相运算放大器相当于多驱动了一个（$1+A_v$）倍的基-集电容 C_{BC}，这就是所谓的密勒

效应。

我们也可以这样理解：在共发射极电路中，三极管输入电容 C_{IN}是基-射电容 C_{BE}与（1+A_v）倍的基-集电容 C_{BC}之和，即 $C_{IN}=C_{BE}+(1+A_v)C_{BC}$，上述三极管电路可以等效为如图 48.6 所示的电路。也就是说，基极串联电阻 R_B与电容值为 $C_{BE}+(1+A_v)C_{BC}$的电容构成一个 RC 低通滤波器，自然会影响三极管开关电路在高速开关中的状态。

而当我们使用射随结构的开关电路时，其等效电路如图 48.7 所示。

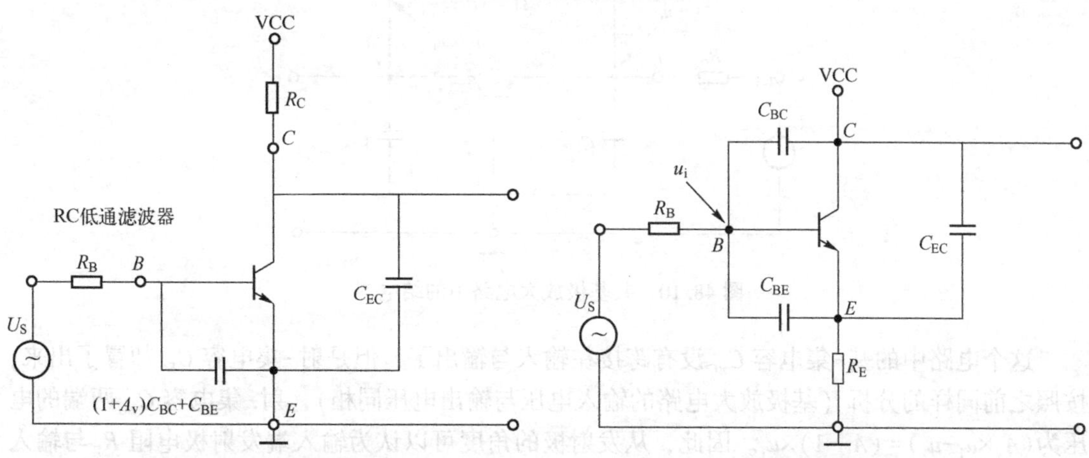

图 48.6　共发射极放大电路中的低通滤波器　　图 48.7　射随放大电路中的结电容

此时基-集电容 C_{BC}依然是存在的，但是从电路的交流通道来看，基-集电容 C_{BC}是直接与地连接（电源 VCC 对交流而言相当于与地连接）的，如图 48.8 所示。

很明显，基极电阻 R_B与 C_{BC}、C_{BE}也构成了一个低通滤波器，但是与共发射极组态的开关电路比较而言，总的等效电容值要小很多（C_{BC}没有被放大），自然高频特性也要好得多。

但是，尽管射随电路的频率特性有所改善，但 C_{BC}电容的影响依然是存在的。为了进一步提升高频特性，可以采用共基极形式的放大电路，其基本结构如图 48.9 所示。

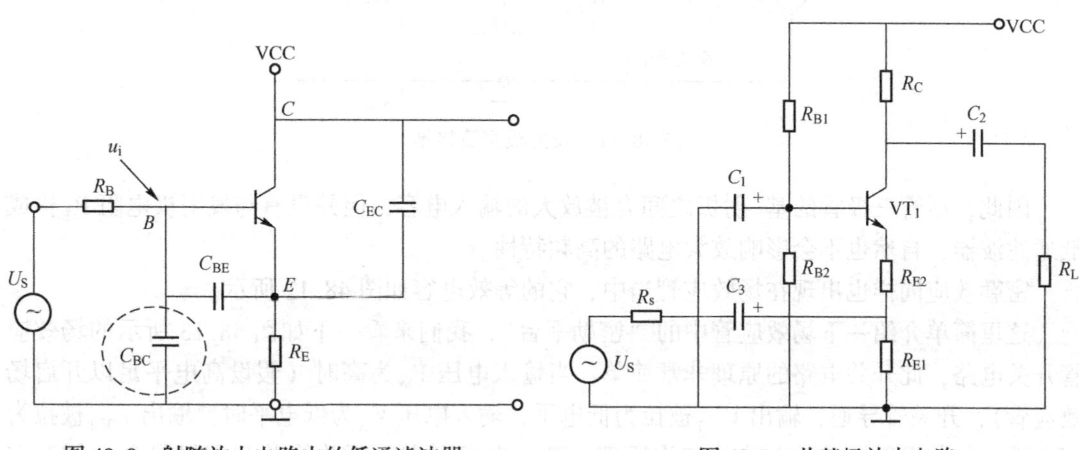

图 48.8　射随放大电路中的低通滤波器　　图 48.9　共基极放大电路

我们最常用的三极管放大电路是共发射极与共集电极组态，而共基极组态却相对用得极少，为什么呢？因为共基极放大电路相对其他两种电路而言，其输入阻抗低、输出阻抗高，这跟我们通常要求高输入阻抗与低输出阻抗的要求完全是背道而驰的，但这并不意味着共基极放大电路就没有用武之器，它在高频放大电路中应用非常广泛。

我们采用同样方法来替换共基极放大电路中的三极管，如图 48.10 所示（已经简化）。

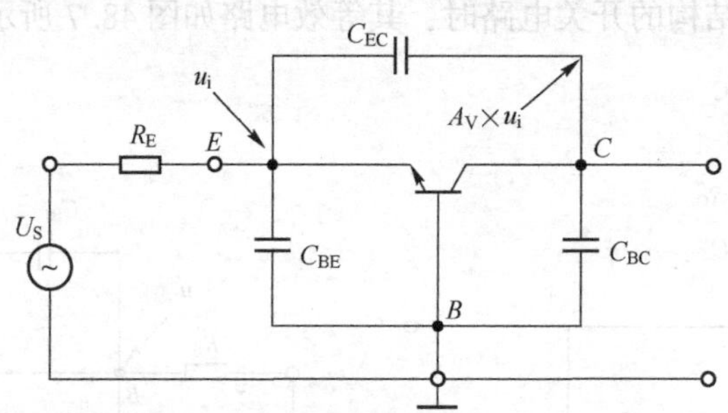

图 48.10　共基极放大电路中的结电容

这个电路中的基-集电容 C_{BC} 没有跨接在输入与输出了，但是射-集电容 C_{EC} 却冒了出来，按照之前同样的分析（基极放大电路的输入电压与输出电压同相），射-集电容 C_{EC} 两端的电压为 $(A_v \times u_i - u_i) = (A_v - 1) \times u_i$。因此，从发射极的角度可以认为输入端发射极电阻 R_E 与输入电容值为 $C_{BE} + C_{EC} \times (A_v - 1)$ 的电容形成了低通滤波器，好像会对电路的高频特性有影响。

然而，由于三极管基极是交流接地的，而发射极电位也总比基极电位低一个基-射结压降 V_{BE}。因此，我们可以认为，发射极也是交流接地的，这样就可以等效为如图 48.11 所示的电路。

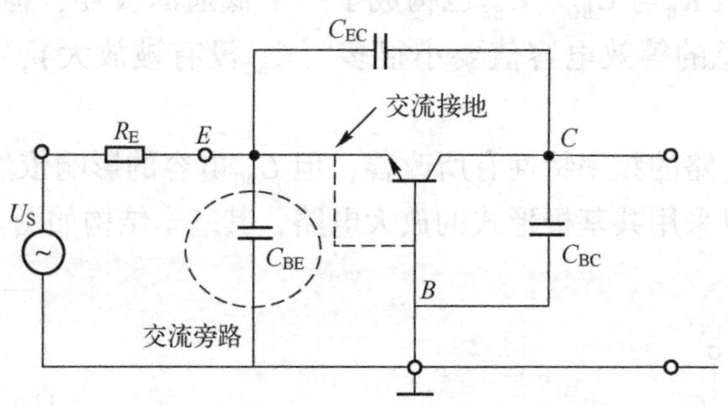

图 48.11　发射极交流接地

因此，尽管三极管的基-射极之间有被放大的输入电容，但并没有与发射极电阻 R_E 构成低通滤波器，自然也不会影响放大电路的高频特性。

密勒效应同样也出现在场效应管当中，它的等效电容如图 48.12 所示。

这里简单介绍一下场效应管中的“密勒平台”，我们来看一下如图 48.13 所示的场效应管开关电路，此开关电路的原理非常简单：当输入电压 V_{IN} 为高时（假设高电平足以开启场效应管），开关管导通，输出 V_{OUT} 被拉为低电平；输入电压 V_{IN} 为低电平时，输出 V_{OUT} 被拉为高电平，与共发射极开关电路的工作原理一致。考虑到实际开关管并非理想状态（如存在

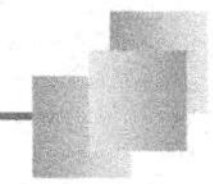

寄生电容和沟道电阻等)，相关的波形应如图 48. 14 所示。

而实际的相关波形如图 48. 15 所示。

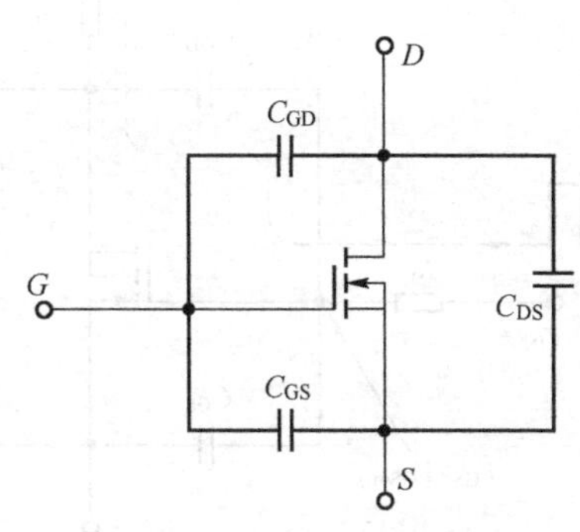

图 48. 12　场效应管的极间电容

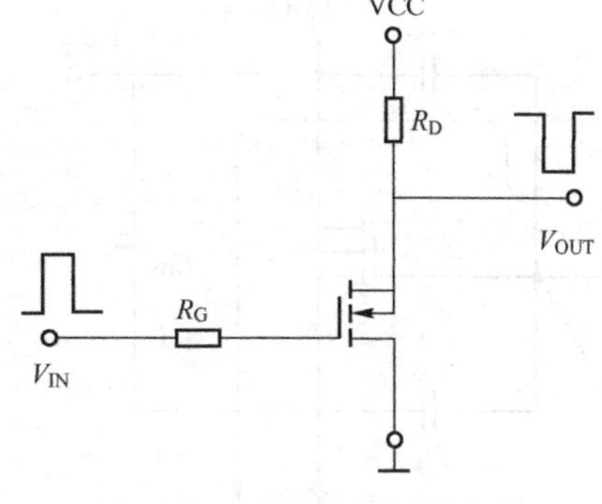

图 48. 13　场效应管开关电路

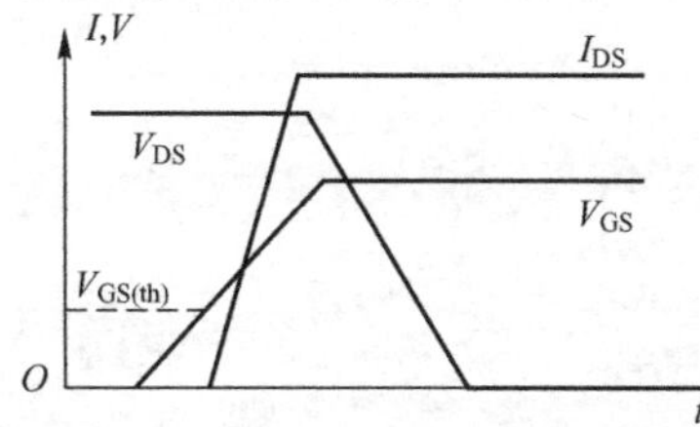

图 48. 14　考虑非理想因素的相关波形

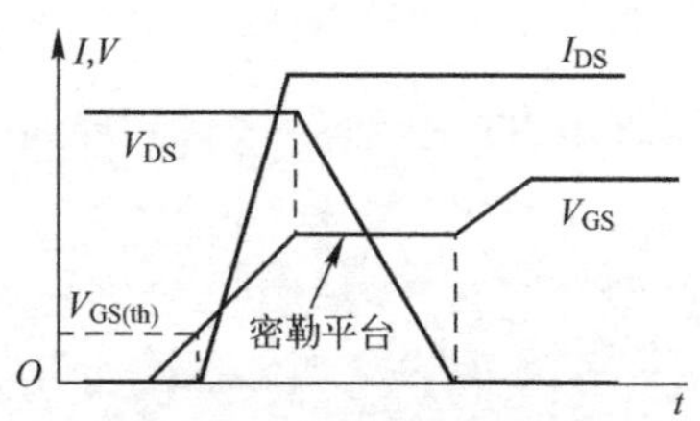

图 48. 15　实际的相关波形

可以看到，栅-源电压 V_{GS}波形中间有一段平台，就是行业工程师所熟知的“密勒平台”，它是如何形成的呢?

当输入高电平“H”时，栅极高电平通过栅极电阻 R_G对栅-源电容 C_{GS}进行充电，在栅-源电压 V_{GS}小于场效应管的栅-源开启电压 $V_{GS(th)}$ 前，V_{GS} 电压逐渐上升，如图 48.16 所示。

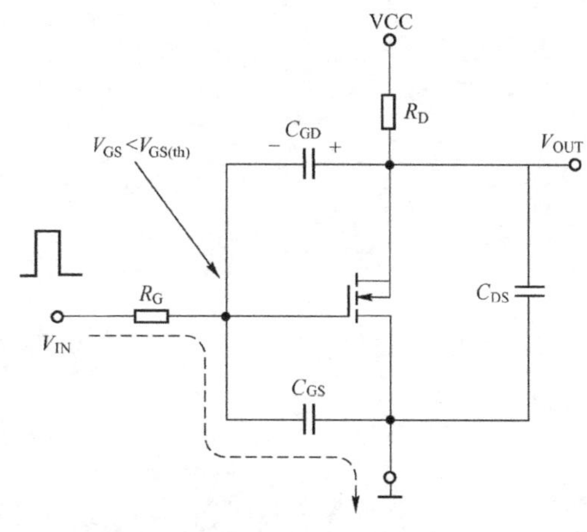

图 48. 16　输入高电平对栅-源电容充电

当 V_{GS}大于栅-源开启电压 $V_{GS(th)}$时，场效应管开始导通，漏极电压开始下降，由于寄生电容 C_{GD}两端的电压不能突变（极性左负右正)，V_{GS}上升的趋势被牵制住，可以理解为输入电压 V_{IN}通过栅极电阻对 C_{GD}进行充电，如图 48. 17 所示。

当然，你也可以理解为栅-漏电容 C_{GD}两端的电压对 V_{IN}反向放电，场效应管导通后相当于栅-漏电容 C_{GD}的右侧接地，有一段时间内栅-漏电容 C_{GD}左侧的负压将 V_{IN}对栅-源电容 C_{GS}的充电过程抵消掉，因此 V_{GS}暂时并没有上升，如图 48. 18 所示。

当栅-漏电容 C_{GD}放电完毕后，不再影响输入电压对 C_{GS}充电，此时输入高电平对并联的栅-源电容 C_{GS}与栅-漏电容 C_{GD}一起充电，因此，栅-源电压 V_{GS}再次逐渐上升。

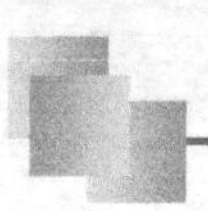

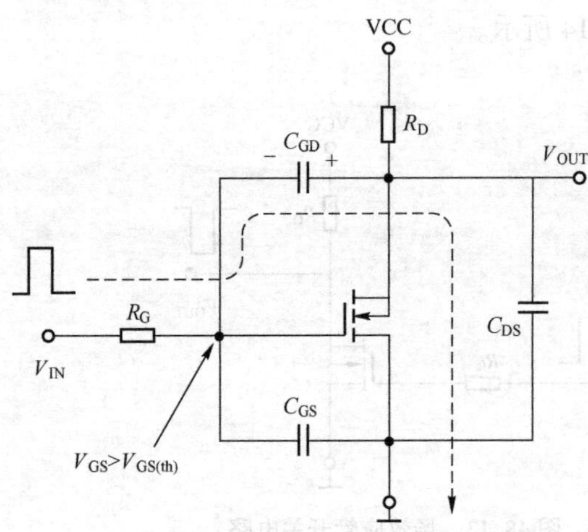

图 48.17　输入高电平对栅-漏电容充电

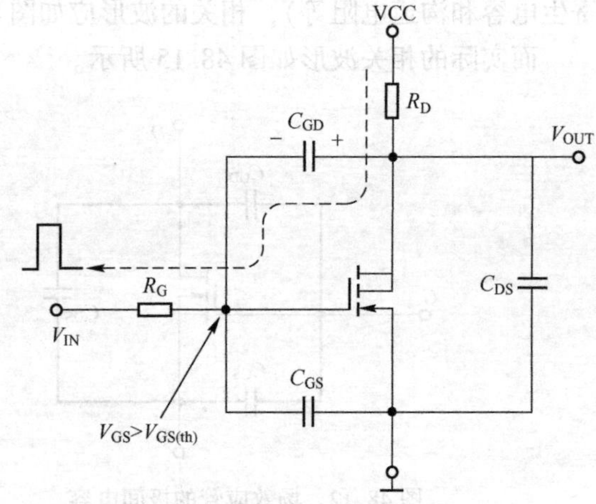

图 48.18　栅-漏电容对输入反向放电

第 49 章　功放与开关电源中的自举电容

自举电容（Bootstrap Capacitor）是电容在自举电路（Bootstrap Circuit）应用中的称呼，它利用电容自身两端电压不能突变的储能特性，将电容两端的电压和输入电压叠加，从而可以获得比输入电压更高的电压而得名。

自举电容器的基本工作原理如图 49.1 所示。

假设电容器两端的初始电压值为 U_C，当对电容器左侧施加一个电压 U_{IN} 时（不一定是矩形波，其他正弦波、三角波等都可以），由于电容器两端的电压不能突变，因此电容器的右侧自然被抬到了 $U_{IN}+U_C$ 的电位，相当于输入电压源与电容器两端的电压串联。

事实上，这种电压抬升的方式在本书很多地方都有提到过，如倍压整流电路与电磁继电器驱动电路等，只不过没有这样命名而已，如图 49.2 所示。

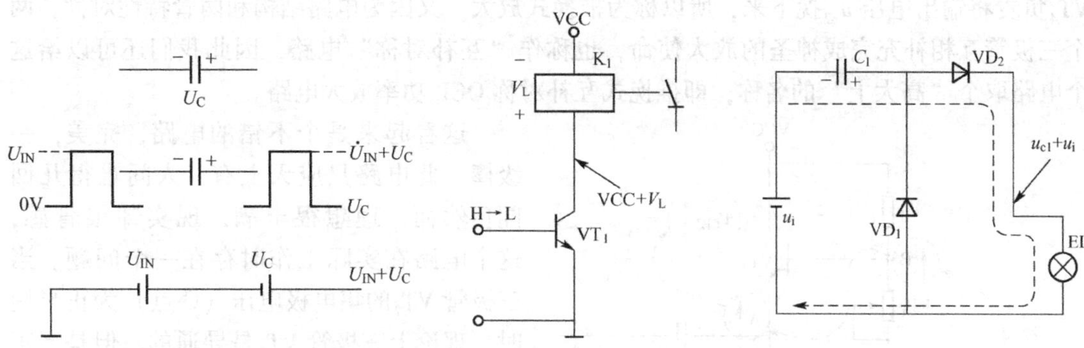

图 49.1　自举电容器的基本工作原理　　　　图 49.2　类似的电压自举现象

大多数读者最初遇到自举电容的应用电路应该是在甲乙类 OTL（Output Transformerless，输出无变压器）功放电路中，我们先看看没有自举电容时电路的工作状态是怎么样的，如图 49.3 所示。

其中，VT_2 为前置共发射极放大三极管；VT_3 与 VT_4 组成甲乙类射随推挽功率放大电路；可变电阻 RP_1 与二极管 VD_1 用来消除交越失真；C_1 为储能及耦合电容，其左侧电位就是电源电压 VCC 的一半。也就是说，在静态时，电容器 C_1 通过负载 R_L 被充电到 VCC 的一半，用来作为功放负半周信号放大时的供电电源。

当三极管 VT_2 集电极（C 点）信号正半周到来时，VT_3 导通、VT_4 截止；当 VT_2 集电极信号负半周到来时，VT_3 截止、VT_4 导通，如图 49.4 所示。

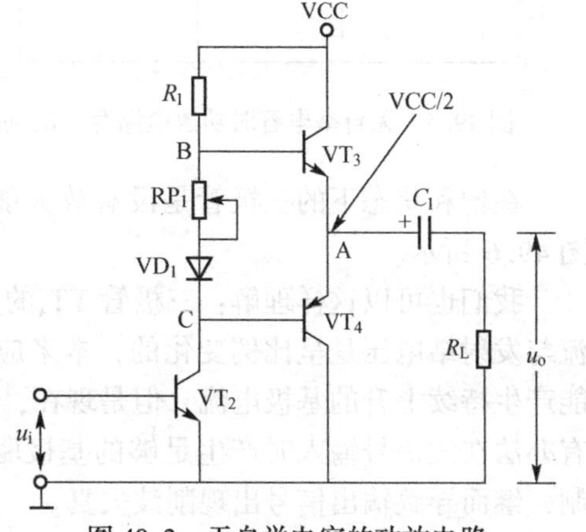

图 49.3　无自举电容的功放电路

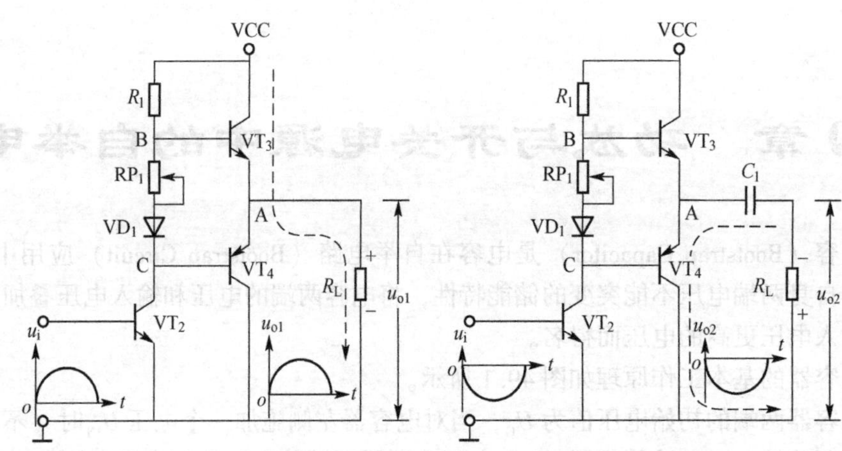

图 49.4　功放电路的工作原理

可以看到，三极管 VT_3 与 VT_4 轮流导通将输入正弦波信号正负半周分别进行放大，最后在负载 R_L 两端组合成完整的正弦波输出，其中三极管 VT_3 负责将输出电压 u_{o1} 推上去，而 VT_4 负责将输出电压 u_{o2} 挽下来，所以称为推挽式放大，又因为电路结构和两管特性对称，两个三极管互相补充完成神圣的放大使命，也称作“互补对称”电路，因此我们还可以给这个电路取个“高大上”的名称，即推挽式互补对称 OCL 功率放大电路。

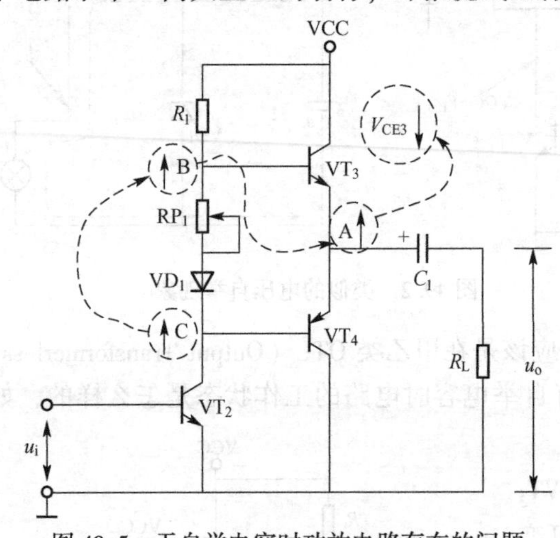

图 49.5　无自举电容时功放电路存在的问题

这看起来是个不错的电路，完美，一级棒，此电路只应天上有，人间难得几回闻！然而，理想很丰满，现实却很骨感，这个电路在实际工作时存在一个问题。当三极管 VT_2 的集电极电压（C 点）为正半周时，理论上三极管 VT_3 是导通的，但是当正半周信号越来越大时，VT_3 基极的电位（B 点）也越来越大，由于 VT_3 发射极的电位（A 点）是跟随基极的电位的，所以 VT_3 的发射极电位越来越接近电源电压 VCC，继而导致 VT_3 集电极与发射极之间的压降减小，VT_3 将随之进入饱和区，如图 49.5 所示。

在饱和状态下的三极管是没有放大能力的，因此正半周的输出波峰像被削掉一样，如图 49.6 所示。

我们也可以这样理解：三极管 VT_3 的集电极电流与基极电流是呈比例变化的，而基极电流与发射结电压是呈比例变化的，本来应该是基极电位上升（而发射极电位稳定不变）才能产生持续上升的基极电流，但是现在，由于发射极电位会随着基极电位的上升而上升，没有办法在大信号输入时产生足够的基极驱动电流，从而使正半周大信号输出的趋势受到抑制，继而导致输出信号出现削波失真。

换言之，只要在功放电路放大输入信号阶段时，能够相应加大基极电流即可解决这个失

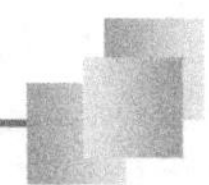

真问题。我们的解决方案就是添加一个自举电容，如图 49.7 所示。

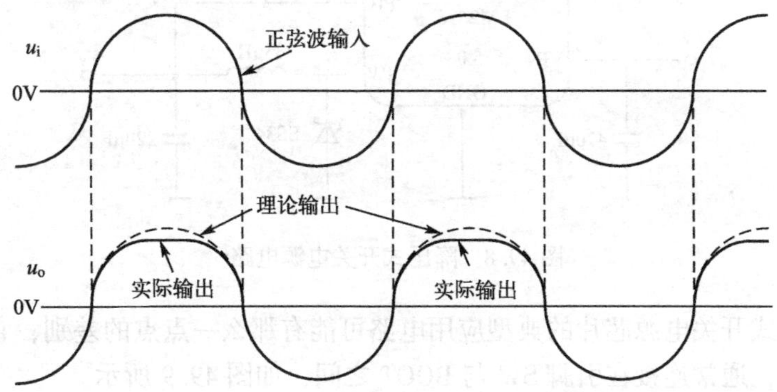

图 49.6　无自举电容时功放电路实际的输出波形

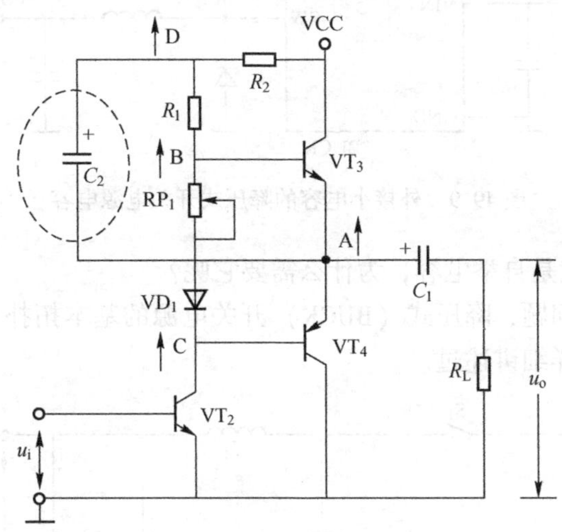

图 49.7　有自举电容时功放电路的工作状态

图 49.7 中的 C_2即为自举电容。在电路为静态时，直流电源 VCC 经电阻 R_2对自举电容 C_2进行充电，由于 A 点的电位通常是 VCC 的一半，即 VCC/2，因此电容 C_2上的电压也大约是 VCC/2（直流电压 VCC 减去 A 点的电位 VCC/2，再减去电阻 R_2上的压降），自举电容 C_2的放电时间常数很大，使得 C_2两端的电压基本保持不变。电阻 R_2用来将 D 点的电位与直流电源 VCC 隔离，使 D 点的电位有可能超过 VCC（如果没有电阻 R_2，那么 D 点电位的最大值只能是 VCC）。

当正半周大信号到来时，B 点电位升高也同样会导致 A 点电位升高，由于自举电容 C_2两端的电压不变，D 点电位总是可以比 A 点电位高约 VCC/2。换言之，电阻 R_1两端的电压总是会随输入信号呈比例上升，VT$_3$基极电流也可以持续上升，继而使得发射极输出的电流也可以呈比例放大。

自举电路在开关电源中的应用也很广泛，如果你有一定的电子技术应用经验，对类似如图 49.8 所示的降压式开关电源电路肯定会很熟悉。

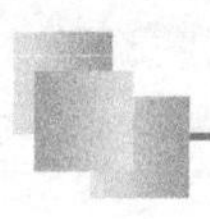

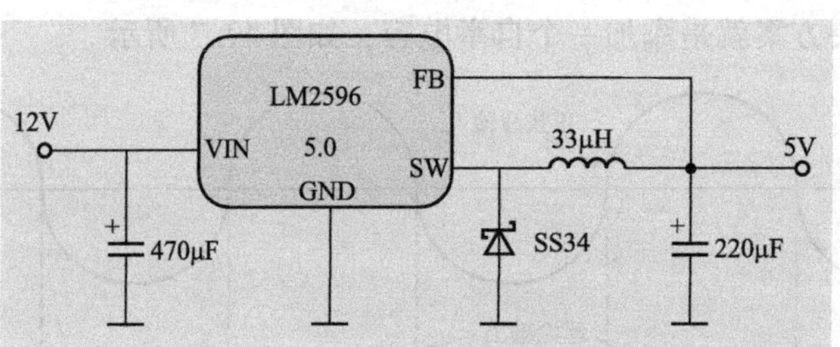

图 49.8　降压式开关电源电路

但有些降压式开关电源芯片的典型应用电路可能有那么一点点的差别，它要求在芯片外面接一个小电容，通常连接在引脚 SW 与 BOOT 之间，如图 49.9 所示。

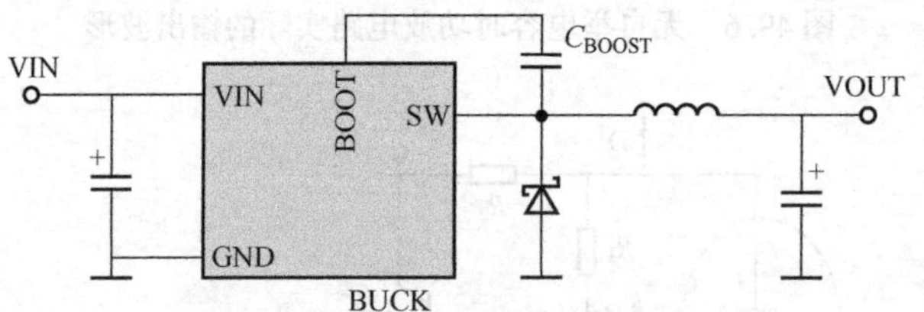

图 49.9　外接小电容的降压式开关电源电容

其中，电容 C_{BOOST} 就是自举电容，为什么需要它呢？

咱们从头谈谈这个问题，降压式（BUCK）开关电源的基本拓扑如图 49.10 所示，它的基本工作原理前面已经详细讲述过。

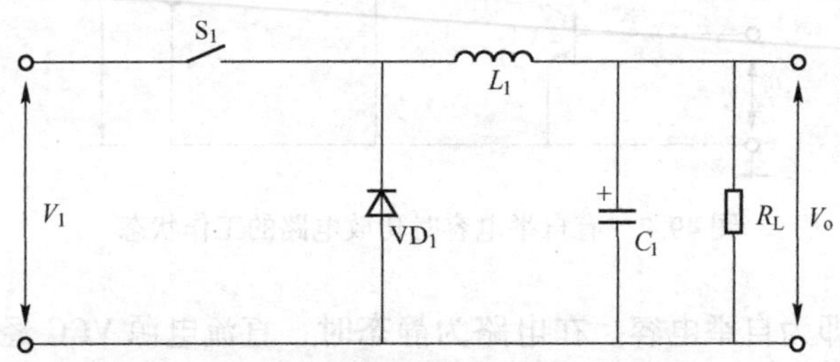

图 49.10　BUCK 开关电源的基本拓扑

如果让你“挑大梁”来设计一个降压式开关电源芯片，你会使用什么元器件来代替开关 S_1 呢？你肯定会想到 PMOS 管（至少不会想到 NMOS 管），没错，如图 49.11 所示。

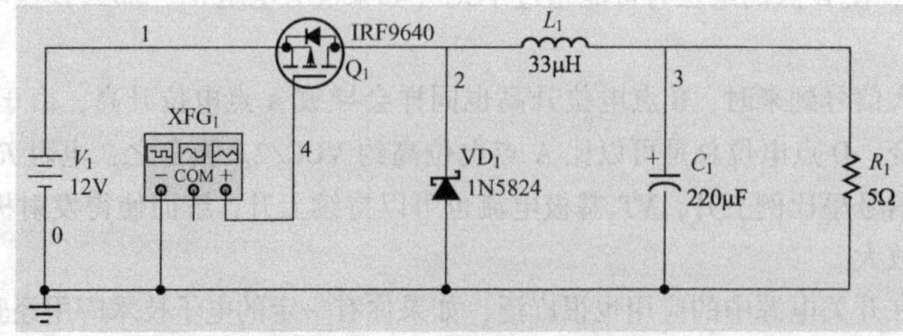

图 49.11　PMOS 管代替开关 S_1

图 49.11 中，信号发生器输出驱动 PMOS 管的矩形波信号，控制开关管 Q_1 的通断。电路非常简洁，而且实际仿真也没有问题。但是，PMOS 管有个比较明显的缺陷：相同的尺寸条件下，PMOS 管的导通沟道电阻比较大，而开关速度也比较慢（主要是因为 P 型沟道的电子迁移率比 N 型沟道要小）。这样 PMOS 管引起的导通损耗与开关损耗也就越大，本来开关电源的最大优势之一就是效率，虽然你设计的方案足够简洁，但是抛弃了效率这个主要指标。换言之，你设计的芯片很有可能卖不出去（没有优势）。怎么办呢？

因此，实际的单片开关电源芯片应用中通常会使用 NMOS 管作为开关管，从而可以保证开关电源的转换效率，如图 49.12 所示。

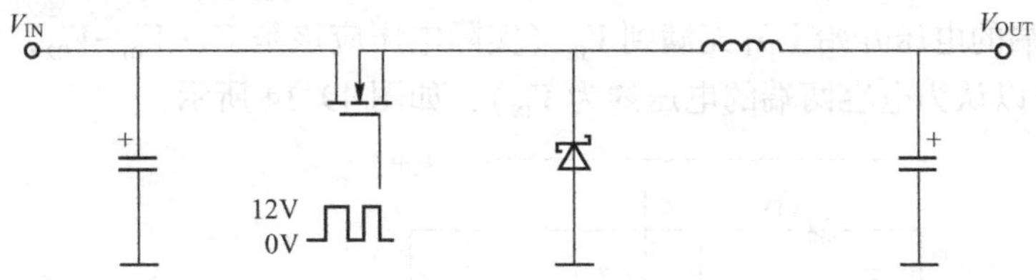

图 49.12　NMOS 管代替开关 S_1

这样貌似就比较理想了，只要把驱动 NMOS 管驱动信号施加到栅极 G 就可以控制开关管了。

等一下，这个电路实际工作起来还有个严重的问题：我们知道，要使 NMOS 管导通，就必须给 NMOS 管施加一定的栅-源正向电压 V_{GS}（如 12V），但是在图 49.12 中，NMOS 管的源极 S 并不是接地的（浮地），这样我们虽然可以将 12V 驱动信号施加到 NMOS 管的栅极 G，但由于源极 S 电位是未知的（你不知道源极 S 的电位是多少），所以不能直接通过给对栅极 G 加电压的方式保证 V_{GS}能够达到开启电压。

因此，我们必须对现有的设计电路进行修改，常用的解决方案就是添加一个自举升压电路，如图 49.13 所示。

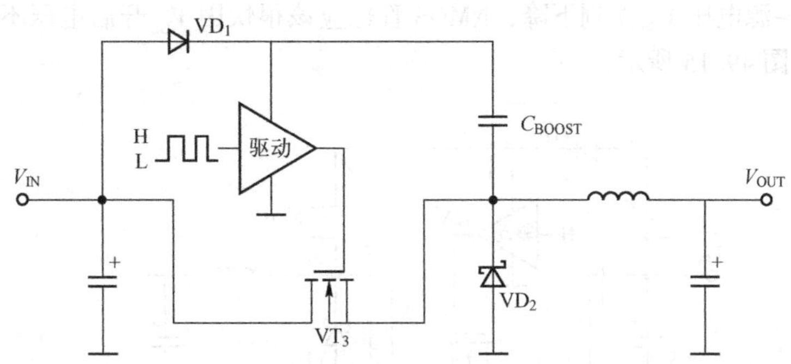

图 49.13　添加自举升压电路后

我们在原来的电路结构上增加了一个二极管 VD_1 与一个自举电容 C_{BOOST}，另外还有一个栅极驱动（Driver），它的作用就是输出合适的 V_{GS}电压与栅极电流充分驱动 NMOS 管，如输入电压 V_{IN}为 24V，这个驱动电路也会输出适于驱动 NMOS 管的栅-源电压 V_{GS}（本文设定 V_{GS}为 12V），因为场效应管的栅-源极限电压值是有限的，超出范围将会损坏 MOS 管，如

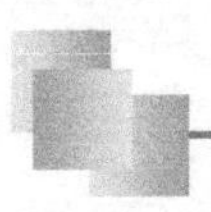

表 49.1 所示某 MOS 管的极限电压参数。

表 49.1　某 MOS 管的极限电压参数

参　数	符　号	值
最大漏-源电压	V_{DS}	30V
最大栅-源电压	V_{GS}	±20V

下面我们来看看自举电路的工作原理：当 NMOS 开关管关断时（控制逻辑驱动输出为低电平），续流二极管 VD_2 导通发挥续流作用（Flywheeling），此时 VD_2 的阴极为低电压（-0.4V 左右），输入电压 V_{IN} 通过二极管 VD_1 对自举电容 C_{BOOST} 充电（同时给逻辑驱动供电），电容器两端的电压开始上升充满到 V_{IN}（实际电压应该是 $V_{IN}-V_{D1}-V_{D2}$，由于 V_{D2} 的阴极是负压，所以可以认为电容两端的电压约为 V_{IN}），如图 49.14 所示。

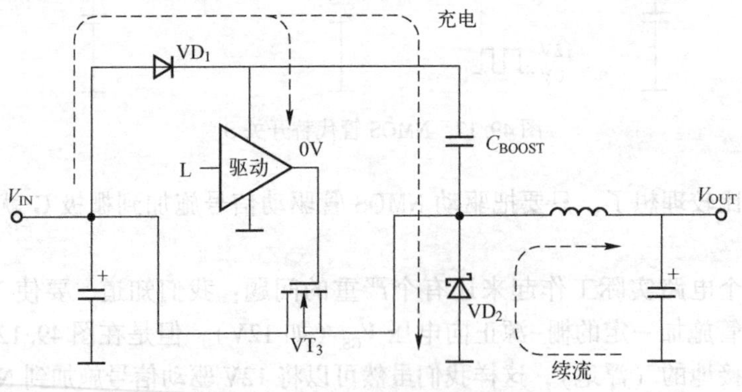

图 49.14　输入电压对自举电容充电

当需要 NMOS 管导通时，控制逻辑驱动输出高电平 12V，在这一瞬间，由于续流二极管 VD_2 的阴极为低电平，因此 V_{GS} 满足开启电压（12V-(-0.4V)=12.4V）而导通，但是这种导通状态是无法维持的，因为一旦 NMOS 管导通后，续流二极管 VD_2 的阴极电位就是 V_{IN}，这本应该将导致栅-源电压 V_{GS} 立刻下降，NMOS 管也应该很快因 V_{GS} 开启电压不满足条件而处于截止状态，如图 49.15 所示。

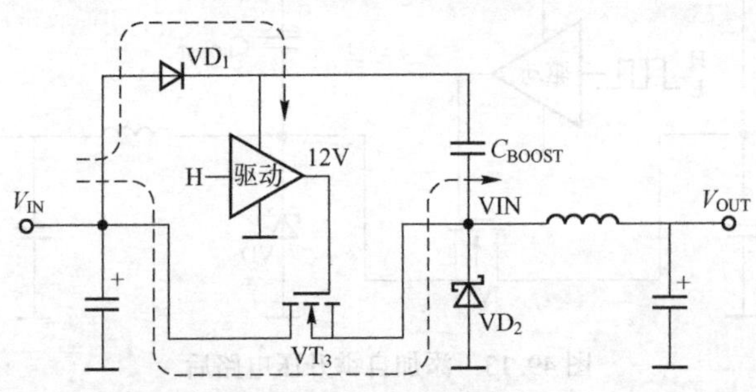

图 49.15　NMOS 管被瞬间打开

千钧一发之际，自举电容 C_{BOOST} 发挥了扭转全局的关键作用！由于自举电容 C_{BOOST} 之前已经充满了电 V_{BOOST}(V_{IN})，一旦续流二极管 VD_2 的阴极电位由于 NMOS 管导通而升高为 V_{IN} 后，由于自举电容两端的电压不能突变，因此自举电容 C_{BOOST} 上侧的电位自动抬高为 $V_{IN}+$

V_{BOOST}，其值约为 V_{IN}的两倍，二极管 VD_1由于阴极电位大于阳极电位而处于截止状态，此时自举电容 C_{BOOST}对逻辑驱动电路提供电能（放电），使其输出电压为 $V_{IN}+12V$，因此 NMOS 管的栅-源电压 V_{GS}仍然满足开启电压而维持导致，如图 49.16 所示。

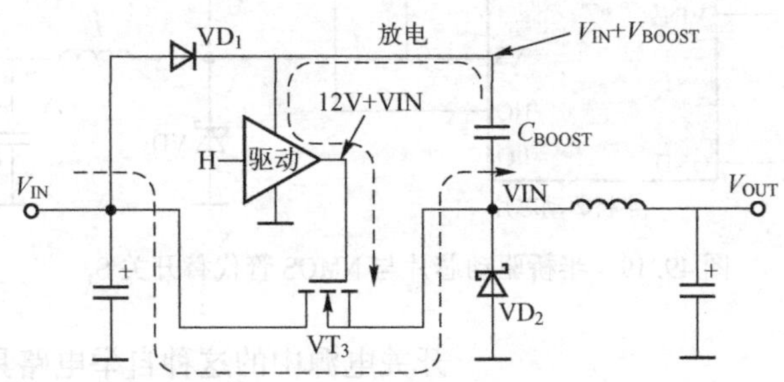

图 49.16　自举电容抬升 NMOS 管栅极驱动电压

自举电容所起的作用，与我们生活中的很多现象都是相似的，如跨越障碍物，如图 49.17 所示。

障碍物本身的高度是不变的（相当于晶体管需要的导通驱动力），一般人都具备轻松跨越的能力，但是如果障碍物放在比较高的桌子上（相当于晶体管“浮地”的电极的参考电位更高了，也就是导通驱动力需求更高了），肯定是不太容易跨越的。然而，如果我们站在相同高度的桌面上就难不倒我们（相当于在参考电位的基础上给晶体管提供相同能力的驱动）。

自举电路在半桥与全桥拓扑的开关电源驱动芯片中的应用也非常广泛，主要也还是因为 NMOS 管的应用案例多，半桥驱动芯片的典型应用电路如图 49.18 所示。

我们把 VT_2称为高侧开关管（High-Side），而把 VT_3称为低则开关管（Low-Side），驱动芯片的内部结构与 BUCK 电路是完全类似的。事实上，如果我们把 VT_3去掉后再接一个 BUCK 拓扑的二极管、电感及电容器，则完全可以实现与前面描述的降压式开关电源相同的功能，如图 49.19 所示。

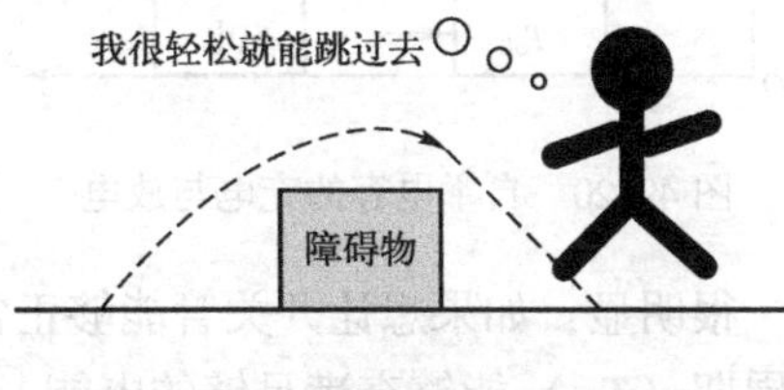

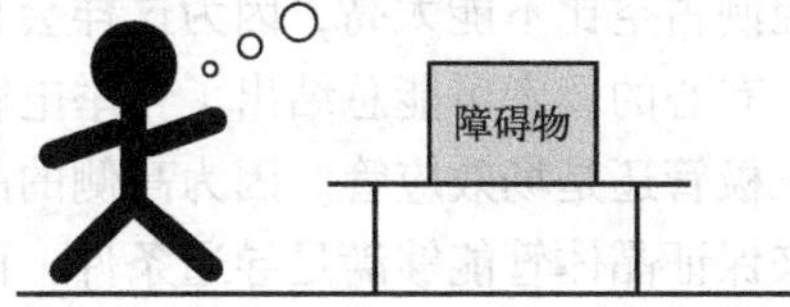

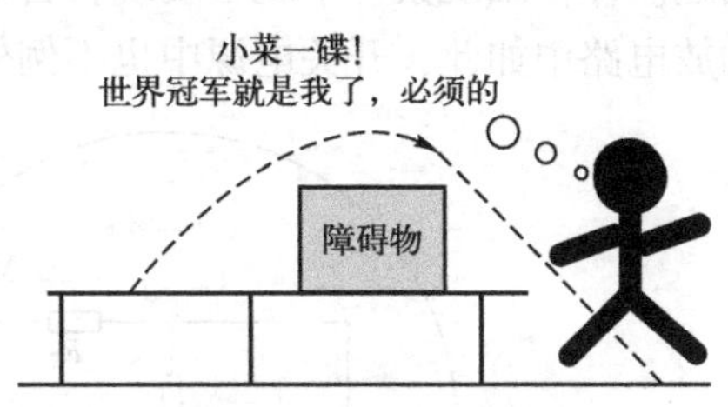

图 49.17　跨越障碍物

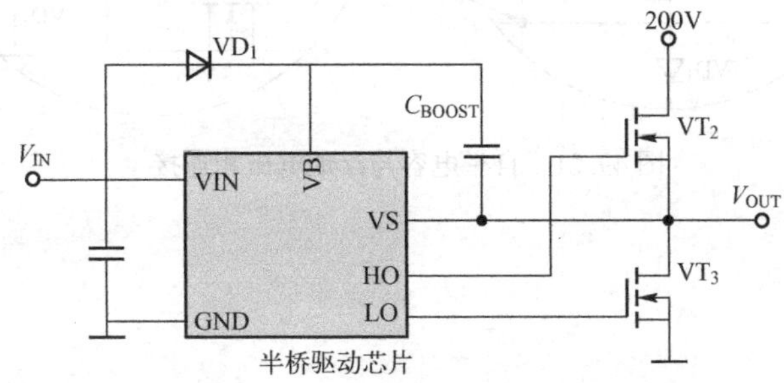

图 49.18　半桥驱动芯片的典型电路

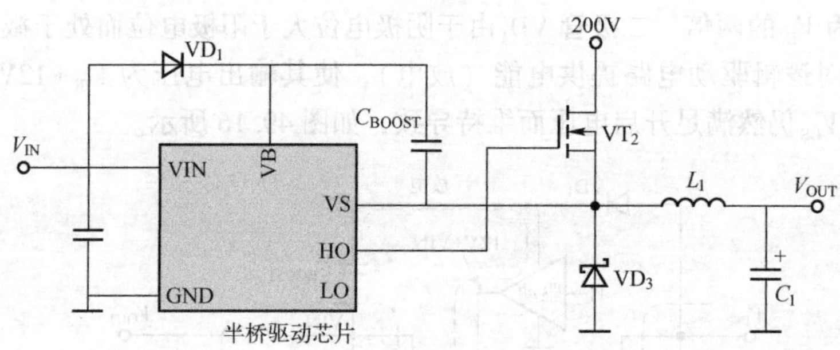

图 49.19　半桥驱动芯片与NMOS管代替开关S_1

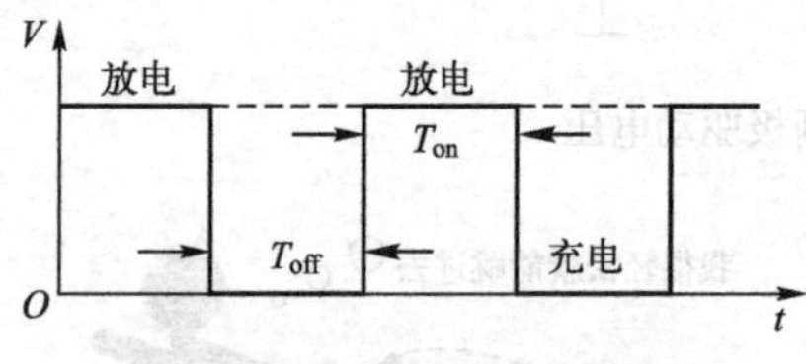

图 49.20　自举电容的充电与放电

开关电源中的这种自举电路具有结构简单和成本低的优势。然而，也存在一个应用限制：开关管的占空比不能太高。从自举电路的工作原理可以看到，自举电容是在开关管截止时充电而在开关管导通时放电的，这是每一个开关控制周期都会循环发生的操作，如图49.20所示。

很明显，如果想让开关管能够正常地处于截止与导通状态，我们必须保证自举电容在充电周期（T_{off}）能够充满足够的电能，以维持放电周期（T_{on}）的一大笔电能花销，也就是逻辑控制占空比不能太高，因为这样会直接导致自举电容的充电时间过短。

有心的读者可能总结出了自举电容应用的特点：自举电容主要针对高侧的晶体管，无论是三极管还是场效应管。因为高侧的晶体管是浮地的，不能够直接通过对输入施加电压的方式来保证晶体管能够满足导通条件，而自举电容的作用就是解决因浮地而带来的驱动不足的问题。你仔细观察一下就会发现：自举电容的一端总是会连接在晶体管浮地的那一个引脚，功放电路中如此，开关电源中也不例外，如图49.21所示。

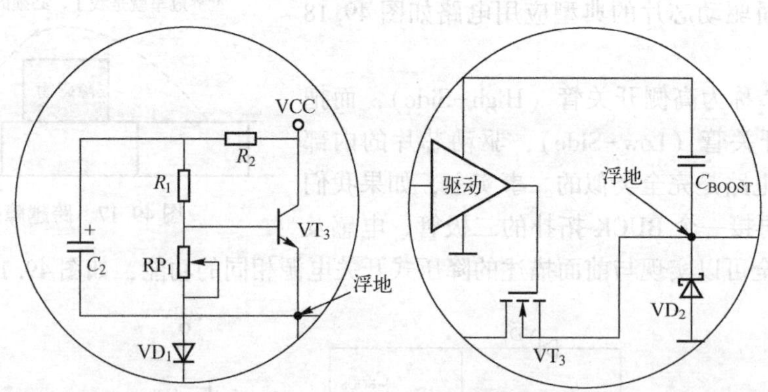

图 49.21　自举电容与浮地电极相连接

第 50 章　安规电容工作原理及应用

安规电容（Safety Capacitors）是指电容器失效后不会导致电击，也不会危及人身安全的电容器，是行业对抑制电源电磁干扰所用的固定电容器的俗称，因电容本体印刷有多个国家安全认证的标志而得名。

开关电源及相关（使用开关电源）行业工程师接触安规电容的机会比较多，它主要应用于交流电源的滤波器，用来滤除共模与差模干扰，其典型的应用电路如图 50.1 所示。

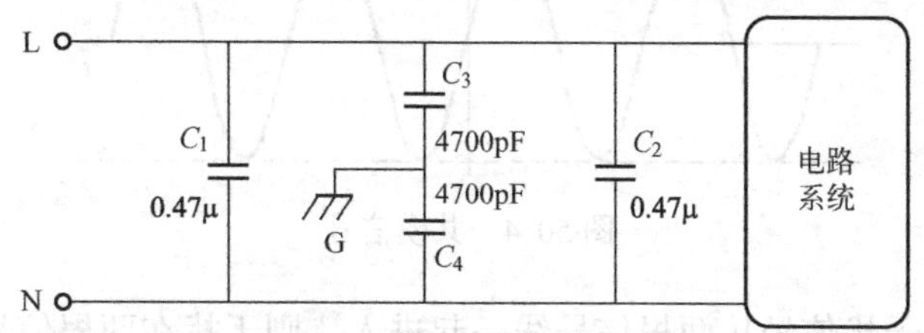

图 50.1　安规电容典型的应用电路

其中，L（Line）、N（Neutral）、G（Ground）分别为火线、零线、地线；C_1 与 C_2 跨接在零线与火线之间（L–N），称为 X 电容；C_3 跨接在火线与地线之间（L–G）；C_4 跨接在零线与地线之间（N–G）；C_3 与 C_4 称为 Y 电容。

之所有称为 X 电容或 Y 电容，是因为在火线与零线之间连接一个电容就像“X”字母，而在火线与地线之间接一个电容像“Y”字母，而不是按什么材质来分的，如图 50.2 所示。

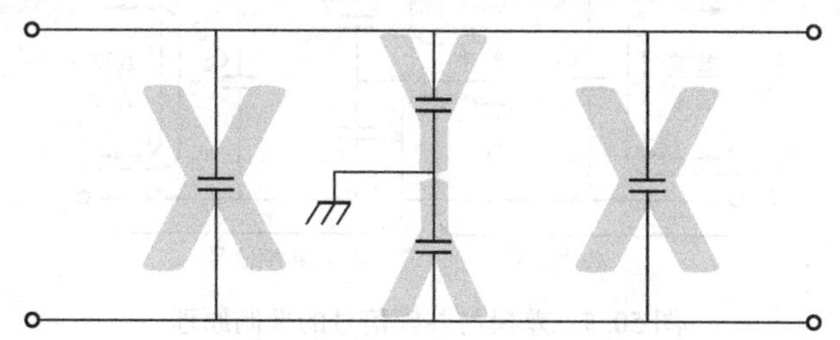

图 50.2　X 电容与 Y 电容的全名由来

我们说安规电容器的主要用途就是电源滤波，从电容器工作原理的角度，这与普通滤波电容器是没有区别的。X 电容主要用来抑制差模（Differential-mode）干扰，而 Y 电容主要用来抑制共模（Common-mode）干扰！什么情况？是用来滤除差模与共模干扰的？以前好像都没提过这两个名词，看来是安规电容的新应用，真的吗？

要理解差模与共模干扰，我们可以先来了解一下共模与差模信号的区别！差模信号是指两个数值相等而极性相反的信号，如图 50.3 所示（仅为示意图，不要求一定是正弦波，只要符合其特性）。而共模信号则是两个数值相等且极性相同的信号，如图 50.4 所示（两个信号完全一样）。

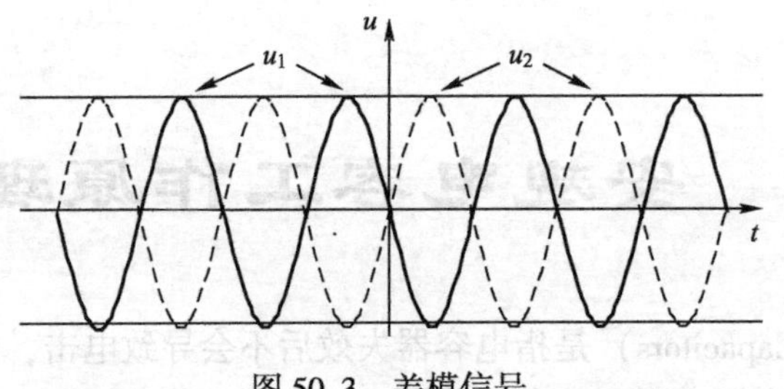

图 50.3　差模信号

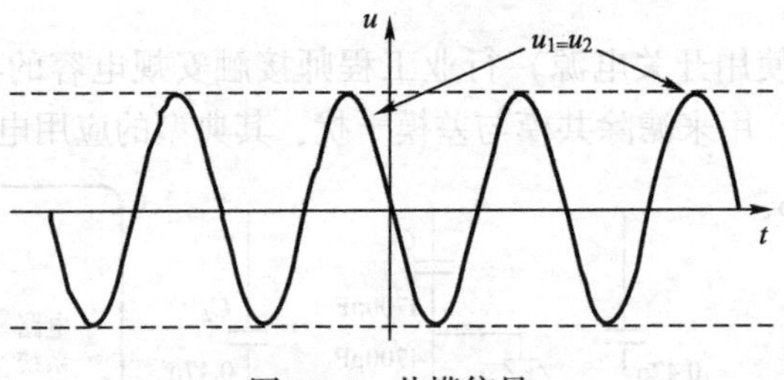

图 50.4　共模信号

通俗来讲，如果干扰信号从两根信号线一起进入，则干扰在两根信号线上的能量同升同降（相当于一根线一样），我们就称为共模干扰。例如，两根并在一起的筷子插入水中，浸入的水位在两根筷子上是一样的，这就是共模水位（相当于共模信号）。反之，如果干扰信号仅从一根信号线进入，就称为差模干扰。

安规电容器作为噪声滤波器抑制两种干扰信号的工作原理如图 50.5 所示。

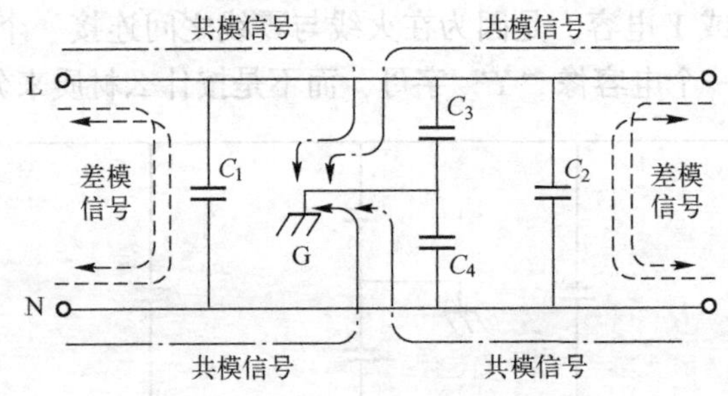

图 50.5　差模与共模信号的抑制原理

X 电容用抑制差模干扰。由于差模干扰在零线与火线上不是相同变化的（可以对应滤波电容滤除的纹波电压来理解），差模干扰被旁路掉了（从 L 到 N 或反之），这与前面讲解的滤波电容和旁路电容的原理是完全一样的。

Y 电容用来抑制共模噪声。由于共模干扰在零线与火线上的变化相同，经过 X 电容时相当于没有接电容一样，但经过 Y 电容时就可以直接旁路到地，从而将共模干扰抑制（共模扼流圈也可以达到同样的共模抑制效果）。

对于用电设备而言，X 电容与 Y 电容的实际连接情况如图 50.6 所示。

可以看到，Y 电容是与设备的外壳连接的，而设备的外壳是与地相连接的。

哦，原来是这样呀，那使用普通的无极性电容也应该是可以的呀！理论上是的，但是安

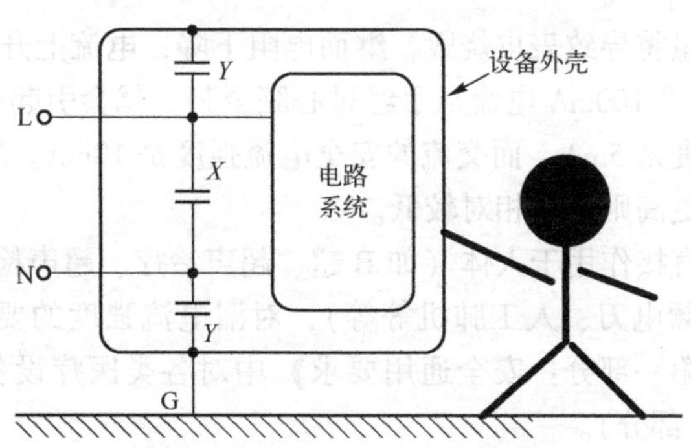

图 50.6　设备外壳与大地相连接

规电容的另一个特点：漏电流很小！有人可能会说：漏电流大点没关系呀，从图 50.6 来看，左右是零线到火线或火线到地的漏电流，对人体并没有危害呀！如图 50.7 所示。

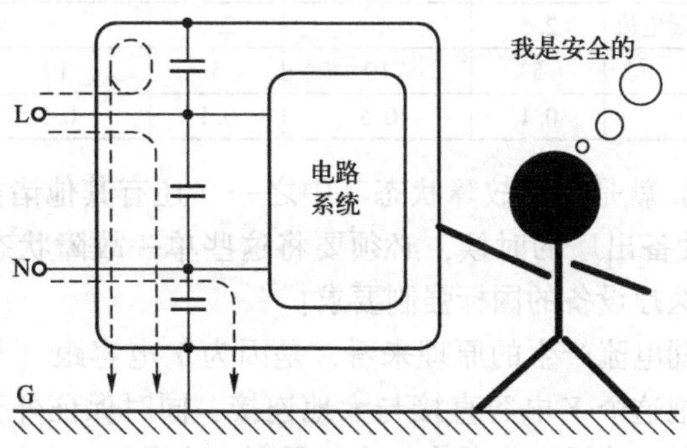

图 50.7　漏电流从设备外壳流向大地

然而，图 50.7 所示只是理想的正常使用状态，如果地线接触不良呢？此时的状态如图 50.8 所示。

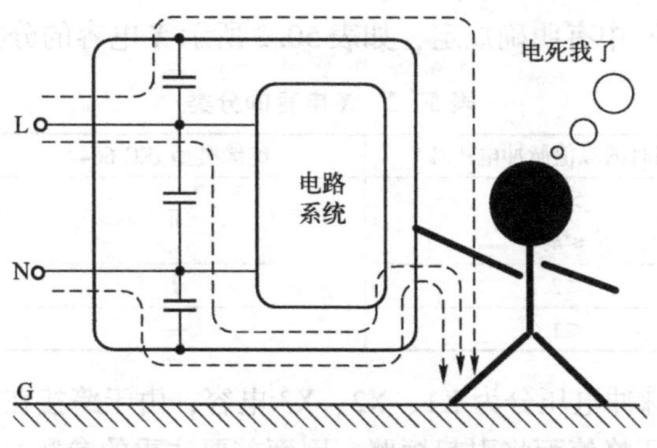

图 50.8　外壳接地失效时的漏电流

由于外壳不再是有效的接地状态，当人体接触设备外壳时，普通电容存在的漏电流将通过人体流向大地。换言之，人体将承受一定的电流强度。

通过人体的电流大小（强度）是导致电击死亡的主要因素：当电流强度为 1～2mA 时，人体有轻微麻痹感；8～12mA 时，肌肉会自动收缩；当电流强度大于 22mA 时，电源一旦与皮肤接触，所发生的热量将导致表皮烧毁，继而电阻下降，电流上升，人体将无法摆脱电流（称为“冻结”电流）；当100mA电流从手经过心脏至脚，就会引起心脏颤动，危及生命。

直流的安全电流强度是5mA，而交流的安全电流强度是10mA。50~60Hz的交流电对人体最危险，频率更低或更高则危险相对较低。

很多医疗电气设备直接作用于人体（如B超、超声治疗、超声检测等），甚至深入到患者体内（如内窥镜、高频电刀、人工肺机等等），对漏电流强度的要求更为严格，国标GB 9706.1《医用电气设备第一部分：安全通用要求》中对各类医疗设备允许漏电流都有明确规定，如表50.1所示（部分）。

表50.1　医疗设备允许的漏电流（部分）

电流/mA	B型		BF型		CF型	
	正常状态	单一故障状态	正常状态	单一故障状态	正常状态	单一故障状态
对地漏电流（一般设备）	0.5	1	0.5	1	0.5	1
按注2）、注4）的设备对地漏电流	2.5	5	2.5	5	2.5	5
按注3）的设备对地漏电流	5	10	5	10	5	10
外壳漏电流	0.1	0.5	0.1	0.5	0.1	0.5

接地不良（断地线）就是单一故障状态其中之一（还有其他诸如断火线、断零线之类的）。换言之，在医疗设备出厂的时候，必须要将这些单一故障状态对应的漏电流测试一遍，以便达到对应类型医疗设备的国标强制要求！

又有人抬杠说：从漏电流产生的原理来看，是因为*Y*电容跟（与地相连的）机器外壳连接导致的，那么只要把这个*Y*电容直接与大地连接，同时保证外壳与大地之间绝缘不就圆满解决了？有道理！但很遗憾地告诉你，为了保证医疗设备的电气安全，国家标准强制要求医疗器械外壳必须接地。

那我经常还看到X1、X2、X3、Y1、Y2、Y3、Y4电容，它们之间是什么关系呢？其实很简单，这些都在国际GB/T 14472《电子设备用固定电容器 第14部分：分规范 抑制电源电磁干扰用固定电容器》中有明确规定，如表50.2所示*X*电容的分类（部分）。

表50.2　*X*电容的分类

小　类	使用时的峰值脉冲电压/kV	绝缘类型IEC 664	应　用
X1	>2.5 ≤4.0	Ⅱ	高脉冲应用
X2	≤2.5	Ⅰ	一般用途
X3	≤1.2	—	一般用途

*X*电容按能承受的脉冲电压分为X1、X2、X3电容，由于跨接在火线与零线之间，为避免两端因承受交流高电压峰值而将引起短路，因而首要注重的参数之一就是耐压等级，在电容值上没有设定限制值。

各个国家的安规标准会有一些差别，但额定电压大多数为250V AC（400V DC），厂家生产的安规电容要满足这个安规标准的需求。通常，*X*电容多选用纹波电流比较大的聚脂薄膜类电容。这种类型的电容器虽然体积比较大，但允许的瞬间充放电的电流很大，而且内阻比较小。普通电容的纹波电流的指标虽然都很低，但动态内阻却较高，所以用普通电容代替*X*

电容，除了耐压无法满足标准，纹波电流指标也难以符合要求。

国标同样定义了 Y1、Y2、Y3、Y4 等级的 Y 电容，如表 50.3 所示。

表 50.3　Y 电容的分类

小　类	跨接的绝缘类型	额定电压/V	耐久性试验前施加的峰值脉冲电压
Y1	双重绝缘或增强绝缘	≤250	8.0
Y2	基本绝缘或辅助绝缘	≥150 ≤250	5.0
Y3	基本绝缘或辅助绝缘	≥150 ≤250	—
Y4	基本绝缘或辅助绝缘	<250	2.5

Y 电容跨接在火线与地线之间，涉及漏电安全的问题，因此首要注重的参数就是绝缘等级，所以 Y 电容按绝缘等级分为 Y1、Y2、Y3、Y4 电容。

两个 Y 电容连接的位置比较关键，必须符合相关安全标准，以防引起电子设备漏电或机壳带电，继而危及人身安全。Y 电容一般是成对出现的，它们都属于安全电容，从而要求电容值不能太大，这是基于漏电流的限制。一般 X 电容是微法级，Y 电容是纳法级。

如果安规电容被击穿了，人体不就也会有危险吗？这个问题提得太好了！我们在前面讨论其他电容器的失效模式时，第一个讲述的就是击穿失效模式（也就是短路），但安规电容的失效模式是开路，这就是为什么我们说“电容器失效后不会导致电击，不危及人身安全”的原因。

作为安全电容的 X 电容与 Y 电容，都要求必须取得安全检测机构的认证，一般都有安全认证标志与耐压 AC250V 或 AC275V 字样。常见的 X 电容外观多为黄色，其真正直流耐压高达 2000V 以上，Y 电容外观多为橙色或蓝色，其真正的直流耐压高达 5000V 以上。因此这里必须强调一下：无论 X 电容或 Y 电容，切勿随意使用相同或更高耐压的普通电容来代用。

如图 50.9 所示为 X 电容的本体印刷字符举例，仅供参考。

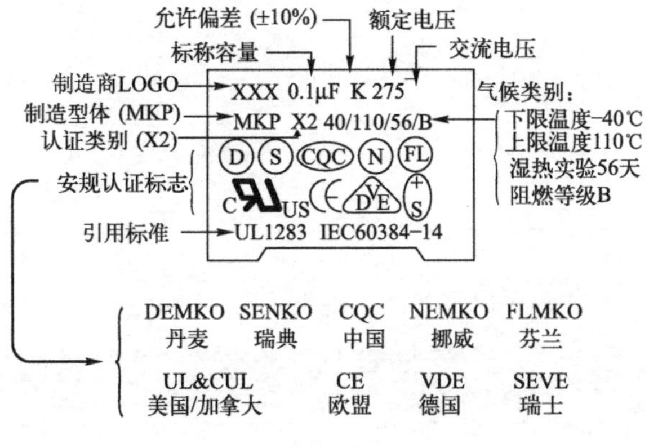

图 50.9　X 电容本体印刷字符

反侵权盗版声明

举报电话：（010）88254396；（010）88258888
传　　真：（010）88254397
E-mail：dbqq@ phei. com. cn
通信地址：北京市海淀区万寿路 173 信箱
　　　　　电子工业出版社总编办公室
邮　　编：100036